U0419792

普通高等教育"十三五"规划教材

# 火力控制技术基础

马新谋　樊水康　编著
王建国　赵　刚　刘　佳　主审

FUNDAMENTALS OF
FIRE CONTROL TECHNOLOGY

北京理工大学出版社
BEIJING INSTITUTE OF TECHNOLOGY PRESS

## 内 容 简 介

本书全面系统地介绍了火力控制系统的基本概念、基本组成、基本原理。全书分为8章，内容包括火控系统概述、目标位置的描述、目标搜索与跟踪、火控系统分析、武器随动系统、火控系统总体设计、典型火控系统介绍、火力控制与指挥控制一体化介绍等内容。

本书可作为大学本科高年级学生或研究生学习火力控制技术基础的教科书或教学参考书，也可作为相关专业工程技术人员和部队的有关人员的业务参考书。



**图书在版编目（CIP）数据**

火力控制技术基础/马新谋，樊水康编著．—北京：北京理工大学出版社，2018.8（2023.8重印）

ISBN 978－7－5682－6119－7

Ⅰ．①火…　Ⅱ．①马…　②樊…　Ⅲ．①火控系统　Ⅳ．①E92

中国版本图书馆CIP数据核字（2018）第190460号

出版发行／北京理工大学出版社有限责任公司
社　　址／北京市海淀区中关村南大街5号
邮　　编／100081
电　　话／（010）68914775（总编室）
　　　　　（010）82562903（教材售后服务热线）
　　　　　（010）68948351（其他图书服务热线）
网　　址／http：//www. bitpress. com. cn
经　　销／全国各地新华书店
印　　刷／北京虎彩文化传播有限公司
开　　本／787毫米×1092毫米　1/16
印　　张／18.25
字　　数／423千字
版　　次／2018年8月第1版　2023年8月第3次印刷
定　　价／59.00元

责任编辑／陈莉华
文案编辑／陈莉华
责任校对／周瑞红
责任印制／王美丽

# 前言

PREFACE

随着科学技术的发展，武器系统越来越复杂，火力控制系统成为现代武器系统不可缺少的重要组成部分。我国在军事斗争准备的历程中，在还没有彻底完成机械化就迎来了信息化、网络化的需求，而火力控制系统的先进与否是现代化武器装备信息化程度的重要标准，也是武器系统先进与否的重要标志。因此有必要对兵器类非火力控制专业的兵器类本科生开展火力控制技术的普及，为武器系统信息化发展提供人力和智力支撑。而目前国内关于火力控制类的书都是专业著作，不适合用来对于非火力控制专业本科生进行教学。为此急需编写一部既能把火力控制系统概念、基本原理、基本组成讲清，又不过分专业的教材。

本书是专门为非火控专业本科生或研究生学习火力控制技术而编写的教材。本书共分8章。第一章火控系统概述，简要介绍了火控系统的基本概念、基本组成、分类和火控系统的发展及展望。第二章目标位置的描述，介绍了火控系统常用的坐标系、目标位置的描述和坐标转换理论。第三章目标搜索与跟踪，介绍了火控系统对目标搜索与跟踪系统的技术要求和战技指标，并介绍了典型的搜索跟踪传感器。第四章火控系统分析，主要介绍了目标运动状态估计理论，介绍了常见的目标运动假定，最小二乘滤波和Kalman滤波的基本理论；介绍了火控系统常用的几种弹道模型及其基本原理；分析了静对静、静对动、动对动几种不同的命中问题类型，并阐述了各类命中方程的建立及求解方法，分析了允许射击的区域。第五章武器随动系统，主要介绍了武器随动系统的基本概念、基本组成、基本原理，介绍了武器随动系统的战技指标要求，探讨了武器随动系统的特点等。第六章火控系统总体设计，主要介绍了火控系统的主要战技指标要求，由于可靠性是目前制约武器性能的一个重要指标，因此较详细地介绍了可靠性的相关理论；简要介绍了火控系统总体方案设计、火控系统仿真技术等。第七章典型火控系统介绍，主要介绍了坦克火力控制系统和高炮火力控制系统，以及它们有各自的特点。第八章火力控制与指挥控制一体化介绍，随着信息化技术在武器装备中的运用，火力控制与指挥控制一体化成为21世纪火控系统技术发展的重要方向，本章主要介绍了火力控制与指挥控制一体化系统的构成和关键技术问题。

本书是在作者多年的教学实践和科研实践基础上，以作者在中北大学应用了十年的、修订过多次的《火控概论》讲义为蓝本，收集和参阅了大量文献、资料的基础上编写的。编写力求科学、准确、易懂，既能把火力控制技术的基本概念、基本原理、基本组成讲清、讲透，又能准确反映火力控制技术的最新发展现状，符合编著者的初衷。

本书主要由马新谋和樊水康编著。全书编写体系由马新谋和樊水康多次共同讨论确定，各章的撰稿人为：马新谋承担第四、五、六章的撰写工作；樊水康承担第一、三、七、八章的撰写工作；常列珍承担第二章的撰写工作。全书由马新谋负责统稿工作。由207所火控技术领域的一线专家王建国、赵刚和刘佳负责全书的审稿工作，并提出了许多中肯的建议和意见，都已在书中体现。硕士研究生郝一凝、王常龙、何自力在文字录入和资料整理中做了大量的工作。

本书的编写受到中北大学兵器科学与技术学科部主任高跃飞教授的支持和指导，得到山西省学科攀升计划、兵器科学与技术学科建设计划和中北大学教材建设基金的资金支持，在此一并表示感谢。本书在编写过程中，参考和引用了许多专家和学者的著作和论文，在此对原作者深表谢意。

由于作者学识水平和经验有限，书中难免存在错误和不足之处，恳请读者批评指正。

# 目　录
CONTENTS

# 第一章
# 火控系统概述

◆ **学习目标**：学习和掌握火控系统的基本概念、基本组成、分类和发展趋势，可以用火控系统相关的专业术语描述火控问题。

◆ **学习重点**：火控系统的基本概念、基本组成。

◆ **学习难点**：火控系统的基本组成。

随着科学技术的不断发展和战争的需要，现代火炮武器系统（如牵引火炮、自行火炮、坦克炮、航炮、舰炮……）几乎都配备了火力控制系统。火力控制系统（Fire Control System，FCS），简称火控系统，亦称射击控制系统；泛指控制火炮、导弹、鱼雷等武器瞄准和发射的成套设备，是现代武器系统必不可少的重要组成部分，是武器系统的“大脑”和“眼睛”，而且是武器系统先进性的重要标志。也有学者给火控系统下了另一个定义，即火控系统是指为实现火控全过程所需的各种相互作用、相互依赖的设备的总称。火力控制系统的核心功能是快速发现目标，对目标实施快速精确的打击。配备火控系统的武器系统，能缩短系统的反应时间，提高射击精度。火控系统研究的问题是：如何将一枚射弹从武器系统射向目标并使其击中目标。

火控系统的发展是随着电子技术的发展而发展的，特别是计算机技术的发展，极大地推动了火控系统的发展。在第二次世界大战后，传感器和武器的类型与性能都有显著的变化，形成了现代战争的一系列新特点：多目标、多批次、多方向、空海潜立体战的攻击形式；攻击的隐蔽性、突然性、破坏性都比过去大大增强。因而就要求我们能够先敌发现、反应迅速、指挥得当、打击有力，为此对来自各个传感器的目标信息，要求能迅速地识别、分类，可向指挥员提供清晰、全面的作战态势，并且能协助指挥员迅速、准确地制定作战方案，控制各种武器打击目标。显然，仅仅以火力控制系统是不能完成该使命的，必须有一套以计算机为核心进行必要的情报处理和辅助作战指挥的系统，即综合火力控制系统。

从火力控制系统本身来讲，综合火力控制系统是其发展方向。综合火力控制系统，是指综合使用观察器材，综合控制多种同类型和不同类型的武器，且能自行做出目标指示的火力控制系统。此处所谓“能自行做出目标指示”，是指这种系统具有简单的战术处理能力，即在一定程度上可以完成敌我识别、威胁度判断和武器分配的功能，从而使系统具有简单的战术处理能力。

此外，需要指出的是现代武器如火炮、火箭、鱼雷、航空炸弹，以及一些小型自寻的制导武器，如防空导弹、机载或舰载的拦击导弹等，大多配有火控系统。非制导武器配备火控系统，可提高瞄准与发射的快速性与准确性，提高对各种天候的适应性，以有效地把握战机，提高命中率，使武器的毁伤能力得到充分发挥。对于制导武器，可提高其快速反应能力，改善制导系统的效能，进一步减少失误率。配备不同档次的火控系统，会使武器系统的性能和价值相差甚远。火控系统的成本通常占到坦克总价值的30% ~ 50%。单从这一点上，我们也可以清楚地认识到火控系统在坦克武器系统中的重要作用和地位。

## 第一节　火控系统基本概念

### 一、火控系统基本概念

为了后面描述方便，在这里我们先介绍几个关于火控系统的专业术语。

火力控制系统是指控制武器自动或半自动地实施瞄准与发射（抛射）的全过程，它是武器系统的重要组成部分，简称火控。深入地讲，火控包括：为瞄准目标而实施的搜索、识别、跟踪目标；为命中目标而进行的依据目标状态测量值、弹道方程（或射表）、目标运动假定、实际弹道条件、武器运载体运动方程计算射击诸元；以射击诸元控制武器随动系统驱动武器线趋近射击线，并依据射击决策自动或半自动地执行射击程序。目的是控制武器发射射弹，击中所选择的目标。

瞄准矢量是指以观测器材回转中心为始点，目标中心为终点的矢量。瞄准矢量常用球坐标 $D$、$\beta$、$\varepsilon$ 表示，其中 $D$、$\beta$、$\varepsilon$ 分别表示目标现在点的斜距离、方位角、高低角。

瞄准线是指以观测器材回转中心为始点，通过目标中心的射线。

跟踪线是指以观测器材回转中心为始点，通过观测器材中某一基准点的射线。

武器线是指以武器身管或发射架回转中心为始点，沿膛内或发射架上弹头运动方向所构成的射线。

射击线是指为保证弹头命中目标，在武器发射瞬间，武器线所必需的指向。

现在点是指将目标视为一个点，在弹头每次发射瞬间，目标所处的空间点。

未来点又称命中点，是指目标与弹头（视为一点）相碰撞的空间点。需要在这里强调，命中点肯定是未来点中的一个，但不是所有的未来点都是命中点。

射击诸元主要指射击线在大地坐标系中的方位角 $\beta_g$ 和射角 $\varphi_g$。

由于弹道的弯曲、气象条件影响、目标的运动、武器载体的运动，致使瞄准矢量与射击线不一致。射击线相对瞄准矢量的夹角定义为空间提前角。空间提前角一般分解为方位提前角和高低提前角。提前角取决于弹头的外弹道特性与目标和武器载体的运动状态。瞄准矢量、射击线与提前角间的相互关系如图 1.1 所示。

应当指出，在跟踪目标过程中，总是使跟踪线趋近于瞄准线，二者存在的偏差称为跟踪误差，分为方位跟踪误差及高低跟踪误差。未来点是相对现在点而言的，在火控问题有解范围内，二者是一一对应的。武器线与射击线一般是不重合的，存在偏差，称为射击诸元误差。只有当射击诸元误差小于希望值时，才允许射击。

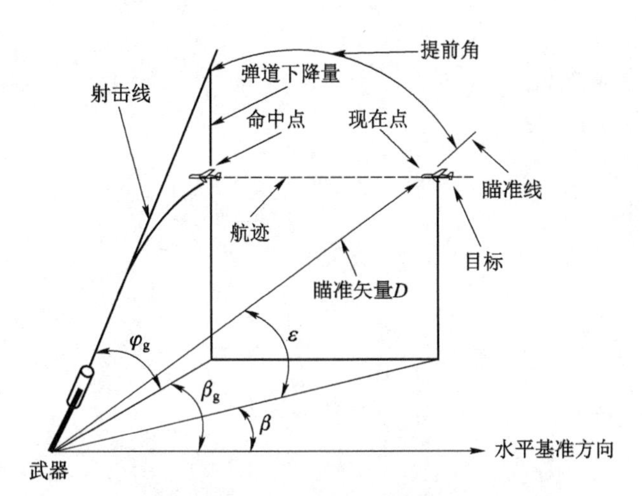


**图 1.1　瞄准矢量、射击线与提前角相互关系图**

## 二、火控系统任务

火力控制系统的主要任务是控制武器装备实施对目标进行射击，并评估射击效果。但是不同的武器系统、不同配置的火控系统所需要完成的任务也是不尽相同的。以现代火炮武器系统为例，现代火炮武器系统的火控子系统需要完成以下诸项任务或其中一部分任务：

(1) 利用各种探测、跟踪器材，搜索、发现、识别、跟踪目标，并测定目标现在点的坐标。

(2) 依据目标运动模型、目标坐标的测量值，估计目标的运动状态参数（位置、速度、加速度）。

(3) 依据弹头的外弹道特性、实际气象条件、地理特征、武器载体及目标运动状态，预测命中点、求取射击诸元。

(4) 依据射击诸元，利用半自动或全自动武器随动系统驱动武器线趋近于射击线，并根据指挥员的射击命令控制射击程序实施。

(5) 实测脱靶量，修正射击诸元，实现校射或大闭环火控系统。

(6) 实时测量武器载体的运动姿态或其变化率，用于火控计算及跟踪线、武器线稳定。

(7) 实施系统内部及外部的信息交换，使武器系统内部协调一致地工作及使火控系统成为指挥控制系统的终端。

(8) 实施火控系统的一系列操作控制，使火控系统按战术要求及作战环境要求工作。

(9) 实施火控系统的故障自动检测和性能自动检测。

(10) 实施操作人员的模拟训练。

某一实际火控系统的任务，依据作战要求可多可少，但最基本的搜索及跟踪目标、求取射击诸元、驱动武器线任务是必不可少的。

## 三、支撑火控系统发展的关键技术

火控系统作为现代武器系统必不可少的组成部分，从其出现到现在一直在不断发展变化中，支撑火控系统发展的技术包含以下几个方面：

① 计算机技术；
② 语音识别、合成技术；
③ 图像、图形处理技术；
④ 建模仿真技术；
⑤ 人工智能技术；
⑥ 网络技术；
⑦ 通信技术；
⑧ 光电技术；
⑨ 探测技术；
⑩ 信息对抗安全技术；
⑪ 传感技术；
⑫ 自控技术；
⑬ 电磁兼容设计技术；
⑭ 机械设计技术；
⑮ 系统工程。

以上诸技术中的任何一个有了长足的进步，就会推动火控技术和相关技术的快速升级进步。因此火控系统是一个系统工程，要综合运用各种先进技术来提高自己的技术水平。

# 第二节　火控系统的组成

## 一、火控系统的组成

目前，世界上各国的火力控制系统种类繁多，广泛应用于陆、海、空三军，也用于战略导弹部队。形式与组成多种多样，但是归纳起来，火控系统主要由三部分组成，如图 1.2 所示。

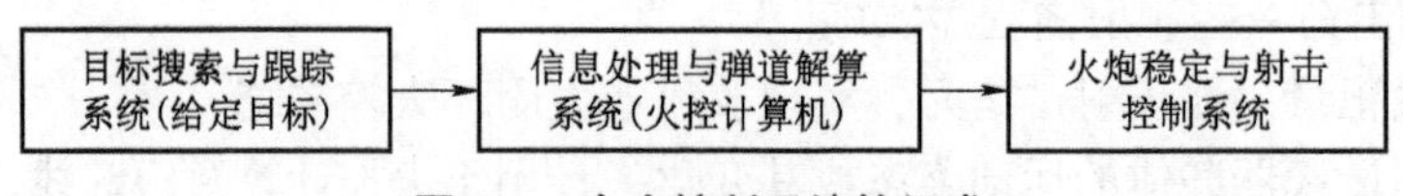


图 1.2　火力控制系统的组成

但是仅靠图 1.2 中的三个系统组成的火控系统，在现代战场条件下是无法完成火控任务的，现代化的火控系统还需要有操作显控台、导航系统、姿态测量系统、弹道气象测量系统为火控计算机提供各类信息，因此现代火控系统一般划分为 5 个子系统，如图 1.3 所示。

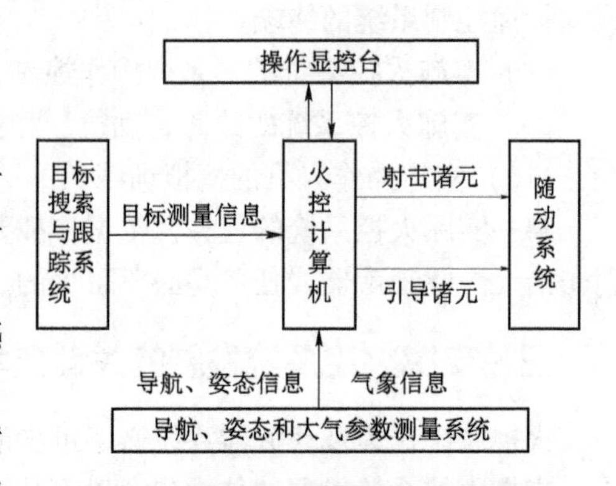


图 1.3　现代火力控制系统组成框图

目标搜索与跟踪系统包括目标搜索和跟踪传感器，其任务是测量目标的斜距离、方位角、高低角或其各阶变化率，目标的速度、航向或矩变率和横移率，并将这些数据送至火力控制计算机。常见的测量跟踪装置有光学瞄准镜、红外跟踪装置、被动雷达、激光测距机、雷达、激光雷达等。

导航和姿态参数测量系统可实时测量武器载体的地理位置、速度、加速度信号和载体的姿态参数。气象参数测量系统可实时测量风速、风向、大气温度、大气压力等参数，并将这些测量参数传输到火控计算机，为解命中问题提供支撑。例如常用的装置有电罗经、磁罗经、平台水平仪、平台罗经、卫星导航装置（GPS，GLONASS，GALILEO，BEIDOU）、惯性导航系统、寻北仪、横风传感器、气压计、气温计等。

火控计算机的主要任务是接收目标搜索与跟踪装置提供的目标数据（斜距离 $D$，方位角 $\beta$、高低角 $\varepsilon$ 或其各阶变化率），接收导航设备、姿态测量装置和大气测量系统提供的武器载体导航信息、载体姿态信息、运动参数信息和大气的参数；依据操作显控台的控制自动或半自动地估计目标的运动状态（目标的位置、速度和加速度）信息，计算武器的射击诸元等，如导弹自控时间、武器的发射架瞄准角等。

随动系统就是接收火控计算机计算的射击诸元，驱动武器身管或发射架；按照射击控制程序，进行击发射击。

火控系统的操作显控台是人机交互的平台，通过操作显控台的按钮、开关、键盘使火控系统各个分系统协调地工作，例如使火控计算机完成相应的计算和控制动作。通过数码管、指示灯、显示器把文字、图像、光和声音等以多媒体手段形象地将交互信息提供给操作人员，操作人员可通过控制台控制武器发射。当系统处于全自动状态时，操作显控台只是用来监控各个系统的工作状态，不需要人为干预，直到发出需要人为干预警报时才需要人员操作。此外操作显控台还可以实现指示故障部位、指导模拟训练等功能。

## 二、可独立自主作战火炮武器系统的火控系统组成

不同武器的火控系统虽然作战使命与控制任务不同，但其功能和实现这些功能的分系统却大体相同。如果一个武器系统要求有独立自主作战的能力，那么它的火控系统要求具有目标搜索与跟踪功能、弹道气象测量等功能，下面仅从火控系统应完成的功能出发，给出一种具有独立自主作战能力的自行高炮火控系统的组成框图，如图 1.4 所示。

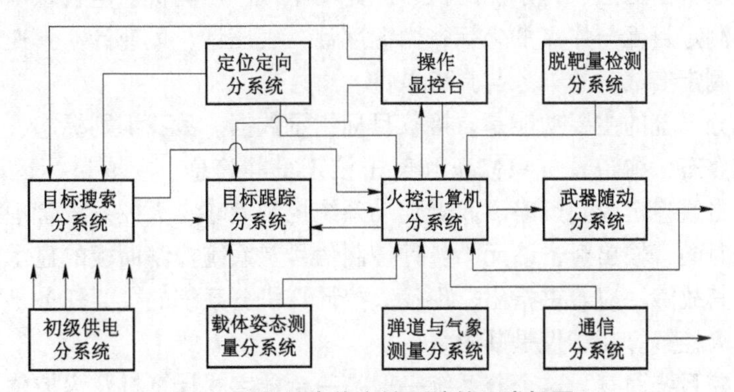


图 1.4　自行高炮火控系统的组成框图

应当指出，并不是所有的自行高炮火控系统都必须具备图中所有的分系统，而是根据战术需要、经费支持情况可以增减的，形成同一体系结构、不同配置的火控系统。

火控系统的构成不是唯一的，需根据武器系统战术技术要求，选择火力控制系统的技术设备，构成不同档次、不同销售价格的火力控制系统，以满足不同用户在不同使用环境下的

需求。但目标跟踪分系统、火控计算机分系统、弹道与气象测量分系统、操作显控台和供电分系统是必不可少的组成部分。

下面概述各分系统的功能。

**1. 目标搜索分系统**

目标搜索分系统的功能是：独立实施防区内的目标搜索或依据上级给出的目标指示实施指定区域内的目标搜索；概略估计搜索到的目标类型、数量、位置、运动参数，显示目标航迹；完成目标敌我识别与敌方目标对我方目标的威胁度估计；测量目标粗略坐标，并为目标跟踪分系统指示目标，引导其截获目标。一般由目标搜索分系统的敌我识别器识别敌、我目标。概略估计目标的特征与性质由计算机自动完成。这里之所以是概略估计，是因为搜索装置的测程大、搜索区域广，难以得到准确测量值。

完成目标搜索任务的装置种类繁多，主要有：警戒与搜索雷达、无人侦察飞机、侦察校射雷达、红外预警系统、声测系统、变倍大视场光学观测器材等。

**2. 目标跟踪分系统**

目标跟踪分系统的功能是：在搜索分系统的导引下截获目标；从背景中识别目标；精确地跟踪目标；测量并输出目标现在点坐标（距离、方位角、高低角）；显示目标与目标航迹；实现自行武器跟踪线的独立与稳定。

完成目标跟踪的主要装置有：各种跟踪雷达、白光、微光、电视、远红外（热成像）跟踪仪及激光跟踪仪或激光测距仪等。对回波跟踪体制，目标识别靠的是检测回波；对图像跟踪体制，靠的是图像处理技术；目标运动参数的求取主要使用计算机的滤波软件。跟踪线的独立与稳定则主要用惯性器件。

**3. 火控计算机分系统**

武器火控系统的核心部分是火控计算机（又名射击指挥仪或弹道计算机），它存储与处理火控系统的全部信息与数据，估计目标运动状态，求解实战条件下的弹道方程或查询存储于其中的射表，决定射击诸元，并依据射击结果加以修正。为给火控计算机求解命中问题提供必要的数据，通常由雷达、光学测距机、激光测距机、声测机、电视跟踪仪等坐标测量装备或校射飞机，测定目标与炸点的坐标；由温度计、气压计、风速计、弹速测量仪等气象与弹道测量仪器，测定实战时的气象与弹道条件。

火控计算机分系统的主要功能是：接收目标指示数据、敌我识别标志、目标现在点坐标值、载体位置和姿态、弹道及气象修正和射击校正量等信息；求取目标运动参数、射击诸元、跟踪线和射击线稳定控制策略、武器随动系统控制策略、火控系统管理控制策略、最佳射击时机及射击时间；输出射击诸元、各种控制信号及系统控制面板的显示信息，检测火控系统功能，诊断其故障。应着重指出，现代火控计算机分系统的主要任务是完成火控系统的各种控制功能，火控解算功能仅是其中之一。

对集中式火控系统而言，这个分系统一般是一台数字式计算机及火控软件。模拟计算机在新研制的火控系统中早已不用。

对分布式火控系统而言，其计算任务将被分解为若干个软件，分散地插入相关的分系统之中。独立的火控计算机有可能不再存在。

**4. 武器随动分系统**

武器随动分系统的功能是：接收火控计算机分系统给出的射击诸元，驱动武器身管或发射架；按照射击控制程序，进行击发射击。

主要射击诸元有：高低角与方位角。而对时间引信分划（弹头飞行时间）、水面或水中武器的转向角、爆炸深等，则在弹头发射前由相应控制机构完成。武器随动分系统通常采用直流或交流机电随动系统，功率较大时，则采用液压式随动系统。对自行武器，该分系统还应具备武器线稳定功能。为提高武器随动分系统的快速性及平衡性，有的武器随动分系统采用了前馈补偿原理，因此，还必须接收射击诸元的一阶导数及二阶导数。

**5. 定位定向分系统**

定位定向分系统的功能是：测量载体纵轴相对正北方向的偏航角、载体的地理经纬坐标。用于外部目标指示及载体驾驶导航。

自动寻北的主要设备有陀螺寻北仪、磁或电磁寻北仪。如再配以计程仪，即可完成武器定位任务。卫星定位系统（美国为GPS，俄罗斯为GLONASS，欧盟为“伽利略系统”，中国为“北斗卫星系统”）的地面接收器可给出武器的地理经纬坐标，如使用其差分工作方式，还可完成自动寻北任务。该分系统是武器协同作战时必不可少的，如仅考虑独立作战且不考虑车辆导航时则不需要定位定向分系统。

**6. 载体姿态测量分系统**

载体姿态测量分系统的功能是：在载体运动中测量载体旋转运动的三个分量，即偏航角、纵倾角、横滚角或它们的角速度。载体静止状态下，载体相对地面的倾斜角常用倾斜传感器测量。用惯性陀螺仪可很方便地测量出载体的三个旋转角度或角速度，这些量不仅用于射击诸元计算，而且还可用于稳定跟踪线和武器线。

**7. 弹道与气象测量分系统**

弹道与气象测量分系统的功能是：测量并输出为修正射击诸元所必需的全部弹道与气象条件。它包括弹头初速、药温等弹道条件及气温、空气密度、湿度、风速、风向等气象条件。各种气象传感器既可分散单独使用，也可组成气象站。弹头初速测量雷达与气象测量雷达则是日益广泛应用的先进弹道与气象条件检测设备。

**8. 脱靶量检测分系统**

脱靶量检测分系统检测出来的脱靶量主要用于评估射击效果，实施校射。地炮校射雷达用跟踪弹道末端的弹头轨迹来推算落点，从而计算出脱靶量。对空中活动目标，需要用能同时跟踪目标与弹头的观测器材来检测脱靶量，如相控阵雷达、大视场光电实时成像系统均可完成这一任务。因能实时测量脱靶量，则可构成大闭环火控系统，提高射击精度。

**9. 通信分系统**

通信分系统的功能是：实施火控系统内部各个分系统间的信息传递以及它与外部的信息交换。各种有线与无线、模拟与数字式通信装置都能承担这一任务。但是，自行武器与外部交换信息只能采用无线通信方式。数字计算机的局域网通信技术也已进入这一领域。各种机电与数/模变换器件，如自整角机、旋转变压器、数/模变换器、模/数变换器、轴角编码器等，用于信息类型的自动转换。

**10. 操作显控台**

火力控制计算机靠人进行操作，通过操作显控台的按钮、开关、键盘使火力控制计算机完成相应的计算和控制动作，操作显控台还通过数码管、指示灯或显示器把文字、图像、声音等以多媒体手段直观形象地将交互信息提供给操作员。操作员可通过操作显控台控制武器发射，还可以实现显示设备自控状态，指示故障部位，指导模拟训练等功能。

**11. 初级供电分系统**

初级供电分系统的功能是：向各个分系统初级供电，并显示、检测初级供电的品质。它主要由主机电源和辅机电源组成。主机电源与武器的发动机相连接，向武器系统的全体用电设备提供电源；辅机电源主要由汽油或柴油发电机组成，在主机电源供电品质达不到要求时，自动切换到辅机电源并向武器系统的全体用电设备提供电源。

## 三、自行榴弹炮火控系统体系结构

目前世界上大量装备的比较先进的自行榴弹炮有 105 mm、122 mm、152 mm 和 155 mm，例如德国的 PzH2000 155 mm 自行榴弹炮、美国的 M109A6 155 mm 自行榴弹炮、俄罗斯的 2S35“联盟 - SV”152 mm 自行榴弹炮、中国的 PLZ - 45 155 mm 自行榴弹炮，无论是在火力性能、机动性能，火控技术上都是佼佼者，其火控系统各自有各自的特点。典型的自行榴弹炮火控系统组成如图 1. 5 所示。

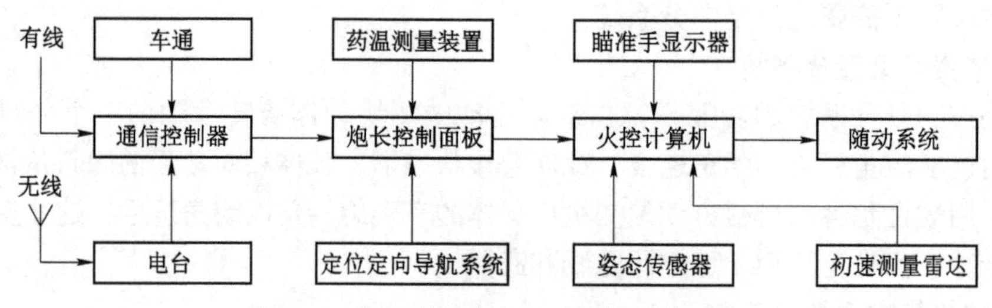


**图 1. 5　自行榴弹炮火控系统的组成框图**

## 四、坦克火控系统体系结构

现代战争对坦克火控系统的基本要求有：

(1) 能全天候地快速搜索与识别目标。

(2) 能有效地采集目标的各种参数，并能实时地对目标实施精密跟踪与瞄准。

(3) 系统反应时间（或系统的射击准备时间）要短。

(4) 要求坦克在行进中或短停间具有对运动目标的射击能力。

(5) 要求达到较高的首发命中率。

(6) 要求具有选择不同工作方式的能力。

(7) 具有野战适应能力，可靠性高，并且操作简便、维护容易。

(8) 具有故障自检能力。

因此常见的现代坦克火控系统框图如图 1. 6 所示。

**1. 目标观瞄系统**

目标观瞄系统通常由激光测距仪、视场稳定的瞄准镜和目标运动参数传感器等组成，用以搜索、跟踪和瞄准目标，并可为系统提供目标距离和运动参数等信息。在目标观瞄系统中存在一条重要的光学轴线，即瞄准线，它是以瞄准镜物镜节点为起点，通过分划板瞄准指标的射线。在搜索和跟踪目标时，瞄准线与火炮轴线处于同轴控制的状态，而当系统射击时，瞄准线与火炮轴线（武器线）在高低和方向上均有一个按射击诸元装定的角度差，即提前量。

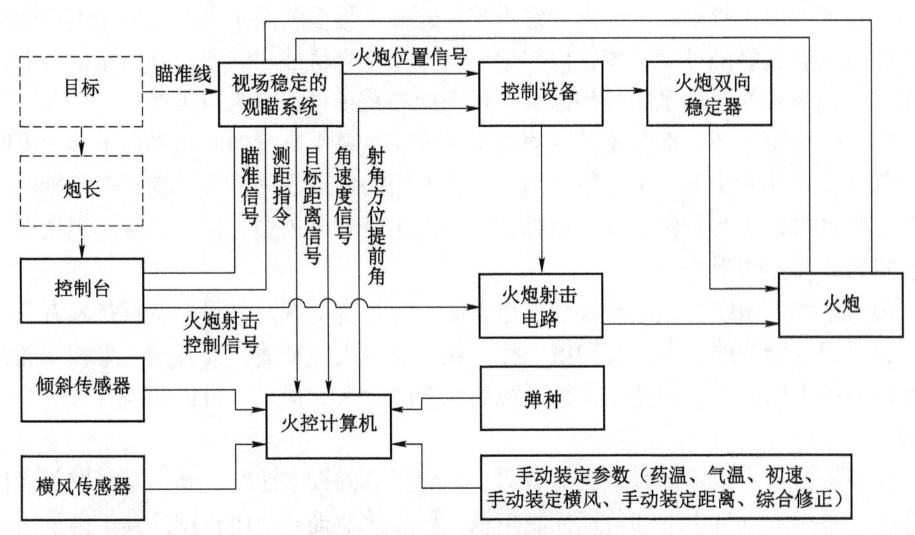


图 1.6 现代坦克火控系统框图

**2. 火控计算机**

火控计算机是火控系统的核心部件。现代坦克火控系统均选用数字式计算机，并且应该具有以下功能：

（1）能根据不同的弹种，自动求解弹道方程，确定火炮在高低向的瞄准角。这是火控计算机的首要任务。这也是有些专著和教材将火控计算机称为弹道计算机的原因。

（2）能根据目标距离和运动信息，按照目标运动假定，解算弹丸与运动目标相遇的命中问题，求出火炮在高低和方向上的射角提前量。

（3）能自动采集对射击有影响的各种弹道和环境参数或根据人工输入的各类修正量，综合计算出火炮在高低向和方向上应有的修正量，再将这些修正量按一定的算法附加到已算出的高低角和方向角上，得到火炮最后的高低角和方向角。

（4）能控制一定的系统，以某种方式自动地装定高低角和方向角，然后指示炮手进行正确的瞄准、射击。

（5）不仅对计算机本身，而且对整个火控系统具有自检能力。

**3. 修正量传感器**

修正量传感器是给现代坦克火控解算提供计算数据的必不可少的设备，常见修正量传感器有横风传感器、火炮耳轴倾斜传感器、气温传感器、气压传感器、药温传感器、炮膛磨损传感器、炮口偏移传感器等，这些数量众多、各种各样的传感器是现代火控系统自动化、智能化的重要标志。这些传感器可以实时地为火控计算机提供火控解算所必需的各种数据（各类参数的当前值或与标准状态的偏移值），一旦各参数偏离了建立弹道方程的标准值时，计算机可以实时地计算出相应的修正量予以补偿，以保证射击的准确性。有些火控系统为了简化设计、减小成本，常将一部分弹道、环境参数的传感器取消（例如：气压、气温、药温等），改为人工装定，并以数字量的形式直接输入计算机。

**4. 火炮控制系统**

火炮控制系统（简称炮控系统）是火控系统的重要组成部分，火控系统的许多重要战术技术性能均是依赖它来实现的。

当前，各主战坦克都安装了火炮稳定系统，这种炮控系统除了在一定的精度范围内稳定火炮外，还应具有良好的控制性能，以便炮手和火控计算机能对它实施高质量的控制。

就坦克火炮稳定系统的系统结构而言，坦克炮控系统可以分为以下两类。

第一类火炮稳定系统，即常见的双向稳定系统，主要由高低向和水平向上的角度陀螺仪输出误差信号，可在两个方向上稳定火炮。这种系统的特点是瞄准线从动于火炮轴线，坦克在行进时，它虽可稳定和控制火炮，但瞄准线的稳定精度与火炮相同，无法实现精密跟踪与瞄准，坦克只能作短停射击。

第二类火炮稳定系统，是瞄准线独立稳定的火炮稳定系统。其最大特点是具有两套稳定系统，一套是稳定瞄准线，另一套同第一类，用于稳定火炮轴线，而且是火炮轴线随动与瞄准线。这种方案上的改进，使整个火控系统的综合精度大为提高，可以实现行进间对运动目标的射击。

就炮控系统的技术改进而言，当前有两个比较主流的技术途径。其一是采取复合控制技术，即在稳定系统的基础上增加前馈控制陀螺，可有效地提高稳定精度。其二是采用计算机控制技术将系统改造成数字式炮控系统，它除了可提高稳定精度外，还可明显地提高系统的综合性能，使火控与炮控之间的技术性能更加协调统一，这已成为当前各国火控系统数字化改造的重要方面之一。

**5. 操纵控制系统**

该系统是坦克乘员（车长、炮长和瞄准手）对整个武器系统的火控系统进行人—机交互的系统，一般由显控终端、键盘、手柄等组成。操纵控制系统除了可以对火炮或瞄准线进行操纵外，还可以由坦克乘员根据具体使用情况选定不同的工作方式，通常包括战斗工作方式、自检工作方式、校炮工作方式、模拟训练工作方式等。每一种工作方式中，又可根据不同的情况，设置不同的初始工作状态。

## 五、总线形式的火控系统体系结构

众所周知，控制器局域网（Controller Area Network，CAN）具有高性能、高可靠性以及独特的设计，越来越受到人们的重视，并快速在军事工程上得到大量的运用。随着 CAN 在各种领域的应用和推广，对其通信格式标准化的要求日益增长。1991 年 9 月 Philips Semiconductors 公司制定并发布了 CAN 技术规范，该技术规范包括 A 和 B 两个部分。CAN2.0A 给出了 CAN 报文标准格式，而 CAN2.0B 给出了标准和扩展的两种格式。此后，1993 年 11 月 ISO（国际标准化组织）正式颁布了 CAN 国际标准 ISO11898，为 CAN 的标准化和规范化铺平了道路。

与此同时，随着火控系统自动化、智能化、信息化程度越来越高，火控系统的体系结构也越来越复杂，电缆布线复杂，特别是由于坦克、自行火炮等武器系统的炮塔狭小，这种问题越来越突出。幸运的是，随着 CAN 标准化和规范化的实现，CAN 总线技术得到了广泛的应用和长足的发展，火控系统的体系结构发生了质的变化，出现了一批以 CAN 总线为信息传输通道的火控系统。总线形式的火控系统分散配置、模块化程度高、接口标准、安装方便、布置灵活，可方便升级改造。

理论上讲，只要在两个 CAN 节点间连上通信电缆，就构成了最简单的 CAN 总线系统。但是一般 CAN 总线系统是由控制器节点、功能节点（执行器或传感器等）、监控节点以及人机界面组成。因此，典型的 CAN 总线形式的火控系统体系结构如图 1.7 所示。CAN 总线的火控系统可靠性高，也可搭载更多的设备而不致信息堵塞，造成火控系统反应时间延长。

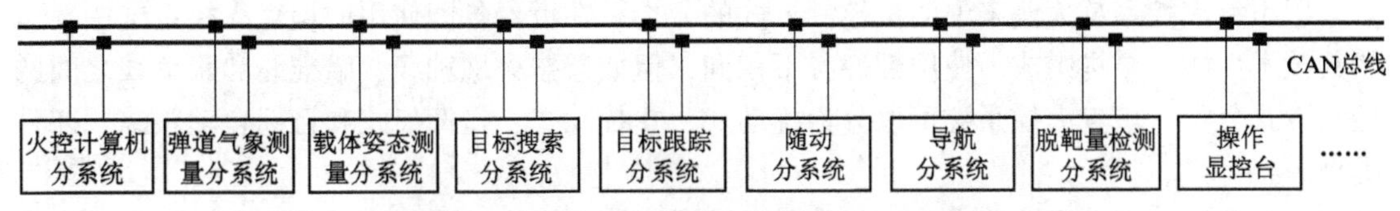


**图 1.7　CAN 总线形式的火控系统体系结构**

除了图 1.7 所示的分系统或设备外，还可根据武器系统战术技术要求，选择增加或减少火力控制系统的设备，构成不同档次、不同功能、不同销售价格的火力控制系统，以满足不同用户在不同使用环境下的需求。

各个模块的功能与传统体系结构中的一致，这里不再赘述。

## 第三节　火控系统的分类

火力控制系统的种类繁多，其组成、用途、功能、技术途径各不相同，分类方法也很多。

### 一、按功能的综合程度分类

这种分类方法直接反映了武器系统的结构特点，此时可以将火力控制系统分为以下三大类。

**1. 单机单控式火力控制系统**

这类火力控制系统只能控制单一型号的武器对目标进行攻击，目标的类型可以不同，但一次只能对一个目标进行攻击。由于它的任务比较单一，针对性强，因此结构比较紧凑，反应时间也短。它是出现最早，也是目前应用最为广泛的一种系统。

**2. 多武器综合火力控制系统**

这类火力控制系统的特点是能够控制多种同类型或不同类型的武器对多个目标进行攻击。例如，美国的 WSA4 系统，它能同时控制 114 mm 舰炮和“海猫”舰空导弹对付两个空中目标或者一个空中目标和一个海上目标。

**3. 多功能综合火力控制系统**

这类火力控制系统的特点是除了一般的火力控制系统的功能外，还具有一定的对目标搜索、敌我识别、威胁判断、武器分配和目标指示等作战指挥功能，因此它是一种“自备式”的系统，具有很强的独立作战能力。

### 二、按瞄准方式分类

按瞄准方式分，火控系统可以分为直瞄式火控系统和间瞄式火控系统。坦克火控系统是典型的直瞄式火控系统；由于榴弹炮、远程火箭炮射程远，一般在十几千米、几十千米，甚至二三百千米，所以无法看见目标，因此榴弹炮的火控系统和远程火箭炮火控系统是典型的间瞄式火控系统。

## 三、按控制方式分类

以坦克火控系统为例来说明按控制方式的分类。在世界各国使用的坦克火控系统中，虽然其技术性能、结构组成、使用部件各不相同，但如果按火炮轴线、瞄准线和跟踪线之间的控制方式分类，坦克火控系统可以分为扰动式、非扰动式、指挥仪式和目标自动跟踪式四种类型。

这是最受人们重视的分类方法。如果系统采用第一类炮控系统，则按装表过程中瞄准线是否出现扰动现象来区分扰动式火控系统和非扰动式火控系统；如果采用第二类火控系统，瞄准线独立稳定后，系统即为指挥仪式火控系统；而在指挥仪式火控系统的前端增加跟踪线的自动控制，即采用目标自动跟踪技术后，就可以称之为目标自动跟踪式坦克火控系统。这一分类方法既反映了系统总体结构的不同，也反映了系统技术水平的高低，所以也常称为扰动式火控系统和非扰动式火控系统为简易式火控系统。

### （一）扰动式火控系统

扰动式火控系统（Disturbed Fire Control System）属于综合式火控系统。扰动式坦克火控系统的系统结构图如图 1.8 所示。

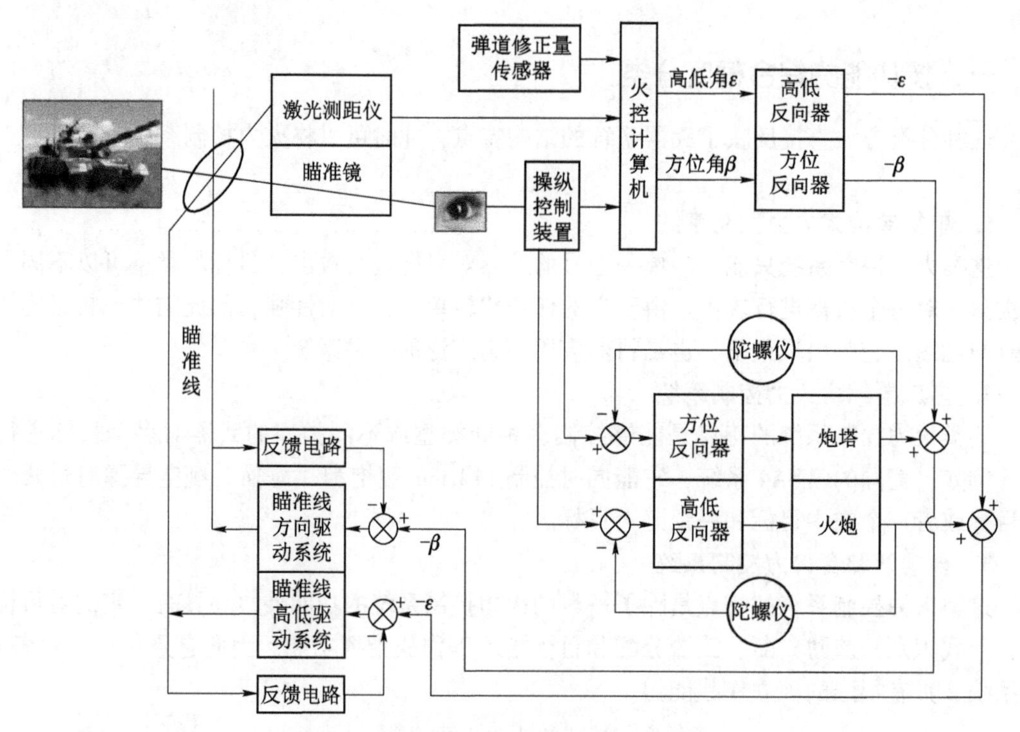


图 1.8　扰动式坦克火控系统结构示意图

在扰动式坦克火控系统中，瞄准镜和火炮采用四连杆机构刚性连接，或者以某种方式从动于火炮。静态时瞄准线的零位与火炮轴线是经过校准而一起对准目标的。炮手只有调动整个火炮才可实现瞄准线对目标的跟踪与瞄准。因此，瞄准线和火炮轴线是平行的，瞄准线随动于火炮。调节时，瞄准线偏移方向和火炮运动方向相反。

火控计算机综合计算出火炮相对于瞄准线在高低（俯仰）角 $\varepsilon$ 和方位（向）角 $\beta$ 的提前量后，首先进行装表，即将这一信息输送到瞄准线的驱动系统中，控制瞄准线偏移。其偏移量等于射角提前量的值，而偏移的方向则与射角相反，这一过程称为装表过程。当炮手发现瞄准线偏离目标时，又调动火炮使瞄准线重新对准目标，即赋予了火炮以应有的射角（赋予了提前量），射击准备即告完成。这种瞄准线从“偏离”到“重新对准”的过程，称为扰动过程，这就是扰动式火控系统得名的原因。因此在实战使用中，火炮每射击一次，炮长都要进行两次精确瞄准，目标产生一次扰动偏移。下面用图 1.9 解释一下这个过程。

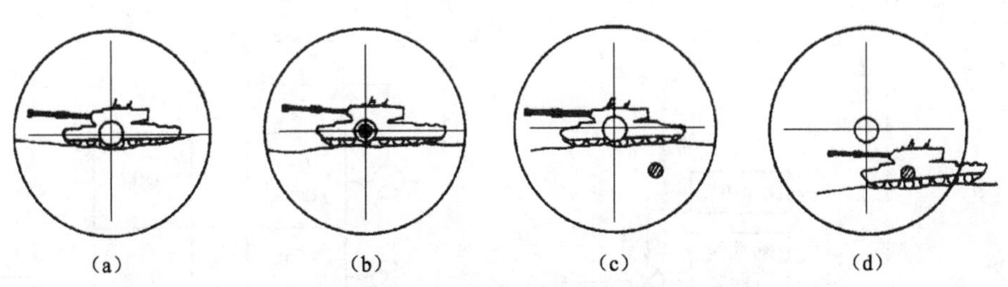


**图 1.9　瞄准射击过程示意图**

(a) 炮长用十字线压住目标，即捕获目标并开始跟踪；(b) 十字线对准目标，开始测距并出现光点；
(c) 计算机计算出高低角和方位角的射击提前角，并控制光点做相应偏移；
(d) 炮长用手控装置驱动火炮，使光点重新对准目标，并实施射击

当炮长捕获目标后，先用瞄准镜中瞄准线精确瞄准目标中心，然后用激光测距仪测定目标的距离，并在瞄准镜中产生瞄准控制光点。这个时间为 3 ~ 4 s，如图 1.9（a）、（b）所示。火控计算机根据测出的距离和传感器输入的目标角速度、火炮耳轴倾斜角等测量值计算出射击提前角后，送至瞄准线偏移装置，瞄准光点随之产生偏移——扰动偏移，该偏移量相当于射击提前角。这个过程为 1 ~ 3 s，如图 1.9（c）所示。随后炮长再次用瞄准光点瞄向目标中心，这时可立即射击。这个过程也需要 1 ~ 3 s，如图 1.9（d）所示。

扰动式火控系统分为手动调炮和自动调炮两种工作方式。采用手动调炮系统工作时，计算机算出的射击提前角只输给瞄准镜，炮长需要用手控装置调转火炮，使瞄准光点重新瞄准目标。采用自动调炮系统工作时，计算机算出的射击提前角，同时输给瞄准镜和火炮。

扰动式火控系统的优点是自动装定表尺，结构简单，成本低；缺点是系统反应时间长，容易产生滞后，动态精度差，操作难度较大。另外，由于火控系统中瞄准装置与火炮同步转动和坦克行进时车体振动对火炮稳定精度的影响，使得装有这种火控系统的坦克只能进行短停射击，不宜采用行进射击方式。

该类火控系统的典型代表是英国生产的 SFCS－600 型火控系统。国产 37A 火控系统则属于自动调炮型，该系统首发命中率为 50% 的距离约为 2 500 m，系统的最低反应时间为 5 ~ 10 s，平均无故障工作时间为 960 h。美国 M60A1、俄罗斯 T－64、德国豹 I 等坦克曾使用过这类火控系统。

### （二）非扰动式火控系统

非扰动式火控系统（Non－disturbed Fire Control System）中的瞄准镜与火炮仍为刚性连接，除了射击状态时，瞄准线与火炮轴线平行，如图 1.10 所示。

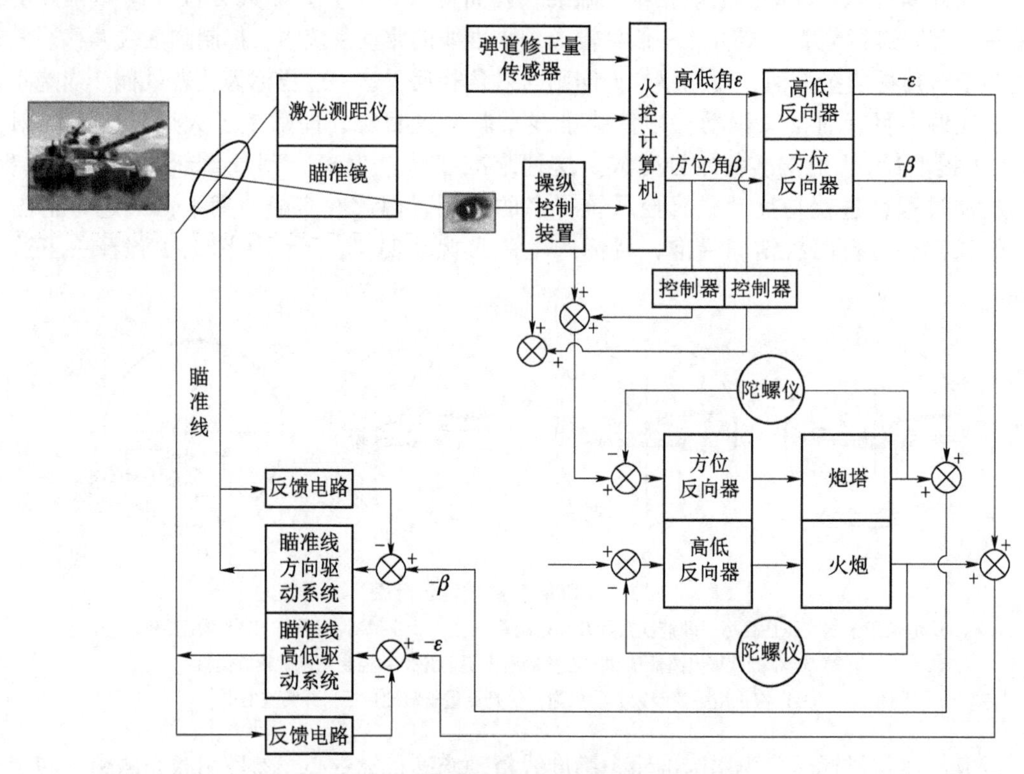


图 1.10　非扰动式坦克火控系统结构示意图

与扰动式坦克火控系统相比，非扰动式火控系统增加了一个调炮回路。非扰动式坦克火控系统工作时，从火控计算机输出的射击提前角信号同时送至瞄准镜和火炮的传动装置，使火炮自动调转到提前角位置上，而瞄准镜中反射镜朝相反方向转动同样的角度。由于瞄准线和火炮轴线同时受射击提前角信号的控制，并朝相反方向以同一速度移动，瞄准线和目标之间的相对运动速度等于零。因此，瞄准线就能始终对准目标，火炮却已经调转到预定的提前角射击位置上。在整个瞄准过程中炮手无扰动感觉，所以被称为非扰动式火控系统。需要指出，火炮的精确调动，最后仍需由炮手予以校准。

非扰动式火控系统是在扰动式火控系统的基础上发展而来的，其优点是结构比较简单，系统反应时间较短，跟踪平稳性好，操作简便；但它同样受火炮不容易稳定等因素的影响，因此也不适宜采用行进射击方式，而仅适于采用短停射击方式，即“静对静”或“静对动”射击。

非扰动式火控系统的典型代表是 1973 年比利时和美国合作研制的“萨布卡”火控系统。

（三）指挥仪式火控系统

指挥仪式火控系统（Fire Control System with Director）在性能上较扰动式和非扰动式火控系统有了巨大的进步，其最大的特点是瞄准线与火炮分离，并有独立的瞄准稳定装置。使用这种火控系统的显著特征是：当炮手从处于行驶状态的坦克瞄准镜向外观察时，视场中的景物几乎是不动的，所以又把这种火控系统称为“稳像式”火控系统。我国也已经在 80 系列和最新研制的主战坦克上装备了指挥仪式火控系统。炮手瞄准时，通过操纵控制装置，使瞄准线始终对准目标，火炮不再受炮手的直接控制，而是随动于瞄准线。此时系统不需要装表，火控计算机所解算出的射击诸元信息将直接送到火炮控制系统进行射角的精确装定，不会再因为装定表尺而对瞄准线产生扰动。目前世界上所有性能先进的主战坦克均安装指挥仪式火控系统。

指挥仪式火控系统的结构示意图如图 1.11 所示。

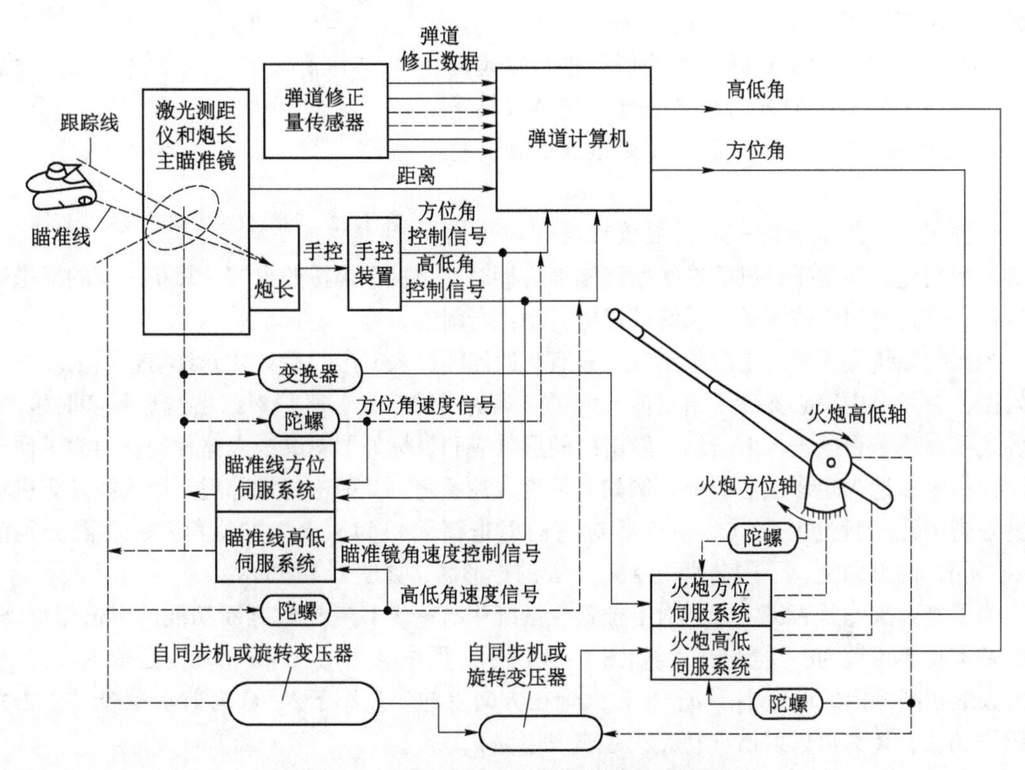


**图 1.11　指挥仪式火控系统的结构示意图**

**1. 工作原理**

使用指挥仪式火控系统进行目标跟踪瞄准时，炮手用手控装置（如操纵台）驱动瞄准线，使瞄准线始终跟踪、瞄准目标并进行测距。火炮则通过自同步机（或者旋转变压器）和火炮伺服机构随动于瞄准线。火控计算机计算出的射击提前角，只输给火炮和炮塔伺服装置，使火炮自动调转到射击提前角的位置上。瞄准线则依然保持跟踪瞄准目标。这时，系统中的火炮重合射击装置（即重合射击门电路）在火炮到达射击提前精度范围后，装置自动输出允许射击信号。若此时炮手已按下发射按钮，火炮便能自动发射。

**2. 稳定和控制方式**

在指挥仪式火控系统中，瞄准镜和火炮分开安装。采用了瞄准线和火炮各自独立稳定的瞄准控制方式。瞄准线作为整个系统的基准，火炮随动于瞄准线。这正是本系统的最大优点，即瞄准线可以达到一个高精度的稳定状态，因为稳定一个光学元件要比稳定整个火炮要容易得多，可以实现行进间对运动目标的射击。常见的稳定瞄准线是通过陀螺仪稳定瞄准镜中的反射棱镜来实现的。如图 1.12 所示为陀螺仪稳定瞄准线的原理图。

瞄准镜的壳体通过四连杆机构与火炮相连，因而其机体仍将随火炮的俯仰而俯仰，亦随炮塔的转动而转动。但在瞄准镜内部安装了一个双自由度陀螺仪，并在转子轴的一端固定着一个 120°的棱镜，当瞄准线因各种干扰在高低方向和水平方向上发生偏转时，由于陀螺仪在高低方向和水平方向上的定轴性，可通过 120°棱镜对瞄准线的偏移进行精确的修正，保证了瞄准线的方向始终平行于陀螺仪转子轴（即指令轴）线的方向，实现了瞄准线的独立稳定。

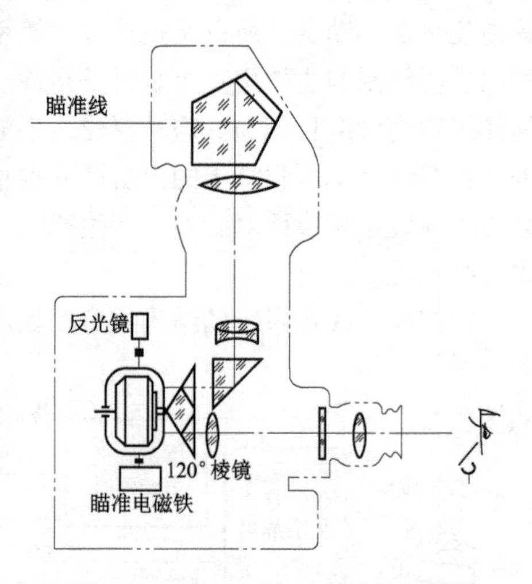


**图 1.12　陀螺仪稳定瞄准线的原理图**

指挥仪式火控系统的控制过程较扰动式和非扰动式有所简化，当炮手控制瞄准线始终瞄准目标时，炮控系统按照火控计算机解算的射击诸元控制火炮达到射击位置后，系统就可以自动进行射击。

当火控系统设置有射击门控制时，只有当武器线进入射击门后，才允许射击。因而，一旦射击，首发命中率必然大于给定值。为了实现射击门控制，必须对武器线进行实时检测，以确定武器线是否已进入射击门。射击门的形状应和目标外形轮廓线大体相似，但为了便于检测，一般多选为矩形或椭圆形。例如，坦克火控系统，其射击门大都规定以火控计算机输出的射击诸元（理论上应以命中点所对应的射击诸元）为原点，方位角左、右限分别为 $-a$、$+a$，高低角上、下限分别为 $+b$、$-b$ 的矩形区，如图 1.13 所示。

为了判断火炮是否进入允许射击位置，系统中有一个具有逻辑判断功能的射击门电路，它的基本功能可视为一逻辑与门，如图 1.14 所示。图中 A、B、C 和 R 均为逻辑量，其中：A 为火炮在高低向的误差小于 $a$；B 为火炮在方向上的误差小于 $b$；C 为射击命令（由击发按钮）给出；R 为可以射击（接至火炮击发电路）。

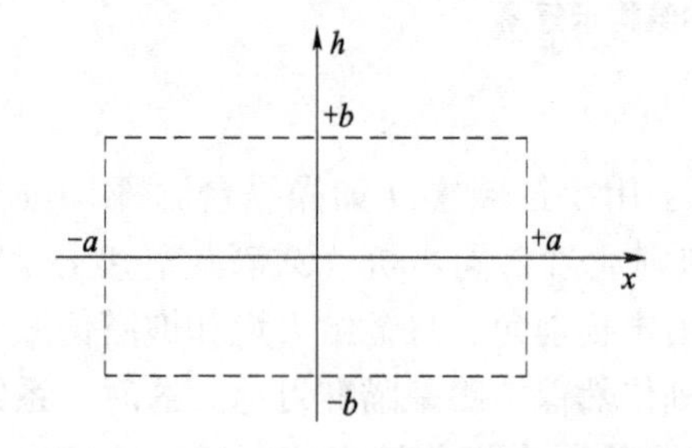


**图 1.13　坦克火控系统矩形射击门示意图**

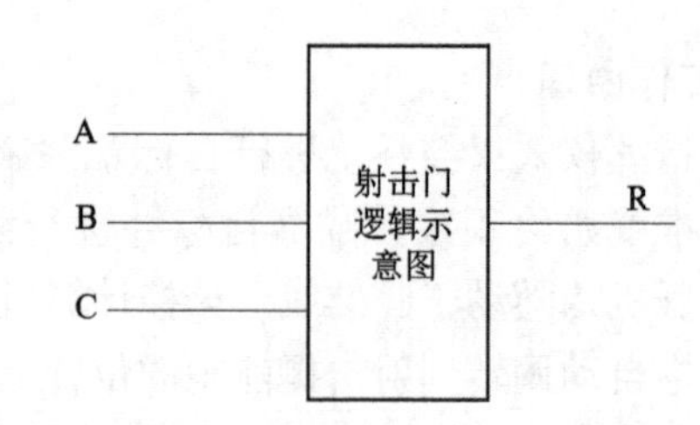


**图 1.14　坦克火控系统射击门电路逻辑结构示意图**

**3. 指挥仪式火控系统的分类**

指挥仪式火控系统在实际应用时，可以分为以下三种：

（1）指挥仪式，它是这类火控系统的基本型。在美国 M1、德国豹Ⅱ、俄罗斯 T－72 等主战坦克上采用。

（2）指挥仪—猎歼式，这种火控系统由车长负责发现目标，交给炮长后再去搜索新目标，炮长负责跟踪、瞄准、射击目标，整个系统反应时间为6~8 s，在美国M1A1、德国豹ⅡA6、法国“勒克莱尔”等主战坦克上采用。

(3) 自动跟踪指挥仪—猎歼式，这种火控系统在乘员识别目标后，可自动控制瞄准镜跟踪目标。同时，它还可以消除车体及人工操作不稳定导致的跟踪目标的误差，进一步缩短反应时间和提高命中率。在日本90式、以色列“梅卡瓦”MK4主战坦克上采用。

另外一种具有自动搜索、识别、跟踪等多种功能的指挥仪—猎歼式火控系统也已经研制成功。

**4. 指挥仪式火控系统的特点**

指挥仪式火控系统具有以下优点：

(1) 瞄准线稳定精度高。一般达0.2密位（mil）左右。这是因为指挥仪式火控系统稳定瞄准镜中一个光学元件要比扰动式或非扰动式火控系统稳定整个火炮要容易得多。

(2) 系统反应时间短，操作容易。由于火炮稳定效果的改善，加快了炮手在行进间对目标的捕捉、跟踪、测距、瞄准操作，因此缩短了系统的反应时间和连续射击的间隔时间，提高了坦克火力和火力机动性。

(3) 行进间首发命中率高。因为在系统中采用了重合射击门电路技术。

指挥仪式火控系统也存在着明显的缺点：静止状态下射击首发命中率低于扰动式火控系统，因此，某些坦克安装了指挥仪和扰动式两套火控系统，并采用了“工作方式切换”装置，可使火控系统在行进射击时采用指挥仪方式工作，在静止射击时采用扰动式方式工作，以达到充分发挥坦克火力的目的。但其系统的结构复杂，成本高。

### (四) 目标自动跟踪式火控系统

目标自动跟踪式火控系统是由指挥仪式火控系统和目标自动跟踪器相叠加所形成的全新火控系统。其基本原理是在独立稳定的瞄准线控制系统的前端又前置了一个跟踪线的控制系统。其典型结构示意图如图1.15所示。

目标自动跟踪器以对目标运动图像的分析为基础，目标以20 ms（或40 ms）为周期可随时探测出目标的位置及运动参数等信息，并以这些信息为基础对瞄准线进行自动控制，从而实现了瞄准线对目标的自动跟踪。

由于目标自动跟踪火控系统既减轻了乘员的劳动强度，又可提高跟踪精度，还能高速高精度地测量出目标的有关信息，使火控系统的总体性能得到了明显提高。因此已成为当前现役坦克火控系统的主流形式。

坦克火控系统在引入数字式火控计算机后，火控系统从注重解决弹道与命中问题的解算任务发展到注重控制功能上，为了方便分析与交流，人们称跟踪线、瞄准线和火炮轴线为火控系统的控制主线。坦克火控系统沿控制主线发展的示意图如图1.16所示。图1.16清楚地反映出了30多年来坦克火控系统沿控制主线的发展过程。

扰动式火控系统和非扰动式火控系统均为简易火控系统，其特点是瞄准线从动于火炮轴线，如图1.16（a）所示。当光电技术发展到可实现瞄准线的独立稳定时就可以称之为指挥仪式火控系统，它实际上是在火炮控制系统的前端前置了一个瞄准线的控制系统，如图1.16（b）所示。当计算机图像跟踪技术发展到可在瞄准线前端前置一个跟踪线的控制系统时，就形成了目标自动跟踪式火控系统，如图1.16（c）所示。

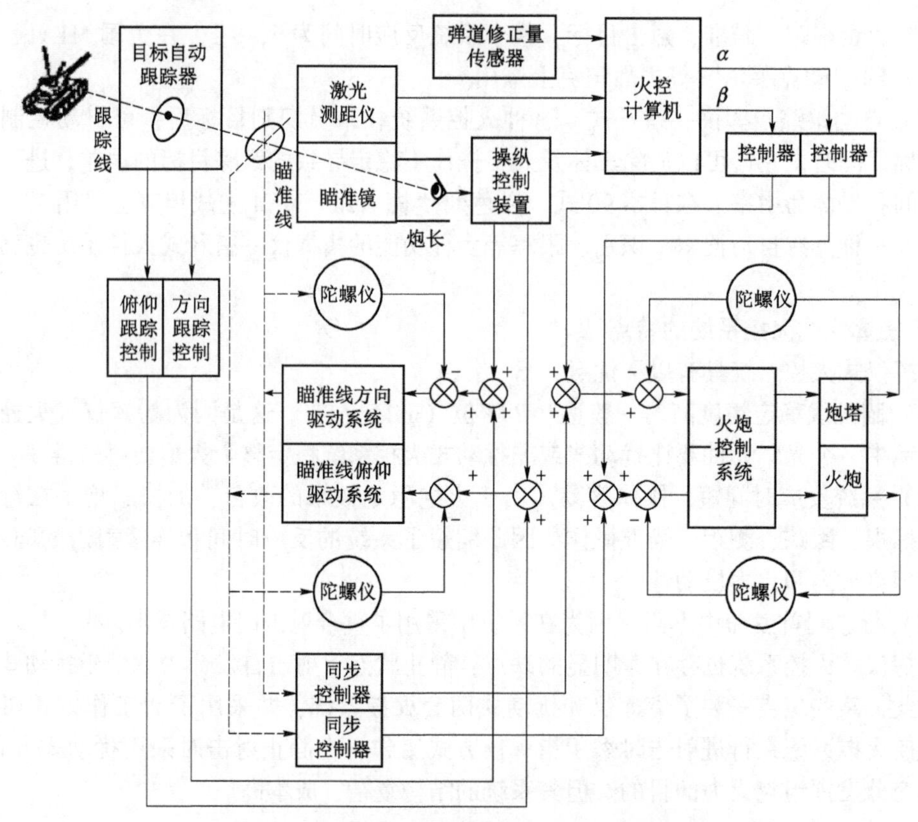


图 1.15　目标自动跟踪式火控系统结构示意图

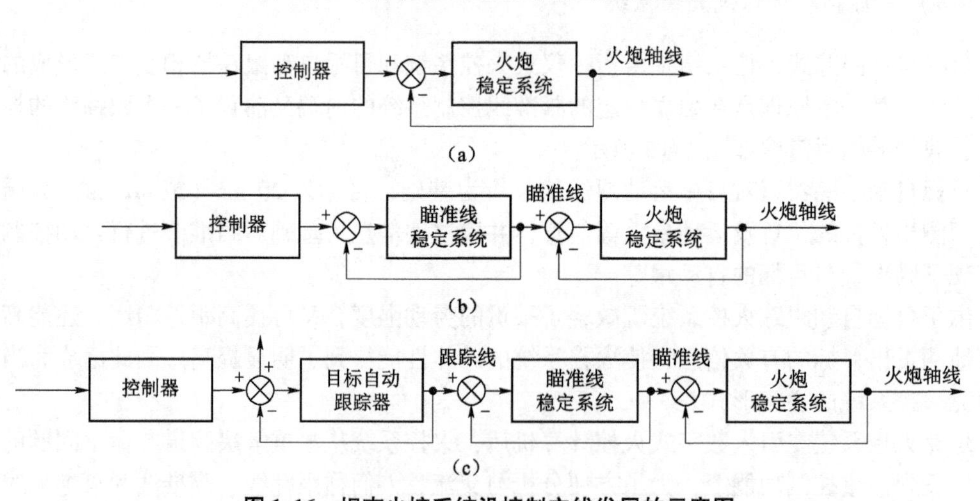


图 1.16　坦克火控系统沿控制主线发展的示意图

(a) 简易式火控系统；(b) 指挥仪式火控系统；(c) 目标自动跟踪式火控系统

## 四、其他分类方式

火控系统按其控制的对象分类，有：火炮火控系统、火箭火控系统、导弹火控系统、鱼雷火控系统、水雷火控系统、炸弹火控系统等。就火炮火控系统而言，又可分为地炮火控系统、高炮火控系统、舰炮火控系统、航炮火控系统等。

火控系统按其服役的军种分类，有：地面火控系统、舰船火控系统、航空火控系统。

其中陆用火力控制系统按其被控兵器又可分为：防空兵器火力控制系统、突击兵器火力控制系统、压制兵器火力控制系统、战术制导兵器火力控制系统、弹炮结合兵器火力控制系统和轻武器火力控制系统。其中，防空兵器火力控制系统又可细分为：牵引高炮火力控制系统、自行高炮火力控制系统、战术地空导弹火力控制系统和防空弹炮结合火力控制系统。突击兵器火力控制系统又可细分为：坦克火力控制系统、步兵战车火力控制系统、自行反坦克炮（导弹）火力控制系统。压制兵器火力控制系统又可细分为：牵引式榴弹炮、加农炮、火箭炮火力控制系统，自行式榴弹炮、加农炮、火箭炮火力控制系统和战术地地导弹火力控制系统。

火控系统按载体与目标运动状态分类，有：停止间对固定目标射击的火控系统、停止间对运动目标射击的火控系统、行进间对固定目标射击的火控系统、行进间对运动目标射击的火控系统。

火控系统按控制的目标函数分类，有：首发命中体制的火控系统、全射击过程毁伤体制的火控系统。

火控系统按控制原理分类，有：示踪法火力控制系统、开环火力控制系统和大闭环火力控制系统。

火控系统按是否自动校射分类，有：自动校射的闭环火控系统、不自动校射的开环火控系统。

火控系统按探测跟踪目标的技术手段分类，有：光学火力控制系统、光电火力控制系统、雷达火力控制系统。

火控系统按弹头（战斗部）是否受控分类，有：制导武器火力控制系统和非制导武器火力控制系统。

这里涉及的一些概念或后续出现的未经解释的概念，读者可参阅《兵器工业科学技术辞典》火力控制分册。

## 第四节 火控系统的发展概述

### 一、火控系统的发展历程

古代的先民们从抛掷石块、投掷标枪直到用弓发射箭镞，实践使他们认识到，欲命中静止的猎物或敌人，出箭的方向必须高于观目方向；而当猎物或敌人运动时，出箭的方向还得在方位上超前于观目方向。实践还使他们认识到，多人、多次的连续投射，会增加命中猎物或敌人的机会与射杀的效果。在冷兵器时代，抛、投、射的准确性靠的是个人经反复训练后，亲身体验所获得的技巧。而对抛、投、射的组织与实施则完全取决于指挥者的能力与经验。

我国西周时代（公元前 1066 年—公元前 770 年），贵族子弟的六种必修课：礼、乐、射、御、书、数，已将射箭这一技艺列为第三，受到社会的重视。然而，只有在以火药为推力的热兵器出现以后，特别是射弹散布小的火炮出现之后，对火力控制才有了确实的需求；只是在空气弹道学、滤波与预测理论形成之后，研制火控系统才有了真正的可能。而指控系统则是在大量装备了具有火控系统的武器后，为了保证这些武器协同作战，尽可能地发挥它们毁伤目标的效能才出现的，目的是提高作战指挥效能。

火控系统的发展是随着电子技术的发展而发展的，特别是计算机技术的发展，极大地推动了火控系统的发展。简要地总结一下，火控系统的发展经历了如表 1.1 所示的四代发展阶段，目前主流火控系统都是四代火控系统，但是还存在大量的二代、三代现役装备，因此研究和掌握各个时期火控系统结构的特点和特征，为进行数字化、信息化改造奠定基础。

**表 1.1　火控系统的发展**

| 发展阶段 | 第一代 | 第二代 | 第三代 | 第四代 |
|---|---|---|---|---|
| 测距方法 | 目视测距 | 光学方式测距 | 激光测距 | 激光测距 |
| 弹道计算装置 | 分划板 | 分划板 | 模拟计算机 | 数字计算机 |
| 射角装定方式 | 手动装定 | 动力装定 | 自动装定 | 自动装定 |
| 随动系统 | 手动或动力 | 电力或液力传动 | 电力或液力传动 | 电力或液力传动 |
| 瞄准仪器 | 可见光瞄准镜 | 可见光瞄准镜 | 昼、夜瞄准镜（夜视多为主动式） | 多功能的综合瞄准镜（夜视为被动型） |

尽管火控系统的发展大体可分为四代，但是世界上已经出现了各种各样的火控系统。从第一次世界大战前出现的简单光学瞄准具发展成今天综合性的多功能火控系统，经历了从低级到高级，从简单到复杂的演变过程。

**1. 准星、照门与表尺**

将一个 Λ 形准星固定于武器身管前端，将一个 U 形照门固定于武器身管后端。如果照门高而准星低，当射手调整身管，使照门、准星与目标三点成一线时，则武器线相对于瞄准线必然抬高一个角度。这种仅有准星与照门的瞄准装置是瞄准具的雏形。

由于它仅能提供一个固定的抬高角，当弹药不变时，仅能对一个特定距离上的目标实施精确射击。

为了能对不同距离上的目标均能实施精确地射击，一种被称为表尺的装置被置于照门的位置，而将一个可滑动的照门置于表尺之上。表尺上刻有代表不同射程的刻度。按目视估计的距离，移动表尺上的照门，便可精确地射击不同距离上的目标。

这是用于直瞄武器射击的最简单的瞄准具，它在步枪上一直沿用至今。

**2. 光学瞄准具**

由光学望远系统构成的、置于表尺位置上且高低与方向均可调整的光学瞄准具是表尺装置的进一步发展。它的出现不仅增加了瞄准距离，而且使间接瞄准成为可能。第一次世界大战期间出现了白昼使用的可见光瞄准具，第二次世界大战期间出现了主动红外夜间瞄准具，当代的发展重点则是被动的微光、热成像瞄准具。无论是准星—表尺机构还是光学瞄准具，都要求装定目视测得的目标距离，目视测距是最原始的测距方法，误差很大，而且与人员及训练程度有密切关系。后来相继出现了光学（基线合影、标杆）测距、雷达测距与激光测距。

**3. 向量瞄准具**

向量瞄准具是最早出现的高射炮对空射击控制装置。它是依据炮位点、目标现在点、命中点三点组成的命中三角形所构成的比例缩小的机械式几何仿真机构。命中三角形的第一边是瞄准矢量，其方向由跟踪目标的瞄准镜光轴方向决定，而其大小根据测距仪测定的炮目距离，通过距离装置由手轮装入；第二边始终与武器线保持平行；第三边表示提前量，其大小与方向由人工装定的目标航速、航向角以及弹道因重力而导致的下降量所决定。

由于目标航速、航向角、距离均由人工估计与装定，其射击精度很低。现在仅在某些老装备上使用。

**4. 机械式指挥仪**

机械式指挥仪是在第二次世界大战前和大战期间出现的，主要用于高炮火控系统，主要由雷达、机械式模拟指挥仪组成。如苏联的COH2雷达、1型～4型指挥仪组成的火控系统，美国的SCR268或SCR584、M1～M4型指挥仪等组成的火控系统。其特点是雷达、指挥仪、火炮之间的信息传递不能自动化，指挥仪为机械模拟式。

**5. 机电式指挥仪**

机电式高炮指挥仪最早出现于第二次世界大战中的德国防空部队，代替了过去的机械式指挥仪。这是一种以机电模拟式计算机为核心的、自动化的火力控制系统。它主要由搜索与跟踪目标的雷达或光学测距仪、求取目标运动速度的微分运算放大器、解算射击诸元的机电随动系统、传输数据的自整角机同步装置、驱动火炮与引信测合机的随动系统等组成。如苏联的COH9A雷达-6型指挥仪，美国的M4～M10雷达指挥仪火控系统等。其主要特点是雷达、指挥仪、火炮之间实现了数据传递自动化，减少了火控系统的反应时间，提高了射击精度，此时的指挥仪为机电或电子模拟式。

**6. 晶体管化指挥仪**

20世纪60年代，人们将晶体管技术应用到指挥仪的研制中，主要应用了晶体管、集成电路、微型机电组件，改善了各项技术性能，发展了雷达、光学仪器、指挥仪、火炮合为一体的自行火炮武器系统。如苏联的四管23 mm（2CY-23-4）自行高炮火控系统，美国的伏尔肯（Vulcan）自行高炮火控系统。该类火控系统的特点是小型化、自行化、灵活机动性好，指挥仪实现了晶体管化。

**7. 数字式火控系统**

首先应用于弹道计算的通用数字计算机于20世纪40年代诞生于美国。随着数字式电子计算机小型化、微型化技术的飞跃发展，从20世纪50年代初开始，武器系统中的数字处理与运算任务均改由小型、微型数字计算机承担。机电式指挥仪、晶体管化指挥仪现已退出研究与生产的舞台，但是还有一些装备在服役中。

人们首先比照机电模拟指挥仪的功能，将机电模拟指挥仪数字化后，形成数字式指挥仪，又称为数字式火控计算机，现在广泛装备于各国部队。相应的火控系统又专称为数字式火控系统。随着数字计算机集成度与运算速度愈来愈高、价格愈来愈低，大量的数字计算机被应用于武器系统之中。为了使这些计算机能互相交换信息，多点、异种的计算机通信被广泛地应用，但是，这种计算机通信难以规范。随着数字技术与数字通信网络技术的进一步提高，可用一部计算机或一个规范的计算机网络完成武器系统中的所有数据处理、策略形成任务，从而出现了集火控、制导、导航于一体的武器综合控制系统。

**8. C4ISR系统**

我国古代边堠上难以数计的狼烟堆应该说是最古老的长距离快速报警系统，而真正意义上的军用通信系统则是在有线与无线电发送与接收机发明以后才出现的。20世纪60年代初，美军开始建设战略级、战区级和战术级全球军事指挥控制系统。在从 C2（Command and Control，指挥与控制）系统到 C3（Command Control and Communication，指挥、控制与通信）系统的起步期内，由于系统建设基本上是由各部门、各军种各自负责，分散进行的，以及采用的计算机技术是基于 20 世纪 70 年代的水平等多种原因，系统存在许多缺陷，主要有：三军系统不能互联、互通；系统综合能力差，不能提供准确的情报和作战毁伤评估；预警探测、指挥控制、情报处理速度慢；综合识别能力不够；采购、使用、维护和改进费用都很高，经济上难以承受等。因而，美军认为这种体系结构的 C3 系统已不能满足当今联合作战的要求，更不适应未来信息化战争的需要。为此在 1977 年首次把情报（Intelligence）作为不可缺少的要素，融入 C3 系统，形成了 C3I（Command Control Communication and Intelligence，指挥、控制、通信与情报）系统，此举创立了指挥、控制、通信和情报不可分割的概念，确立了以指挥控制为核心，以通信为依托，以情报为灵魂的一体化综合电子信息系统体制，反映出美军信息化建设在观念和认识上取得了新的突破。

从 1989 年开始，由美国带头对其“烟囱”式的指挥自动化系统进行改革，重点发展一体化指挥自动化系统。美国国防部于 1991 年将原来的 C3I 系统（指挥、控制、通信和情报）扩展为指挥（Command）、控制（Control）、通信（Communication）、计算机（Computer）和情报（Intelligence）系统（简写为 C4I 系统），确立了计算机在作战指挥过程中的地位。而后，于 1995 年提出了更广泛的一体化 C4I 系统的新概念，这一新概念简写为 C4I。它把传统的指挥、控制、通信、计算机和情报的范围扩展到反情报、联合信息管理和信息战领域。1997 年将监视（Surveillance）和侦察（Reconnaissance）与 C4I 系统合并，并改写为 C4ISR，计划建成一体化的 C4ISR 系统。它将战场信息获取与信息处理、传输和应用结合为一体，并隐含有电子战、信息战的功能，形成了完整的综合电子信息系统的概念。美国防信息系统局和国防高级研究计划局已着手研制用于国内反恐怖斗争的 C4ISR 系统。

**9. 综合电子信息系统**

1991 年的海湾战争宣告了由数字化部队进行的信息化战争时代的到来。这是一种依托于大量先进技术装备的作战体系之间的对抗，其特点是：分散配置、统一指挥、快速反应、机动作战、隐蔽突然、准确打击。为了保证这一目标的实现，战区（全球或区域）综合电子信息系统被建立起来。它的一个重要功能是：将战区内的所有各类武器平台（飞机、舰船、车辆、导弹、单兵与分队）作为终端，用统一的数字无线通信网络将它们连接成为一个作战体系，在所有武器平台上完成指挥、射击、驾驶、通信任务。执行机构也不再分成各个独立的子系统，而是按战区综合电子信息系统的需求和规范，建立各种武器平台综合控制系统，并在战区综合电子信息系统的统一管理与控制下，共同完成战斗任务。

## 二、现代火控系统的发展

上面对火控系统的发展分为了四代，但是各个代与代之间的界限不是很清晰，也有交叉的地方。于是人们以 1990 年为界，把 1990 年之前研制成功的火控系统称为传统火控系统，把 1990 年之后研制成功的火控系统称为现代火控系统。

1990 年之前传统火控系统的特点为：简易火控系统；测距方式为光学方式，常用激光测距仪进行测距；装定分划由手动发展成自动装定分划；瞄准镜由可见光光学瞄准镜发展成为三光合一的夜视瞄准镜；火控计算机由模拟式逐渐发展成为数字式计算机，功能由弹道解算转变为弹道解算和综合控制。该类型的典型代表：坦克光电火控系统，P87 指挥仪等。

1990 年之后研制成功的火控系统称为现代火控系统。现代火控系统以突出系统总体功能和性能为特点，大致可以分为三个阶段：模块化火控系统（1990—2000）、总线式火控系统（2000—2010）和网络化火控系统（2010—）。

## 三、火控系统发展展望

处于 20 世纪与 21 世纪之交的现代人，不仅久违了冷兵器对打的作战模式，且即将告别热兵器对抗的作战模式，而不得不接受以数字化武器装备的部队实施信息化战争。火控技术的发展必须适应这种新的作战模式，以取得信息化战争的胜利。在新的作战模式下，火控的发展趋势是综合化、信息化、智能化、模块化、隐身化。

### 1. 综合化

火控技术综合化的内涵非常丰富。首先，武器系统中的各种控制系统，即火控系统、制导系统、导航系统、通信系统和车辆管理系统，将统一为武器综合控制系统。各个武器的综合控制系统又作为各级综合电子信息系统的终端，被纳入全战区统一指挥、协同作战的作战体系之中，以实现“分散、隐蔽的配置，统一、集中的指挥，机动、快速的反应，突然、准确的打击”这一战术技术要求。

为实现上述要求，传统的、以单项控制任务为中心的总体技术，如火控总体技术、指控总体技术、制导总体技术等，已不能适应这些新要求。需要的是集现代电子、光学、控制、计算、通信与信息技术成果于一体的综合控制总体技术。综合电子信息技术必须优先得到发展。

再就武器控制而言，已从控制单个武器或多个相同武器对同一目标、用相同诸元实施射击，发展为控制不同类型的众多武器有计划地对多个目标、用不同诸元实施射击。这种射击技术正在趋向成熟，例如对空防御，现代的空中目标有高速的导弹、高机动的飞机、随遇悬停的直升机，甚至还有空降兵，而防空武器除高炮、防空导弹，还有飞机。

为了充分发挥武器效能，全局性的技术，如防空反导总体技术、区域防空综合电子信息系统总体技术均有待提高；而局部性的技术，如炮射导弹控制技术、炮挂导弹火控技术、利用导航改善射击条件的技术也急需发展。此外，除常规的集火射击外，拦阻射击、分布式射击、饱和射击、同时起爆射击等新的射击体制也有待提高。

现代科技的发展非常迅猛，将最新科技成果尽早地引入武器系统和作战指挥中，是促进综合化的重要举措。

### 2. 信息化

用综合电子信息系统将所有武器系统（作战平台）连接成为一体的作战体系能够正常运转，其基础是先进的通信与信息技术。计算机软、硬件突飞猛进的发展为其提供了条件。当代的信息处理都是在数字计算机或数字计算机网络上进行的。因而，建模理论首当其冲。没有数学模型，计算机及其网络将无所作为。有关火控、指控的方案论证、系统设计、控制与管理，如欲取得进展与开拓，首先必须建立先进的模型。当然，信息的录取与传递亦是重要问题，但这主要是设备的选取问题，而信息的利用却必须从建模开始。多台站、多频谱的信息融合技术是取得全面、可靠信息的关键技术，当属优先发展之列。

为保持继承性与充分利用前人的先进经验与技术，建立开放式的火控、指控程序库也是必要的。除研制先进的信息化系统之外，为使现有装备纳入综合电子信息系统之中，对现有装备进行信息化改造也是十分必要的。

**3. 智能化**

智能化系统是指：在无人干预的情况下能自主地驱动系统实现控制目标的自动控制系统。历史上，曾经把许多复杂的、难以建模的、不便用常规的控制理论去进行定量分析与设计的系统，引入经验知识，采用定量与定性相结合的控制方法去实现控制，这种系统被认作智能化系统。由于战场环境复杂，武器运用条件变化多端，人们很自然地将智能化技术引入武器系统之中。火控系统、指控系统，乃至更广泛的武器综合控制系统、综合电子信息系统的智能化，意味着：

（1）寻求一类满意的估计与控制策略，保证所有战术与技术指标均能得到满足。也就是说，对武器系统的设计，不是追求单项指标的最优，而是追求多项指标的满意。

（2）当外界环境发生变化时，要随时调节系统结构与参数，或者改变估计与控制策略，以保证系统处于满意的工作状态。

（3）实际的经验必须升华为系统的理论，以严谨的理论指导系统的研制。武器系统的验收指标是非常明确的，但它所运用的条件与环境却是游移不定的，特别是在战斗进行之时，信息不但难以完备，甚至是虚假的。为了解决这一矛盾，系统的鲁棒性与抗干扰性必须有明确而满意的指标。

日新月异的智能控制理论与技术必须尽快融入武器控制工程之中。

**4. 模块化**

模块化是指系统的信息流程（软件）与物理结构（硬件）在规范化与标准化下的分块化。有了这些规范与标准的模块系列，可以根据战术技术要求构成不同用途的火控与指控系统。

模块化技术的实现，为增补新的模块以改善系统性能提供了可能。而以这种技术研制的所谓“开放式系统”为加快研制周期、降低研制经费奠定了技术基础。

对火控与指控系统而言，欲实现模块化设计，首先应对模块化技术实施进行总体规划，继而组织力量按递阶式大系统的规范将其分解成金字塔式的模块系列，最后以分工合作方式逐步完成这一技术。

**5. 隐身化**

在各类精确打击制导武器威胁下，不暴露自己是保卫自己有生力量的最有效方式。对火力控制与指挥控制系统而言，由于其本身是多种技术的综合体，因而相应的隐身技术也就多种多样。

（1）电磁隐身。为防止反辐射导弹对雷达攻击，具有低截获概率的连续波随机码雷达、以检测被目标扰动的天波为手段搜寻目标的被动雷达将会日益得到发展。而以交汇测量为手段的光电被动观测亦极有发展前途。以小功率观测器材组成的观测网络，将降低单体的被截获概率，从而提高整个系统的安全性。其思路是：不求单个观测器材功率大、作用距离远，而使用多个功率小、作用距离近的观测器材，分散地配置在某一区域内构成完整的观测网络，利用数据通信系统传递目标信息。

（2）热隐身。随着热成像器材和热隐身器材的广泛应用，热隐身技术变得愈来愈重要。汽油、柴油发电机和激光发射源等，是控制系统的主要热源。除尽可能降低其功率外，如何开发热隐身技术将是一个重要课题。

(3) 信息隐身。即通信保密技术，这里只说明一点，利用混沌状态的信息隐藏技术是极具发展前途的技术。

火控与指控系统是兵器系统的一个重要组成部分，为了不被敌方各种侦察设备和手段发现，除了上述的隐身技术外，还应综合考虑光隐身技术、声隐身技术、伪装技术等，从而开发出一套综合隐身技术。为保护指控与火控系统，配备光、电、声、磁、热等强干扰设备对敌方实施干扰也是十分必要的。使火控与指控系统具有电磁攻击能力也是十分必要的。未来的火控与指控系统的电磁攻、防能力将是一项重要的战术技术指标。

# 第二章
# 目标位置的描述

◆ **学习目标**：学习和掌握火控系统常用的坐标系，目标位置的描述问题。
◆ **学习重点**：火控系统目标位置的描述问题。
◆ **学习难点**：火控系统坐标转换。

对于火控系统而言，要解决的问题是解算武器弹丸发射的方向、时机、密度和持续的时机等。简单地说就是要确定攻击过程中载体、弹丸和目标三者之间的正确的相互位置和运动关系，以使武器弹丸能命中目标。

通常可以将载体、弹丸和目标看作是空间中的一个质点，以空间点的位置和运动来描述。空间点的位置和运动是相对一定的坐标系而言的。在分析和计算火控中的有关问题时，往往会涉及几个不同的坐标系，因此，空间点的位置和运动在不同坐标系中的描述及变换问题，是火控计算中遇到比较多的一个问题。此外，同一火力控制问题，选取不同的坐标系来描述，载体、弹丸和目标三者的位置坐标和运动方程的形式是不同的，但是绝不会因为所选取的坐标系不同而得到不同的火力控制结果。因此对于一个确定的火控系统问题而言，可以任意选取不同的坐标系进行研究。

需要指出的是，所选取的坐标系不同，载体、弹丸和目标的位置坐标和运动方程的形式是不同的。数学模型不同，求解的方法和难易程度也不同，甚至会影响到系统的结构、机构，因此应当选取适当的坐标系来描述火力控制问题。

本章主要介绍火炮武器系统火力控制原理中涉及的主要坐标系及其相互转换的原理和方法，目标在不同坐标系下位置坐标的描述。

## 第一节 火控系统常用坐标系

描述一个空间质点的位置和运动方程必须选择一个坐标系，在坐标系里通常会采用距离和角度量描述一个点的位置，距离的起点为坐标原点，坐标轴和坐标面作为角度计量时的参考基准。这样由坐标原点、坐标轴、坐标面三个要素组成的坐标系就可以作为描述空间点位置的基准。下面就介绍火控系统中常用的坐标系。

在火控系统中，选取直角坐标系、球坐标系、极坐标系、柱坐标系或混合坐标系来表示目标的位置信息。工程实践表明，坐标系的选取直接影响着火控系统状态变量，因而影响着状态方程和量测方程的结构，也影响着动态噪声和量测噪声的统计特性，从而对目标运动状态的估计产生影响。如何选择最佳坐标系呢？没有一个一般的理论方法，要靠经验，靠多方案的比较，靠对物理问题的洞察和掌握的程度，要靠对所提出的数学模型实现的难易的了解等。

## 一、惯性坐标系

惯性坐标系是牛顿在建立物体速度的变化与作用在物体上力的关系时采用的一种坐标系。它是绝对静止或做等速直线平移运动的坐标系，亦即没有加速度的坐标系。在这种坐标系中，牛顿建立了动力学基本定律，即牛顿的第一定律和第二定律。当然，这种绝对静止或严格做等速直线运动的惯性坐标系只是理论上存在的，在实际中是不存在的。它只是牛顿提出的一种假设。尽管如此，牛顿的基本定律仍然没有失去它的重要价值。

众所周知，物质的运动是永恒的，同时又很难找到一个严格地仅做等速运动而无加速度的物体，因此真正的惯性坐标系只是理论上存在的。人们曾以太阳中心为原点，以指向任意恒星的直线为坐标轴，组成日心坐标系。如果忽略太阳连同太阳系一起围绕银河系的 $2.662\times10^{-6}$ mrad/s 的转动角速度和 $2.4\times10^{-11}$ $g$（$g$ 是加速度的一种计量单位，用质量为 1 kg 的物体受到的力来表示加速度。）的向心加速度，则可以认为日心坐标系为惯性坐标系。又例如以地球的地心为坐标原点，3 个坐标轴指向恒星方向，不随地球转动；由于地球公转的周期是 1 年，平均向心加速度只有 $6.15\times10^{-4}g$，因此在研究地球表面附近物体运动时，这样小的向心加速度就可以忽略不计。在火力控制应用的工程领域正好满足这些要求，所以在解命中问题或使用陀螺装置测量和计算火控系统中的某些参数时，常常把地心坐标系作为惯性参考系。

下面介绍两个常用的有关地球的坐标系。地球坐标系和地理坐标系都是与地球固连的坐标系，它们随地球自转而转动，因此大地在这两个坐标系中是静止不动的。但是，它们的原点和坐标轴的指向是不同的。

**1. 地球坐标系**

地球坐标系是以地球中心为坐标原点 $O_e$，通常规定一个坐标轴为地球的旋转轴指向地球的北极方向，记为 $O_eX_e$ 轴；另外两个坐标轴 $O_eY_e$ 轴和 $O_eZ_e$ 轴在地球的赤道平面内，其中坐标轴 $O_eY_e$ 为赤道平面与格林尼治子午面的交线；坐标轴 $O_eZ_e$ 根据右手定则确定其方向。地理坐标系记为 $O_eX_eY_eZ_e$，如图 2.1 所示。

**2. 地理坐标系**

地理坐标系是以地球表面上的某一点为坐标原点 $O$，通常规定 $OX$ 轴沿原点纬线的切线方向，以向东为正；$OY$ 轴沿原点经线的切线方向，以向北为正；$OZ$ 轴垂直于过原点的水平面，以指向天顶为正。地理坐标系记为 $OXYZ$，如图 2.2 所示。

在现代火控系统中，地理坐标系是经常应用的一种坐标系。在该坐标系中，通常人为指定 $Y$ 轴为方位角的参考线，这就是大家常常听到的火控系统工作时要首先寻北，即要找到 $Y$ 轴的指向；$X$ 轴和 $Y$ 轴构成的水平面为方位角的参考面，过原点和 $OZ$ 轴的铅垂面为高低角（即俯仰角）的参考面，该铅垂面与水平面的交线为高低角（即俯仰角）的参考线。

地球坐标系和地理坐标系对现代火炮武器系统的火控问题来说，地球自转的影响微乎其微，完全可以忽略不计。因此，在火炮武器火控系统中，它们通常作为惯性坐标系来使用，工程实践表明可以完全满足工程需求。在这两个坐标系中，作为空间点载体、弹丸和目标的速度和加速度就可理解为“绝对速度”和“绝对加速度”，它们可以通过空间点的位置坐标或向量对时间求一次导数或二次导数获得。

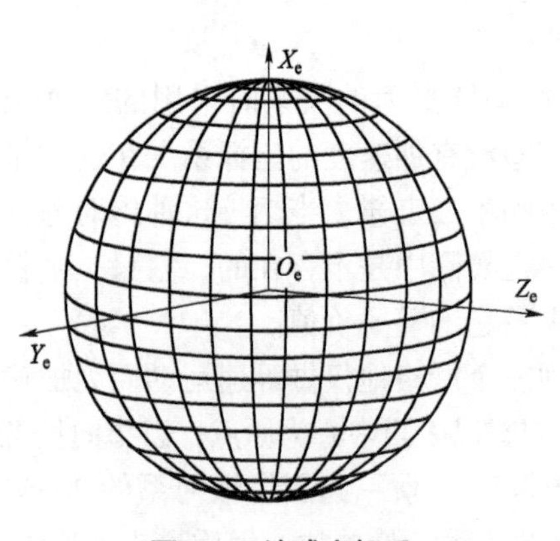


图 2.1　地球坐标系

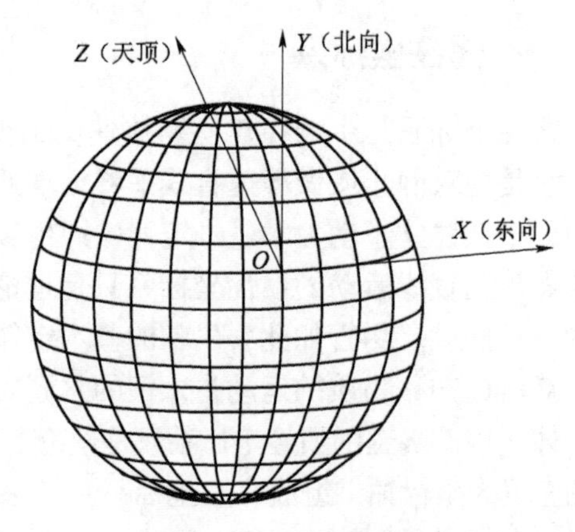


图 2.2　地理坐标系

## 二、非惯性坐标系

对于观察和研究的对象来说，如果坐标系运动的加速度不能被忽略，那么该坐标系就只能作为非惯性坐标系。这种非惯性坐标系在日常生活和科学技术实践中是大量存在的。例如，在火炮火控系统中，采用的非惯性坐标系也很多，比较常用的有载体坐标系、瞄准线坐标系等。

载体坐标系（Vehicle Coordinate System）是自行火炮火控系统最常用的非惯性坐标系之一。它的原点是固定在载体上的某一点，它可以是载体的摇摆中心、几何中心和质心，也可以是跟踪传感器（例如：跟踪雷达）回转轴线和俯仰轴线的交点，也可以是炮塔回转轴线和某个平面的交点，其坐标轴的定义有不同的选择，不同的坐标轴定义出现了 3 种常见的载体坐标系。

**1. 不稳定载体坐标系**

不稳定载体坐标系 $O_{v1}X_{v1}Y_{v1}Z_{v1}$ 的 3 个坐标轴与载体相固连，通常规定它的原点 $O_{v1}$ 为载体的质心，$O_{v1}Y_{v1}$ 轴与载体纵轴平行，指向载体首向为正；$O_{v1}X_{v1}$ 轴与载体横轴平行，指向载体右侧为正；$O_{v1}X_{v1}$ 轴和 $O_{v1}Y_{v1}$ 轴构成与载体的甲板平面平行的平面 $O_{v1}X_{v1}Y_{v1}$；$O_{v1}Z_{v1}$ 轴垂直 $O_{v1}X_{v1}Y_{v1}$ 平面，指向天顶为正。不稳定载体坐标系会随着载体运动而运动，所以是“不稳定”的。如图 2.3 所示为不稳定载体坐标系。

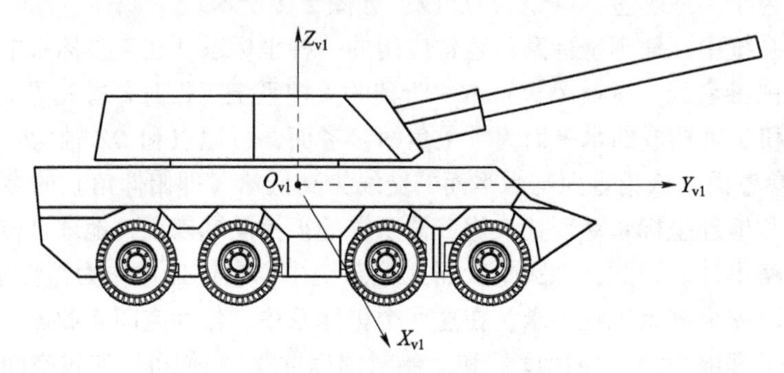


图 2.3　不稳定载体坐标系

**2. 稳定载体坐标系**

稳定载体坐标系的3个坐标轴与载体不固连，通常规定它的原点$O_{v2}$为载体的质心，$O_{v2}Y_{v2}$轴为载体纵轴在水平面上的投影（即航向线），指向载体首向为正；$O_{v2}X_{v2}$轴在水平面内与$O_{v2}Y_{v2}$轴垂直，指向载体右侧为正；$O_{v2}Z_{v2}$轴垂直于水平面，指向天顶为正。由于$O_{v2}X_{v2}$轴、$O_{v2}Y_{v2}$轴和$O_{v2}Z_{v2}$轴不随载体摇摆而改变指向，因此是“稳定”的。如图2.4所示为稳定载体坐标系。

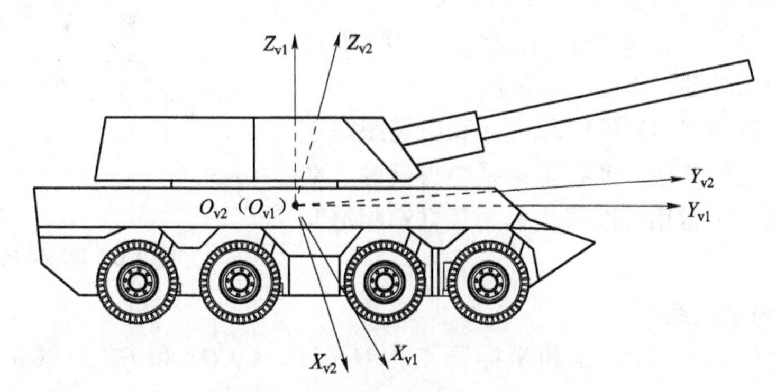


**图2.4　稳定载体坐标系**

**3. 载体地理坐标系**

载体地理坐标系与稳定载体坐标系一样，3个坐标轴与载体不固连，它不随载体摇摆，因此也是“稳定”的。它的原点$O_{v3}$为载体的质心，但是它的3个坐标轴的取向与地理坐标系相同，即$O_{v3}X_{v3}$轴沿原点处纬线的切线方向，以向东为正；$O_{v3}Y_{v3}$轴沿原点经线的切线方向，以向北为正；$O_{v3}Z_{v3}$轴垂直于过原点的水平面，以指向天顶为正。由于它的原点随着载体一起移动，因此称它为载体地理坐标系或相对地理坐标系，如图2.5所示。

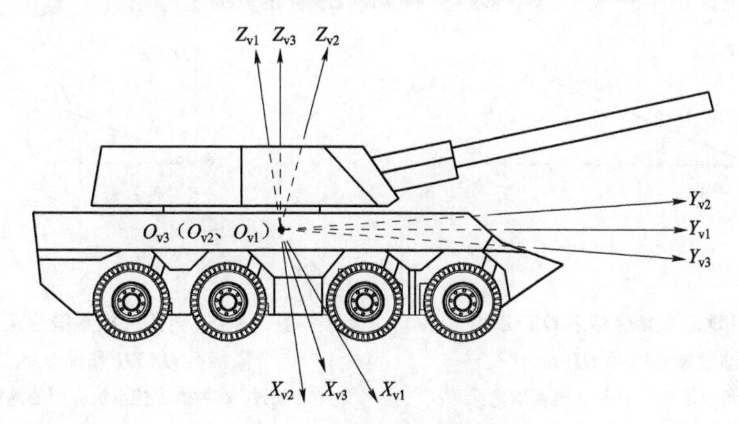


**图2.5　载体地理坐标系**

**4. 瞄准线坐标系**

瞄准线坐标系（Sight Line Coordinate System）是固连在目标坐标测定器瞄准线上的一种直角坐标系，记为$O_m^0D_m^0\beta_m^0\varepsilon_m^0$。由于瞄准线可以指向空间任意方向，所以瞄准线坐标系是随被跟踪目标运动而运动的坐标系。其原点为测手的眼睛或探测头的回转中心$O_m^0$，在未跟踪目标时，瞄准线坐标系记为$O_m^0D_m^0\beta_m^0\varepsilon_m^0$的$O_m^0D_m^0$、$O_m^0\beta_m^0$、$O_m^0\varepsilon_m^0$轴分别与载体坐标系的

$O_{v1}X_{v1}$、$O_{v1}Y_{v1}$、$O_{v1}Z_{v1}$轴平行，但坐标原点不重合。需要指出，对于一个特定的目标测定器，在设计安装完成后其瞄准线坐标系的原点 $O_m^0$ 在载体坐标系 $O_{v1}X_{v1}Y_{v1}Z_{v1}$ 里的坐标就是常量，为了描述方便，把 $O_m^0D_m^0\beta_m^0\varepsilon_m^0$ 与 $O_{v1}X_{v1}Y_{v1}Z_{v1}$ 平行的初始状态记为 $O_vX_vY_vZ_v$，此时 $O_v$ 与 $O_m^0$ 重合。当目标测定器跟踪目标时，瞄准线轴 $O_m^0D_m^0$ 指向目标，瞄准线相对载体坐标系在方位上回转了一个 $\beta_m$ 角，在高低上回转了一个 $\varepsilon_m$ 角，而 $O_m^0\beta_m^0$、$O_m^0\varepsilon_m^0$ 两轴亦随之做相应的转动，如图 2.6 所示。

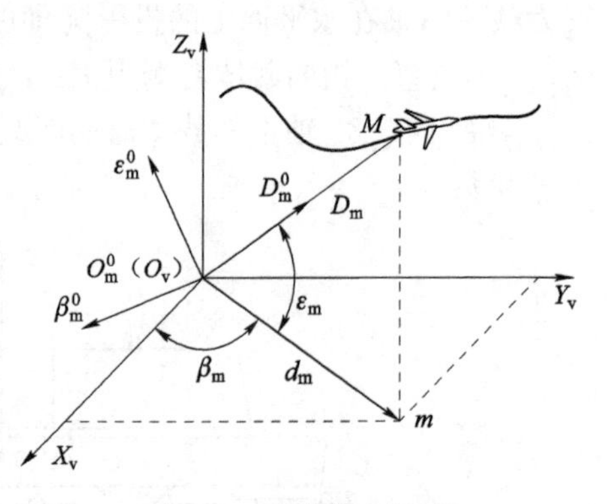


**图 2.6 瞄准线坐标系**

在瞄准具中测手观察到的跟踪误差和电视跟踪系统取出的跟踪误差都是在瞄准线坐标系中得到的。在某些简易火控系统中常用瞄准线坐标系建立解相遇问题的标量方程。

**5. 地面直角坐标系**

地面直角坐标系 $OXYZ$，是指坐标原点为 $O$，且 $OX$、$OY$ 和 $OZ$ 三轴相互垂直的右旋（手）坐标系。地面直角坐标系 $OXYZ$ 规定：$OY$ 轴在水平面内指向北方（基准方向），$OZ$ 轴垂直于水平面指向天，$OX$ 轴的方向由右手定则确定。

火控系统常用的球坐标系 $OD\beta\varepsilon$ 与地面直角坐标系 $OXYZ$ 相关联，方位角 $\beta$ 由 $OX$ 轴转向 $Om$ 规定为正，高低角 $\varepsilon$ 由 $Om$ 轴转向 $OM$ 规定为正，如图 2.7 所示。

在工程实践中，所用直角坐标系和球坐标系不一定与上述定义完全一致。例如，在高射炮火控系统中，我国习惯采用的地面直角坐标系 $OXYH$ 和球坐标系 $OD\beta\varepsilon$ 如图 2.8 所示，其中地面直角坐标系 $OXYH$ 是一个左旋（手）坐标系，与弹道学、导弹火控系统、机载火控系统中通用的坐标系不一致，但不影响火控问题的描述。

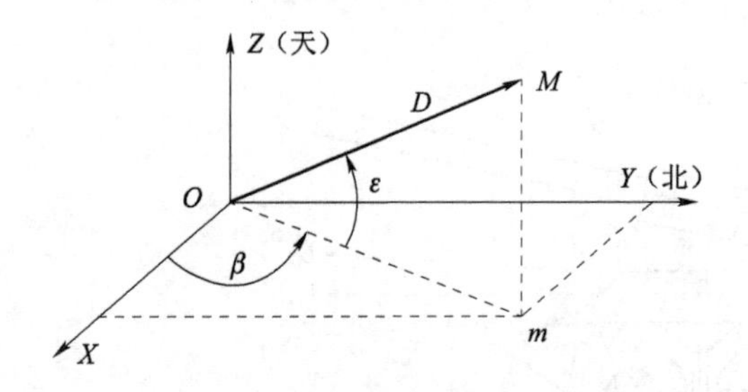


**图 2.7 地面直角坐标系 $OXYZ$ 和地面球坐标系 $OD\beta\varepsilon$**

$OXYZ$：地面直角坐标系；$OD\beta\varepsilon$：地面球坐标系；$D$：斜距离；$\varepsilon$：高低角；$\beta$：方位角；$m$：空间点 $M$ 在 $OXZ$ 平面的投影；$Om$：矢量 $OM$ 在 $OXZ$ 平面的投影。

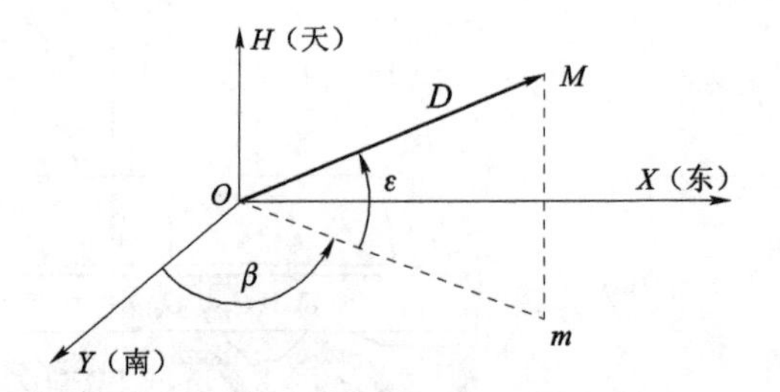


**图 2.8 高射炮火控系统应用的地面直角坐标系 $OXYH$ 和球坐标系 $OD\beta\varepsilon$**

$OXYH$：高射炮火控系统应用的地面直角坐标系；$OD\beta\varepsilon$：地面球坐标系；$m$：空间点 $M$ 在 $OXY$ 平面的投影；$Om$：矢量 $OM$ 在 $OXY$ 平面的投影；$\varepsilon$：高低角；$\beta$：方位角。

火控系统中，球坐标系常用于目标空间位置的测量，直角坐标系常用于求取目标速度分量和提前点的直角坐标。目标速度为常数时，用直角坐标系求得的 3 个速度分量亦为常数，便于实施滤波。

### 6. 车体坐标系与地面直角坐标系间的关系

载体坐标系在舰艇上称为舰艇坐标系，在飞机上称为飞机坐标系，在潜艇上称为潜艇坐标系，在自行高射炮中称为车体坐标系。后面如果不特殊说明，在本书里的载体坐标系特指车体坐标系。下面以车体坐标系为例介绍车体坐标系与地面直角坐标系间的关系。设车体坐标系的坐标原点在车体几何中心；单位向量 $\vec{Y}_c$ 沿车体纵轴方向；正方向为车体前进方向；单位向量 $\vec{X}_c$ 沿车体横轴方向，正方向为前进方向的右侧；单位向量 $\vec{Z}_c$ 的方向垂直于载体平面，正方向向上。

假设车体坐标系与地面直角坐标系坐标原点重合，如果不重合，初始状态其对应的坐标轴是相互平行的，仅需要平移坐标系即可。车体坐标系 $O_cX_cY_cZ_c$ 与地面直角坐标系 $OXYZ$ 有关轴之间构成描述车体姿态的角度：航向角 $q$，纵倾角 $\varphi$，横倾角 $\gamma$。姿态角 $q$、$\varphi$、$\gamma$ 可由姿态传感器测量获得，也可由姿态矩阵解算出来。车体坐标系 $O_cX_cY_cZ_c$ 可从地面直角坐标系 $OXYZ$ 开始，先绕 $OZ$ 轴转动航向角 $q$ 得到 $OX'Y'Z'$，再绕 $OX'$轴转动纵倾角 $\varphi$ 得到 $OX''Y''Z''$，最后绕 $OY''$轴转动横倾角 $\gamma$ 得到载体坐标系 $O_cX_cY_cZ_c$，如图 2.9 所示。

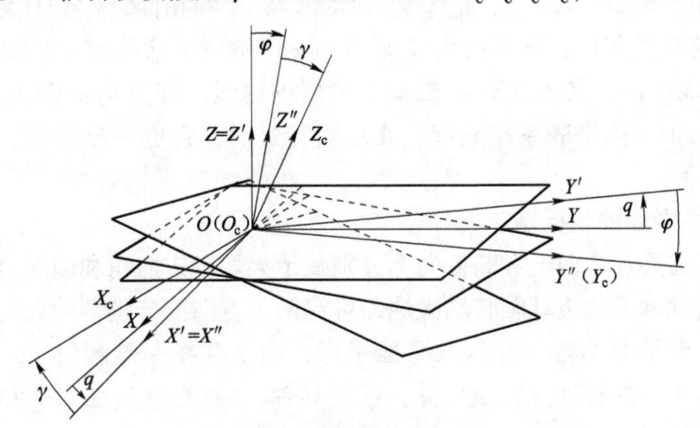


图 2.9　车体坐标系与地面直角坐标系间的关系

$OXYZ$：地面直角坐标系；$OX'Y'Z'$：绕 $OZ$ 轴转动后的直角坐标系；

$OX''Y''Z''$：绕 $OX'$轴转动后的直角坐标系；$O_cX_cY_cZ_c$：绕 $OY''$轴转动后的直角坐标系。

火控系统中，采用车体坐标系，主要是用来确定目标及武器相对于车体的运动，以便计算载体姿态变化时的射击诸元，并根据车体姿态保持武器线稳定和跟踪线稳定。

## 三、坦克火控系统中常用的坐标系

### 1. 坦克火控系统中的球坐标系和直角坐标系

在坦克火控系统中球坐标系和直角坐标系的关系如图 2.10 所示，两个坐标系的定义分别是：

(1) 球坐标系 $(D, \beta, \varepsilon)$。$D$ 为目标的斜距离；$\beta$ 为目标方向角；$\varepsilon$ 为目标高低角。

(2) 直角坐标系 $(X, Y, Z)$ 是一个左手直角坐标系。$OX$ 轴为在瞄准平面 $OMm$ 与水平面的交线 $Om$ 逆时针旋转方向角 $\beta$ 确定，以指向

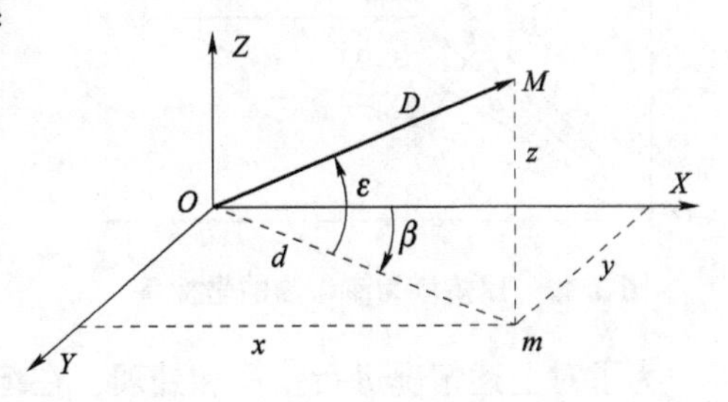


图 2.10　球坐标系和直角坐标系

目标方向为正；$OY$ 轴在水平面内平行于火炮耳轴轴线，以指向车体右侧为正；$OZ$ 轴垂直于 $OXY$ 平面，以指向上方为正。

两坐标系的坐标转换公式为：

$$\begin{bmatrix} x \\ y \\ z \end{bmatrix} = \begin{bmatrix} D\cos\varepsilon\cos\beta \\ D\cos\varepsilon\sin\beta \\ D\sin\varepsilon \end{bmatrix} \tag{2.1}$$

此外，坦克火控系统中有多种坐标系可供选择，但比较实用的是下面介绍的 3 种。

**2. 以炮塔为参考物的坐标系**

在坦克火控系统中，以炮塔为参考物的炮塔球坐标系与炮塔直角坐标系，如图 2.11 所示。两个坐标系的定义分别是：

(1) 炮塔球坐标系（$d_t$，$\beta_t$，$\varepsilon_t$）。$d_t$ 轴为火炮轴线在炮塔座圈平面的投影，即 $Om$ 轴线向目标方向伸展的射线；$\beta_t$ 轴在 $Omm_q$ 的座圈平面内，以 $Om$ 轴为零位置顺时针转动的角度；$\varepsilon_t$ 为在 $OMm$ 瞄准平面内，以 $Om$ 轴为零位置向上转动的角度。

(2) 炮塔直角坐标系（$x_t$，$y_t$，$z_t$）。$x_t$ 轴定义与 $d_t$ 轴相同；$y_t$ 轴在炮塔座圈平面内，垂直于 $d_t$ 轴向外伸展的射线，其指向由 $d_t$ 轴顺时针转动 90°所确定；$z_t$ 轴为在垂直于炮塔座圈的瞄准平面 $OMm$ 内，又垂直于 $d_t$ 轴向上伸展的射线。该直角坐标系为一个左手坐标系。这一坐标系由于与炮塔联系在一起，在坦克行进时，它也一起运动，所以它是一动坐标系。

**3. 以坦克为参考物的坐标系**

火炮射击时，需要在方向上和高低向上分别赋予火炮以方向角和瞄准角。当坦克处于水平位置时，只要转动炮塔和绕耳轴转动火炮即可在两个方向上分别调动火炮。但是当坦克水平侧倾时，炮塔座圈平面不再与地球水平面平行，而是存在一侧倾角 $\psi$，如图 2.12 所示。这时坦克火炮任何单一的转动（或绕座圈，或绕耳轴），都会产生在水平和高低两个方向同时调动火炮的实际效果。

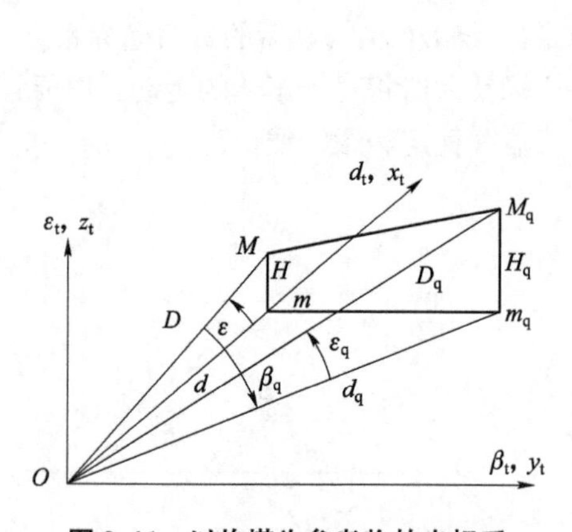


图 2.11　以炮塔为参考物的坐标系

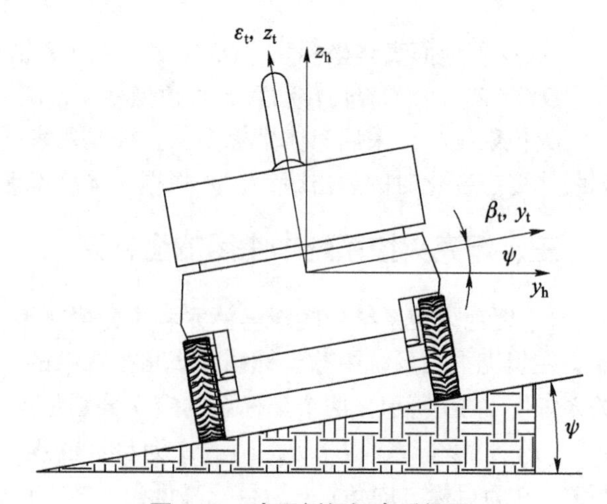


图 2.12　水平侧倾坦克后视图

为了对上述情况进行换算和处理，在坦克火控系统中需要引进以平行于地球水平面的平面为坐标平面的直角坐标系——坦克位置直角坐标系（$x_h$，$y_h$，$z_h$），如图 2.13 所示。

坦克位置直角坐标系（$x_h$，$y_h$，$z_h$）的定义为：坐标原点为坦克的质心，$x_h$ 轴为瞄准平面和水平面的交线 $Om$，以向前为正；$y_h$ 轴为在平行于地球水平面的平面内，与 $x_h$ 轴垂直并指向坦克右侧为正；$z_h$ 轴为通过原点 $O$，垂直 $Ox_hy_h$ 平面（水平面），以向上为正。

这一坐标系与炮塔坐标系的不同在于，它虽然也随坦克的行进而行进，但不随坦克的侧倾而侧倾，是一个准静态坐标系。

**4. 目标提前点坐标系**

目标提前点坐标系与前述的坐标系不同，这是以坐标原点与目标提前点的连线 $OM_q$ 为基准坐标轴的坐标系，如图 2.14 所示。

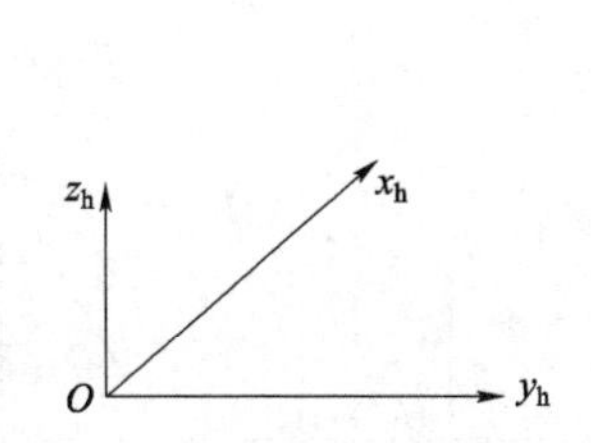


**图 2.13　坦克位置直角坐标系**

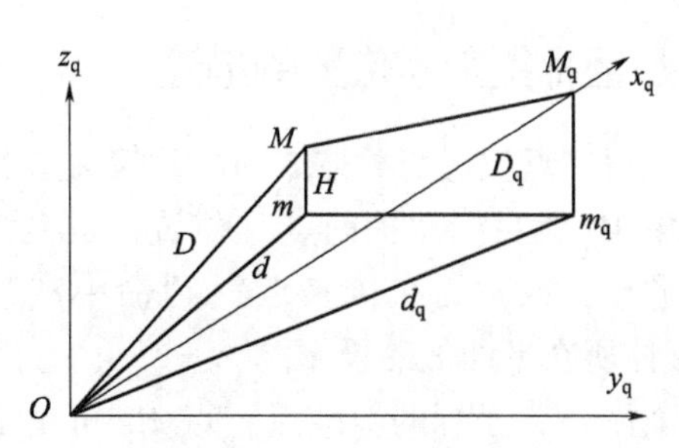


**图 2.14　提前点坐标系**

提前点直角坐标系（$x_q$，$y_q$，$z_q$）的定义为：$x_q$ 轴是原点 $O$ 和目标提前点 $M_q$ 连成的射线，以指向目标提前点方向为正；$y_q$ 轴在水平面内，即在平面 $Omm_q$ 内，由 $Om_q$ 顺时针转动 90°而确定；$z_q$ 轴垂直于 $x_qOy_q$ 平面，以指向上方为正。

# 第二节　目标位置的描述

## 一、目标与载体之间的几何关系

工程上通常称携带火控系统的本体为载体，坦克火控系统的载体即为坦克本身，航空火控系统的载体为飞机，舰船火控系统的载体为舰船，潜艇火控系统的载体即为潜艇等。为了方便描述，本书以坦克或自行火炮的火控系统为对象，介绍目标与载体的几何关系，其他武器的相关内容读者可参阅相关文献。

目标的现在点 $M$ 的位置及其与火控系统载体之间的几何关系如图 2.15 所示。

图中 $O$ 为载体的所在位置；$M$ 为目标的现在点位置；$m$ 为现在点 $M$ 在载体所在水平面上的投影；$OM$ 为瞄准线；$OMm$ 为瞄准平面。

假定目标沿 $L_1L_2$ 做直线运动，称 $L_1L_2$ 为目标的方向线，$l_1l_2$ 和 $l_1'l_2'$分别是 $L_1L_2$ 经过 $m$ 和 $M$ 点在各自水平面上的投影，包含 $L_1L_2$ 的铅直面为目标方向平面。

以载体 $O$ 为坐标的基准点，目标现在位置 $M$ 可由下列 5 个参数来描述：

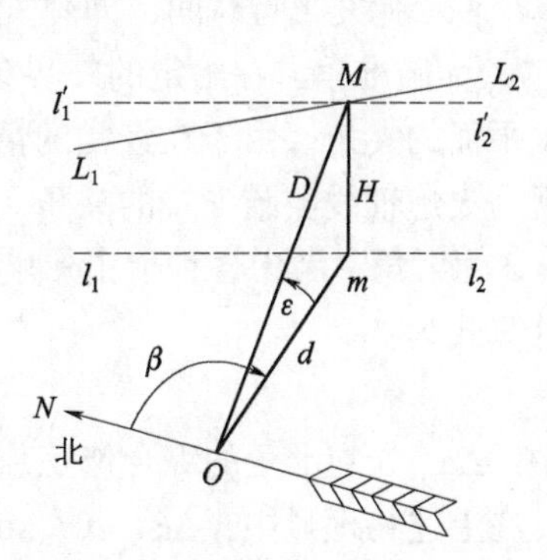


**图 2.15　目标与载体之间的几何关系图**

$D$——目标距离或称目标斜距离（$D = \overline{OM}$）；

$d$——目标水平距离（$d=\overline{Om}$）；

$H$——目标高，即目标位置至载体所在平面的高度（$H=\overline{mM}$）；

$\varepsilon$——炮目高低角（$\varepsilon=\angle mOM$）；

$\beta$——目标方向角，它是在载体所在平面内，由某个事先选定的标准方向线 $ON$ 顺时针转到瞄准平面的角度（$\beta=\angle NOm$）。

关于目标 $M$ 在空间的运动状态，可由目标的运动速度 $\vec{V}$ 等来确定，其中 $\vec{V}$ 为一矢量，如图 2.15 所示，它在某坐标轴上的投影，即目标在某方向上的运动参数。

## 二、目标提前点位置的描述

目标提前点位置与载体之间的几何关系图如图 2.16 所示。

图中 $M_q$ 为目标“提前点”位置，定义为弹丸与目标的相遇点，或称为“未来点”“命中点”；$m_q$ 为点 $M_q$ 在载体所在平面上的投影。

以载体 $O$ 为坐标的基准点，点 $M_q$ 可由下列参数来描述：

$D_q$——提前点斜距离（$D_q=\overline{OM_q}$）；

$d_q$——提前点水平距离（$d_q=\overline{Om_q}$）；

$H_q$——提前点高度（$H_q=\overline{m_qM_q}$）；

$\varepsilon_q$——提前点高低角，即 $M_q$ 点的炮目高低角（$\varepsilon_q=\angle m_qOM_q$）；

$\beta_q$——提前点方向角（$\beta_q=\angle NOm_q$）。

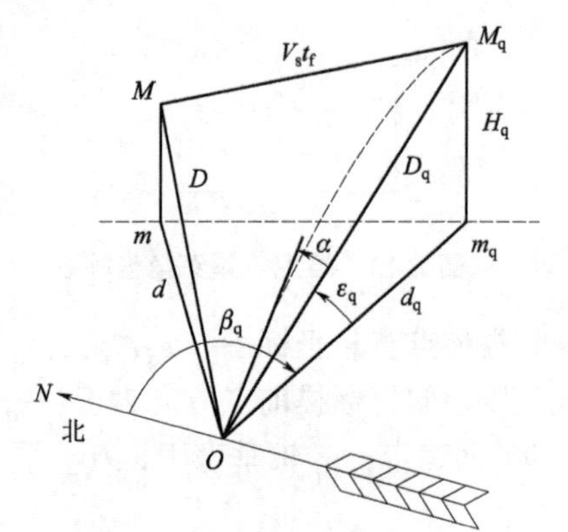


**图 2.16　目标提前点位置与载体之间的几何关系图**

目标现在点和提前点位置的描述参数虽各有 5 个，但只要各选定其中独立的 3 个量即可确定该点的位置。

目标提前点与现在点各参数的差值称为该参数的提前量，即称 $\Delta D=D_q-D$ 为距离提前量，$\Delta d=d_q-d$ 为水平距离提前量，$\Delta H=H_q-H$ 为目标高提前量，$\Delta\beta=\beta_q-\beta$ 为方向角提前量，$\Delta\varepsilon=\varepsilon_q-\varepsilon$ 为高低角提前量。

此外，对于坦克火控系统，坦克炮的弹道特性的物理量有：

$t_f$ 表示弹丸飞行时间，即弹丸由炮口飞至目标提前点 $M_q$ 所需要的时间。

$\alpha_0$ 为瞄准角，在给定的外界条件下，根据外弹道特性，为使弹丸命中目标，火炮轴线与水平面的夹角。由于在经常的情况下，瞄准线（即 $OM_q$ 线）基本水平，此时又可将瞄准角视为火炮轴线与瞄准线的夹角。

$\varphi$ 为射角，考虑各种射击影响因素后，射击时，实际的火炮轴线位置与水平面的夹角，其计算式为：

$$\varphi=\alpha_0+\Delta\alpha_0 \tag{2.2}$$

式中，$\Delta\alpha_0$ 为瞄准角的综合修正量。

在上述物理量中，$\Delta\beta$、$\Delta\varepsilon$、$\alpha_0$ 和 $\Delta\alpha_0$ 等正是火控系统的主要求解量，其中 $\Delta\beta$、$\Delta\varepsilon$ 是解命中问题的求解任务，$\alpha_0$ 是火炮外弹道方程的解算任务，$\Delta\alpha_0$ 则是修正量计算的求解量。

因此，解命中问题、外弹道解算和修正量计算的有关理论就构成了坦克火控系统的基本理论。

## 第三节 坐标系转换

把一种坐标系的各个坐标单位向另一个坐标系转换的过程称为坐标转换（Coordinate Conversion)。通常可以用转换矩阵、转换方程组进行转换。火控系统中由于配置和计算的需要，常采用多种坐标系，如球坐标系、直角坐标系、圆柱坐标系、弹道坐标系等。可用模拟部件或软件技术实现各个坐标系间的坐标转换。

### 一、平面直角坐标系与极坐标系之间的转换

如图 2.17 所示，为一平面直角坐标系和一极坐标系，它们有共同的原点。$M$ 点在平面直角坐标系下的坐标为（$x$，$y$），在极坐标系下的坐标为（$\rho$，$\theta$）。

两坐标系的坐标转换公式为：

$$\begin{cases} x = \rho\cos\theta \\ y = \rho\sin\theta \end{cases} \tag{2.3}$$

$$\begin{cases} \rho = \sqrt{x^2 + y^2} \\ \theta = \arctan(y/x) \end{cases} \tag{2.4}$$

### 二、直角坐标系与球坐标系之间的转换

如图 2.18 所示，为一直角坐标系和一球坐标系，它们有共同的原点。$M$ 点在直角坐标系下的坐标为（$x$，$y$，$z$），在球坐标系下的坐标为（$D$，$\varepsilon$，$\beta$）。

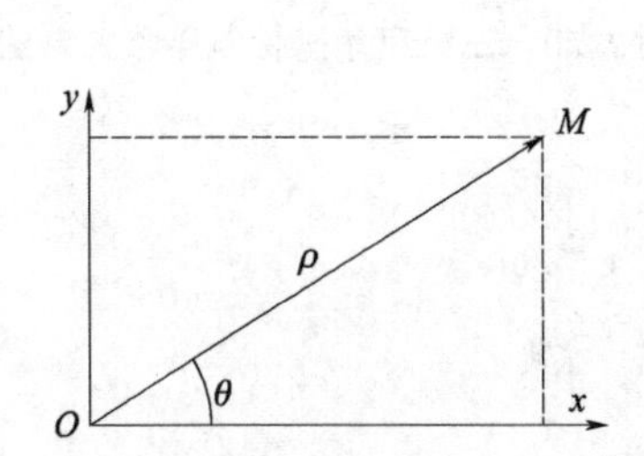

图 2.17 直角坐标系与极坐标系关系图

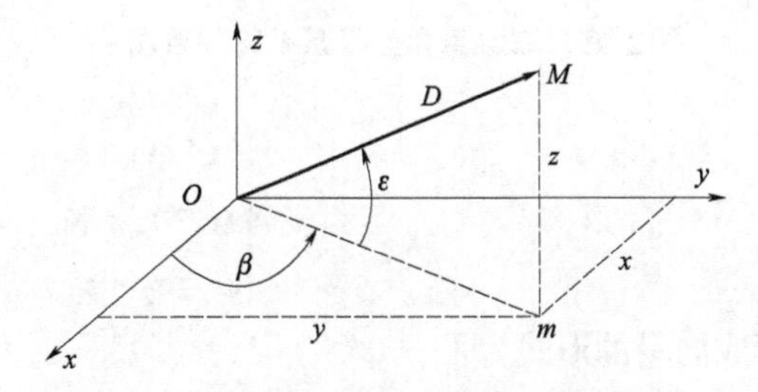

图 2.18 直角坐标系与球坐标系关系图

两坐标系的坐标转换公式为：

$$\begin{cases} x = D\cos\varepsilon\cos\beta \\ y = D\cos\varepsilon\sin\beta \\ z = D\sin\varepsilon \end{cases} \quad 或 \quad \begin{cases} D = \sqrt{x^2 + y^2 + z^2} \\ \beta = \arctan(y/x) \\ \varepsilon = \arctan(z/\sqrt{x^2 + y^2}) \end{cases} \tag{2.5}$$

### 三、直角坐标系平动坐标转换

坐标系 $O_1x_1y_1$ 和坐标系 $O_2x_2y_2$ 为两个平面直角坐标系，它们的原点不重合，两个平面直角坐标系对应的坐标轴相互平行。坐标系 $O_2x_2y_2$ 的原点在坐标系 $O_1x_1y_1$ 下的坐标为

$(x_0, y_0)$，如图 2.19 所示。

$M$ 点在直角坐标系 $O_1x_1y_1$ 下的坐标为（$x_1$，$y_1$），在直角坐标系 $O_2x_2y_2$ 下的坐标为（$x_2$，$y_2$）。两坐标系的坐标转换公式为：

$$\begin{cases} x_1 = x_2 + x_0 \\ y_1 = y_2 + y_0 \end{cases} \quad 或 \quad \begin{cases} x_2 = x_1 - x_0 \\ y_2 = y_1 - y_0 \end{cases} \tag{2.6}$$

写成向量的形式为：

$$\begin{bmatrix} x_1 \\ y_1 \end{bmatrix} = \begin{bmatrix} x_2 \\ y_2 \end{bmatrix} + \begin{bmatrix} x_0 \\ y_0 \end{bmatrix} \quad 或 \quad \begin{bmatrix} x_2 \\ y_2 \end{bmatrix} = \begin{bmatrix} x_1 \\ y_1 \end{bmatrix} - \begin{bmatrix} x_0 \\ y_0 \end{bmatrix} \tag{2.7}$$

上面推导的是二维直角坐标系情况，可以推广到三维直角坐标系，如图 2.20 所示，$M$ 点在直角坐标系 $O_1x_1y_1z_1$ 下的坐标为（$x_1$，$y_1$，$z_1$），在直角坐标系 $O_2x_2y_2z_2$ 下的坐标为（$x_2$，$y_2$，$z_2$）。坐标系 $O_1x_1y_1z_1$ 和坐标系 $O_2x_2y_2z_2$ 的坐标原点不重合，两个平面直角坐标系对应的坐标轴相互平行。坐标系 $O_2x_2y_2z_2$ 的原点在坐标系 $O_1x_1y_1z_1$ 下的坐标为（$x_0$，$y_0$，$z_0$）。

两坐标系的坐标转换公式为：

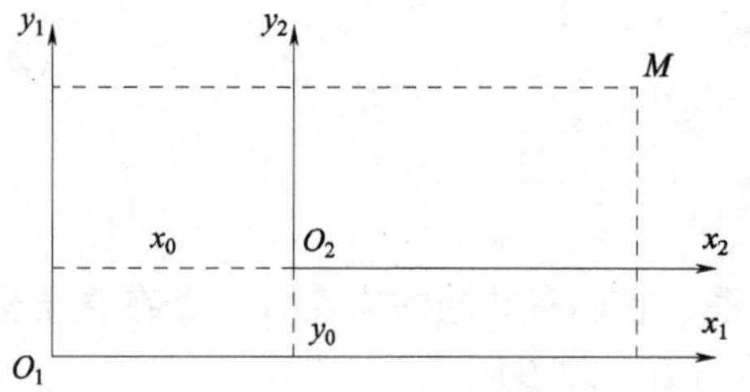

图 2.19　二维直角坐标系平移关系图

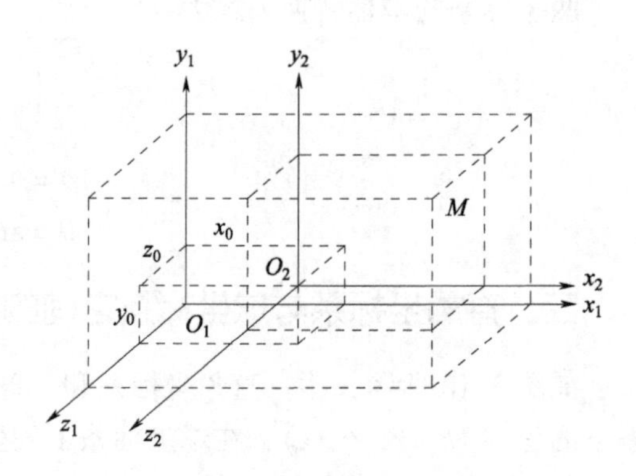


图 2.20　三维直角坐标系平移关系图

$$\begin{cases} x_1 = x_2 + x_0 \\ y_1 = y_2 + y_0 \\ z_1 = z_2 + z_0 \end{cases} \quad 或 \quad \begin{cases} x_2 = x_1 - x_0 \\ y_2 = y_1 - y_0 \\ z_2 = z_1 - z_0 \end{cases} \tag{2.8}$$

写成向量的形式为：

$$\begin{bmatrix} x_1 \\ y_1 \\ z_1 \end{bmatrix} = \begin{bmatrix} x_2 \\ y_2 \\ z_2 \end{bmatrix} + \begin{bmatrix} x_0 \\ y_0 \\ z_0 \end{bmatrix} \quad 或 \quad \begin{bmatrix} x_2 \\ y_2 \\ z_2 \end{bmatrix} = \begin{bmatrix} x_1 \\ y_1 \\ z_1 \end{bmatrix} - \begin{bmatrix} x_0 \\ y_0 \\ z_0 \end{bmatrix} \tag{2.9}$$

## 四、直角坐标系转动坐标转换

在三维空间直角坐标系中，具有相同原点的两坐标系间的转换一般需要在 3 个坐标平面上，通过 3 次旋转才能完成。这一点欧拉已经进行了严格的数学上的证明。为了今后应用方便，下面来推导一下坐标系旋转的坐标转换公式。

**1. 绕 $x$ 轴旋转 $\alpha$ 的坐标转换公式**

点 $M$ 在坐标系 $Ox_1y_1z_1$ 下的坐标为（$x_1$，$y_1$，$z_1$），坐标系 $Ox_1y_1z_1$ 绕 $Ox_1$ 轴旋转 $\alpha$ 得到

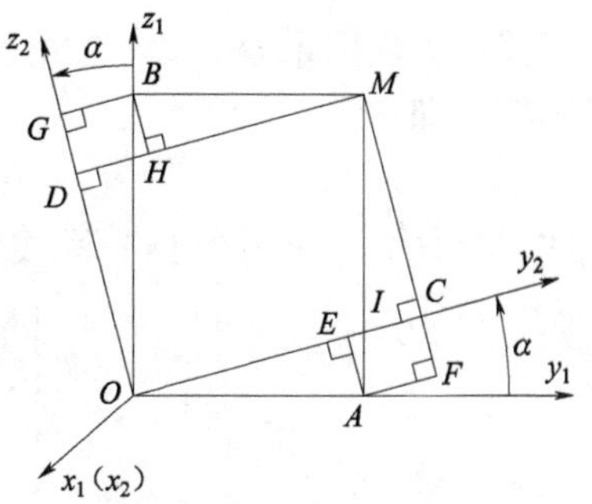

坐标系 $Ox_2y_2z_2$，如图 2.21 所示。求点 $M$ 在坐标系 $Ox_2y_2z_2$ 下的坐标（$x_2$，$y_2$，$z_2$）。

由图 2.21 可知：$OA=BM=y_1$，$OB=AM=z_1$，$OC=y_2$，$OD=z_2$。由初等几何学可知：$OC=OE+EC=OE+EI+IC=OA\cos\alpha+AI\sin\alpha+IM\sin\alpha=y_1\cos\alpha+z_1\sin\alpha$，即

$$y_2=y_1\cos\alpha+z_1\sin\alpha \tag{2.10}$$

同理，$OD=OG-GD=OG-BH=OB\cos\alpha-BM\sin\alpha=-y_1\sin\alpha+z_1\cos\alpha$，即

$$z_2=-y_1\sin\alpha+z_1\cos\alpha \tag{2.11}$$

图 2.21　直角坐标系旋转坐标转换关系图（1）

又因为坐标系 $Ox_2y_2z_2$ 是由坐标系 $Ox_1y_1z_1$ 绕 $Ox_1$ 轴旋转 $\alpha$ 得到的，所以 $x$ 坐标保持原值不变，即

$$x_2=x_1 \tag{2.12}$$

把式（2.10）~式（2.12）写成矩阵形式，可得：

$$\begin{bmatrix}x_2\\y_2\\z_2\end{bmatrix}=\begin{bmatrix}1&0&0\\0&\cos\alpha&\sin\alpha\\0&-\sin\alpha&\cos\alpha\end{bmatrix}\begin{bmatrix}x_1\\y_1\\z_1\end{bmatrix} \tag{2.13}$$

称矩阵$\begin{bmatrix}1&0&0\\0&\cos\alpha&\sin\alpha\\0&-\sin\alpha&\cos\alpha\end{bmatrix}$为由坐标系 $Ox_1y_1z_1$ 绕 $x$ 轴旋转 $\alpha$ 得到坐标系 $Ox_2y_2z_2$ 的坐标转换矩阵，设

$$\boldsymbol{T}_x(\alpha)=\begin{bmatrix}1&0&0\\0&\cos\alpha&\sin\alpha\\0&-\sin\alpha&\cos\alpha\end{bmatrix} \tag{2.14}$$

把式（2.14）代入式（2.13）可以写为：

$$\begin{bmatrix}x_2\\y_2\\z_2\end{bmatrix}=\boldsymbol{T}_x(\alpha)\begin{bmatrix}x_1\\y_1\\z_1\end{bmatrix} \tag{2.15}$$

**2. 绕 $y$ 轴旋转 $\beta$ 的坐标转换公式**

点 $M$ 在坐标系 $Ox_1y_1z_1$ 下的坐标为（$x_1$，$y_1$，$z_1$），坐标系 $Ox_1y_1z_1$ 绕 $Oy_1$ 轴旋转 $\beta$ 得到坐标系 $Ox_2y_2z_2$，如图 2.22 所示。求点 $M$ 在坐标系 $Ox_2y_2z_2$ 下的坐标（$x_2$，$y_2$，$z_2$）。

由图 2.22 可知：$OA=BM=z_1$，$OB=AM=x_1$，$OC=z_2$，$OD=x_2$。由初等几何学可知：$OC=OE+EC=OE+AF=OA\cos\beta+AM\sin\beta=z_1\cos\beta+x_1\sin\beta$，即

$$z_2=x_1\sin\beta+z_1\cos\beta \tag{2.16}$$

同理，$OD=OG-GD=OG-BH=OB\cos\beta-BM\sin\beta=x_1\cos\beta-z_1\sin\beta$，即

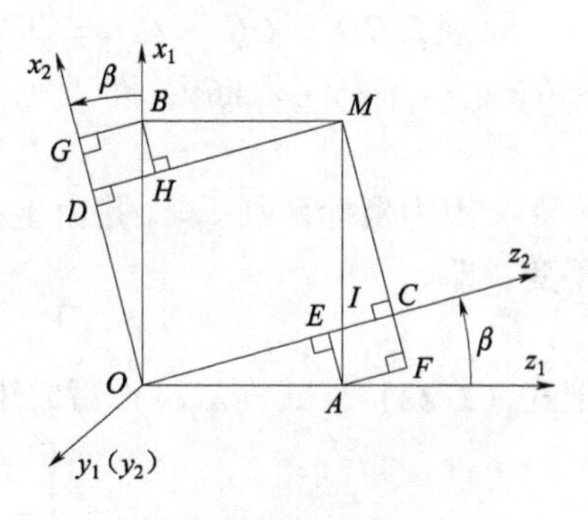


图 2.22　直角坐标系旋转坐标转换关系图（2）

$$x_2 = x_1 \cos\beta - z_1 \sin\beta \tag{2.17}$$

又因为坐标系 $Ox_2y_2z_2$ 是由坐标系 $Ox_1y_1z_1$ 绕 $Oy_1$ 轴旋转 $\beta$ 得到的，所以 $y$ 坐标保持原值不变，即

$$y_2 = y_1 \tag{2.18}$$

把式（2.16）~式（2.18）写成矩阵形式，可得：

$$\begin{bmatrix} x_2 \\ y_2 \\ z_2 \end{bmatrix} = \begin{bmatrix} \cos\beta & 0 & -\sin\beta \\ 0 & 1 & 0 \\ \sin\beta & 0 & \cos\beta \end{bmatrix} \begin{bmatrix} x_1 \\ y_1 \\ z_1 \end{bmatrix} \tag{2.19}$$

称矩阵$\begin{bmatrix} \cos\beta & 0 & -\sin\beta \\ 0 & 1 & 0 \\ \sin\beta & 0 & \cos\beta \end{bmatrix}$为由坐标系 $Ox_1y_1z_1$ 绕 $y$ 轴旋转 $\beta$ 得到坐标系 $Ox_2y_2z_2$ 的坐标转换矩阵，设

$$\boldsymbol{T}_y(\beta) = \begin{bmatrix} \cos\beta & 0 & -\sin\beta \\ 0 & 1 & 0 \\ \sin\beta & 0 & \cos\beta \end{bmatrix} \tag{2.20}$$

把式（2.20）代入式（2.19）可以写为：

$$\begin{bmatrix} x_2 \\ y_2 \\ z_2 \end{bmatrix} = \boldsymbol{T}_y(\beta) \begin{bmatrix} x_1 \\ y_1 \\ z_1 \end{bmatrix} \tag{2.21}$$

**3. 绕 $z$ 轴旋转 $\gamma$ 的坐标转换公式**

点 $M$ 在坐标系 $Ox_1y_1z_1$ 下的坐标为（$x_1$，$y_1$，$z_1$），坐标系 $Ox_1y_1z_1$ 绕 $Oz_1$ 轴旋转 $\gamma$ 得到坐标系 $Ox_2y_2z_2$，如图 2.23 所示。求点 $M$ 在坐标系 $Ox_2y_2z_2$ 下的坐标（$x_2$，$y_2$，$z_2$）。

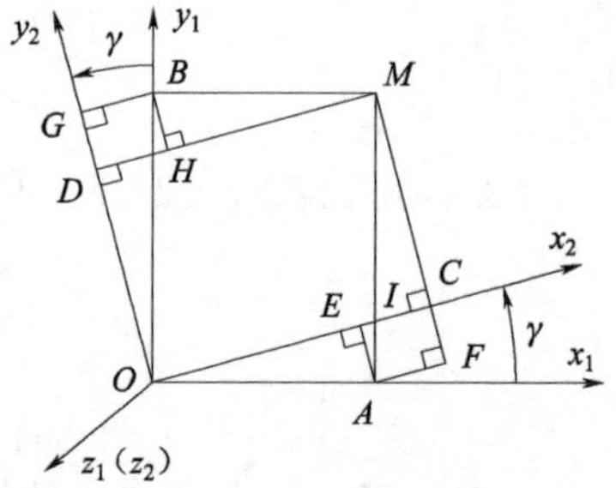

图 2.23 直角坐标系旋转坐标转换关系图（3）

由图 2.23 可知：$OA = BM = x_1$，$OB = AM = y_1$，$OC = x_2$，$OD = y_2$。由初等几何学可知：$OC = OE + EC = OE + AF = OA\cos\gamma + AM\sin\gamma = x_1\cos\gamma + y_1\sin\gamma$，即

$$x_2 = x_1 \cos\gamma + y_1 \sin\gamma \tag{2.22}$$

同理，$OD = OG - GD = OB\cos\gamma - BH = OB\cos\gamma - BM\sin\gamma = y_1\cos\gamma - x_1\sin\gamma$，即

$$y_2 = -x_1 \sin\gamma + y_1 \cos\gamma \tag{2.23}$$

又因为坐标系 $Ox_2y_2z_2$ 是由坐标系 $Ox_1y_1z_1$ 绕 $Oz_1$ 轴旋转 $\gamma$ 得到的，所以 $z$ 坐标保持原值不变，即

$$z_2 = z_1 \tag{2.24}$$

把式（2.22）~式（2.24）写成矩阵形式，可得：

$$\begin{bmatrix} x_2 \\ y_2 \\ z_2 \end{bmatrix} = \begin{bmatrix} \cos\gamma & \sin\gamma & 0 \\ -\sin\gamma & \cos\gamma & 0 \\ 0 & 0 & 1 \end{bmatrix} \begin{bmatrix} x_1 \\ y_1 \\ z_1 \end{bmatrix} \tag{2.25}$$

称矩阵$\begin{bmatrix} \cos\gamma & \sin\gamma & 0 \\ -\sin\gamma & \cos\gamma & 0 \\ 0 & 0 & 1 \end{bmatrix}$为由坐标系 $Ox_1y_1z_1$ 绕 $z$ 轴旋转 $\gamma$ 得到坐标系 $Ox_2y_2z_2$ 的坐标转换矩阵，设

$$\boldsymbol{T}_z(\gamma) = \begin{bmatrix} \cos\gamma & \sin\gamma & 0 \\ -\sin\gamma & \cos\gamma & 0 \\ 0 & 0 & 1 \end{bmatrix} \tag{2.26}$$

把式（2.26）代入式（2.25）可以写为：

$$\begin{bmatrix} x_2 \\ y_2 \\ z_2 \end{bmatrix} = \boldsymbol{T}_z(\gamma) \begin{bmatrix} x_1 \\ y_1 \\ z_1 \end{bmatrix} \tag{2.27}$$

**4. 绕 $\boldsymbol{x}$ 负轴旋转 $\boldsymbol{\alpha}$ 的坐标转换公式**

点 $M$ 在坐标系 $Ox_1y_1z_1$ 下的坐标为（$x_1$，$y_1$，$z_1$），坐标系 $Ox_1y_1z_1$ 绕 $Ox_1$ 轴旋转 $-\alpha$ 得到坐标系 $Ox_2y_2z_2$，如图 2.24所示。与图 2.21 不同的是，这里是绕 $x$ 轴旋转 $-\alpha$。

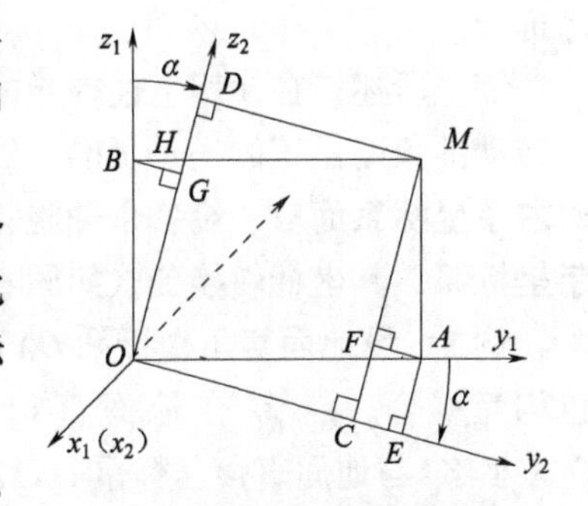


图 2.24 直角坐标系旋转坐标转换关系图（4）

为了今后使用方便，**规定：对右手坐标系而言，绕各个轴旋转的方向符合右手时的角度为正，否则为负。**因此这里绕 $x$ 轴旋转 $-\alpha$ 相当于绕 $x$ 负轴旋转 $\alpha$。求点 $M$ 在坐标系 $Ox_2y_2z_2$ 下的坐标（$x_2$，$y_2$，$z_2$）。

由图 2.24 可知：$OA = BM = y_1$，$OB = AM = z_1$，$OC = y_2$，$OD = z_2$。由初等几何学可知：$OC = OE - EC = OA\cos\alpha - AF = OA\cos\alpha - AM\sin\alpha = y_1\cos\alpha - z_1\sin\alpha$，即

$$y_2 = y_1\cos\alpha - z_1\sin\alpha \tag{2.28}$$

同理，$OD = OG + GD = OB\cos\alpha + GH + HD = OB\cos\alpha + BM\sin\alpha = z_1\cos\alpha + y_1\sin\alpha$，即

$$z_2 = y_1\sin\alpha + z_1\cos\alpha \tag{2.29}$$

又因为坐标系 $Ox_2y_2z_2$ 是由坐标系 $Ox_1y_1z_1$ 绕 $Ox_1$ 轴旋转 $-\alpha$ 得到的，所以 $x$ 坐标保持原值不变，即

$$x_2 = x_1 \tag{2.30}$$

把式（2.28）~式（2.30）写成矩阵形式，可得：

$$\begin{bmatrix} x_2 \\ y_2 \\ z_2 \end{bmatrix} = \begin{bmatrix} 1 & 0 & 0 \\ 0 & \cos\alpha & -\sin\alpha \\ 0 & \sin\alpha & \cos\alpha \end{bmatrix} \begin{bmatrix} x_1 \\ y_1 \\ z_1 \end{bmatrix} \tag{2.31}$$

称矩阵$\begin{bmatrix} 1 & 0 & 0 \\ 0 & \cos\alpha & -\sin\alpha \\ 0 & \sin\alpha & \cos\alpha \end{bmatrix}$为由坐标系 $Ox_1y_1z_1$ 绕 $x$ 轴旋转 $-\alpha$ 得到坐标系 $Ox_2y_2z_2$ 的坐标转换矩阵。

把 $-\alpha$ 代入式（2.14）可得：

$$T_x(-\alpha)=\begin{bmatrix}1 & 0 & 0\\0 & \cos(-\alpha) & \sin(-\alpha)\\0 & -\sin(-\alpha) & \cos(-\alpha)\end{bmatrix}=\begin{bmatrix}1 & 0 & 0\\0 & \cos\alpha & -\sin\alpha\\0 & \sin\alpha & \cos\alpha\end{bmatrix}$$

与$\begin{bmatrix}1 & 0 & 0\\0 & \cos\alpha & -\sin\alpha\\0 & \sin\alpha & \cos\alpha\end{bmatrix}$的形式完全一致，只是考虑了角度的正负。由此可知

$$\begin{bmatrix}x_2\\y_2\\z_2\end{bmatrix}=T_x(-\alpha)\begin{bmatrix}x_1\\y_1\\z_1\end{bmatrix} \tag{2.32}$$

其形式与绕 $x$ 轴旋转 $\alpha$ 的一致，可见只要定义了角度的正负，就可以用一种坐标转换矩阵完成坐标转换，不必每次都重新推导。

同理可得绕 $y$ 负轴旋转 $\beta$ 的坐标转换矩阵和绕 $z$ 负轴旋转 $\gamma$ 的坐标转换矩阵，请读者自己推导。

综上所述，在使用上述推导的坐标转换公式时，首先要弄清是绕哪个轴旋转，其次是判断转动的角度是正的还是负的，然后代入相应的坐标转换公式即可进行坐标转换。（**规定：对右手坐标系而言，绕各个轴旋转的方向符合右手准则时的角度为正，否则为负；如果是左手坐标系，其坐标转换公式如同右手坐标系绕负轴旋转的情形。**）

**例1** 设地面直角坐标系 $OXYZ$ 与车体坐标系 $O_cX_cY_cZ_c$ 的原点重合，初始状态坐标轴也相互重合。点 $M$ 在地面直角坐标系 $OXYZ$ 下的坐标是（$x_0$，$y_0$，$z_0$）。车体坐标系 $O_cX_cY_cZ_c$ 与地面直角坐标系 $OXYZ$ 有关轴之间构成描述载体姿态的角度：航向角 $q$，纵倾角 $\varphi$，横倾角 $\gamma$。车体坐标系 $O_cX_cY_cZ_c$ 是由地面直角坐标系 $OXYZ$ 通过转动姿态角 $q$、$\varphi$、$\gamma$ 获得。它们的旋转顺序是：由地面直角坐标系 $OXYZ$ 开始，先绕 $OZ$ 轴转动航向角 $q$ 得到 $OX_1Y_1Z_1$，再绕 $OX_1$ 轴转动纵倾角 $\varphi$ 得到 $OX_2Y_2Z_2$，最后绕 $OY_2$ 轴转动横倾角 $\gamma$ 得到车体坐标系 $O_cX_cY_cZ_c$，如图 2.25 所示。

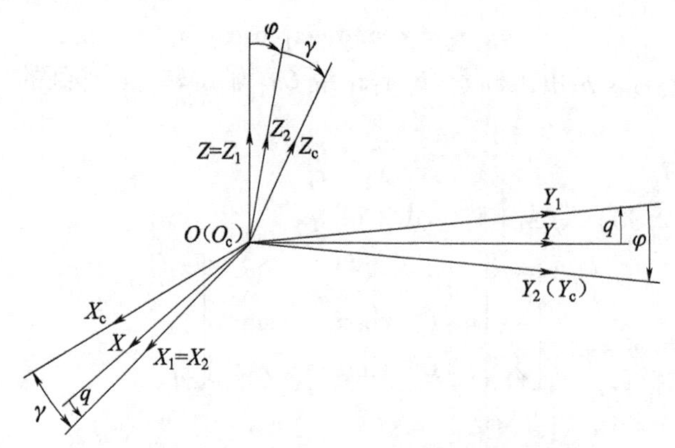


**图 2.25 直角坐标系旋转坐标转换关系图**

（1）求由地面直角坐标系 $OXYZ$ 到载体坐标系 $O_cX_cY_cZ_c$ 的坐标转换矩阵。

（2）求点 $M$ 在载体坐标系 $O_cX_cY_cZ_c$ 下的坐标（$x_z$，$y_z$，$z_z$）。

**解**：由坐标转换理论可知：

(a) 先求点 $M$ 在坐标系 $OX_1Y_1Z_1$ 下的坐标 $(x_1, y_1, z_1)$。

由地面直角坐标系 $OXYZ$ 绕 $OZ$ 轴转动航向角 $q$ 得到坐标系 $OX_1Y_1Z_1$，所以

$$\begin{bmatrix} x_1 \\ y_1 \\ z_1 \end{bmatrix} = \begin{bmatrix} \cos q & \sin q & 0 \\ -\sin q & \cos q & 0 \\ 0 & 0 & 1 \end{bmatrix} \begin{bmatrix} x_0 \\ y_0 \\ z_0 \end{bmatrix} \tag{2.33}$$

(b) 再求点 $M$ 在坐标系 $OX_2Y_2Z_2$ 下的坐标 $(x_2, y_2, z_2)$。

由坐标系 $OX_1Y_1Z_1$ 绕 $OX_1$ 轴转动纵倾角 $\varphi$ 得到坐标系 $OX_2Y_2Z_2$，所以

$$\begin{bmatrix} x_2 \\ y_2 \\ z_2 \end{bmatrix} = \begin{bmatrix} 1 & 0 & 0 \\ 0 & \cos\varphi & \sin\varphi \\ 0 & -\sin\varphi & \cos\varphi \end{bmatrix} \begin{bmatrix} x_1 \\ y_1 \\ z_1 \end{bmatrix} = \begin{bmatrix} 1 & 0 & 0 \\ 0 & \cos\varphi & \sin\varphi \\ 0 & -\sin\varphi & \cos\varphi \end{bmatrix} \begin{bmatrix} \cos q & \sin q & 0 \\ -\sin q & \cos q & 0 \\ 0 & 0 & 1 \end{bmatrix} \begin{bmatrix} x_0 \\ y_0 \\ z_0 \end{bmatrix} \tag{2.34}$$

(c) 最后求点 $M$ 在坐标系 $O_cX_cY_cZ_c$ 下的坐标 $(x_z, y_z, z_z)$。

车体坐标系 $O_cX_cY_cZ_c$ 是由坐标系 $OX_2Y_2Z_2$ 绕 $OY_2$ 轴转动横倾角 $\gamma$ 得到，所以

$$\begin{aligned} \begin{bmatrix} x_z \\ y_z \\ z_z \end{bmatrix} &= \begin{bmatrix} \cos\gamma & 0 & -\sin\gamma \\ 0 & 1 & 0 \\ \sin\gamma & 0 & \cos\gamma \end{bmatrix} \begin{bmatrix} x_2 \\ y_2 \\ z_2 \end{bmatrix} \\ &= \begin{bmatrix} \cos\gamma & 0 & -\sin\gamma \\ 0 & 1 & 0 \\ \sin\gamma & 0 & \cos\gamma \end{bmatrix} \begin{bmatrix} 1 & 0 & 0 \\ 0 & \cos\varphi & \sin\varphi \\ 0 & -\sin\varphi & \cos\varphi \end{bmatrix} \begin{bmatrix} x_1 \\ y_1 \\ z_1 \end{bmatrix} \\ &= \begin{bmatrix} \cos\gamma & 0 & -\sin\gamma \\ 0 & 1 & 0 \\ \sin\gamma & 0 & \cos\gamma \end{bmatrix} \begin{bmatrix} 1 & 0 & 0 \\ 0 & \cos\varphi & \sin\varphi \\ 0 & -\sin\varphi & \cos\varphi \end{bmatrix} \begin{bmatrix} \cos q & \sin q & 0 \\ -\sin q & \cos q & 0 \\ 0 & 0 & 1 \end{bmatrix} \begin{bmatrix} x_0 \\ y_0 \\ z_0 \end{bmatrix} \end{aligned} \tag{2.35}$$

所以：

(1) 由地面直角坐标系 $OXYZ$ 到车体坐标系 $O_cX_cY_cZ_c$ 的坐标转换矩阵为：

$$\begin{aligned} \boldsymbol{T} &= \begin{bmatrix} \cos\gamma & 0 & -\sin\gamma \\ 0 & 1 & 0 \\ \sin\gamma & 0 & \cos\gamma \end{bmatrix} \begin{bmatrix} 1 & 0 & 0 \\ 0 & \cos\varphi & \sin\varphi \\ 0 & -\sin\varphi & \cos\varphi \end{bmatrix} \begin{bmatrix} \cos q & \sin q & 0 \\ -\sin q & \cos q & 0 \\ 0 & 0 & 1 \end{bmatrix} \\ &= \begin{bmatrix} \cos\gamma & \sin\varphi\sin\gamma & -\cos\varphi\sin\gamma \\ 0 & \cos\varphi & \sin\varphi \\ \sin\gamma & -\sin\varphi\cos\gamma & \cos\varphi\cos\gamma \end{bmatrix} \begin{bmatrix} \cos q & \sin q & 0 \\ -\sin q & \cos q & 0 \\ 0 & 0 & 1 \end{bmatrix} \\ &= \begin{bmatrix} \cos q\cos\gamma - \sin q\sin\varphi\sin\gamma & \sin q\cos\gamma + \cos q\sin\varphi\sin\gamma & -\cos\varphi\sin\gamma \\ -\sin q\cos\varphi & \cos q\cos\varphi & \sin\varphi \\ \cos q\sin\gamma + \sin q\sin\varphi\cos\gamma & \sin q\sin\gamma - \cos q\sin\varphi\cos\gamma & \cos\varphi\cos\gamma \end{bmatrix} \end{aligned} \tag{2.36}$$

(2) 点 $M$ 在车体坐标系 $O_cX_cY_cZ_c$ 下的坐标 $(x_z, y_z, z_z)$ 为：

$$\begin{bmatrix} x_z \\ y_z \\ z_z \end{bmatrix} = \begin{bmatrix} \cos q\cos\gamma - \sin q\sin\varphi\sin\gamma & \sin q\cos\gamma + \cos q\sin\varphi\sin\gamma & -\cos\varphi\sin\gamma \\ -\sin q\cos\varphi & \cos q\cos\varphi & \sin\varphi \\ \cos q\sin\gamma + \sin q\sin\varphi\cos\gamma & \sin q\sin\gamma - \cos q\sin\varphi\cos\gamma & \cos\varphi\cos\gamma \end{bmatrix} \begin{bmatrix} x_0 \\ y_0 \\ z_0 \end{bmatrix}$$

$$
= \begin{bmatrix} (\cos q\cos\gamma - \sin q\sin\varphi\sin\gamma)x_0 + (\sin q\cos\gamma + \cos q\sin\varphi\sin\gamma)y_0 - (\cos\varphi\sin\gamma)z_0 \\ (-\sin q\cos\varphi)x_0 + (\cos q\cos\varphi)y_0 + (\sin\varphi)z_0 \\ (\cos q\sin\gamma + \sin q\sin\varphi\cos\gamma)x_0 + (\sin q\sin\gamma - \cos q\sin\varphi\cos\gamma)y_0 + (\cos\varphi\cos\gamma)z_0 \end{bmatrix} \quad (2.37)
$$

**结论：在应用坐标转换公式时，首先要弄清是绕哪个轴旋转，其次是判断转动的角度是正的还是负的（规定：对右手坐标系而言，绕各个轴旋转的方向符合右手准则时的角度为正，否则为负；如果坐标系是左手坐标系，其坐标转换公式如同右手坐标系绕负轴旋转的情形），然后将基本坐标转换矩阵按旋转的顺序由右向左写连乘，即可进行坐标转换。**

## 习　题

1. 某自行武器的初始载体坐标系 $Ox_by_bz_b$ 与地理坐标系 $Ox_ty_tz_t$ 相重合。当前的载体坐系由地理坐标系 $Ox_ty_tz_t$ 经过 3 次转动而得到，转动顺序如图 2.26 所示。求从地理坐标系 $Ox_ty_tz_t$ 到载体坐标系 $Ox_by_bz_b$ 的坐标转换矩阵。

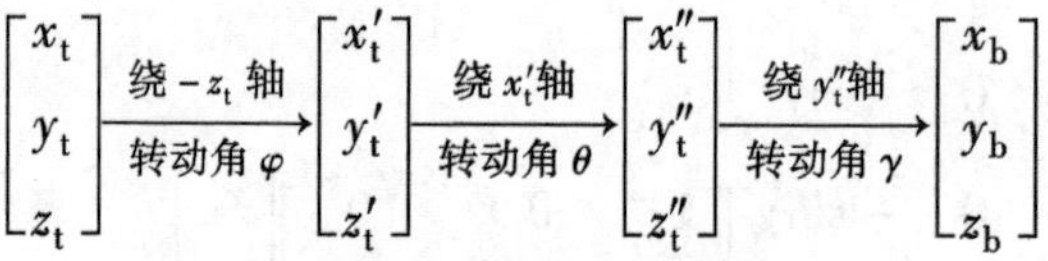

$$
\begin{bmatrix} x_t \\ y_t \\ z_t \end{bmatrix} \xrightarrow[\text{转动角 }\varphi]{\text{绕 }-z_t\text{ 轴}} \begin{bmatrix} x_t' \\ y_t' \\ z_t' \end{bmatrix} \xrightarrow[\text{转动角 }\theta]{\text{绕 }x_t'\text{轴}} \begin{bmatrix} x_t'' \\ y_t'' \\ z_t'' \end{bmatrix} \xrightarrow[\text{转动角 }\gamma]{\text{绕 }y_t''\text{轴}} \begin{bmatrix} x_b \\ y_b \\ z_b \end{bmatrix}
$$

**图 2.26　习题 1 用图**

2. 某自行高炮在行进过程中，由于路面的起伏，其载体平面不可能永远保持水平状态，而产生纵向倾斜、横向滚动；由于武器载体不可能永远沿直线行进，而载体平面将发生方位旋转。设 $K$ 为航向角或称偏航角；$\Psi$ 为纵倾角；$\theta$ 为横滚角。某自行高炮载体平面的当前位置，可以看成是从载体平面所处的原始 $Ox_0y_0z_0$ 状态开始，首先绕 $z_0$ 轴转动 $K$ 角、再绕 $y_1$ 轴转动 $\Psi$ 角、最后绕 $x_2$ 轴转动 $\theta$ 角后得到的，如图 2.27 所示。求从以武器为原点的大地惯性坐标系 $Ox_0y_0z_0$ 到当前状态下的载体坐标系 $Ox_2y_2z_2$ 的坐标转换矩阵。

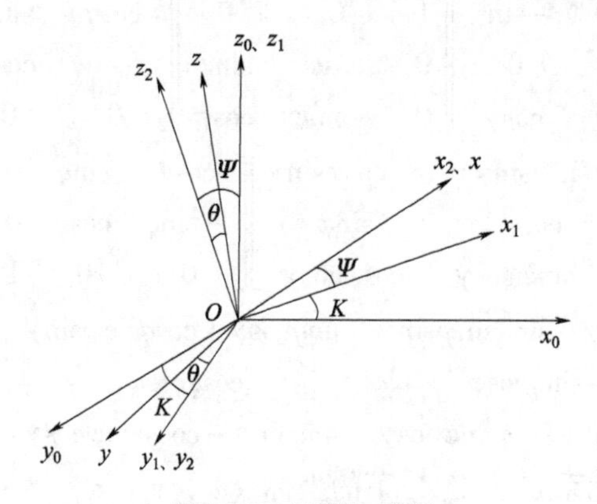


**图 2.27　习题 2 用图**

# 第三章
# 目标搜索与跟踪

◆ **学习目标**：学习和掌握目标搜索与跟踪的相关概念、搜索与跟踪的主要技术要求。
◆ **学习重点**：目标搜索与跟踪的系统组成及主要技术要求。
◆ **学习难点**：典型的搜索与跟踪传感器。

火力控制分系统首先需要解决的基本问题是搜索、发现目标及测定目标的坐标，以获取解决命中目标问题所必需的目标坐标信息，那么火控系统是如何获取这些信息的呢？需要哪些设备？基本任务是什么？对这些设备有什么样的技术要求？通过本章的学习，这些问题就可以较系统地了解和掌握。

## 第一节　目标搜索与导引

### 一、目标搜索与导引

在敌我双方交战中，为击毁敌方目标，首先必须知道它在哪里。这就需要在指定的空间范围内寻找目标，谓之搜索目标。在搜索空间内，感知潜在的目标谓之探测。

早期由人完成搜索、探测目标任务，现代多用搜索系统自动搜索、探测目标。由于作战区域内可能存在我方目标，为避免误伤，需要在搜索、探测到目标后识别敌友，谓之敌我识别。分清敌我历来是战争中首先要解决的问题，也是现代战争联合作战中各军、兵种实现协同作战至关重要的先决条件和前提。无论是“认敌为友”，还是“认友为敌”，都将给自己造成巨大的损失，甚至影响战争的结局。尽管各国为防止自相残杀做了种种努力，然而敌我混淆仍然是现代战争中最常见的问题。随着飞机、坦克等攻击性武器和雷达系统逐渐在现代战争中唱主角，在战场上如何分清敌我就成了一个重要而复杂的技术问题。1973 年，中东战争开始的头几天，埃及防空部队击落了 89 架以色列飞机，与此同时也击中了 69 架阿盟自己的飞机，主要原因是阿盟国家没有统一的敌我识别系统，它们的敌我识别器不能协同工作，分不清敌我飞机。1982 年，在英国和阿根廷的马岛战争中，英国“谢菲尔德”号导弹驱逐舰由于错误地将阿根廷“飞鱼”导弹识别成己方目标，结果被阿根廷导弹击中。英国一架“小羚羊”直升机也是因敌我识别错误而被英国的歼击机击落。在海湾战争中，美军发生了 28 次自相残杀事故，死亡 35 人，占美军死亡总数的四分之一。在被击毁的 35 辆装甲战车中有 27 辆是美军自己击毁的。英军在此战中死亡 17 人，其中有 9 人是被美军 A－10A“勇士”装甲运输车近距离扫射击毙的。

那么，敌我识别是如何工作的呢？从工作原理上可以分为协同式和非协同式。目前世界各国现役装备的敌我识别系统都是协同式的，其技术基础是二次雷达。敌我识别系统一般由询问器和应答器构成。询问器由发射机、接收机、编译码设备、天线、伺服系统和馈线组成；应答器由接收机、编译码器、发射机及全向天线组成。协同式敌我识别系统工作原理如图 3. 1 所示。

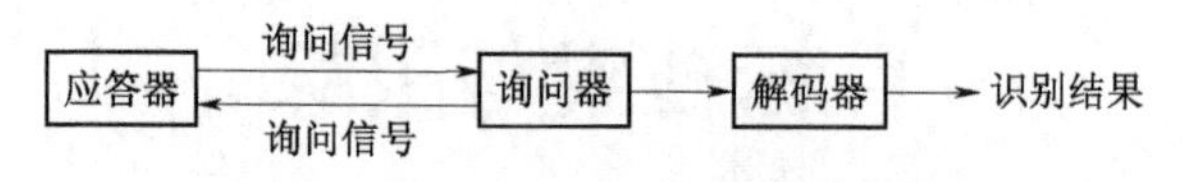


**图 3. 1　协同式敌我识别系统工作原理**

若目标为友方，则友方应答器通过检测和解码预先约定的准则时，友方应答器则通过全向天线发射约定的脉冲位编码的应答脉冲，此应答信号被己方询问器收到，并能正确解码以确认目标为友方。此询问脉冲若被敌方所接收，但是对方却不能发生预先约定的与询问脉冲相对应的应答信号，则已方询问器可判定此目标为敌方。

非协同式敌我识别系统不需要接收己方的应答信号，而是通过分析目标的唯一特征来完成目标的敌我识别。目前有四种非协同式的识别方法：分析作战平台发动机的红外线辐射特征法、分析作战平台发动机的声信号特征法、分析雷达调制特征法、分析作战平台的电磁辐射信息特征法。这种非协同式敌我识别系统的工作原理如图 3. 2 所示。

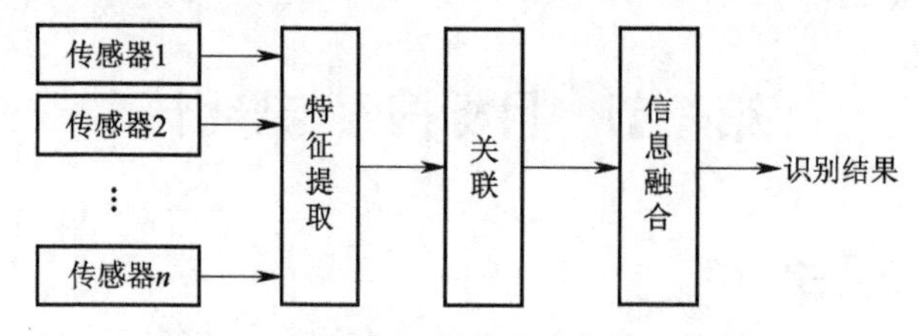


**图 3. 2　非协同式敌我识别系统工作原理**

非协同式敌我识别系统是利用各种不同功能的传感器搜集目标的各方面信息，这些信息被汇总到数据处理中心，通过信息融合技术来得到识别的结果。该识别方式可以利用的目标信息有目标的电磁辐射和反射信号、红外辐射信号、声音信号、光信号、全球定位系统信息等，且作用范围大，并可以同时对多个目标进行识别，识别结果可以在各作战武器间共享。非协同式敌我识别系统的优点是不需要协同工作，独立性强，不仅可识别敌友，也可识别中立方。缺点是系统反应时间长，结构复杂，现在还不成熟，距离工程应用还有一定的距离。

当确认是敌方目标后，还需进一步确认是否是我方应首先打击的目标。一旦确定是首先打击的目标，就将该目标的粗略位置指示给目标跟踪系统，谓之目标导引。搜索、探测、识别、导引目标是搜索系统的任务。

搜索目标的作用是使武器系统尽早地发现敌方目标，以免贻误战机。因此，要求搜索系统的视场要大、作用距离要远。搜索系统搜索到目标并识别确认为应首先打击的敌方目标后，便立即给跟踪系统导引目标，其作用是使跟踪系统尽快捕获并跟踪指定的目标。目前搜索与导引目标的设备是雷达。雷达是英文 Radar 的音译，源于 Radio Detection and Ranging 的首字母缩写，原意是“无线电探测和测距”，即用无线电的方法发现目标并测定它们的空间位置。因此雷达也可称为“无线电定位”。随着雷达技术的发展，雷达的任务不仅是测量目标的距离、方位和仰角，而且还可测量目标的速度，以及从目标回波中获取更多的有关目标的信息。雷达是利用目标对电磁波的反射（或称为二次散射）现象来发现目标并测定其位置的。

对高炮防空而言，要求能在距离10～30 km（甚至更远）、方位360°范围内搜索多批目标。但对其测量目标方位角坐标和距离精度要求不高，一般要求方位角误差小于跟踪观测器（目标检测传感器）视场的二分之一、距离误差为50～100 m即可。在战区内，为增加预警时间，还需配置远程警戒雷达。

警戒雷达（Warning Radar），以在500 km左右作用距离上发现活动目标作为主要使命的雷达。例如，防空网中担负警戒任务的对空警戒雷达，海岸线上警戒敌舰的对海警戒雷达等。对警戒雷达的要求是，作用距离远，空域覆盖范围大，全方位均能搜索，连续工作时间长，目标判断和报警的自动化程度高，目标处理容量大。但对这种雷达的测量精度、分辨力、反应速度等，要求不高，警戒雷达按任务可分为超远程、远程、中程、低空等类。例如，对付洲际导弹或洲际战略轰炸机的预警雷达就属于远程、超远程雷达，其作用距离要求高达几千千米。为了摆脱地球曲率的限制，增加预警雷达的作用距离，可采用超视距雷达或空中预警飞机（即机载预警雷达）。这些预警飞机多数已将地面区域防空指挥机构搬到飞机上，而形成完整的空中预警和指控系统。

超视距雷达（Over－the－horizon Radar），又称超地平线雷达，是工作在短波波段、能监视地平线以下目标的雷达。按电磁波传播方式，超视距雷达可分为天波超视距雷达和地波超视距雷达。前者利用电离层反射短波频率电波的特性来克服地球曲率的限制，后者利用电磁波对地球表面的绕射探测视距以外的远距离目标。这些雷达系统既可以利用目标的后向散射（反射）特性，构成单基地雷达，也可以利用前向（电波入射方向）散射特性，按双基地方式工作。超视距雷达的工作频率一般为2～60 MHz。电波经电离层反射一次能探测3 000 km以外的目标，多次反射能探测6 000 km以外的目标，但多次反射会因多路径效应而降低雷达的性能。

电离层的反射特性是随昼夜、季节以及太阳黑子活动期等情况而变化的，因此为了使超视距雷达能够可靠地监视给定空域，其工作频率应随之改变，变化范围多达三个倍频程。另外，由于工作频率低，为了形成较窄的波束宽度，天线孔径面积应很大，横向尺寸通常达数百米，由于作用距离远，为了保证必要的反射能量，发射机的平均功率高达数百千瓦。因此，超视距雷达的设备量很庞大，造价也很高。但是，这种雷达覆盖空域很大，单位覆盖空域的造价仍和常规雷达基本相当。

超视距雷达用于广大国土的航空（空中交通）管制事业，有可能取代大量的航空管制雷达（也称航管雷达或空中交通管制雷达）设备。

而在监视辽阔的海域和深入监视敌方国土方面，常规雷达是无法与之相比的。

## 二、火控系统对搜索与导引的主要技术要求

不同的火控系统对搜索与导引的技术要求是不一样的，但是以下几个技术要求是火控系统对搜索与导引的主要技术要求。

（1）工作频段。

目前搜索敌方目标的主要设备是雷达，而雷达是有工作频段的，不同频段的雷达有不同的特性和功能，精度也不相同。当工作频段选定后，精度也就相应地确定下来了。雷达频段

(Radar Frequency Band) 是雷达所采用的工作波长（或频率）的区域划分。雷达可在从大于100 m（短波）至小于$10^{-7}$ m（紫外线）的波段范围工作。雷达的工作频率和整个电磁波频谱如图 3.3 所示。

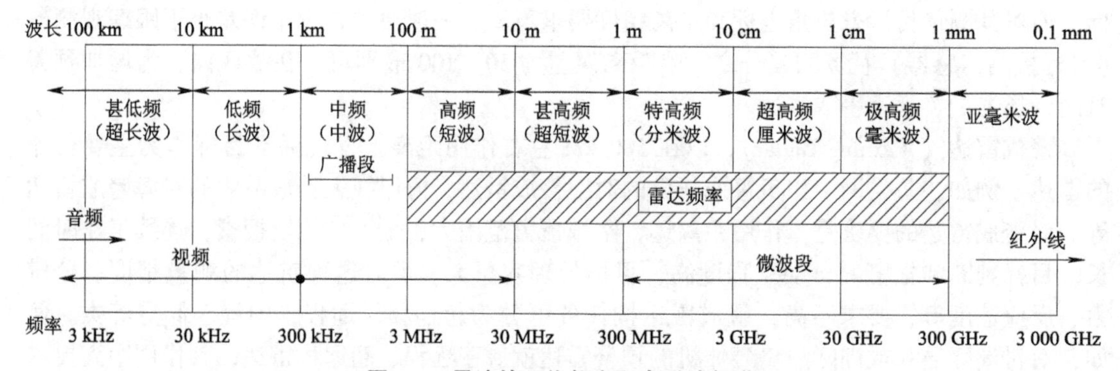


**图 3.3　雷达的工作频率和电磁波频谱**

实际上绝大多数雷达都工作于 200 MHz ~ 300 GHz 的微波频段。但激光雷达工作在红外光、可见光和紫外光波段。微波波段亦可进一步细分为分米波、厘米波和毫米波波段。

雷达波段的划分虽是人为规定的，但每个频率范围都具有各自的特性，使它比其他频率范围更适合某些应用。常用的雷达波段有一套字母代号，是第二次世界大战中英美等国家为了不暴露真实工作频率而采用的具有保密性质的代码，后来便一直沿用下来，如表 3.1 所示。

**表 3.1　雷达频段及对应的频率**

| 频段名称 | 频率范围 | 国际电信联盟分配的雷达频段 |
|---|---|---|
| 甚高频 | 30 ~ 300 MHz | — |
| UHF | 300 ~ 1 000 MHz | 420 ~ 450 MHz，890 ~ 940 MHz |
| L | 1 000 ~ 2 000 MHz | 1 215 ~ 1 400 MHz |
| S | 2 000 ~ 4 000 MHz | 2 300 ~ 2 500 MHz，2 700 ~ 3 700 MHz |
| C | 4 000 ~ 8 000 MHz | 5 250 ~ 5 925 MHz |
| X | 8 000 ~ 12 000 MHz | 8 500 ~ 10 680 MHz |
| Ku | 12 ~ 18 GHz | 13.4 ~ 14 GHz，15.7 ~ 17.7 GHz |
| K | 18 ~ 27 GHz | 24.05 ~ 24.25 GHz |
| Ka | 27 ~ 40 GHz | 33.4 ~ 36 GHz |
| mm | 12.5 ~ 18 GHz | — |

表 3.1 中同时列出了标准雷达频率和国际电信联盟（ITU）对第二区域所分配的雷达频段及其字母代号。

(2) 最大搜索距离。

当火控系统的搜索分系统为雷达时，其最大搜索距离就是雷达的最大作用距离。雷达最大作用距离（Maximum Radar Range），是当雷达接收到的功率为最小可检测信号（或最小可检测信噪比）时，由雷达距离方程（Radar Range Equation）所计算得到的作用距离，是理论作用距离。由于在用雷达方程计算最大作用距离的过程中，所取用的中间公式及参数值，既包含有理论分析的结果，又包含有经验统计结果及实际测量数值，所以它与雷达的实际作用距离很接近。不过，实际的雷达，特别是在野战条件下工作的火控雷达，由于工作环境的变化和外来干扰（包括人为的有源干扰）的影响，有些参数值可能会在一定范围内变化，所以实际最大作用距离也是有变化的。雷达战术技术要求中要求的最大作用距离，应理解为雷达实际最大作用距离，这个距离通常是在实际试验中确定的。

（3）最小搜索距离。

对搜索雷达而言，雷达最小作用距离（Minimum Radar Range）就是雷达能够发现目标的最近距离。脉冲雷达的最小作用距离决定于发射脉冲宽度及天线收发开关管恢复时间等因素。一般表达式为：

$$r_{\min} \geqslant (\tau + t_{\mathrm{B}})\ \frac{c}{2}(\mathrm{m}) \tag{3.1}$$

式中，$\tau$ 为发射脉冲宽度（s）；$t_{\mathrm{B}}$ 为收发开关管恢复时间（s）；$c$ 为电波传播速度（$3 \times 10^{8}$ m/s）。

调频雷达的最小作用距离为：

$$r_{\min} \geqslant \frac{1}{8} c \Delta f_{\mathrm{m}}(\mathrm{m}) \tag{3.2}$$

式中，$\Delta f_{\mathrm{m}}$ 为发射机频率漂移范围（Hz）。

最小作用距离越小越好。调频雷达的最小作用距离一般小于脉冲雷达。

（4）覆盖高度。

雷达的覆盖高度是雷达的一个重要指标，是雷达可以探测目标的最大的高度，超出该高度的目标探测精度不能满足要求，甚至雷达无法探测到目标。影响雷达覆盖高度的因素有：波长、功率、高低俯仰角范围、波束宽度和环境等。

（5）天线转速。

雷达为了搜索作战空域内的目标时，雷达天线需要在空域内以一定的速度进行扫描，监视作战空域内的空情，并测量目标信息。天线转速影响雷达对目标信息的探测，转速高则数据量大、对目标信息的掌握就多，但是对计算机处理信息的能力要求就高。常见的雷达天线的转速有 30 r/min 和 60 r/min。

（6）目标容量。

目标容量（Target Capacity），即一个雷达系统能够同时处理的目标数目，例如，火控雷达能同时跟踪的目标数目或边扫描边跟踪体制的雷达能同时跟踪的目标数目等。处理目标数是现代雷达的一项重要性能指标。

因为现代战争中多目标多方向同时进入是敌方较常使用的一种有效战术，雷达在搜索和跟踪过程中，如果不能将这些目标的信息及时处理完毕送完毕，不仅要贻误战机，而且必将危及自身。雷达的目标容量决定于它对这些目标的处理能力。随着数字计算机的发展和雷达与数字计算机的有机结合，雷达对多目标信息的处理能力越来越强，雷达目标容量也越来越大。

(7) 雷达分辨力。

雷达分辨力 (Radar Resolution)，即在雷达屏幕上能区分开的两个目标在角度上或距离上的最小间隔。在角度 (方位、仰角) 上的最小间隔称为角度分辨力 (Angular Resolution)；在距离上的最小间隔称为距离分辨力 (Range Resolution)。分辨力的概念同样可以应用于由多普勒频率差所形成的两个目标的速度分辨上，即速度分辨力 (Velocity Resolution)。

影响雷达实际分辨力的因素很多。例如分辨时的信噪比、被分辨目标间回波强弱对比、实际采用的天线波束形状、发射信号波形及信号处理方法等。一般情况下，雷达分辨力是指雷达目标参量的固有分辨力，即忽略噪声影响、采取最佳信号处理条件下雷达分辨的潜在能力。这种固有 (潜在) 分辨力由雷达的信号形式或天线方向图决定。

角度分辨力主要由天线方向图决定，等于雷达天线半功率波束宽度，距离和速度分辨力主要取决于雷达信号波形和信号处理方法。距离和多普勒频率 (速度) 两维分辨力之间常有某些内在的联系，因此常常讨论距离和速度同时分辨的问题，即两个目标之间在距离和速度上均有差别时的分辨问题。

雷达分辨力是雷达的一项重要性能指标，对现在雷达，尤其是火控雷达而言，高的分辨力是雷达目标识别的基础。当两个或两个以上目标极其接近时 (如飞机多架编队进入)，高的分辨力就显得更为重要。

(8) 精度。

雷达测量精度 (Radar Measurement Accuracy) 是雷达系统对目标参数 (如距离、速度、加速度、角度、高度和横截面积等) 的估值偏离实际值的程度。在雷达测量过程中，由于雷达设备本身、目标和传播介质等方面都会引进各种各样的误差，目标参数的估计值是偏离实际值的。在现代雷达系统中不仅对点目标进行参数测量，还越来越多地利用雷达信号特征进行更复杂的测量，例如分布目标的结构参数 (尺寸、形状) 的测量，以及一些更复杂的运动参数 (旋转轴、旋转速率) 的测量等。因此，雷达测量精度问题是参数估值问题的一种特例，所估参数是按统计分布或以概率度量的。

按误差的性质，一般可将误差分为恒定误差 (系统误差) 和随机误差 (噪声误差) 两大类。

雷达测量精度一般用测量值与真实值之差的平方的统计均值 (均方差或标准偏差) 来表示。根据参量估值理论可求得雷达测量的极限精度 (理论精度) 的表达式为：

$$\begin{cases} \delta_R = \dfrac{c}{2\sqrt{\dfrac{\tau}{4BE/N_0}}} \\ \delta_f = \dfrac{\sqrt{3}}{\pi\tau\sqrt{2E/N_0}} \\ \delta_\theta = \dfrac{0.628\theta_B}{\sqrt{2E/N_0}} \end{cases} \tag{3.3}$$

式中，$\delta_R$ 为雷达采用矩形脉冲时的测距精度；$\delta_f$ 为雷达采用矩形脉冲时的测频精度，即测量多普勒速度的精度；$\delta_\theta$ 为天线口径分布为矩形分布时的测角精度；$c$ 为光速或电波传播速度 ($3\times10^8$ m/s)；$\tau$ 为脉冲宽度；$B$ 为接收机中频放大器带宽，近似为脉冲宽度的倒数；$E$ 为信号能量；$N_0$ 为单位带宽内的噪声功率；$\theta_B$ 为天线半功率波束宽度 (以弧度表示)。

(9) 抗电磁干扰性能。

雷达在搜索目标时可能会受到干扰，因此必须要满足抗干扰指标要求。常用的抗干扰技术有增加发射机的带宽、减小变频时间、增加工作频点，另外采用恒虚警电路、干扰方向显示、动目标显示、风速补偿、异步脉冲抑制等措施提高雷达的抗电磁干扰性能。通过增加控制天线波束、覆盖区和扫描方法来提高抗电磁干扰性能，可能增加天线的复杂性、成本甚至重量。因此必须从总体的角度综合考虑，采样相应技术措施。

## 三、搜索与导引的主要工作程序

搜索与导引的主要工作程序有：

(1) 发现目标。

(2) 目标识别。

目标识别 (Target Identification)，即对空间目标进行探测时，将获取的信息进行处理和分析，从而鉴定目标特征的过程。例如用雷达进行探测时，从获得的回波信号中识别敌我；分出运动目标或固定目标，确定目标的位置、形状、状态、用途等。目标识别分为人工识别、自动识别和半自动识别三种。人工识别是依靠操作人员长期积累的经验判断完成的；而自动识别则是把图像识别技术与信息论、雷达信号处理、数据处理、自动控制等技术结合起来，从而达到目标自动识别的；在实际应用中，由于技术水平、结构、经费等条件的限制，仍需人工进行干预的半自动识别是应用最为广泛的。

(3) 航迹处理。

(4) 威胁度判别。

(5) 导引目标。

## 四、目标搜索方式

随着科学技术的发展和作战的需要，出现了各种搜索系统和设备，从最简单的目视搜索，到概略瞄准具搜索、可见光搜索、雷达搜索、头盔式搜索镜搜索等。为了增强夜间发现目标的能力，又使用了红外搜索和微光夜视搜索。针对雷达搜索目标易受电子干扰的缺陷，近年来出现了全景光电搜索。

### 1. 雷达搜索

雷达已广泛用于发现敌方目标，在战区内使用远程警戒雷达，而武器系统则使用搜索雷达。自 1936 年以来，雷达已经历了三次技术革命，特别是 20 世纪 80 年代以来，新一代雷达脱颖而出，超视距雷达、大型相控阵雷达、合成孔径雷达等相继问世。发现目标距离达数千千米，搜索和跟踪目标达数百批，合成孔径雷达还能将目标成像，以适应导弹战略防御的需要。这里所谓的跟踪是指在每个搜索周期内对已发现的目标数据进行相关、互联、平滑、滤波和外推处理，以确认目标并建立各自的航迹。雷达搜索的优点是空域大、作用距离远、全天候使用、能确定粗略的目标方位角和距离信息。缺点是隐蔽性差、易受电子干扰。抗电子干扰能力已成为其主要的战术技术要求。

### 2. 可见光搜索

可见光搜索仪器是传统的搜索设备，各种指挥镜、变倍跟踪镜、光环镜和坦克的车长镜都属此类。其显著特点是视场大、操作简便、获得信息直观、能确定目标的粗略方位角和高低角。因此，得到广泛的应用。如对空指挥镜（大倍率、大视场目视望远镜）能输出方位角和高低角信息。由于其视场较大，也可用于观察弹目偏差。其缺点是只能给出目标角坐标、作用距离较近、仅能白天使用且对能见度要求高、不能同时搜索多批目标。

**3. 概略瞄准具搜索**

概略瞄准具由准星、照门构成。高炮和高射机枪的概略瞄准具大都把准星改成同心圆环，可用其捕获并导引目标。只要能将目标导入跟踪视场内即可。其致命缺点是精度差、作用距离近，且只能给出目标角坐标。

**4. 目视搜索**

目视搜索用于早期的阵地高炮防空系统。360°方位空域由3~4人分别监视，发现目标后口报指挥所，再用光学器材测定目标高低角及方位角。其致命缺点是作用距离近、口报误差大、耗时长。

**5. 头盔式搜索镜搜索**

头盔式搜索镜通常由头盔、准直式瞄准镜、激光测距仪、测量头盔与载体相对位置的传感器、微型计算机及输出设备等组成。微光夜视头盔、红外成像头盔也已广泛使用。使用时，瞄准手转动头部搜索目标，用瞄准镜分划对准目标后，位置传感器自动把目标坐标输入到计算机中，计算机计算出控制火炮的信息。头盔式搜索镜搜索目标充分发挥了人的作用，大大提高了火控系统的反应速度。飞机驾驶员已广泛采用之。头盔式搜索镜的角输出精度为0.5°~0.1°，可望达到0.1°之内。

**6. 红外搜索**

使用红外热成像仪搜索目标，给出目标的方位和高低角坐标。红外热成像仪主要由光学聚焦与扫描系统、红外探测器、信号处理电路和显示器组成。分为被动式和主动式，目前以被动式为主。优点是不易被敌方探测和干扰，能白天和黑夜搜索目标，但受气候条件影响大。

**7. 微光夜视搜索**

微光夜视搜索简称夜视系统，分为微光夜视仪和微光电视，能在低照度下夜间观察和跟踪目标，给出目标的方位和高低角坐标。通常由物镜、夜视成像器件和目镜组成。夜视成像器件包括微光变像管、像增强器、摄像机和电荷耦合成像器件等。进行微光夜视搜索隐蔽性好、体积小、质量轻、耗能少，但受天候影响较大，在阴天和漆黑无光或烟雾条件下很难发挥作用。

**8. 全景光电搜索**

随着光电技术的发展和战场电子干扰的增强，出现了全景光电目标搜索系统。其特点是：能昼夜搜索目标，抗电子干扰能力强。一般采用红外热成像全景光电目标搜索系统。一种是采用大视场的红外热成像仪进行方位等周期搜索，如同目标搜索雷达；另一种是由多个大视场的红外热成像仪分区监视整个搜索区域，构成全搜索区域的景象，进行全景监视。

现代火控系统，一般都采用多种搜索手段，以适应复杂的战场环境和提高搜索目标的可靠性。同时，还将火控系统作为指挥控制系统的控制终端，充分地利用战场上各种探测器测得的目标信息。

### 五、导引方式

导引按其传输信息的方式分为口报导引、有线导引和无线导引。

**1. 口报导引**

这是高炮阵地防空在目视搜索目标下的目标导引方式。通常由作战人员用口报方法将目标距离、角坐标信息传给跟踪系统。

有3种口报导引方式：① 由观察员直接指示目标；② 依据环视雷达或上级指挥所指示目标，进行图板作业，按一定间隔不断报出目标的方位角、高低角和距离等；③ 由指挥镜操作手报出目标的方位角和高低角，但这种导引方式耗时长、易出错。

**2. 有线导引**

搜索设备将搜索到的目标信息通过有线模拟或数字传输方式传给跟踪系统。它仅适用于近距离、阵地作战采用。

**3. 无线导引**

搜索设备将搜索到的目标信息变换成无线电信号发射出去，跟踪系统通过其无线电接收机接收目标信息，如雷达导引。

导引雷达（Vectoring Radar）即导引我方武器装备和人员去执行任务（如截击敌机）的雷达。这种雷达一般由三坐标雷达担任，也可由警戒雷达和测高雷达共同担任。现代导引雷达还能用计算机进行多种导引计算，如最佳截击航线飞行参数、最佳返航路线等。这类雷达的作用距离一般为200～300 km。它能较准确地测量出目标的距离、方位和高度，以完成导引任务。它适用于远距离、移动中作战，缺点是易受电子干扰。

## 第二节　目标截获与跟踪

搜索、探测、识别、导引目标是搜索分系统的任务，目标截获与跟踪是跟踪分系统的任务。

### 一、目标截获与跟踪概述

跟踪通常指以人工或自动方式驱动跟踪线，尽量使跟踪线与瞄准线重合，进而测量目标的现在点坐标。对武器和目标都处于静止状态时，过去常用“瞄准”来描述。而“跟踪”却隐含着武器和目标存在着相对运动。

在现代，通常采用包含距离和角度在内的三维跟踪方法。跟踪系统采用误差控制原理，其输入是目标的实际空间位置，其输出是目标坐标的测量值。

目标捕获（Target Acquisition）是指从雷达发现目标到转入跟踪的整个过程。通常目标捕获包含角度捕获和距离捕获两个过程。根据雷达自身搜索过程或由外部提供的目标角位置信息，将天线波束指向目标并转入跟踪状态的称为目标角度捕获；根据提供的距离信息，移动距离波门套住目标回波并转入距离跟踪状态的则称为目标距离捕获。在有多普勒测速能力的雷达中，测速回路中的搜索电压控制“电压控制振荡器”捕获多普勒频率并转入跟踪的称为目标径向速度跟踪。目标捕获的步骤一般是先由雷达自身的搜索过程或由其他搜索雷达或信息来源提供的有关目标角位置信息，使跟踪雷达天线波束借助这些导引数据用人工或自动的方式指向目标，然后进行角度捕获和距离捕获。

所谓目标跟踪（Target Tracking）是指在搜索过程中对已经发现的目标进行相关、平滑和外推处理以确认目标并建立目标航迹的过程。

在跟踪系统中，自动完成距离跟踪的系统称为距离自动跟踪系统（Automatic Range Tracking System），是表征距离数据的波门位置能随目标距离的变化而同步变化的装置。距离自动跟踪系统主要由时间鉴别器、控制器及波门产生器组成，其原理如图 3.4 所示。

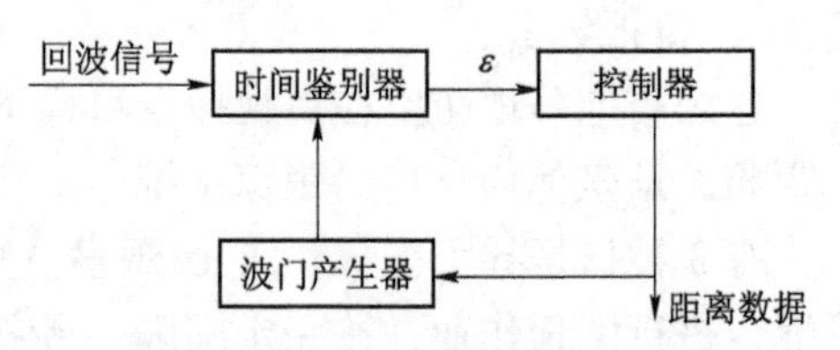


**图 3.4　距离自动跟踪系统原理**

控制器中存有目标的距离数据，波门产生器根据控制器中的距离数据产生两个宽度相等的前、后波门；波门脉冲与回波信号一起送到时间鉴别器进行比较，时间鉴别器把时间的误差量转换成误差电压 $\varepsilon$。当控制器中存储的距离数据与回波的距离相等时，输出的误差电压为零，控制器中的距离数据保持不变。当二者的距离数据不等时，时间鉴别器输出一个误差电压 $\varepsilon$，其幅度代表目标距离偏差，极性正与负代表控制器中的距离数据是大于还是小于目标的真实距离。误差电压用来不断地修正控制器中的距离数据，以使误差电压向减小的方向变化，直至减小到零，从而实现距离跟踪。实现距离自动跟踪可以用机电元件加上模拟电路，也可以全部用数字电路，或用模拟电路和数字电路的混合电路。这种跟踪系统主要用于跟踪雷达。

## 二、火控系统对目标截获与跟踪的主要技术要求

火控系统对目标截获与跟踪的主要技术要求有：

（1）工作范围。如最大探测距离、最小探测距离、最大跟踪距离（高精度的跟踪）、高低角范围（$-5° \sim 85°$）。

（2）地空性能。

（3）静动目标对比度。

（4）抗电磁干扰性能。

（5）目标识别。

（6）全天候。

（7）瞬态性能。

（8）环境适应性。需要考核系统对温度、湿度、防水、防辐射、抗冲击、抗振动和三防（防原子、防化学、防生物）等的适应能力。

（9）特殊要求，如要在行进间射击时，要求跟踪线稳定。

## 三、跟踪方式

跟踪并测量目标坐标的装置称为跟踪系统，包括角跟踪系统和测距装置（或称距离跟踪系统），亦称目标坐标测定器。其角跟踪系统的分类如下：

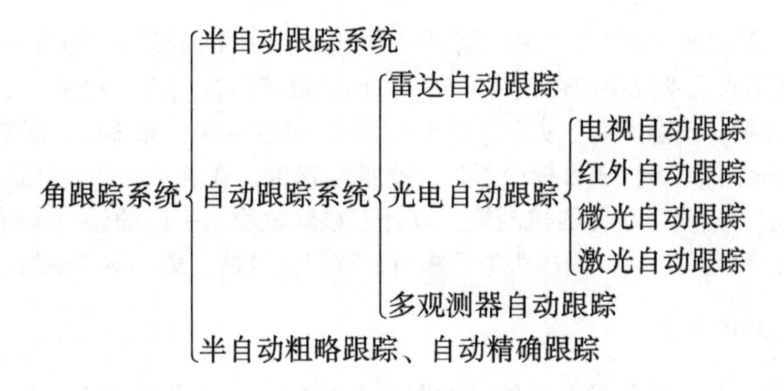


### (一) 半自动跟踪系统

在跟踪控制回路中，主要依靠人来检测并消除跟踪误差的跟踪系统称为半自动跟踪系统(Semi - automatic Tracking System)。其跟踪精度和反应时间在很大程度上取决于人的特性和熟练程度。半自动跟踪系统分为高低和方位跟踪系统，分别由指示器、人、驱动装置和测角传感器组成。其系统框图如图 3.5 所示。

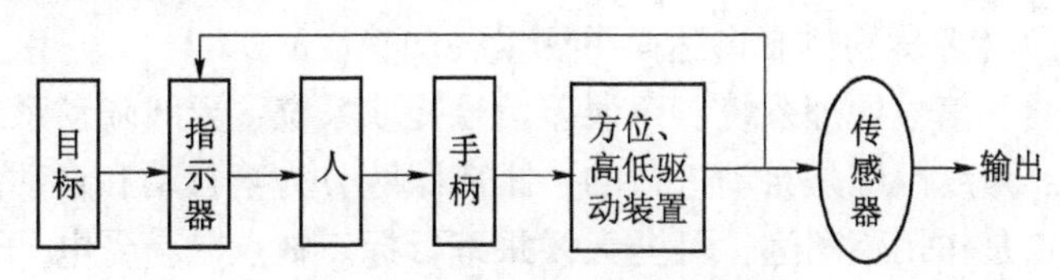


**图 3.5　半自动跟踪系统框图**

跟踪目标时，人观察指示器中的跟踪误差（目标中心与标志中心的偏差），依据跟踪误差，手动手柄（或摇把、滚球）产生高低、方位控制量，经功率放大后驱动指示器标志(如十字分划)。

当标志中心与目标中心重合时，跟踪误差为零，即认为瞄准目标。实际跟踪目标过程中，瞄准目标的机会是很少的，多数状态存在跟踪误差。

控制指示器的标志运动有 3 种方式：

① 人的手动位移量与标志运动的位移量成正比。

② 人的手动位移量与标志位移量的变化率成正比。

③ 标志运动的位移量与人的手动位移量满足下述关系：

$$\theta = K_1\varphi + K_2\int\varphi \mathrm{d}t \tag{3.4}$$

式中，$\theta$ 为标志位移量；$\varphi$ 为人的手动位移量；$K_1$、$K_2$ 为系数。

第一种方式消除误差快、灵敏度高，但消耗体能大，不宜跟踪快速目标，测得的目标坐标中脉动误差大；第二种方式可减小脉动误差，但反应过于灵敏，易产生正负摆动误差；第三种方式既保持了前两者的优点，又克服了前两者的缺点，相对而言，跟踪精度高、平稳性好。现代的半自动跟踪系统多采用第三种控制方式。在这种控制方式下，当标志对准运动目标时，如果系统是最佳设计的，理论上可使标志运动的角速度与目标运动的角速度相等。应当指出，在防空武器火控系统中，为了高精度地跟踪快速过航目标，$K_1$、$K_2$ 往往不是常数，而是根据目标方位角和高低角的变化规律设计成变数。工程上，常使手柄的输出量与手柄的手动位移量呈非线性关系来解决这一问题，这种手柄习惯上称为“非线性手柄”。

还应指出，半自动跟踪系统的跟踪精度一般较低。为了提高跟踪精度可采用“再生跟踪”，在防空武器火控系统中应用较为有利。“再生跟踪”常利用已测量的目标坐标，产生目标运动的角速度，并输入半自动跟踪系统来实现。在实际火控系统中，通常用经火控计算机滤波的目标速度和距离合成目标的方位及高低角速度。在这种“再生跟踪”状态下，操作员唯一做的是“微调”系统的控制量，以补偿跟踪过程中引起的误差。再生跟踪不仅能提高跟踪精度，而且在短暂时间内丢失目标时，有记忆跟踪（Memory Tracking）功能。

（二）自动跟踪系统

主要依靠自动检测并消除跟踪误差的跟踪系统称为自动跟踪系统（Automatic Tracking System）。一般来说，它比半自动跟踪系统精度高、频带宽、快速性好。缺点是跟踪视场小，一旦丢失目标后，想再度转入自动跟踪就非常困难。这时，一般需要将自动跟踪模式转入半自动跟踪模式，等待半自动跟踪达到一定跟踪精度后再转入自动跟踪模式。

**1. 雷达自动跟踪**

雷达能自动控制天线指向，使波束中心始终以一定的精度对准目标，连续测量目标距离、方位角、高低角（多普勒体制雷达尚可测量径向速度）。

雷达由跟踪天线、信号处理系统、角误差信号提取系统、天线随动系统等组成。包括距离跟踪和角度跟踪。角度跟踪是自动进行的；距离跟踪分为半自动和自动两种。

雷达跟踪的优点是作用距离远，可全天候跟踪目标。缺点是易受电子干扰，在电子战异常激烈的时代，抗电子干扰已成为其首要的关键技术难题。

**2. 光电自动跟踪**

1）可见光电视自动跟踪

可见光电视自动跟踪的重要组成部分是视频信号处理器，其简要原理如图 3.6 所示。目标通过摄像机物镜将其光学像呈现在摄像管靶面上，通过摄像机的水平和垂直扫描，将物像展开成一维的时间 $t$ 信号，即视频信号。该视频信号经过视频信号处理器和提取电路，用 $X-Y$ 视频信号分析器计算出目标相对参考基准中心的偏离 $\Delta X$、$\Delta Y$ 值。将 $\Delta X$、$\Delta Y$ 值送到伺服系统，控制摄像机随目标做方位和俯仰运动。

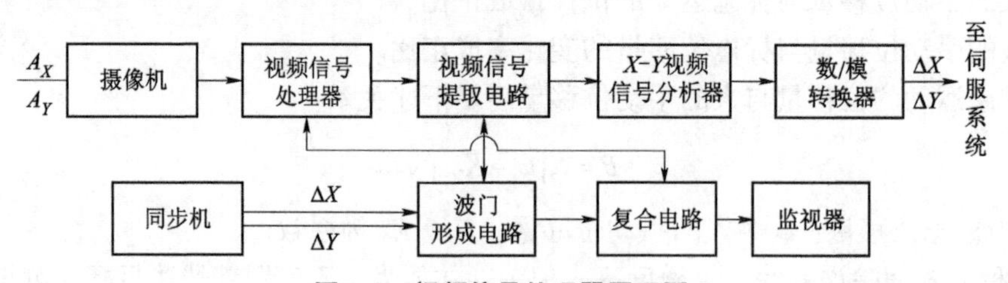


**图 3.6 视频信号处理器原理图**

可见光电视跟踪系统一般由定焦或变焦望远镜、摄像机、视频信号处理器和伺服系统组成，如图 3.7 所示。

采用变焦望远镜，目的是保持目标在视场内像的大小基本不变，以免充满视场。为使摄像管靶面上的照度不超出其工作范围或使靶面上的照度保持

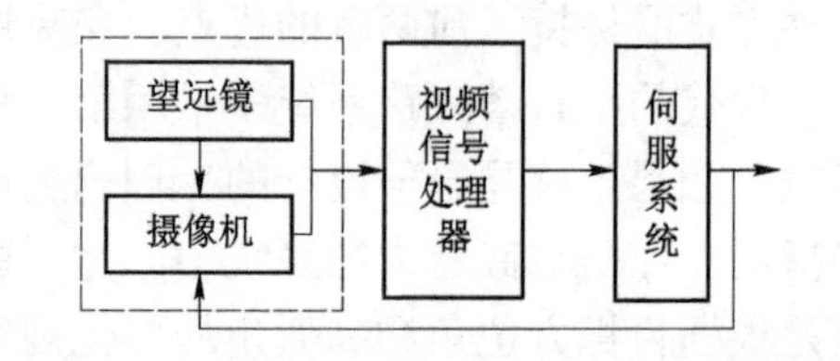


**图 3.7 可见光电视自动跟踪系统原理框图**

恒定，通常在望远镜内还装有光强控制器，如可控光栏或自动减光板（光密度盘）。为了能清晰识别不同背景下的目标，望远镜内还设置不同颜色的滤光片。摄像机可采用电荷耦合器件（CCD）固体摄像机，也可采用硅靶管或碲镉锌等摄像机，但应具有平像场、低噪声及高增益等特点。可见光电视自动跟踪系统的跟踪精度可达零点几毫弧度，对空中目标（如飞机），跟踪距离可达二十几千米，甚至更远。

可见光电视自动跟踪的优点是直观、工作隐蔽、不受无线电干扰。缺点是受气候影响较大、夜间不能使用。可见光电视自动跟踪技术比较成熟，跟踪方式有矩心跟踪、边缘跟踪、相关跟踪等，我国已广泛使用。

2）微光自动跟踪

利用微光像增强管、高敏感度电荷耦合器件及它们的耦合器作为光电传感器构成微光自动跟踪系统跟踪目标，谓之微光自动跟踪。这种跟踪能完成在月光、星光等微弱光线下的夜间跟踪目标任务。

3）红外自动跟踪

红外自动跟踪是利用红外热成像器件作为目标检测传感器而实现的自动跟踪。其工作原理与可见光电视自动跟踪基本相同，只是传感器用的是红外热成像器件。红外自动跟踪主要用于夜间跟踪目标，也可白天跟踪目标，使火控系统具有昼夜作战能力。现在，国内红外自动跟踪技术已不断趋于成熟，但价格较贵。

4）激光自动跟踪

利用激光束对目标进行探测和自动跟踪的火力控制系统称为激光自动跟踪系统，其组成包括激光波束发射与接收装置、跟踪伺服系统、数字处理器等。激光波束发射装置发射激光；接收装置借助四象限内放置的光电转换器件检测激光回波相对基准十字线的偏差。将检测出的方位、高低偏差送到跟踪伺服系统，实现自动跟踪。激光自动跟踪具有角度和距离分辨率高、抗干扰能力强等优点。缺点是大气衰减严重，且因激光束宽有限，常需其他自动跟踪方式精确跟踪目标后，再转入激光自动跟踪。它属于精密跟踪，精度一般为几十至几百微弧度，适于控制激光武器。现阶段在光电火控系统中应用较少，而主要用于靶场测量系统中，如国产 778 光电跟踪经纬仪。

**3. 多观测器（目标检测传感器）自动跟踪**

利用同一驱动装置自动驱动两种以上观测器（目标检测传感器）构成跟踪系统，进行自动跟踪目标，谓之多观测器（目标检测传感器）自动跟踪。因为它能实现多种跟踪方式、适应不同作战环境，成本低、结构简单，所以被现代火控系统广泛采用。比如，将电视摄像机与雷达天线共轴，既可实现雷达跟踪又可实现电视跟踪。在雷达受干扰的情况下，可转入电视自动跟踪，提高抗电子干扰能力。又如，将可见光电视自动跟踪系统、红外自动跟踪系统、微光自动跟踪系统和激光自动跟踪系统置于同一框架上实现共轴，可适应昼夜跟踪和多方式跟踪，提高跟踪系统的可靠性和战场环境适应能力。多观测器自动跟踪的另一优点是可将多探测器测得的信息进行融合，提高跟踪精度和可靠性。

### （三）半自动粗略跟踪、自动精确跟踪系统

这种跟踪系统是半自动跟踪系统和自动跟踪系统的组合，在半自动跟踪系统的框架上设置方位和高低自动跟踪系统。跟踪时先由人在大范围内进行粗略跟踪，一旦达到一定的跟踪精度和跟踪范围，就启动自动跟踪系统，其原理框图如图 3.8 所示。

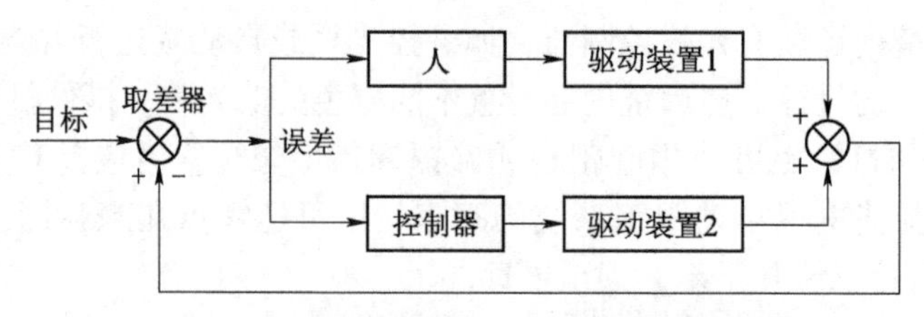


**图 3.8　半自动粗略跟踪、自动精确跟踪系统**

由取差器、人、驱动装置 1 组成半自动跟踪系统。半自动跟踪系统驱动框架相对于固定坐标系运动，自动跟踪系统驱动观测器件相对于框架运动或驱动电子波门跟踪目标。由取差器、控制器、驱动装置 2 构成自动跟踪系统。因此，观测器件或电子波门相对于固定坐标系的运动是二者运动之和。

这种系统由于较大惯量的框架由半自动跟踪系统驱动，而惯量小的观测器件或电子波门由自动跟踪系统驱动，所以，自动跟踪系统的精度和快速性容易做得很好，适于某些半自动跟踪系统的改造。实质上，这种跟踪系统是复合轴控制系统的简单应用。

## 四、测距

现代火控系统中，一般将测距和测角功能组合在一起构成跟踪系统。因此，跟踪系统具有三维坐标测量功能。但应指出，测距是在精确角跟踪状态下进行的，特别是采用激光测距仪测距更是如此。它要求激光束宽角应与角跟踪精度相匹配，如果角跟踪误差比激光束宽角的二分之一大很多，则漏测现象严重，甚至无法测距。一般，要求最大跟踪误差小于激光束宽角的二分之一，以减少漏测现象。

现代火控系统中，常采用雷达或激光发射脉冲信号测量目标距离。雷达和激光虽已广泛使用，但也有其局限性，即要求其发射的脉冲能量必须能从目标反射回来；还需要精确地测量其往返时间，才能精确地测量目标距离。

### 1. 激光测距

因为激光具有良好的方向性，使激光发射出去 1 000 m 光斑直径不超过 1 m 是很容易做到的。通过发射一束激光照射到目标上，再从目标反射回来，测出往返时间就能确定目标的距离。激光在大气中的传播速度为 $2.997\,924\,58\times10^{8}$ m/s，是一个不变的常数。用这样一束光去测量目标距离，所用的时间将是极短的。比如测量目标距离为 1 500 m，一个来回则是 3 000 m，按光速计算耗时 $10^{-5}$ s。现在把问题反过来，如果知道了发射的光和接收到从目标返回的光之间的时间间隔为 $10^{-5}$ s，则将知道目标的距离是 1 500 m。

目前的科学技术状态，测量一个纳秒级的时间是不困难的，因此测量 $10^{-5}$ s 或再短一些的时间间隔是很容易的事情。另外，激光具有很强的辐射功率，能集中照射远距离目标，并能从目标返回足够的回波信号，所以接收回波信号也可以工程实现。正是由于这些优点，在激光出现后，用激光测距的方法很快就工程实现了，并且已经发展到激光应用中最成熟的项目之一。

下面用一个简单的数学公式表述上面的距离与时间的关系。设激光从发射器向目标发射激光光束到接收器接收到回波信号所用的时间为 $t$，则激光测距仪到目标的距离 $D$ 可以表示为

$$D = ct/2$$

式中，$c$ 为光速，$c = 2.997\,924\,58 \times 10^8$ m/s；$t$ 为激光往返于目标与激光测距仪之间的时间间隔（s）；$D$ 为目标到激光测距仪之间的单程距离（m）。

上面介绍了激光测距仪的测距原理，下面介绍激光测距仪的测距工程实现方法。激光测距仪的基本原理如图 3.9 所示。

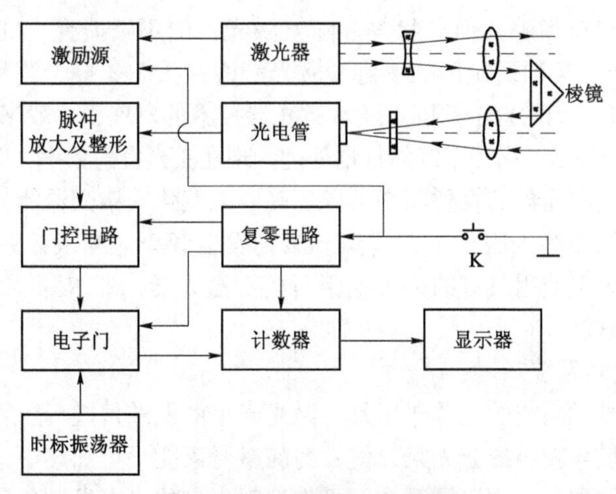


**图 3.9　激光测距仪原理框图**

当激光测距仪电源接通后，按下激光测距仪的按钮 K 时，复零电路发出信号使整机复零，同时触发激励源，使激光器发出脉冲激光。该脉冲激光经过发射光学系统的汇聚作用射向目标；同时，有一小部分发射激光经取样棱镜直接传输至接收系统，称为主波信号脉冲，将之作为计时的基准信号。主波信号和从目标反射回来的回波脉冲通过接收光学系统汇聚后，射到光电管，变为电信号，经过放大整形后形成为一定宽度和幅度的矩形脉冲。主波信号矩形脉冲使门控触发器置位，打开电子门，这时由时标振荡器产生的时标脉冲可以通过电子门进入计数器并开始计数。当回波矩形脉冲到达门控触发器时又使它复位，从而关闭电子门，计数结束。距离的测量结果可在显示器中显示出来。如图 3.10 所示为激光测距仪测距的波形图。

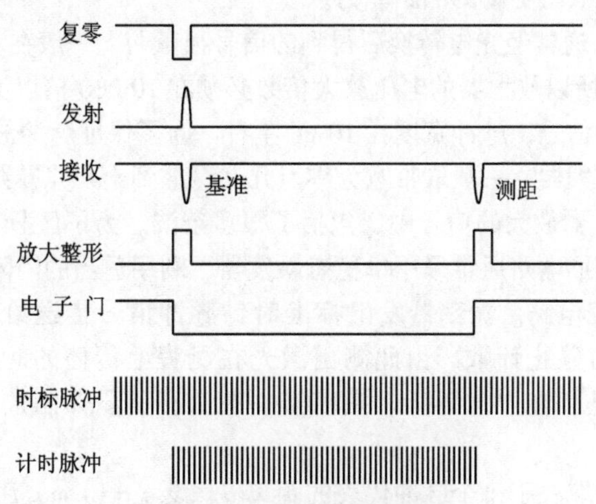


**图 3.10　激光测距仪测距波形**

下面就构成激光测距仪的主要部件做一简要说明。

1）激光器

激光发射频率是影响火控问题解算的一个重要因素。1960 年美国公布了世界上第一台红宝石激光器，即世界上第一台实用的激光器，便立即引起了美国陆军实验室对激光器用于脉冲测距仪的相干光源的设想。通过大量的实验确定了多数关键参数，如红宝石棒的长度、棒掺铬浓度、反射镜转速和腔几何形状等。随着激光器的不断研究，红宝石被钕激光棒取代。20 世纪 70 年代末，美国研制出的手持型激光测距仪重 2.3 kg，测程达 10 km，精度为 10 m，主要用于提高迫击炮的射击精度。随着激光器技术的发展，一般来说，由于能量限制，其发射频率较低，这就限制了火控系统的数据处理。现在激光发射频率一般为 4～20 Hz，新的二氧化碳激光器和拉曼激光器的发射频率可以更高。二氧化碳激光器能与热成像兼容，并具有在恶劣气候条件下测距和人眼安全的优点。激光发射频率应与火控系统的采样频率相匹配。目前各国火控系统里使用最多的是掺钇铝石榴石激光器，即 Nd：YAG 激光器，发出的激光的波长为 1.06 μm。

2）发射和接收光学系统

激光测距仪发射光学系统的主要作用是将激光光束的发散角进行压缩，使原来发散角较大的激光光束变成发散角较小的激光束，使发射的激光束能量更加集中，传播距离更远。反射光学系统大多数采用伽利略望远镜系统，可将发射出去的光束发散角压缩到 0.5～1 mrad。

接收光学系统的作用在于收集回波信号。因为激光束在目标上是漫反射，回波在空间分布角很广，因此接收口径应尽可能大些。通常接收与发射光学系统结合成一体成为共轴系统。需要指出的是测距的时间基准信号选取问题，解决的方法是在发射激光时，通过取样棱镜从发射光束中取出一部分，直接返回到接收光学系统中。

3）光电接收、信号放大和整形元件

（1）光电接收元件。光电接收元件用于把激光信号转换成电信号。激光测距仪接收的是极微弱的激光信号，通常不超过 1 μW，要把如此微弱的信号接收下来，转换成电信号，并有足够的信噪比，则要求光电元件有很高的灵敏度。对于常用的钕（Nd）激光器，PIN 硅光电二极管比较合适，它的接收光谱峰值正好处在 1.06 μm 附近；在要求更高时，选用雪崩光电二极管，可以获得更高的测距能力。

（2）脉冲放大器。通常经光电转换后得到的信号很微弱，一般在 0.1 mV 以下，而门控信号则要求达到 1 V，所以放大器的电压放大倍数必须在 10 000 倍以上。放大器接收的信号是具有一定形状的脉冲信号，脉冲宽度在 10 ns 左右，为了保证脉冲波形不致产生过大的畸变，放大器应是宽带放大器。一般取带宽为零点几兆赫兹到十几兆赫兹。

（3）整形。在放大器放大的信号中，包括了很多杂波。为了区分有用信号和杂波信号，采用了整形元器件。整形电路通常采用单稳态触发器，利用适当的门限滤去杂波。

（4）振荡器和门控电路。振荡器发出标准时钟脉冲信号传送给计数器。主波发出时开始计数，回波到来时停止计数，由此测出激光在测程上传播的时间间隔。时间间隔和距离成比例，计算后显示在显示器上。振荡器一般由石英晶体制造，所以又可称为晶体振荡器。

所取振荡器的频率取决于每个脉冲代表的距离 $d$。设 $d = 10$ m，激光在大气中传播的速度为 $2.997\,924\,58 \times 10^8$ m/s，则根据激光测距的基本原理可知振荡器的一个脉冲时间激光传播的距离（含一个回程）：$d = cT/2 = c/(2f)$，即 $f = c/(2d)$，由上述数据可知当 $d = 10$ m 时，$f = 14.989\ 622\ 9$ MHz，近似为 15 MHz。同理，若取 $d = 5$ m 时，则 $f$ 约为 30 MHz。

在激光测距仪中，晶体振荡器通电后就一直工作，但产生的时钟信号并不能进入计数器。正如前面所描述的，计数器是由激光主波信号和回波信号控制的，这就要求有一个门控电路。门控电路通常为一组触发器，主波信号到来时，使开门触发器翻转，打开振荡器通往计数器的电子门，开始计数；回波信号到来时，关门触发器翻转，关闭电子门，停止计数。

（5）计数和显示。显示器显示与计数器计数值相应的距离值。在激光测距时，有时会出现目标距离太远而收不到回波的情况。这时计数器将一直计数，这是不必要的。解决该现象的方法是：在计数器计到最大值时，使计数器闭锁，停到最大计数状态上。然后显示器用事先约定好的符号给出显示。例如：用显示“9999”表示距离超界。

（6）复零电路。复零电路的作用是在测距前自动将计数器复零，并使门控电路做好下一轮工作的准备。

激光测距因其精度高、体积小、成本低而被广泛使用。但应当指出，由于激光的波束窄，所以要求激光发射、接收光轴和跟踪线要严格一致。且要求必须在精确的角跟踪之后，才能进行激光测距，以减少漏测现象。因此，使火控系统的反应时间增加，激光测距能将误差保持在 5 m 以内，足以满足火控系统的需要。但是，激光“漏测”（无回波）和“假距离”（野值）却需要用一个预处理滤波器来进行处理，经处理后的距离信息才能用于火控问题解算。漏测和野值处理是比较棘手的问题。对防空火控系统而言，特别是在开始测距的一段时间内，由于目标距离较远，激光能量在空间的衰减大，激光回波弱，容易出现漏测和野值。较长时间出现漏测和野值，对建立预处理滤波器初值是十分不利的。随着目标距离的减小，漏测和野值迅速减少，直至目标飞至航路捷径附近时，因角跟踪误差增大，漏测和野值又开始增多。应指出，激光回波率与激光的能量、束宽角、各光轴的同光度、目标特性、大气衰减、跟踪系统精度有关，是一项综合指标。

**2. 雷达测距**

当雷达探测到目标后，就要从目标回波中提取有关信息，例如目标的距离、空间角度（高低角、方向角），此外目标的位置变换率可由其距离和角度随时间变化的规律中得到，并由此建立对目标的跟踪。

下面以单基脉冲雷达为例来说明雷达测距的基本工作原理。如图 3. 11 所示为脉冲雷达基本组成框图。脉冲雷达主要由天线、发射机、接收机、信号处理机和终端设备等组成。

雷达发射机产生的辐射所需强度的脉冲功率，其波形是脉冲宽度为 $\tau$ 而周期为 $T_r$ 的高频脉冲串。发射机现有两种类型：一种是直接振荡式（如磁控管振荡器），它在脉冲调制器控制下产生的高频脉冲功率被直接馈送到天线；另一种是功率放大式（主振放大式），它是由高稳定度的频率源（频率综合器）作为频率基准，在低功率电平上形成所需波形的高频脉冲串作为激励信号，在发射机中予以放大并驱动末级功率放大器而获得大的脉冲功率来馈送给天线的。功率放大式发射机的优点是频率稳定度高且每次辐射是相参的，这便于对回波信号做相参处理，同时也可以产生各种所需的复杂脉压波形。发射机输出的功率馈送到天线，而后经天线辐射到空间。

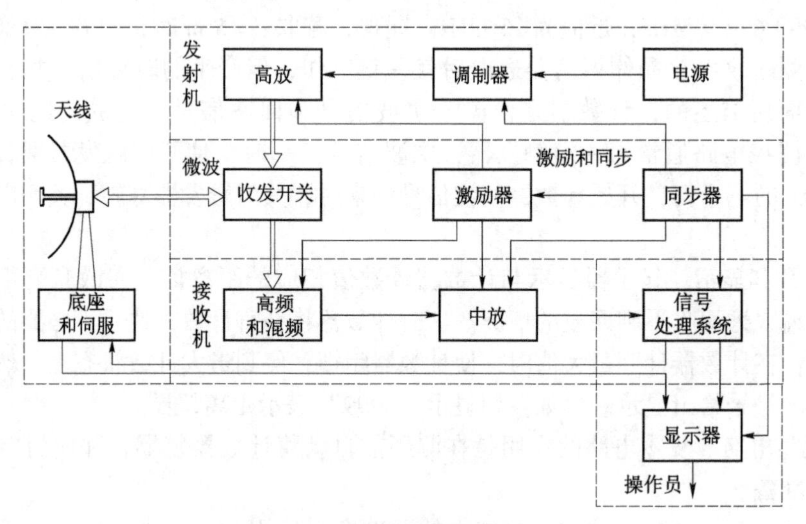


**图 3.11　脉冲雷达基本组成框图**

脉冲雷达天线一般具有很强的方向性，以便集中辐射能量来获得较大的观测距离。同时，天线的方向性越强，天线波瓣宽度越窄，雷达测向的精度和分辨力就越高。常用的微波雷达的天线是抛物面反射体，馈源放置在焦点上，天线反射体将高频能量聚成窄波束。天线波束在空间的扫描常采用机械转动天线而实现，由天线控制系统来控制天线在空间的扫描，控制系统同时将天线的转动数据送到终端设备，以便取得天线指向的角度数据。天线波束的空间扫描也可以采用电子控制的办法，它比机械扫描速度快，灵活性好，这就是 20 世纪末开始广泛使用的平面相控阵天线和电子扫描的阵列天线。前者在方位角和俯仰角两个角度上均实行电扫描，后者就一维电扫描，另外一维则是机械扫描。

脉冲雷达的天线是收发共用的，这就需要高速开关装置。在发射时，天线与发射机接通，并与接收机断开，以免强大的发射功率进入接收机把接收机高放混频部分烧毁；接收时，天线与接收机接通，并与发射机断开，以免微弱的接收功率因发射机旁路而减弱。这种装置称为天线收发开关。天线收发开关属于高频馈线中的一部分，通常由高频传输线和放电管组成，或用环形器及隔离器等来实现。

接收机多为超外差式，由高频放大（有些雷达接收机不用高频放大）、混频、中频放大、检波、视频放大等电路组成。接收机的首要任务是把微弱的回波信号放大到足以进行信号处理的电平，同时接收机内部噪声应尽量小，以保证接收机的高灵敏度，因此接收机的第一级常采用低噪声高频放大器。一般在接收机中也进行一部分信号处理，例如，中频放大器的频率特性应根据发射信号设计，并设计与之匹配的滤波器，这样就能在中放输出端获得最大的峰值信号噪声功率比。对于需要进行较复杂信号处理的雷达，例如需要分辨固定杂波和运动目标回波而将杂波滤去的雷达，则可以由典型接收机后接的信号处理机完成。

接收机中的检波器通常是包络检波器，它取出调制包络送到视频放大器，如果后面要做多普勒处理，则可用相位检波器代替包络检波器。

信号处理的目的是消除不需要的信号（如杂波）及干扰而通过或加强由目标产生的回

波信号。信号处理是在做出检测判决之前完成的，它通常包括动目标显示（MTI）和脉冲多普勒雷达中的多普勒滤波器，有时也包括复杂信号的脉冲压缩处理。

许多现代雷达在检测判决之后要进行数据处理。主要的数据处理例子是自动跟踪，而目标识别是另外一个例子。性能好的雷达在信号处理中消去了不需要的杂波和干扰，而自动跟踪只是需要处理检测到的目标回波，输入端如有杂波的剩余，可采用恒虚警（CFAR）等技术加以补救。

通常情况下，接收机中放输出后经检波器取出脉冲调制波形，由视频放大器放大后送到终端设备。最简单的终端是显示器。例如，在平面位置显示器（PPI）上可根据目标亮弧的位置，测读目标的距离和方位角这两个坐标。显示器除了可以直接显示由雷达接收机输出的原始视频外，还可以显示经过处理的信息。例如，由自动检测和跟踪设备（ADT）先将收到的原始视频信号（接收机或信号处理机输出）按距离方位分辨单元分别积累，而后经过门限检测，取出较强的回波信号而消去大部分噪声，对门限检测后的每个目标建立航迹跟踪，最后，按照需要，将经过上述处理的回波信息加到终端显示器上去。自动检测和跟踪设备的各种功能常要依靠数字计算机来完成。

同步设备（频率综合器）是雷达机的频率和时间标准。它产生的各种频率振荡，相互之间保持严格的相位关系，从而保证雷达全相参工作；时间标准提供统一的时钟，使雷达各分机保持同步工作。

需要明确指出的是，如图 3.11 所示的雷达组成框图是雷达的基本组成，不同类型的雷达还有各自的特点，会增加一些单元，这些内容读者可参阅有关雷达的专著和教材。

下面简要地将雷达测距的工作原理阐述一下。雷达工作时，发射机经天线向空间发射一串重复周期一定的高频脉冲。如果在电磁波传播途径上有目标存在，那么雷达就可接收到由目标反射回来的回波。由于回波信号往返于雷达与目标之间，它将滞后于发射脉冲一个时间 $t_r$，如图 3.12 所示。如果 $t_{r1}$ 和 $t_{r2}$ 是同一个目标（静止）反射回来的，那么它们则近似相等，如果是不同的目标反射回来的，则 $t_{r1}$ 和 $t_{r2}$ 是不同的。

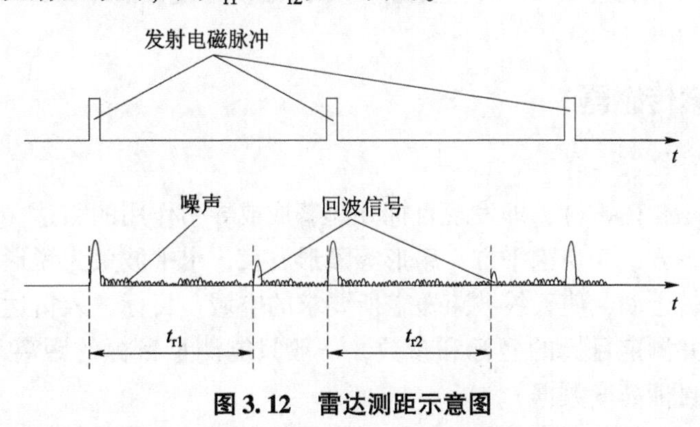


**图 3.12　雷达测距示意图**

我们知道，电磁波的能量是以光速（2.997 924 58 ×10⁸ m/s）在空气中传播的，设目标的斜距离为 $D$，则传播的距离等于光速乘上时间间隔再除于 2，即

$$D = ct_r/2$$

式中，$c$ 为光速，$c = 2.997\,924\,58 \times 10^8$ m/s；$t_r$ 为电磁波往返于目标与雷达之间的时间间隔（s）；$D$ 为目标到雷达之间的单程距离（m）。

假设回波脉冲滞后于发射脉冲的时间为1微秒时，则所对应的目标距离 $D$ 为：

$$D = ct_r/2 = 2.997\,924\,58 \times 10^8 \times 1 \times 10^{-6}/2 \approx 150\ (\mathrm{m})$$

能测量目标距离是雷达的一个突出优点，测距的精度和分辨力与发射信号带宽（或处理后脉冲宽度）有关，脉冲越窄，性能越好。

目标角位置指方位角和俯仰角，在雷达技术中测量这两个角位置基本上都是利用天线的方向性来实现的。测角方法分为振幅法和相位法两大类。而振幅法测角又可分为最大信号法和等信号法两大类，下面简要介绍最大信号法测角，雷达天线将电磁能量汇集在窄波束内，当天线波束轴对准目标时，回波信号最强，如图3.13实线所示。当目标偏离天线波束轴时回波信号减弱，如图3.13虚线所示。根据接收回波最强时的天线波束指向，就可以确定目标的方向，这就是角坐标测量的基本原理。天线波束指向实际上也是辐射波前的方向。

为了提高角度测量的精度，还会有一些改进的测量方法，详见雷达的相关专著。此外，随着天线几何尺寸的增加、波束的变窄，测角精度和角分辨力会逐步提高。回波的波前方向（角位置）还可以用测量两个分离接收天线收到的信号的相位差来决定。

需要指出：雷达因其工作频段的特殊性，其发射的脉冲能量在空间被吸收和散射的较少，因而适于全天候测距，且测量距离较远。但是，由于雷达波束宽，如果目标不孤立，回波就不完全来源于单个目标。特别是目标接近地面或在地面上时，雷达常常还需敏感目标运动参数，以便将目标从地“杂波”中提取出来。利用雷达测距最不利的是易受电子干扰。

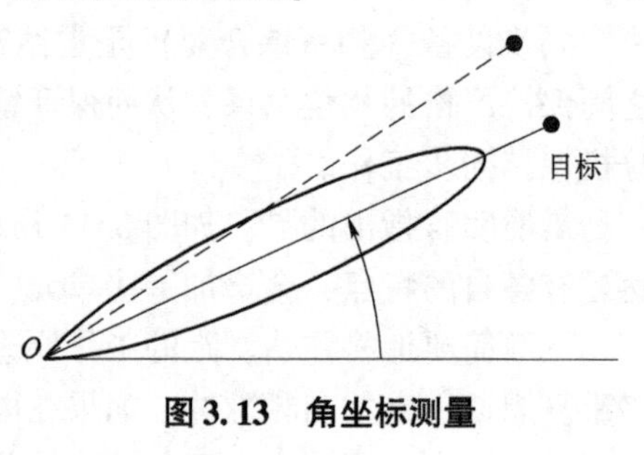


图3.13　角坐标测量

## 第三节　典型搜索、跟踪传感器介绍

### 一、典型搜索传感器

**1. 搜索雷达**

搜索雷达（Search Radar），即发现目标并起警戒或导引作用的雷达。这种雷达天线的垂直波束一般为余割平方、变余割平方、扇形等赋形波束，水平波束为锐形波束。雷达天线在水平面内做机械旋转运动，使天线波束覆盖所要求的空域。目标进入雷达覆盖空域后，搜索雷达即可发现目标并测定目标的坐标和参数，一般只能测量目标的距离和方位（少数搜索雷达可给出粗略的目标高度数据）。

搜索雷达现在大多数采用先进的动目标系统及数据处理系统，并带有微型机或小型计算机。因此，目前的搜索雷达大都具有在杂波环境中发现、检测目标的能力。利用计算机可使搜索雷达实现半自动录取或全自动录取，监视多批次、多方向进入的目标。现代搜索雷达还具有快速反应的能力。

**2. 相控阵雷达**

相控阵雷达（Phased - array Radar），即由多个辐射单元组成阵列天线，且通过控制阵列中各单元的相位而得到所需方向图和波瓣指向的雷达。相控阵雷达是一种电扫描雷达。组成中除有发射机、天线、接收机等装置外，还有波控机。波控机是由计算机担任的，由它算出各单元应有的相移量并通过电或磁的方法控制各单元的相移量，以实现天线波束扫描。计算机能方便地给出一系列二进制指令码。所以可以用来控制移相器的相移量，从而使天线得到所需的波束指向，完成搜索和跟踪。

相控阵雷达有以下优点：

（1）天线扫描无惯性，波束形状、扫描速度和扫描方式都可灵活变化。

（2）能同时跟踪多批目标或边搜索边跟踪。

（3）数据率高，反应时间短。

（4）能提供大的功率射束，使雷达可获得远的探测能力。

（5）由于采用大量组件且并联运用，因此具有较高的可靠性。

相控阵雷达的缺点：设备复杂、成本高，且扫描范围有限。

相控阵雷达目前已用于地面和舰船，今后的发展方向是全空域、全固态化、多波束、多波段。

**3. 合成孔径雷达**

合成孔径雷达（Synthetic Aperture Radar，SAR），即利用与目标做相对运动的小孔径天线发射和接收信号，并通过一定的信号处理方法获得高的方位分辨力的相干成像雷达。合成孔径雷达有各种不同的工作模式：正侧视模式、斜视模式、定点照射模式和多普勒锐化模式。如雷达静止、目标运动成像的雷达称为反合成孔径雷达（Inverse Synthetic Aperture Radar）。合成孔径雷达是一种采用合成孔径天线的新型相干多普勒雷达，它利用雷达载机做匀速直线运动，在间隔相等的位置上发射、接收信号，并对接收到的信号进行存储和专门的处理。

这样便可由一个实际口径不大的天线等效地构成一个口径很大的天线，从而获得良好的方位分辨力。其距离分辨力可由特殊的脉冲压缩技术实现。这种雷达的信号处理原理可分为非聚焦式和聚焦式两种。早期的均为非聚焦式，方位分辨力较差，并随距离和工作波长的增加而变坏，目前已很少采用；聚焦式可获得良好的方位分辨力，其方位分辨力不受波长和距离的限制，采用较小的实际天线孔径可得到较高的方位分辨力。

由于具有能全天候工作、可控、相干照射源和大的动态范围等优点，合成孔径雷达成为一种具有竞争能力很强、又经济实惠的传感器，主要可用于陆地测绘、丛林地区和雨林地区测绘、探矿、海洋监视、对冰层分类和监视冰块移动等。这种雷达数据量很大，数据处理方式比较复杂。

**4. 电扫描雷达**

电扫描雷达（Electronic Scanning Radar），即用电子的方法控制天线波束形状及指向变化的雷达。这种雷达的天线是由许多单元组成的阵列天线，可通过电的方法改变天线方向图和主瓣所指的方向，而不需天线做机械运动。因而雷达可方便、迅速、精确地测出多个目标的方位、仰角和距离等坐标信息。电扫描方法灵活，没有惯性，能产生多个波瓣，并且具有较高的数据率。电扫描雷达的出现是现代雷达的一大进步。电扫描雷达主要有以下几类：一类是利用移相器来改变天线面上的相位分布以获得波束扫描的方法，称为相扫雷达（Phase Scanning Radar）；另一类是通过雷达工作频率的变化控制阵列天线中各单元的相位来得到所需的波束扫描，称为频扫雷达（Frequency Scanning Radar）；还有一类是用透镜加开关矩阵来实现的时间延迟扫描雷达。

## 二、典型跟踪传感器

### 1. 跟踪雷达

跟踪雷达（Tracking Radar），即能自动连续测量目标距离、方位、仰角（有的还可以连续测量目标的径向速度）等坐标参数并能控制天线指向，使波束中心始终以一定的精度对准目标的雷达。跟踪雷达主要用于武器控制和导弹靶场测量，对其测量精度要求较高。

跟踪雷达可分为圆锥扫描、顺序波瓣转换、单脉冲（或称同时多波束）和隐蔽锥扫描等跟踪体制。顺序波瓣转换雷达是最早的一种跟踪雷达，它是利用天线波束依一定程序快速地从天线轴的一边转换到另一边以获取目标的角位置误差信息，从而实现对目标的跟踪的；圆锥扫描雷达是在顺序波瓣转换雷达的基础上发展而来的，它是利用波束绕天线轴做圆周运动，在空间形成圆锥形覆盖区以获取目标的角度误差信息，从而实现对目标的跟踪。

圆锥扫描雷达的测角精度高，常用于火控或测量。单脉冲雷达是在前两种雷达基础上发展起来的，它克服了由于目标回波起伏而造成的跟踪误差，可用于角度精密测量。隐蔽锥扫描雷达是把单脉冲体制转化为圆锥扫描体制的一种雷达，它利用微波调制器将单脉冲天线来的两路差信号合并成合成差信号，再利用相加器将和信号与合成差信号叠加，以后的处理便与圆锥扫描雷达相同。隐蔽锥扫描雷达比三路单脉冲雷达简单，且能对抗敌人的回答式干扰，但精度较单脉冲雷达差。

跟踪雷达由跟踪天线、信号放大系统、角误差信号提取系统、角误差修正系统（随动系统）等组成。跟踪包含对距离的跟踪、对速度的跟踪和对角度的跟踪。角跟踪是自动进行的，它可分为圆锥扫描角坐标自动跟踪和单脉冲角坐标自动跟踪；距离跟踪可分为手动、半自动和全自动三种。跟踪过程包括搜索、捕获和跟踪三个部分。

### 2. 边搜索边跟踪雷达

边搜索边跟踪（Track - While - Scan，TWS），是指雷达在观察整个空情的同时能对某些感兴趣的目标进行跟踪的一种工作方式。所谓跟踪是指在搜索过程中对已经发现的目标进行相关、平滑和外推处理以确认目标并建立目标航迹的过程。这种雷达的跟踪与一般跟踪雷达不同，一般跟踪雷达只连续对单个目标进行跟踪，而这种雷达在搜索的同时能对多个目标进行跟踪。它在每个天线扫描周期内更新一次跟踪数据，由计算机完成跟踪计算，即计算在波束扫描中这一短暂时间间隔内目标所处的方位、距离、仰角值以及目标此时所具有的速度或相对于雷达的径向速度，同时能根据天线前几次扫描时雷达获取的目标信息，进一步推算出在天线下一周扫描时目标可能出现的空间坐标位置。

具有这种工作方式的雷达的跟踪方式可分为半自动录取和全自动录取两种。半自动录取的前两个点迹（或前一个点迹）靠人工录取，其余工作由计算机完成；在全自动录取方式中目标的发现和航迹的建立均由计算机来完成，只在个别情况下，需要人工干预。三坐标雷达和两坐标雷达配以计算机，就可以实现边搜索边跟踪功能。

### 3. 多目标跟踪雷达

多目标跟踪（Multiple Target Tracking），是指一部雷达对其覆盖空域内的多个目标实施跟踪的工作方式。三坐标雷达配以计算机进行跟踪计算，可以实现对多目标跟踪。三坐标雷达的波束是用电子计算机控制的，并在微秒级时间内实现波束控制，因此可利用时间分割法交替地进行搜索和跟踪，这是离散式的跟踪。雷达也可以隔一定时间对被动跟踪的目标照射一次，利用不间断照射时间测得的目标坐标进行滤波处理、轨迹外推，从而保持对目标的跟踪。

同样，用离散式跟踪方法可对空域覆盖中的所有目标进行跟踪。

**4. 信标跟踪雷达**

信标跟踪（Beacon Tracking），是指雷达借助于信标信号对装有信标的飞行器或其他目标进行跟踪的一种工作方式。具有这种工作方式的雷达系统称为二次雷达（Secondary Radar），装有信标的目标称为有源目标（Active Target）。所用的信标是装在飞机、飞行器或别的目标上的无线电装置。该装置发射或转发供雷达进行测量和跟踪的信号，信标信号可以与雷达信号是相参的或非相参的，也可以是编码的或非编码的。

信标跟踪有以下优点：

(1) 作用距离远。由于信标机装在飞行目标上，信标信号传输损耗仅与距离的二次方成反比，而目标回波却与距离的四次方成反比。

(2) 信号起伏小。信号直接来源于信标机，因此可消除目标闪烁的影响和信号对雷达有效截面积的依赖关系。

(3) 保密性好，敌我识别能力强。因为发射和信标之间的问答信号是可以进行编码的，而且可随时进行更换。

(4) 由于发射信号与信标信号是相互分离的，因此可消除地物干扰和气象反射的影响。

**5. 角跟踪雷达**

角跟踪（Angle Tracking），是指利用目标偏离天线电轴而形成的角误差信号来控制天线运动，使天线电轴始终对准目标的跟踪过程。

在角度自动跟踪雷达中，测角方法一般是等信号法。通常采用圆锥扫描法和单脉冲法形成等信号测角波瓣和获得角误差信号。

**6. 圆锥扫描角跟踪雷达**

圆锥扫描角跟踪（Conical Scanning Angle Tracking），是指当目标处于天线扫描所形成的圆锥形覆盖空间内时，利用目标偏离天线电轴而产生的角误差信号来控制天线运动，使天线电轴始终对准目标的一种角跟踪体制。圆锥扫描天线的波束是针状的，波束最大辐射方向相对于天线电轴（或等信号轴）有一数值恒定的偏角，当波束绕天线轴做匀速圆周运动时，在扫描空间形成一圆锥形覆盖区，如图 3.14 所示。

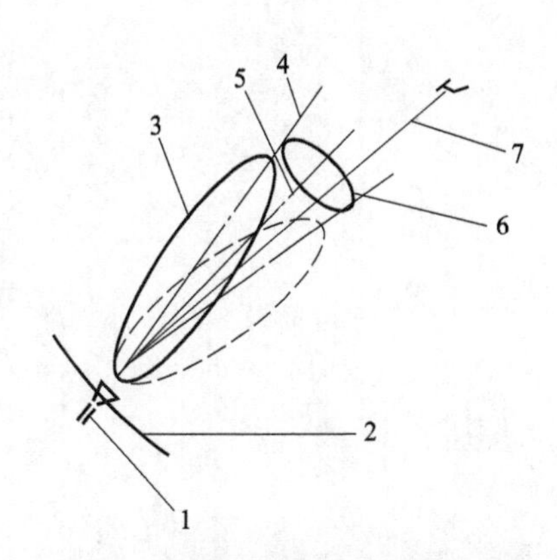


**图 3.14　圆锥扫描角跟踪原理示意图**

1—馈源；2—反射体；3—波束；4—波束轴；5—天线电轴（或等信号轴）；6—波束运动轨迹；7—目标线

当目标位于波束内且偏离天线电轴时，接收机输出信号幅度随波束做圆周扫描而相应地做周期性变化，形成一正弦调制信号。误差信号的振幅即为调制深度，与目标偏离天线电轴的角度成比例。调制信号的初相取决于目标偏离天线电轴的方向。当目标位于电轴上时，输出信号幅度不变，为一串等幅脉冲，误差信号为零。通常将误差信号分解为两个正交分量，利用这个正交分量控制伺服系统，驱动天线向减小误差信号的方向运动，直至误差信号减为零，从而完成对目标角坐标的自动跟踪。另外，在角跟踪系统中为了消除目标大小、目标有效散射面积变化、距离远近等因素对角跟踪系统的影响，一般都采用自动增量控制电路。

这种跟踪方式有较好的跟踪精度，而造价又较低，在炮瞄雷达及测量雷达中应用较多。

# 第四章

# 火控系统分析

◆ **学习目标**：学习和掌握目标运动状态估计方法、火控弹道模型、命中问题分析以及命中方程的建立和求解方法。

◆ **学习重点**：目标运动状态估计方法（最小二乘法和卡尔曼滤波）、火控弹道模型。

◆ **学习难点**：火控目标运动状态估计方法、火控弹道模型、命中方程的建立和求解方法。

## 第一节　目标运动状态估计

### 一、目标运动假定与目标状态预测

预测运动目标的未来位置，除需测定目标当前的和历史的坐标外，还需假定目标的运动规律。目标运动状态的数目取决于解命中问题时所采用的目标运动假定。目标运动状态由测量或通过已测得的目标坐标进行数学运算求得。例如，假定目标做匀速直线运动，当已知直角坐标系内的至少两组目标坐标 $x_1$、$y_1$、$h_1$ 及 $x_2$、$y_2$、$h_2$ 时，即可求得目标速度 $v_x$、$v_y$、$v_h$，这时，$v_x$、$v_y$、$v_h$ 是常量。如果假定目标做匀加速运动，则除了求 $v_x$、$v_y$、$v_h$ 之外，还需求取目标的加速度分量 $a_x=\frac{\mathrm{d}v_x}{\mathrm{d}t}=\frac{\mathrm{d}^2x}{\mathrm{d}t^2}$、$a_y=\frac{\mathrm{d}v_y}{\mathrm{d}t}=\frac{\mathrm{d}^2y}{\mathrm{d}t^2}$、$a_z=\frac{\mathrm{d}v_z}{\mathrm{d}t}=\frac{\mathrm{d}^2z}{\mathrm{d}t^2}$，在弹头飞行时间内 $a_x$、$a_y$、$a_h$ 是常量，而 $v_x$、$v_y$、$v_h$ 则是变量。

**1. 目标运动假定**

目标运动假定（Hypothesis of Target Motion），即在射弹飞行时间内对目标运动规律所做的假设。解相遇问题中，在发射瞬间需要知道而实际上却不能确知发射后射弹飞至相遇点的时间内目标的运动规律，故需根据作战经验和理论分析对其做出假设。研究各种目标运动的规律性，制定以最大概率符合目标真实运动规律的目标运动假定，对提高武器系统的命中概率有重要意义。

目标运动假定的确定还应考虑到技术实现的可能性。高射炮火控计算机中一般假定目标做等速直线、等加速、等速圆弧、俯冲和下滑运动。在数字式火控计算机中，有时还假定目标按火炮—目标连线方向或进攻目标—保卫目标连线方向运动（目标连线法）。等速直线运动假定是用得较多的一种假定，技术上简单，较符合目标在低空快速时的飞行情况。圆弧运动是目标侦察时常采用的飞行方式。等加速运动、俯冲运动是目标进行轰炸或逃跑时可能采用的飞行方式。通常根据经验用人工和自动切换方式引入几种假定，以提高武器系统的射击效果。

1）等速直线运动假定

等速直线运动假定（Hypothesis of Uniform Velocity Rectilinear Motion），即在射弹飞行时间内，目标在空间任意斜平面内做速度大小和方向均不变的运动假设。若目标飞行高度也不变，则目标做水平等速直线运动。匀速直线运动假定是当代火控系统中所应用的基本假定。

2）等加速运动假定

等加速运动假定（Hypothesis of Uniform Acceleration Motion），即在射弹飞行时间内，目标运动的加速度数值大小不变的假设。当加速度的方向与速度的方向一致且不变时，目标在任意斜平面内做等加速直线运动。当加速度的方向与速度的方向不一致时，目标在空间的运动轨迹为曲线。

3）等速圆弧运动假定

等速圆弧运动假定（Hypothesis of Uniform Circular Motion），即在射弹飞行时间内，目标在任意斜平面内做速度、加速度数值大小不变，方向互相垂直的运动假设。若目标飞行高度不变，则目标做水平等速圆周运动。

4）俯冲运动假定

俯冲运动假定（Hypothesis of Dive Motion），即在射弹飞行时间内，假设飞机为攻击地面目标沿较陡的倾斜轨迹做直线加速下降或拐弯加速下降飞行的假设。俯冲运动假定是现代飞机攻击时的常用方式。通常以多种角度、不同速度与高度进入俯冲，如图 4.1 所示。俯冲航路分为俯冲准备段（*AB* 段）、进入俯冲段（*BC* 段）、俯冲直线段（*CD* 段）和拉起俯冲段（*DE* 段）。图中 *ad* 为俯冲航迹的水平投影。通常俯冲运动假定为，进入俯冲段是水平面的盘旋和垂直面内山羊跳运动（图中 *BC* 段）；俯冲直线段是瞄准攻击阶段，可近似为等加速直线运动。俯冲直线段是防空武器的射击阶段，火控计算机求解相遇问题时，其运动参数可自动求取或人工引入加速度校正。拉起俯冲段是目标攻击完毕解除俯冲加速“逃跑”阶段，可近似为任意平面上的等加速直线运动。

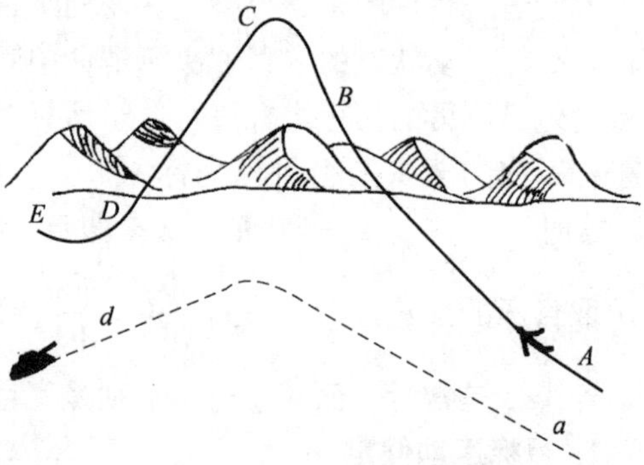

**图 4.1　俯冲运动示意图**

**2. 目标状态预测**

目标状态预测（Dynamic State Prediction of Target），又称外推（Extrapolation）。火控计算机根据某一时刻以及该时刻以前的测量数据，以某种目标运动规律假定或以时序建模方法所确定的目标运动规律，对某一未来时刻的目标状态进行估值的过程。数字式火控计算机可按上述两种方式对目标运动状态进行预测。常用的方法是，在对目标运动轨迹统计研究的基础上，给目标运动规律做出某些假定，对运动目标进行采样、剔点、插值、滤波之后，外推计算命中点和下个采样点的目标运动状态。另一种方法是，根据已测的目标坐标数据，运用时序建模及卡尔曼滤波等方法，在数字机上实时建立目标运动轨迹模型，根据所建模型进行目标状态预测。模拟式火控计算机中，在连续测得的目标坐标基础上，利用维纳滤波理论求取目标运动参数，按给定的目标运动轨迹假定连续地确定未来点的目标运动状态。

凡是能够表征目标运动规律的常数或变量，都叫作目标运动参数。现代控制理论中，把在某一坐标系下能够完全描述目标运动规律且数目最少的一组目标运动参数，称为目标运动状态。

**3. 坐标系的选取**

目标运动的描述依赖于选择的坐标系。坐标系直接影响目标运动方程和测量方程的繁简及滤波器的性能。目标做匀速直线运动或匀加速运动时，直角坐标系能使目标运动方程的形式最简单。因此，火控系统常选用直角坐标系描述目标运动。然而，目标坐标测定器所测得的目标坐标一般是以球坐标形式给出的，故需将测得的目标球坐标转换至直角坐标系。而这将导致测量方程的非线性化。

如图4.2所示，图中 $O$ 为坐标测定器所在位置，$M$ 为目标的现在位置，$M'$ 为 $M$ 在过 $O$ 点的水平面内的投影，$OM$ 为瞄准线，$OMM'$ 平面为瞄准平面，$OM'$ 为水平距离。目标坐标测定器测量的目标位置由下列3个坐标确定：$D$ 为目标斜距离（$=OM$）；$\varepsilon$ 为目标高低角（等于 $OM$ 与 $OM'$ 的夹角），规定由水平面向上为正；$\beta$ 为目标方位角，在过 $O$ 的水平面内由 $X$ 方向沿逆时针方向转至瞄准平面的夹角。

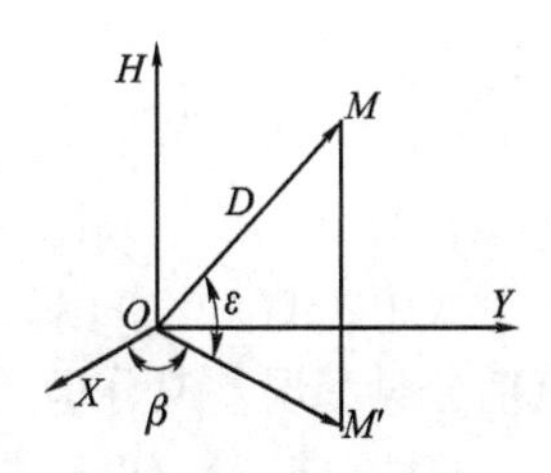


图4.2　直角坐标系

在选用的直角坐标系内，目标位置由下列3个坐标确定：$X$ 为水平距离在指南方向的投影；$Y$ 为水平距离在指东方向的投影；$H$ 为水平距离在指天向的投影。以上各量的关系为：

$$\begin{cases} X = D\cos\varepsilon\cos\beta \\ Y = D\cos\varepsilon\sin\beta \\ H = D\sin\varepsilon \end{cases}$$

必须指出，这里选取直角坐标系是因为在下述方法中能使问题简单，并不是说直角坐标系就一定优于其他坐标系。事实上，有许多方法是基于球坐标系研究的，也都取得了比较好的效果。选用球坐标系下滤波时，好处之一是测量方程比较简单。另外，在某些特殊的场合中，如目标在水平面内做等角速度圆周运动时，球坐标系内的运动方程反而比直角坐标系内的目标运动方程更简单。

**4. 测量方程的建立**

众所周知，火控系统的目标坐标测定器一般在球坐标系中测量目标坐标，且均具有测量误差，测量误差是一个随机变量，且测量方程一般表示为：

$$\begin{cases} D_m(k) = D(k) + W_D(k) \\ \beta_m(k) = \beta(k) + W_\beta(k) \\ \varepsilon_m(k) = \varepsilon(k) + W_\varepsilon(k) \end{cases} \tag{4.1}$$

式中，$D(k)$、$\beta(k)$、$\varepsilon(k)$ 分别是 $k$ 时刻的目标斜距离、方位角和高低角真值；而 $W_D(k)$、$W_\beta(k)$、$W_\varepsilon(k)$ 分别是 $k$ 时刻的目标斜距离、方位角和高低角的测量噪声。

一般假定 $W_D(k)$、$W_\beta(k)$、$W_\varepsilon(k)$ 互不相关，且满足：

$$E[W_D(k)] = E[W_\beta(k)] = E[W_\varepsilon(k)] = 0 \tag{4.2}$$

$$\begin{cases}E[W_D^2(k)]=\sigma_D^2\\E[W_\beta^2(k)]=\sigma_\beta^2\\E[W_\varepsilon^2(k)]=\sigma_\varepsilon^2\end{cases}\tag{4.3}$$

对式（4.1）进行坐标变换，得

$$\begin{cases}X_m(k)=D_m(k)\cos\varepsilon_m(k)\cos\beta_m(k)\\Y_m(k)=D_m(k)\cos\varepsilon_m(k)\sin\beta_m(k)\\H_m(k)=D_m(k)\sin\varepsilon_m(k)\end{cases}\tag{4.4}$$

令 $X_m$、$Y_m$、$H_m$ 取如下形式：

$$\begin{cases}X_m(k)=X(k)+W_x(k)\\Y_m(k)=Y(k)+W_y(k)\\H_m(k)=H(k)+W_H(k)\end{cases}\tag{4.5}$$

式中，$X(k)$、$Y(k)$、$H(k)$ 及 $W_x(k)$、$W_y(k)$、$W_H(k)$ 分别为测量值在 $X$、$Y$、$H$ 方向的真值分量和误差值分量。

将式（4.1）代入式（4.4），以经过数学期望及方差运算，并利用式（4.2）及式（4.3），在 $D^2(k)\gg\sigma_D^2$ 的条件下，可以得到直角坐标系下测量噪声向量 $\boldsymbol{W}(k)=[W_x(k)\quad W_y(k)\quad W_H(k)]^{\mathrm{T}}$，且具有以下性质：

$$E[\boldsymbol{W}(k)]=0\tag{4.6}$$

$$E[\boldsymbol{W}(k)\boldsymbol{W}^{\mathrm{T}}(k)]=\boldsymbol{R}(k)\tag{4.7}$$

式中，$\boldsymbol{R}(k)$ 为 $3\times3$ 测量噪声协方差阵，其元素分别为：

$$\begin{aligned}R_{11}(k)=&D^2(k)\sigma_\varepsilon^2\cos^2\beta(k)\sin^2\varepsilon(k)+D^2(k)\sigma_\beta^2\sin^2\beta(k)\cos^2\varepsilon(k)+\\&D^2(k)\sigma_\beta^2\sin^2\beta(k)\sin^2\varepsilon(k)+\sigma_D^2\cos^2\beta(k)\cos^2\varepsilon(k)\\R_{12}(k)=&D^2(k)\cos\beta(k)\sin\beta(k)\sin^2\varepsilon(k)[\sigma_\varepsilon^2-\sigma_\beta^2\sigma_\varepsilon^2]+\\&\cos\beta(k)\sin\beta(k)\cos^2\varepsilon(k)[\sigma_D^2-D^2(k)\sigma_\varepsilon^2]\\R_{13}(k)=&\cos\beta(k)\sin\varepsilon(k)\cos\varepsilon(k)[\sigma_D^2-D^2(k)\sigma_\varepsilon^2]\\R_{22}(k)=&D^2(k)\sigma_\varepsilon^2\varepsilon\sin^2\beta(k)+D^2(k)\sigma_\beta^2\cos^2\beta(k)\cos^2\varepsilon(k)+\\&D^2(k)\sigma_\beta^2\beta\cos^2\beta(k)\sin^2\varepsilon(k)+\sigma_D^2\sin^2\beta(k)\cos^2\varepsilon(k)\\R_{23}(k)=&\sin\beta(k)\cos\varepsilon(k)\sin\varepsilon(k)[\sigma_D^2-D^2(k)\sigma_\varepsilon^2]\\R_{33}(k)=&D^2(k)\sigma_\varepsilon^2\cos^2\varepsilon(k)+\sigma_D^2\sin^2\varepsilon(k)\\R_{21}(k)=&R_{12}(k)\\R_{31}(k)=&R_{13}(k)\\R_{32}(k)=&R_{23}(k)\end{aligned}$$

由此可见，在直角坐标系下，测量噪声协方差阵是非解耦形式的时变矩阵。

对于目标匀加速运动模型，存在9个状态变量（3个方向的位置、速度、加速度），由于火控系统的实时性要求，有必要将测量噪声协方差阵强行去耦，使三维九状态模型简化为3个独立的一维三状态模型。实践经验表明，九状态滤波器和3个独立的一维三状态滤波器输出的均方差之间的差别并不十分明显。基于此，常采用3个独立的一维测量方程，每一维的测量方程为：

$$Z(k) = Hr(k) + V(k) \tag{4.8}$$

式中，$H = [1 \quad 0 \quad 0]$；$V(k)$为零均值白噪声，其方差为$\sigma_v^2$；$V(k)$和$Z(k)$分别为该维上的状态向量及其测量向量；$r(k)$是一个$3\times1$的列向量，分别表示位置、速度、加速度。

**5. 滤波问题**

通常，坐标测定器测得的目标坐标都叠加了某种噪声，这些噪声有目标的背景噪声，也有坐标测定器的内部噪声等。目标状态估计是运用适当的方法去消除噪声，恢复真实的目标状态。将目标状态用于预测目标和弹头的相遇位置。预测的目标未来位置是否准确，除取决于预测模型是否符合目标实际运动外，很大程度上还依赖于目标状态估计算法是否准确。因此，目标运动参数的滤波是十分必要的，滤波性能的好坏直接影响火控系统的反应时间、武器身管或发射架运动的平稳性和射击精度。

滤波和预测是目标跟踪数据处理中的核心处理环节，主要目的是从观测数据中滤掉随机干扰（噪声），估计当前和未来时刻目标的运动状态，包括位置、速度和加速度等。例如，把观测到目标现在点坐标中的随机误差消减到某一最低程度，把比较“平滑”的坐标变换情况呈现出来，并根据目标坐标的变换规律确定目标运动参数。这是火控系统计算射击诸元求解之前首先要解决的重要问题。

在滤波中，所依据的观测数据是有限的。根据这些观测数据，不可能完全消除随机误差，只能依据一定的准则来估计目标的运动状态，一般称之为状态的最优估计。根据所利用信息，这些最优估计又可分为滤波、预测估计和平滑。

(1) 滤波。根据过去的所有测量数据$\{Z_1, Z_2, \cdots, Z_{k-1}\}$，包括当前时刻$k$的测量值$Z_k$，估计出当前时刻$k$的状态值$\hat{X}_{k|k}$。

(2) 预测估计。根据过去的所有测量数据$\{Z_1, Z_2, \cdots, Z_{k-1}\}$，包括当前时刻$k$的测量值$Z_k$，估计出未来时刻$k+l$的状态值$\hat{X}_{k+l|k}$，其中$l>0$。

(3) 平滑。根据所有或一段测量数据$\{Z_{N+1}, Z_{N+2}, \cdots, Z_{N+k}\}$，估计出过去某一时刻$N+l$的状态值$\hat{X}_{N+l|k}$，其中$l<k$。

为了理解滤波计算的原理，先以算术平均法为例加以说明。将$x$的一系列观测值分别记为$x_1$、$x_2$、$\cdots$，$x_n$，采样间隔为$\Delta T$，则第$n$点时间的滤波值为

$$\begin{aligned}\hat{x}_{k|k} &= \frac{1}{n}\sum_{i=0}^{n} x_i = \frac{1}{n}\cdot(x'_1+\delta_1) + \frac{1}{n}\cdot(x'_2+\delta_2) + \cdots + \frac{1}{n}\cdot(x'_n+\delta_n) \\ &= \frac{1}{n}\sum_{i=0}^{n} x'_i + \frac{1}{n}\sum_{i=0}^{n}\delta_i = x + \frac{1}{n}\sum_{i=0}^{n}\delta_i\end{aligned} \tag{4.9}$$

式中，$x'_i(i=1, 2, \cdots, n)$为信号的真值，$\delta_i$（$i=1, 2, \cdots, n$）为各采样点信号的随机误差，$x$为真值的平均值。

经过如上处理后，显然能滤去部分随机误差。这种滤波的实质就是在所有输入的采样中抽取相同的比例作为输出。在实际应用的滤波计算中，为了尽可能地“滤去”随机误差，保留有用信号，并能及时地反映输入的目标运动参数的变化，往往不采用简单的算术平均法，而是对不同的点采用不同的加权系数。

需要指出，火控系统中的滤波问题起源于连续系统的维纳滤波，随后发展为数字滤波。

随着计算机技术和现代控制理论的发展，现代火控系统中一般都采用数字滤波。本节仅介绍最小二乘滤波和卡尔曼（Kalman）滤波方法，对连续滤波感兴趣的读者可参阅有关文献。

## 二、最小二乘滤波法

### 1. 最小二乘滤波法基本原理

最小二乘滤波法也称为最小二乘估计。这是一种经典的方法，是二百多年前由高斯（Gauss）提出来的。它简单实用，在各个领域中得到广泛的应用。

为了估计未知量 $X$，对它进行了 $n$ 次测量。如果所求估计值 $\hat{X}$ 与各测量值之间的误差平方和达到最小，则称 $\hat{X}$ 为未知量 $X$ 的最小二乘估计。

下面，结合火力控制系统中应用的最小二乘滤波法进行讨论。

设目标坐标的真实值为 $x(t)$，在 $t_1$，$t_2$，…，$t_n$ 时刻，得到目标的观测值为 $z_1$，$z_2$，…，$z_n$。一般在观测数据中是存在随机误差的，因此，不宜把这些观测值直接当作目标坐标，更不能直接用观测值来确定目标的运动规律。

为了从观测值中提取信号，首先对目标的运动规律做出假设。通常是假设目标做等速直线运动，这在实际中是比较合适的假设。为反映目标的各式各样的运动，最一般的假设是目标 $x(t)$ 随时间按某一多项式变化，即设

$$x(t)=a_0+a_1t+a_2t^2+\cdots+a_mt^m \tag{4.10}$$

这也称为目标运动数学模型，式（4.10）即多项式目标模型。这种多项式也是时间多项式，如用微分方程式表示，也称为导数多项式模型，则为

$$\frac{\mathrm{d}x(t)}{\mathrm{d}t}\neq 0,\ \frac{\mathrm{d}^2x(t)}{\mathrm{d}t^2}\neq 0,\ \cdots,\ \frac{\mathrm{d}^mx(t)}{\mathrm{d}t^m}\neq 0,\ \frac{\mathrm{d}^{m+1}x(t)}{\mathrm{d}t^{m+1}}=0 \tag{4.11}$$

式中，$\frac{\mathrm{d}^mx(t)}{\mathrm{d}t^m}$是不为零的最高阶导数；$m$ 为模型的阶数。

式（4.10）与式（4.11）是等价的。数学中的近似定理告诉我们，多项式可以在一个有限区间内，以任何所需精度来近似一个连续函数。式（4.10）代表一条光滑曲线，式中 $a_0$，$a_1$，$a_2$，…，$a_m$ 为待定系数。为了确定 $a_0$，$a_1$，$a_2$，…，$a_m$ 的数值，先列出观测值 $z_i$ 与 $x(t_i)$ 之差，即残差：

$$\varepsilon_i=\sum_{j=0}^{m}a_jt_i^j-z_i\ ,\quad i=0,\ 1,\ 2,\ \cdots,\ n;\ n\geqslant m+1 \tag{4.12}$$

残差的平方和 $Q$ 为

$$Q=\sum_{i=0}^{n}\varepsilon_i^2=\sum_{i=0}^{n}\left(\sum_{j=0}^{m}a_jt_i^j-z_i\right)^2 \tag{4.13}$$

对 $a_k$ 求偏导，并令其为零，即

$$\frac{\partial Q}{\partial a_k}=2\sum_{i=0}^{n}\left(\sum_{j=0}^{m}a_jt_i^j-z_i\right)t_i^k=0$$

令 $k=0$，1，2，…，$m$，便得 $m+1$ 个方程式，可求得 $a_0$，$a_1$，$a_2$，…，$a_m$ 共 $m+1$ 个未知数，当 $n\geqslant m+1$ 时有唯一解。求出参数 $a_0$，$a_1$，$a_2$，…，$a_m$ 后即可得所估计的 $\hat{x}(t)$ 的表达式。

以上所介绍的是最小二乘滤波的基本原理。

**2. 累加形式的最小二乘滤波**

1）假设目标做等速直线运动

假设目标做等速直线运动，即 $a_1 \neq 0$，$a_2 = a_3 = \cdots = a_m = 0$。这是一种比较简单的假设，这种假设也称为“一次假设”。在这种假设下目标的绝对直角坐标 $x$，$y$，$h$ 都是时间 $t$ 的一次函数，各坐标值的滤波计算是一样的。这里，只以 $x$ 坐标的滤波计算为例。

下面，按上述最小二乘滤波原理来计算只有两项的多项式目标运动模型滤波。设

$$x(t) = a_0 + a_1 t$$

设 $z_1$，$z_2$，…，$z_n$ 为 $n$ 个对 $x(t)$ 的测量值，观测是按等间隔时间 $\Delta t$ 进行的，则各个时刻的残差为：

$$\varepsilon_i = (a_0 + a_1 t_i) - z_i,\ i = 1,\ 2,\ \cdots,\ n$$

残差的平方和 $Q$ 为：

$$Q = \sum_{i=1}^{n} \varepsilon_i^2 = \sum_{i=1}^{n} [(a_0 + a_1 t_i) - z_i]^2$$

对 $a_0$ 和 $a_1$ 求偏导，并令其为零，即：

$$\begin{cases} \dfrac{\partial Q}{\partial a_0} = 2\sum\limits_{i=1}^{n} [(a_0 + a_1 t_i) - z_i] = 0 \\ \dfrac{\partial Q}{\partial a_1} = 2\sum\limits_{i=1}^{n} [(a_0 + a_1 t_i) - z_i] t_i = 0 \end{cases}$$

移项，并代入 $t_i = i\Delta t$，得

$$\begin{cases} \sum\limits_{i=1}^{n} (a_0 + a_1 i\Delta t) = \sum\limits_{i=1}^{n} z_i \\ \sum\limits_{i=1}^{n} (a_0 i\Delta t + a_1 i^2 \Delta t^2) = \sum\limits_{i=1}^{n} z_i i\Delta t \end{cases} \quad 或 \quad \begin{cases} a_0 n + a_1 \Delta t \sum\limits_{i=1}^{n} i = \sum\limits_{i=1}^{n} z_i \\ a_0 \Delta t \sum\limits_{i=1}^{n} i + a_1 \Delta t^2 \sum\limits_{i=1}^{n} i^2 = \Delta t \sum\limits_{i=1}^{n} i z_i \end{cases} \tag{4.14}$$

令

$$\begin{cases} \sum\limits_{i=1}^{n} 1 = n = S_0 \\ \sum\limits_{i=1}^{n} i = \dfrac{n(n+1)}{2} = S_1 \\ \sum\limits_{i=1}^{n} i^2 = \dfrac{n(n+1)(2n+1)}{6} = S_2 \end{cases} \tag{4.15}$$

将式（4.15）代入式（4.14），得

$$\begin{cases} a_0 S_0 + a_1 S_1 \Delta t = \sum\limits_{i=1}^{n} z_i \\ a_0 S_1 \Delta t + a_1 S_2 \Delta t^2 = \Delta t \sum\limits_{i=1}^{n} i z_i \end{cases} \tag{4.16}$$

用行列式解此联立方程，则

$$\begin{cases} a_0 = \dfrac{\Delta_0}{\Delta} \\ a_1 = \dfrac{\Delta_1}{\Delta} \end{cases}$$

式中，

$$\Delta = \begin{vmatrix} S_0 & S_1\Delta t \\ S_1\Delta t & S_2\Delta t^2 \end{vmatrix} = \frac{n^2(n^2-1)}{12}\Delta t^2;$$

$$\Delta_0 = \begin{vmatrix} \sum_{i=1}^{n} z_i & S_1\Delta t \\ \Delta t\sum_{i=1}^{n} iz_i & S_2\Delta t^2 \end{vmatrix} = \frac{n(n+1)(2n+1)}{6}\Delta t^2\sum_{i=1}^{n} z_i - \frac{n(n+1)}{2}\Delta t^2\sum_{i=1}^{n} iz_i$$

$$\Delta_1 = \begin{vmatrix} S_0 & \sum_{i=1}^{n} z_i \\ S_1\Delta t & \Delta t\sum_{i=1}^{n} iz_i \end{vmatrix} = n\Delta t\sum_{i=1}^{n} iz_i - \frac{n(n+1)}{2}\Delta t\sum_{i=1}^{n} z_i$$

这样，$\hat{a}_0$ 与 $\hat{a}_1$ 的表达式即为：

$$\hat{a}_0 = \frac{2(2n+1)}{n(n-1)}\sum_{i=1}^{n} z_i - \frac{6}{n(n-1)}\sum_{i=1}^{n} iz_i \tag{4.17}$$

$$\hat{a}_1 = -\frac{6}{n(n-1)\Delta t}\sum_{i=1}^{n} z_i + \frac{12}{n(n^2-1)\Delta t}\sum_{i=1}^{n} iz_i \tag{4.18}$$

所以目标的速度估计表达式为：

$$\hat{\dot{x}}_n = \frac{\mathrm{d}}{\mathrm{d}t}(\hat{a}_0 + \hat{a}_1 t) = \hat{a}_1 = -\frac{6}{n(n-1)\Delta t}\sum_{i=1}^{n} z_i + \frac{12}{n(n^2-1)\Delta t}\sum_{i=1}^{n} iz_i$$

这里的 $\hat{a}_1$ 等于目标的估计速度。因为目标等速运动，故 $\hat{a}_1$ 就是 $t_n$ 时刻的估计速度 $\hat{\dot{x}}_n$。目标在 $t_n = n\cdot\Delta t$ 时刻的估计坐标为：

$$\begin{aligned} \hat{x}_n &= \hat{x}(t_n) = \hat{a}_0 + \hat{a}_1 n\Delta t \\ &= \frac{2(2n+1)}{n(n-1)}\sum_{i=1}^{n} z_i - \frac{6}{n(n-1)}\sum_{i=1}^{n} iz_i + \left(-\frac{6}{n(n-1)\Delta t}\sum_{i=1}^{n} z_i + \frac{12}{n(n^2-1)\Delta t}\sum_{i=1}^{n} iz_i\right)n\Delta t \\ &= \frac{-2}{n}\sum_{i=1}^{n} z_i + \frac{6}{n(n+1)}\sum_{i=1}^{n} iz_i \end{aligned}$$

式中，$\hat{x}_n$ 和 $\hat{\dot{x}}_n$ 分别为对时刻 $t_n$ 的目标坐标和目标速度的估计值。

2）假设目标做等加速运动

假设目标做等加速运动，即 $a_1 \neq 0$，$a_2 \neq 0$，$a_3 = a_4 = \cdots = a_m = 0$，这种假设也称为“二次假设”。在这种假设下目标的绝对直角坐标 $x$，$y$，$h$ 都是时间 $t$ 的二次多项式，设

$$x(t) = a_0 + a_1 t + a_2 t^2$$

用与目标等速直线运动同样的方法，可以求出 $t_n$ 时刻估计的坐标 $\hat{x}_n$、速度 $\hat{\dot{x}}_n$ 和加速度

$\hat{\ddot{x}}_n$ 分别为：

$$\begin{cases}\hat{x}_n = \dfrac{3}{n}\sum_{i=1}^{n} z_i - \dfrac{6(4n-3)}{n(n+1)(n+2)}\sum_{i=1}^{n} iz_i + \dfrac{30}{n(n+1)(n+2)}\sum_{i=1}^{n} i^2 z_i \\ \hat{\dot{x}}_n = \dfrac{6(4n-3)}{n(n+1)(n+2)\Delta t}\sum_{i=1}^{n} z_i - \dfrac{12(-14n^2+11)}{n(n^2-1)(n^2-4)\Delta t}\sum_{i=1}^{n} iz_i + \dfrac{180}{n(n+1)(n^2-4)\Delta t}\sum_{i=1}^{n} i^2 z_i \\ \hat{\ddot{x}}_n = \dfrac{60}{n(n-1)(n-2)\Delta t^2}\sum_{i=1}^{n} z_i - \dfrac{360}{n(n-1)(n^2-4)\Delta t^2}\sum_{i=1}^{n} iz_i + \dfrac{30}{n(n^2-1)(n^2-4)\Delta t^2}\sum_{i=1}^{n} i^2 z_i \end{cases} \tag{4.19}$$

式（4.19）中的 $\hat{x}_n$ 和 $\hat{\dot{x}}_n$ 还可表示为：

$$\begin{cases}\hat{x}_n = \dfrac{2}{n}\sum_{i=1}^{n} z_i - \dfrac{6}{n(n+1)}\sum_{i=1}^{n} iz_i + \dfrac{(n-1)(n-2)\Delta t^2}{12}\hat{\ddot{x}}_n \\ \hat{\dot{x}}_n = -\dfrac{6}{n(n-1)\Delta t}\sum_{i=1}^{n} z_i + \dfrac{12}{n(n^2-1)\Delta t}\sum_{i=1}^{n} iz_i + \dfrac{(n-1)\Delta t}{2}\hat{\ddot{x}}_n \end{cases} \tag{4.20}$$

上述算法要根据测量数据的累加值 $\left(\sum_{i=1}^{n} z_i, \sum_{i=1}^{n} iz_i, \sum_{i=1}^{n} i^2 z_i\right)$ 来计算，因而称为累加格式。

从 $i=1$ 到 $i=n$ 这段采样时间称为观测时间。观测时间越长，采样点数越多，对消除误差越有利。但是，并非观测时间越长越好，例如，在目标运动规律与假设不符合或运动不稳定时，若选用较长的观测时间，则必然会使滤波计算对目标的机动反应迟钝，从而造成系统误差，所以这时应该选择较短的观测时间。因此，观测时间的选择要结合战术技术论证，权衡利弊，适中为好。

累加格式的最小二乘滤波需要记忆大量的测量数据，计算比较复杂。

为了避免记忆大量的测量数据，实际应用时，只使用最新的、等间隔时间的有限 $n$ 个输入值。这样，只记忆有限个样本就称之为有限记忆数字处理。

这种算法的一个重要性质是：它是绝对稳定的。这就是说，当输入量有界时，由于累加值是有界的，系数也是有界的，因而滤波值也一定是有界的。这种处理方法绝不会使滤波值达到无穷大，即有限记忆的最小二乘滤波绝不会发散。

例如，$n=9$ 的有限记忆处理过程，如图 4.3 所示。图中随着时间的推移，每次只取 9 个样本值作为累加值进行计算。这相当于有一个窗口，宽度为 8 个采样周期，随着 $i$ 的增长而向右移，它只能套住 9 个样本。

这种滤波的暂态过程只要经历 $8\Delta t$ 即结束，这也是有限记忆处理的一个特点，即滤波的观察时间是有限的。

累加格式的最小二乘滤波需要记忆大量数据。为了避免这一缺点，产生了递推格式的最小二乘滤波。相关内容可参阅相关专著和教材。

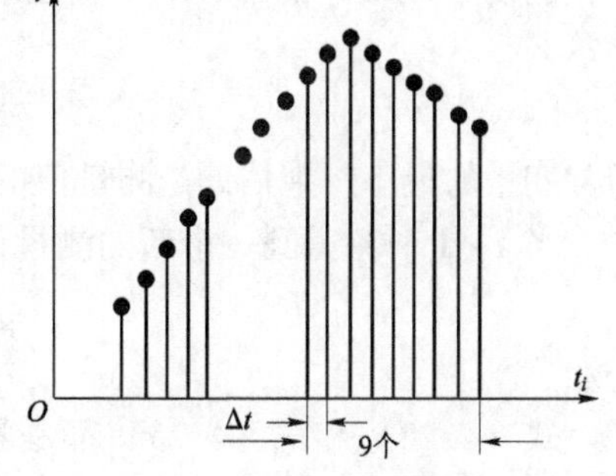


**图 4.3　有限记忆处理过程**

**3. 火控系统中的最小二乘滤波器**

以上推导了不同假设下的有限记忆最小二乘滤波公

式。若假定目标做等速直线运动，且目标真的做等速运动时，滤波器会获得较高的估计精度；而当目标机动时会因为滤波器反应较慢，会出现系统误差。反之，若假定目标做等加速运动，且目标真的机动时，滤波器估计精度较高；而当目标做等速直线运动时，由于估计的加速度误差混入其中，使本可以提高的估计精度得不到提高。为了兼顾这两方面，可引入如下简单自适应方案，即设置等速假定和等加速假定两个滤波器，使其同时工作，并预先设定加速度门限值 $TH$。当判定等加速假定滤波器所估计的目标加速度幅值小于 $TH$ 时，则输出等速假定滤波器的值；反之，输出等加速假定滤波器的值。为了防止加速度估计值在门限 $TH$ 附近波动时，滤波器频繁切换所带来的输出不平稳，设置了两个门限值 $TH_1$ 和 $TH_2$，且满足 $|TH_2|>|TH_1|$。若原来输出等速假定滤波器的值，则只有在等加速假定滤波器输出的加速度估计值的绝对值超过 $TH_2$ 时，才切换到等加速假定滤波器，使其为输出滤波器；否则，仍保持等速假定滤波器为输出滤波器。反之，若原来输出等加速假定滤波器的值，则只有在其加速度估计值的绝对值小于 $TH_1$ 时，才切换到等速假定滤波器，使其为输出滤波器；否则，保持等加速假定滤波器为输出滤波器，这一过程如图 4.4 所示。图中，$L$、$Q$ 分别表示等速、等加速假定滤波器。

此外，为了提高滤波效果，还可在滤波器之前采用测量值预处理技术，如对连续 6 点的测量值（球坐标系下）进行等权平均，经处理后作为滤波器的输入。如果目标坐标的测量周期为 0.04 s，经 6 分频后，则滤波器的采样与输出周期为 0.24 s。由于测量频率较高，这样处理会大大减小滤波器输出的随机误差，同时，也不至于引起大的动态滞后误差。

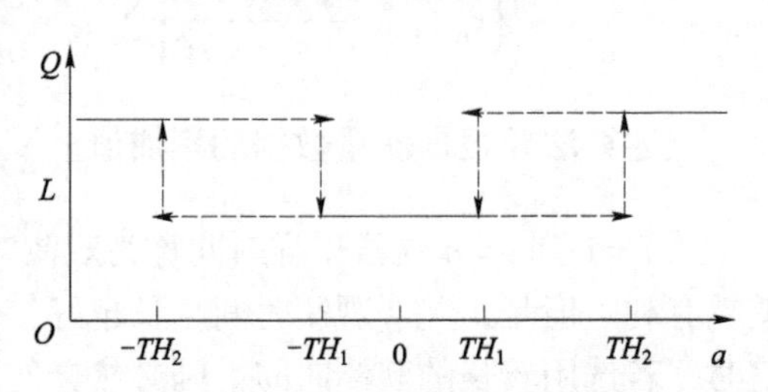


**图 4.4　等速、等加速假定切换示意图**

## 三、递推线性最小二乘估计

累积格式的最小二乘滤波需要记忆大量数据。为了避免这一缺点，产生了递推格式的最小二乘滤波。为了理解线性递推最小二乘滤波的概念，有必要先介绍一个简单的线性递推滤波器。

设有一常数标量 $x$，根据 $k$ 次观测所得到的测量值为 $z_i(i=1,2,\cdots,k)$ 来估计这一未知标量。根据最小二乘估计原理，首先建立极小化目标函数，即 $k$ 次误差的平方和为：

$$Q=\sum_{i=1}^{k}(z_i-x)^2 \tag{4.21}$$

能使 $Q$ 取极小的估计值 $\hat{x}$ 就是未知量 $x$ 的最小二乘估计，经计算可得：

$$\hat{x}_k=\frac{1}{k}\sum_{i=1}^{k}z_i \tag{4.22}$$

即常变量的最小二乘估计是测量值的算术平均值。

当 $k+1$ 时刻得到一个新的测量值 $z_{k+1}$ 时，应得到新的估计为：

$$\hat{x}_{k+1}=\frac{1}{k+1}\sum_{i=1}^{k+1}z_i \tag{4.23}$$

式（4.22）和式（4.23）都是累加格式的最小二乘滤波。通过数学变换，就可以变换成递推格式的最小二乘滤波。式（4.23）可化为用先前估值 $\hat{x}_k$ 和新测量值 $z_{k+1}$ 表示的形式，即：

$$\hat{x}_{k+1} = \frac{k}{k+1}\left(\frac{1}{k}\sum_{i=1}^{k} z_i\right) + \frac{1}{k+1}z_{k+1} = \frac{k}{k+1}\hat{x}_k + \frac{1}{k+1}z_{k+1} \tag{4.24}$$

式（4.24）表明，新的最小二乘估计值等于前一时刻估值与测量值的线性组合。

对比式（4.23）和式（4.24）可以看出，采用后式计算 $\hat{x}_{k+1}$ 就不需要存储过去的测量值，只用一个新测量值和前一时刻的估计值线性组合就够了。这是因为所有以前的信息都包含在前次估计值 $\hat{x}_k$ 中了。式（4.24）所表示的就是一种线性递推滤波器。

式（4.24）还可以改写成另一种递推形式，即：

$$\hat{x}_{k+1} = \hat{x}_k + \frac{1}{k+1}(z_{k+1} - \hat{x}_k) \tag{4.25}$$

以后遇到的递推滤波都是这种格式，因此理解此式的各项的意义显得很重要。

式（4.25）右端括号项表示新的测量值 $z_{k+1}$ 与根据以前各次测量值而定的估值 $\hat{x}_k$ 之差，亦称为残差或误差；这里面包含了新的信息，所以也称为新息。$1/(k+1)$ 是一个加权系数，也称为增益，它的大小表示对新息的重视程度。原来的估值 $\hat{x}_k$ 在有新测量值 $z_{k+1}$ 后应做一些校正，至于校正多少才合适，这里的加权是按最小二乘的原则确定的。当 $k$ 增大时，加权变小，即新增的测量值对新的估值影响变小，这是合乎情理的。

以上就是递推格式的最小二乘滤波，只不过是最简单的，也即 $x$ 是固定不变的标量的情况。然而，在大多数的应用场合，未知估计量都是向量，因此有必要介绍向量形式的递推最小二乘滤波公式。以目标做匀速直线运动为例进行介绍。

假设对该目标的位置进行了 $n$ 次观测，测量值为$\boldsymbol{Z}_n = [z_1, z_2, \cdots, z_n]^{\mathrm{T}}$，观测方程记为：

$$z_k = x_k + v_k,\ k = 1, 2, \cdots, n \tag{4.26}$$

式中，$v_k$ 为均值为零、方差为 $R_k$ 的白噪声序列。

由于目标做匀速直线运动，在 $t_n$ 时刻该目标速度记为 $\dot{x}_n$，位置坐标为 $x_n$，则对于任意时刻 $t_i$ 的目标的位置坐标满足：

$$x_i = x_n - (n-i)\Delta t \cdot \dot{x}_n,\ i = 1, 2, \cdots, n \tag{4.27}$$

式中，$\Delta t$ 为采样时间间隔。

在 $t_1$，…，$t_n$ 时刻的观测值为：

$$z_i = x_i + v_i = x_n - (n-i)\Delta t \cdot \dot{x}_n + v_i,\ i = 1, 2, \cdots, n \tag{4.28}$$

写成向量形式，得到

$$\boldsymbol{Z}_n = \boldsymbol{H}_n\boldsymbol{X} + \boldsymbol{V}_n \tag{4.29}$$

式中，

$$\boldsymbol{Z}_n = \begin{bmatrix} z_1 \\ z_2 \\ \vdots \\ z_n \end{bmatrix},\ \boldsymbol{H}_n = \begin{bmatrix} h_1 \\ h_2 \\ \vdots \\ h_n \end{bmatrix} = \begin{bmatrix} 1 & -(n-1)\Delta t \\ 1 & -(n-2)\Delta t \\ \vdots & \vdots \\ 1 & -(n-n)\Delta t \end{bmatrix},\ \boldsymbol{X} = \begin{bmatrix} x_n \\ \dot{x}_n \end{bmatrix},\ \boldsymbol{V}_n = \begin{bmatrix} v_1 \\ v_2 \\ \vdots \\ v_n \end{bmatrix}$$

观测误差$\boldsymbol{V}_n$ 的协方差矩阵为 $\boldsymbol{R} = E\{\boldsymbol{V}_n(\boldsymbol{V}_n)^{\mathrm{T}}\} = \mathrm{diag}[R_1\ \ R_2\ \ \cdots\ \ R_n]$。

非递推线性最小二乘估计的缺点是要求每时刻都要计算 $n \times n$ 矩阵$\boldsymbol{H}^{\mathrm{T}}\boldsymbol{H}$ 的逆矩阵，引起了很大的计算负担。从计算实时性的要求来看，要求估计值 $\hat{\boldsymbol{X}}$ 的递推算法要避免求矩阵

$\boldsymbol{H}^{\mathrm{T}}\boldsymbol{H}$ 的逆矩阵。下面应用矩阵求逆定理导出递推线性最小二乘算法。

$n$ 次观测后，采用最小二乘估计可以得到：

$$\hat{\boldsymbol{X}}_n = [\boldsymbol{H}_n^{\mathrm{T}}\boldsymbol{H}_n]^{-1}\boldsymbol{H}_n^{\mathrm{T}}\boldsymbol{Z}_n \tag{4.30}$$

定义 $n \times n$ 矩阵$\boldsymbol{P}_n$ 为：

$$\boldsymbol{P}_n = [\boldsymbol{H}_n^{\mathrm{T}}\boldsymbol{H}_n]^{-1} \tag{4.31}$$

同理，在第 $n+1$ 次观测后，基于观测序列$\boldsymbol{Z}_{n+1} = [z_1, z_2, \cdots, z_n, z_{n+1}]^{\mathrm{T}}$ 的线性最小二乘估计为：

$$\hat{\boldsymbol{X}}_{n+1} = [\boldsymbol{H}_{n+1}^{\mathrm{T}}\boldsymbol{H}_{n+1}]^{-1}\boldsymbol{H}_{n+1}^{\mathrm{T}}\boldsymbol{Z}_{n+1} \tag{4.32}$$

$$\boldsymbol{P}_{n+1} = [\boldsymbol{H}_{n+1}^{\mathrm{T}}\boldsymbol{H}_{n+1}]^{-1} \tag{4.33}$$

根据定义，存在如下的关系：

$$\boldsymbol{H}_{n+1} = \begin{bmatrix} \boldsymbol{H}_n \\ \boldsymbol{h}_{n+1} \end{bmatrix}, \tag{4.34}$$

$$\boldsymbol{Z}_{n+1} = \begin{bmatrix} \boldsymbol{Z}_n \\ z_{n+1} \end{bmatrix} \tag{4.35}$$

所以

$$[\boldsymbol{H}_{n+1}^{\mathrm{T}}\boldsymbol{H}_{n+1}] = [\boldsymbol{H}_n \quad \boldsymbol{h}_{n+1}]\begin{bmatrix} \boldsymbol{H}_n \\ \boldsymbol{h}_{n+1} \end{bmatrix} = \boldsymbol{H}_n^{\mathrm{T}}\boldsymbol{H}_n + \boldsymbol{h}_{n+1}^{\mathrm{T}}\boldsymbol{h}_{n+1} = \boldsymbol{P}_n^{-1} + \boldsymbol{h}_{n+1}^{\mathrm{T}}\boldsymbol{h}_{n+1} \tag{4.36}$$

则有

$$\boldsymbol{P}_{n+1} = [\boldsymbol{H}_{n+1}^{\mathrm{T}}\boldsymbol{H}_{n+1}]^{-1} = [\boldsymbol{P}_n^{-1} + \boldsymbol{h}_{n+1}^{\mathrm{T}}\boldsymbol{h}_{n+1}]^{-1} \tag{4.37}$$

参考矩阵求逆公式

$$(\boldsymbol{A} + \boldsymbol{B}\boldsymbol{C}^{\mathrm{T}})^{-1} = \boldsymbol{A}^{-1} - \boldsymbol{A}^{-1}\boldsymbol{B}(\boldsymbol{I} + \boldsymbol{C}^{\mathrm{T}}\boldsymbol{A}^{-1}\boldsymbol{B})^{-1}\boldsymbol{C}^{\mathrm{T}}\boldsymbol{A}^{-1} \tag{4.38}$$

对照式（4.38）和式（4.37），可取$\boldsymbol{A} = \boldsymbol{P}_n^{-1}$，$\boldsymbol{B} = \boldsymbol{h}_n^{\mathrm{T}}$，$\boldsymbol{C}^{\mathrm{T}} = \boldsymbol{h}_n$，有

$$\boldsymbol{P}_{n+1} = [\boldsymbol{P}_n^{-1} + \boldsymbol{h}_{n+1}^{\mathrm{T}}\boldsymbol{h}_{n+1}]^{-1} = \boldsymbol{P}_n - \boldsymbol{P}_n\boldsymbol{h}_{n+1}^{\mathrm{T}}(\boldsymbol{I} + \boldsymbol{h}_{n+1}\boldsymbol{P}_n\boldsymbol{h}_{n+1}^{\mathrm{T}})^{-1}\boldsymbol{h}_{n+1}\boldsymbol{P}_n \tag{4.39}$$

令

$$\boldsymbol{K}_{n+1} = \boldsymbol{P}_n\boldsymbol{h}_{n+1}^{\mathrm{T}}(\boldsymbol{I} + \boldsymbol{h}_{n+1}\boldsymbol{P}_n\boldsymbol{h}_{n+1}^{\mathrm{T}})^{-1} \tag{4.40}$$

把式（4.40）代入式（4.39），则式（4.39）可以转化为：

$$\begin{aligned} \boldsymbol{P}_{n+1} &= \boldsymbol{P}_n - \boldsymbol{P}_n\boldsymbol{h}_{n+1}^{\mathrm{T}}[\boldsymbol{I} + \boldsymbol{h}_{n+1}\boldsymbol{P}_n\boldsymbol{h}_{n+1}^{\mathrm{T}}]^{-1}\boldsymbol{h}_{n+1}\boldsymbol{P}_n \\ &= \boldsymbol{P}_n - \boldsymbol{K}_{n+1}\boldsymbol{h}_{n+1}\boldsymbol{P}_n = [\boldsymbol{I} - \boldsymbol{K}_{n+1}\boldsymbol{h}_{n+1}]\boldsymbol{P}_n \end{aligned} \tag{4.41}$$

因此，把式（4.33）~（4.35）代入式（4.32），考虑到式（4.40）和式（4.41），可得

$$\begin{aligned} \hat{\boldsymbol{X}}_{n+1} &= [\boldsymbol{H}_{n+1}^{\mathrm{T}}\boldsymbol{H}_{n+1}]^{-1}\boldsymbol{H}_{n+1}^{\mathrm{T}}\boldsymbol{Z}_{n+1} = \boldsymbol{P}_{n+1}\boldsymbol{H}_{n+1}^{\mathrm{T}}\boldsymbol{Z}_{n+1} \\ &= \boldsymbol{P}_{n+1}[\boldsymbol{H}_n^{\mathrm{T}} \quad \boldsymbol{h}_{n+1}^{T}]\begin{bmatrix} \boldsymbol{Z}_n \\ z_{n+1} \end{bmatrix} = \boldsymbol{P}_{n+1}[\boldsymbol{H}_n^{\mathrm{T}}\boldsymbol{Z}_n + \boldsymbol{h}_{n+1}^{\mathrm{T}}z_{n+1}] \\ &= [\boldsymbol{I} - \boldsymbol{K}_{n+1}\boldsymbol{h}_{n+1}]\boldsymbol{P}_n[\boldsymbol{H}_n^{\mathrm{T}}\boldsymbol{Z}_n + \boldsymbol{h}_{n+1}^{\mathrm{T}}z_{n+1}] \\ &= [\boldsymbol{I} - \boldsymbol{K}_{n+1}\boldsymbol{h}_{n+1}]\boldsymbol{P}_n\boldsymbol{H}_n^{\mathrm{T}}\boldsymbol{Z}_n + \boldsymbol{P}_n\boldsymbol{h}_{n+1}^{\mathrm{T}}z_{n+1} - \boldsymbol{K}_{n+1}\boldsymbol{h}_{n+1}\boldsymbol{P}_n\boldsymbol{h}_{n+1}^{\mathrm{T}}z_{n+1} \end{aligned} \tag{4.42}$$

由式（4.30）和式（4.31）可知，$\boldsymbol{P}_n \boldsymbol{H}_n^{\mathrm{T}} \boldsymbol{Z}_n = \hat{\boldsymbol{X}}_n$，则式（4.42）可化为

$$\hat{\boldsymbol{X}}_{n+1} = [\boldsymbol{I} - \boldsymbol{K}_{n+1}\boldsymbol{h}_{n+1}]\hat{\boldsymbol{X}}_n + \boldsymbol{P}_n \boldsymbol{h}_{n+1}^{\mathrm{T}} z_{n+1} - \boldsymbol{K}_{n+1}\boldsymbol{h}_{n+1}\boldsymbol{P}_n \boldsymbol{h}_{n+1}^{\mathrm{T}} z_{n+1} \tag{4.43}$$

考虑到式（4.40），式（4.43）右端第二项可化为：

$$\begin{aligned}\boldsymbol{P}_n \boldsymbol{h}_{n+1}^{\mathrm{T}} z_{n+1} &= \boldsymbol{P}_n \boldsymbol{h}_{n+1}^{\mathrm{T}}[\boldsymbol{I} + \boldsymbol{h}_{n+1}\boldsymbol{P}_n \boldsymbol{h}_{n+1}^{\mathrm{T}}]^{-1}[\boldsymbol{I} + \boldsymbol{h}_{n+1}\boldsymbol{P}_n \boldsymbol{h}_{n+1}^{\mathrm{T}}] z_{n+1} \\ &= \boldsymbol{K}_{n+1}[\boldsymbol{I} + \boldsymbol{h}_{n+1}\boldsymbol{P}_n \boldsymbol{h}_{n+1}^{\mathrm{T}}] z_{n+1} \\ &= \boldsymbol{K}_{n+1} z_{n+1} + \boldsymbol{K}_{n+1}\boldsymbol{h}_{n+1}\boldsymbol{P}_n \boldsymbol{h}_{n+1}^{\mathrm{T}} z_{n+1}\end{aligned} \tag{4.44}$$

把式（4.44）代入式（4.43），可以得到 $\hat{\boldsymbol{X}}_{n+1}$ 的递推计算公式为：

$$\begin{aligned}\hat{\boldsymbol{X}}_{n+1} &= [\boldsymbol{I} - \boldsymbol{K}_{n+1}\boldsymbol{h}_{n+1}]\hat{\boldsymbol{X}}_n + [\boldsymbol{K}_{n+1} z_{n+1} + \boldsymbol{K}_{n+1}\boldsymbol{h}_{n+1}\boldsymbol{P}_n \boldsymbol{h}_{n+1}^{\mathrm{T}} z_{n+1}] - \boldsymbol{K}_{n+1}\boldsymbol{h}_{n+1}\boldsymbol{P}_n \boldsymbol{h}_{n+1}^{\mathrm{T}} z_{n+1} \\ &= [\boldsymbol{I} - \boldsymbol{K}_{n+1}\boldsymbol{h}_{n+1}]\hat{\boldsymbol{X}}_n + \boldsymbol{K}_{n+1} z_{n+1} = \hat{\boldsymbol{X}}_n + \boldsymbol{K}_{n+1}[z_{n+1} - \boldsymbol{h}_{n+1}\hat{\boldsymbol{X}}_n]\end{aligned} \tag{4.45}$$

根据最小二乘估计基本原理，线性最小二乘估计协方差为：

$$\mathrm{var}\{\hat{\boldsymbol{X}}_{n+1}\} = [\boldsymbol{H}_{n+1}^{\mathrm{T}}\boldsymbol{H}_{n+1}]^{-1}\boldsymbol{H}_{n+1}^{\mathrm{T}}\boldsymbol{R}_{n+1}\boldsymbol{H}_{n+1}[\boldsymbol{H}_{n+1}^{\mathrm{T}}\boldsymbol{H}_{n+1}]^{-1} \tag{4.46}$$

假设每次观测噪声的协方差均相等，记为 $r$，有 $\boldsymbol{R}_{n+1} = \begin{bmatrix} r_1 & & \\ & \ddots & \\ & & r_{n+1}\end{bmatrix} = \mathrm{diag}\ \{r_i\} = \mathrm{diag}\ (r)$，diag（·）表示对角矩阵。所以

$$\mathrm{var}\{\hat{\boldsymbol{X}}_{n+1}\} = [\boldsymbol{H}_{n+1}^{\mathrm{T}}\boldsymbol{H}_{n+1}]^{-1}\boldsymbol{H}_{n+1}^{\mathrm{T}}\boldsymbol{R}_{n+1}\boldsymbol{H}_{n+1}[\boldsymbol{H}_{n+1}^{\mathrm{T}}\boldsymbol{H}_{n+1}]^{-1} = r[\boldsymbol{H}_{n+1}^{\mathrm{T}}\boldsymbol{H}_{n+1}]^{-1} = r \cdot \boldsymbol{P}_{n+1} \tag{4.47}$$

综上各式，递推最小二乘滤波算法为：

$$\boldsymbol{K}_{n+1} = \boldsymbol{P}_n \boldsymbol{h}_{n+1}^{\mathrm{T}}[\boldsymbol{I} + \boldsymbol{h}_{n+1}\boldsymbol{P}_n \boldsymbol{h}_{n+1}^{\mathrm{T}}]^{-1} \tag{4.48}$$

$$\begin{aligned}\boldsymbol{P}_{n+1} &= \boldsymbol{P}_n - \boldsymbol{P}_n \boldsymbol{h}_{n+1}^{\mathrm{T}}[\boldsymbol{I} + \boldsymbol{h}_{n+1}\boldsymbol{P}_n \boldsymbol{h}_{n+1}^{\mathrm{T}}]^{-1}\boldsymbol{h}_{n+1}\boldsymbol{P}_n \\ &= \boldsymbol{P}_n - \boldsymbol{K}_{n+1}\boldsymbol{h}_{n+1}\boldsymbol{P}_n = [\boldsymbol{I} - \boldsymbol{K}_{n+1}\boldsymbol{h}_{n+1}]\boldsymbol{P}_n\end{aligned} \tag{4.49}$$

$$\hat{\boldsymbol{X}}_{n+1} = \hat{\boldsymbol{X}}_n + \boldsymbol{K}_{n+1}[z_{n+1} - \boldsymbol{h}_{n+1}\hat{\boldsymbol{X}}_n] \tag{4.50}$$

当先验统计特性一无所知时，一般采用最小二乘滤波。如果仅掌握测量误差的统计特性，可以采用最优加权阵为观测误差协方差矩阵的逆矩阵（即 $\boldsymbol{W} = \boldsymbol{R}^{-1}(k)$）的最小二乘估计（也称为马尔科夫估计）。而在目前的雷达等跟踪系统中采用最优加权的最小二乘滤波法是非常普遍的。

最小二乘滤波方法没有考虑系统噪声的影响，如果目标运动发生变化时，该算法基本上无能为力，效果极差，需要有一种机制能够将系统噪声影响纳入跟踪滤波计算过程中的滤波算法，显然，下述的离散线性卡尔曼滤波方法就是不错的选择。

## 四、卡尔曼滤波

### 1. 状态方程

一个系统或过程的特性，可以用一些参量表示出来。这样的参量中的一组最小的集合，称为状态变量。例如，一个目标的运动状态，可以用其坐标、速度、加速度等表示出来。假设在 $X$ 方向的坐标、速度、加速度分别用 $x_1$、$x_2$、$x_3$ 表示时，则

$$\boldsymbol{X} = [x_1(t) \quad x_2(t) \quad x_3(t)]^{\mathrm{T}}$$

式中，$x_1(t)$、$x_2(t)$、$x_3(t)$分别表示$t$时刻的目标位置、速度和加速度在某一坐标方向（$x$，$y$，$h$）的分量，称为状态变量。

用来表示一个动态系统状态变化规律的方程，一般可以用时间$t$的一阶向量微分方程来描述。目标的各种典型运动变化规律就是通过坐标$x_1$、速度$x_2$和加速度$x_3$等参量表示的动态方程来描述的。

假设目标做等加速直线运动，目标坐标$x(t)$的变化规律可以用二次多项式表示，即

$$x(t)=a_0+a_1t+\frac{1}{2}a_2t^2 \tag{4.51}$$

目标速度、加速度的变化规律可以表示为：

$$\dot{x}(t)=a_1+a_2t \quad 和 \quad \ddot{x}(t)=a_2 \tag{4.52}$$

设采样间隔为$\Delta t$，则$t_i=i\Delta t$，所以当$t=t_0=0$时的初始状态可以表示为：

$$\begin{cases}x(t_0)=a_0\\ \dot{x}(t_0)=a_1\\ \ddot{x}(t_0)=a_2\end{cases} \tag{4.53}$$

于是，$t=t_1$时刻的状态可以表示为：

$$\begin{cases}x(t_1)=x(t_0)+\dot{x}(t_0)\cdot\Delta t+0.5\ddot{x}(t_0)\cdot\Delta t^2\\ \dot{x}(t_1)=\dot{x}(t_0)+\ddot{x}(t_0)\cdot\Delta t\\ \ddot{x}(t_1)=\ddot{x}(t_0)\end{cases} \tag{4.54}$$

同理，可以导出由$t_{k-1}$时刻的状态计算$t_k$时刻的状态值的表达式为：

$$\begin{cases}x(t_k)=x(t_{k-1})+\dot{x}(t_{k-1})\cdot\Delta t+0.5\ddot{x}(t_{k-1})\cdot\Delta t^2\\ \dot{x}(t_k)=\dot{x}(t_{k-1})+\ddot{x}(t_{k-1})\cdot\Delta t\\ \ddot{x}(t_k)=\ddot{x}(t_{k-1})\end{cases} \tag{4.55}$$

为了表述方便起见，引入以下符号：

$$x_{k-1}=x(t_{k-1}),\ \dot{x}_{k-1}=\dot{x}(t_{k-1}),\ \ddot{x}_{k-1}=\ddot{x}(t_{k-1}) \tag{4.56}$$

采用上述符号表述式（4.55），则为：

$$\begin{cases}x_k=x_{k-1}+\dot{x}_{k-1}\cdot\Delta t+0.5\ddot{x}_{k-1}\cdot\Delta t^2\\ \dot{x}_k=\dot{x}_{k-1}+\ddot{x}_{k-1}\cdot\Delta t\\ \ddot{x}_k=\ddot{x}_{k-1}\end{cases} \tag{4.57}$$

用矩阵表示一般状态方程，则为：

$$\begin{bmatrix}x_k\\ \dot{x}_k\\ \ddot{x}_k\end{bmatrix}=\begin{bmatrix}1 & \Delta t & 0.5\Delta t^2\\ 0 & 1 & \Delta t\\ 0 & 0 & 1\end{bmatrix}\begin{bmatrix}x_{k-1}\\ \dot{x}_{k-1}\\ \ddot{x}_{k-1}\end{bmatrix} \tag{4.58}$$

或

$$\boldsymbol{X}_k=\boldsymbol{\Phi}(k,k-1)\boldsymbol{X}_{k-1} \tag{4.59}$$

式中，$\boldsymbol{\Phi}(k,\ k-1)=\begin{bmatrix}1 & \Delta t & 0.5\Delta t^2\\ 0 & 1 & \Delta t\\ 0 & 0 & 1\end{bmatrix}$为状态转移矩阵，转移矩阵代表目标的运动规律，不同的目标运动规律（目标运动假定）将会有不同的转移矩阵。

在真实的目标运动中，任何一个运动系统总难免受到某种随机干扰，或者由于方程描述物理现实不够全面、准确，而使状态并不完全按照方程变化。这时，就需要对状态方程进行适当的修正。通常的处理方法是在上述的状态方程中引入系统噪声$\boldsymbol{W}_k$来进行补偿，则系统的状态方程应改写成：

$$\boldsymbol{X}_k=\boldsymbol{\Phi}(k,k-1)\boldsymbol{X}_{k-1}+\boldsymbol{\Gamma}_{k-1}\boldsymbol{W}_{k-1} \tag{4.60}$$

式中，$\boldsymbol{X}_k$表示时刻$t_k$的系统状态值，都是$n$维列向量；$\boldsymbol{\Phi}(k,\ k-1)$是$n\times n$的系统状态转移矩阵；$\boldsymbol{\Gamma}_{k-1}$是$n\times r$的系统噪声系数矩阵；$\boldsymbol{W}_{k-1}$是$r$维列向量，表示时刻$t_{k-1}$的系统噪声，其统计特性满足如下关系：

$$E(\boldsymbol{W}_k)=0$$

$$E(\boldsymbol{W}_k\boldsymbol{W}_j^{\mathrm{T}})=\boldsymbol{Q}(k)\delta_{jk}$$

式中，$\boldsymbol{Q}(k)$表示$r\times r$的系统噪声方差矩阵，$\delta_{jk}$是克罗内克$\delta$函数，$\delta_{jk}=\begin{cases}1, & j=k\\ 0, & j\neq k\end{cases}$。

系统噪声$\boldsymbol{W}_k$包括了外界干扰，如气流不稳定对飞机、导弹的影响，目标的有意机动以及描述方程的不完善等。因此，实际系统中，$\boldsymbol{W}_k$是随机过程，一般假设服从均值为零、方差为$\boldsymbol{Q}(k)$的白噪声随机过程。

最后，对状态方程的物理意义简要地解释一下。状态方程也称为动态方程或系统模型，它是线性离散系统的状态差分方程，它描述了物理系统本身的运动规律。对于一个动态系统，根据它的状态方程就可以导出它的未来状态。实际系统模型不可能与真实情况完全一致，为了表示这种欠缺，增加了系统噪声项。系统噪声项中一般包括目标的有意机动或无意机动、环境噪声（如气流、风、浪等干扰）等。这样，一般的系统方程就由确定性部分和随机部分组成。有了系统方程，如在$t_{k-1}$时刻，根据已知的状态$\boldsymbol{X}_{k-1}$和系统噪声$\boldsymbol{W}_{k-1}$，则$t_k$时刻的系统状态$\boldsymbol{X}_k$就可以表示为$\boldsymbol{\Phi}(k,\ k-1)\ \boldsymbol{X}_{k-1}$和$\boldsymbol{\Gamma}_{k-1}\boldsymbol{W}_{k-1}$的线性组合。这就是离散卡尔曼滤波器（Kalman Filter）所依据的状态方程。

**2. 测量方程**

用来表示测量值与状态值之间关系的方程称为测量方程。

测量方程也可称为测量模型。对于一个动态系统，它的各个状态不一定都要观测到，如目标位置坐标可以直接观测到，而目标速度、加速度常常不能直接测量出来。可以观测到的量，一般是含有噪声的，而且不一定就是系统状态，常常是状态变量的线性组合，即$\boldsymbol{H}_k\boldsymbol{X}_k$。比如，测量到的球坐标下的目标斜距离$D$、高低角$\varepsilon$、方位角$\beta$，而状态采用直角坐标系$X$、$Y$和$Z$表示，它们之间必须通过转换。

测量方程的矩阵表示如下，即

$$\boldsymbol{Z}_k=\boldsymbol{H}_k\boldsymbol{X}_k+\boldsymbol{V}_k \tag{4.61}$$

式中，$\boldsymbol{Z}_k$表示$k$时刻测量的$m$维向量；$\boldsymbol{H}_k$表示$m\times n$转换矩阵；$\boldsymbol{V}_k$表示$k$时刻测量的$m$维测量误差向量。

一般地，在卡尔曼滤波中，假定观测噪声是白噪声，其特点是以零为均值、方差为$\boldsymbol{R}_k$，

而且满足

$$E(\boldsymbol{V}_k)=0 \quad 和 \quad E(\boldsymbol{V}_k\boldsymbol{V}_j^{\mathrm{T}})=\begin{cases}\boldsymbol{R}_k, & k=j\\ 0, & k\neq j\end{cases}$$

例如，目标做匀速直线运动，而观测仪器只能观测目标的坐标 $x_k$，在没有测量误差的情况下，有

$$\boldsymbol{Z}_k=[1\quad 0\quad 0]\begin{bmatrix}x_k\\ \dot{x}_k\\ \ddot{x}_k\end{bmatrix} \tag{4.62}$$

因为，此时观测值是$\boldsymbol{Z}_k=x_k$，而速度和加速度都没有观测到。

在 Kalman 滤波中，对状态噪声序列 $\{\boldsymbol{W}_k\}$、观测噪声序列 $\{\boldsymbol{V}_k\}$ 和初始状态$\boldsymbol{X}_0$ 提出以下假设，认为它们是互不相关的，即对任意 $k$ 和 $j$ 满足：

$$\begin{cases}E(\boldsymbol{W}_k\boldsymbol{V}_j^{\mathrm{T}})=0\\ E\{[\boldsymbol{X}_0-E(\boldsymbol{X}_0)]\boldsymbol{W}_k^{\mathrm{T}}\}=0\\ E\{[\boldsymbol{X}_0-E(\boldsymbol{X}_0)]\boldsymbol{V}_k^{\mathrm{T}}\}=0\end{cases}$$

已知的初始条件为：

初始状态的均值，一般取 $\hat{X}_0=E(\boldsymbol{X}_0)$。

初始状态误差的协方差阵为：$P_0=E\{[\boldsymbol{X}_0-E(\boldsymbol{X}_0)][\boldsymbol{X}_0-E(\boldsymbol{X}_0)]^{\mathrm{T}}\}$。

**3. Kalman 滤波公式**

至此，可以列出 Kalman 滤波的有关公式，具体如下。

系统方程为：

$$\boldsymbol{X}_k=\boldsymbol{\Phi}(k,k-1)\boldsymbol{X}_{k-1}+\boldsymbol{\Gamma}_{k-1}\boldsymbol{W}_{k-1}$$

观测方程为：

$$\boldsymbol{Z}_k=\boldsymbol{H}_k\boldsymbol{X}_k+\boldsymbol{V}_k$$

这两个方程一个是描述被估计量本身的物理特性；另一个是表示观测系统与被估计量之间的关系。现在，假设已知 $t_{k-1}$时刻的状态估计值为 $\hat{\boldsymbol{X}}_{k-1|k-1}$。根据状态方程，可以在没有传来新的测量值时，先把 $\hat{\boldsymbol{X}}_{k-1|k-1}$外推一步，即一步预测，得到 $\hat{\boldsymbol{X}}_{k|k-1}$。当传来新的测量值时，再利用这一新信息把原来只靠状态方程本身外推得到的 $\hat{\boldsymbol{X}}_{k|k-1}$修正一下，成为 $\hat{\boldsymbol{X}}_{k|k}$，这就是卡尔曼滤波的简要过程。为了后面表述方便，下面给出一些符合的定义。

$\hat{\boldsymbol{X}}_{k|k-1}$表示验前估计值，它是在 $t_{k-1}$时刻，只根据系统状态转移矩阵外推得到的，没有经过测量检验的估计值。

$\hat{\boldsymbol{X}}_{k|k}$表示验后估计值，它是在 $\hat{\boldsymbol{X}}_{k|k-1}$的基础上，用新测量值检验后做适当修正后的估计值。

$\boldsymbol{X}_k$ 表示 $t_k$ 时刻的状态真值，不能直接得到，只能依靠估计得到。

假设已知 $k-1$ 步，即 $t_{k-1}$时刻的状态估计值 $\hat{\boldsymbol{X}}_{k-1|k-1}$，在线性递推滤波器中，可以设递推滤波器的一般形式为：

$$\hat{\boldsymbol{X}}_{k|k} = \boldsymbol{K}'_k \hat{\boldsymbol{X}}_{k|k-1} + \boldsymbol{K}_k \boldsymbol{Z}_k \tag{4.63}$$

式中，$\boldsymbol{K}'_k$和$\boldsymbol{K}_k$ 是待定的时变加权矩阵。

将式（4.61）代入式（4.63），则有

$$\hat{\boldsymbol{X}}_{k|k} = \boldsymbol{K}'{}_k \hat{\boldsymbol{X}}_{k|k-1} + \boldsymbol{K}_k [\boldsymbol{H}_k \boldsymbol{X}_k + \boldsymbol{V}_k]$$

令

$$\begin{cases} \hat{\boldsymbol{X}}_{k|k} = \boldsymbol{X}_k + \Delta\hat{\boldsymbol{X}}_{k|k} \\ \hat{\boldsymbol{X}}_{k|k-1} = \boldsymbol{X}_k + \Delta\hat{\boldsymbol{X}}_{k|k-1} \end{cases} \tag{4.64}$$

把式（4.64）代入式（4.63），可得

$$\boldsymbol{X}_k + \Delta\hat{\boldsymbol{X}}_{k|k} = \boldsymbol{K}'_k [\boldsymbol{X}_k + \Delta\hat{\boldsymbol{X}}_{k|k-1}] + \boldsymbol{K}_k [\boldsymbol{H}_k \boldsymbol{X}_k + \boldsymbol{V}_k]$$

或

$$\Delta\hat{\boldsymbol{X}}_{k|k} = [\boldsymbol{K}'_k + \boldsymbol{K}_k \boldsymbol{H}_k - \boldsymbol{I}] \boldsymbol{X}_k + \boldsymbol{K}'_k \Delta\hat{\boldsymbol{X}}_{k|k-1} + \boldsymbol{K}_k \boldsymbol{V}_k$$

两边取数学期望，因 $E(\boldsymbol{V}_k)=0$，则有

$$E(\Delta\hat{\boldsymbol{X}}_{k|k}) = [\boldsymbol{K}'{}_k + \boldsymbol{K}_k \boldsymbol{H}_k - \boldsymbol{I}] E(\boldsymbol{X}_k) + \boldsymbol{K}'_k \cdot E(\Delta\hat{\boldsymbol{X}}_{k|k-1}) + \boldsymbol{K}_k E(\boldsymbol{V}_k)$$

设在 $t_{k-1}$ 时刻的状态估计值是无偏估计，即 $E(\Delta\hat{\boldsymbol{X}}_{k|k-1})=0$；如果同样要求在 $t_k$ 时刻的状态估计值是无偏估计，则只有当 $\boldsymbol{K}'_k = \boldsymbol{I} - \boldsymbol{K}_k \boldsymbol{H}_k$ 时，$E(\Delta\hat{\boldsymbol{X}}_{k|k})=0$。

因此，令$\boldsymbol{K}'_k = \boldsymbol{I} - \boldsymbol{K}_k \boldsymbol{H}_k$，这是无偏估计的必要条件，把$\boldsymbol{K}'_k = \boldsymbol{I} - \boldsymbol{K}_k \boldsymbol{H}_k$ 代入式（4.63）则得无偏估计

$$\hat{\boldsymbol{X}}_{k|k} = [\boldsymbol{I} - \boldsymbol{K}_k \boldsymbol{H}_k] \hat{\boldsymbol{X}}_{k|k-1} + \boldsymbol{K}_k \boldsymbol{Z}_k$$

或

$$\hat{\boldsymbol{X}}_{k|k} = \hat{\boldsymbol{X}}_{k|k-1} + \boldsymbol{K}_k [\boldsymbol{Z}_k - \boldsymbol{H}_k \hat{\boldsymbol{X}}_{k|k-1}]$$

这就是线性递推滤波计算公式，它是从无偏估计的条件得出的，也是量测的线性组合。当然，还有$\boldsymbol{K}_k$ 需要确定。

下面讨论计算误差的协方差，误差的协方差分为验前误差协方差和验后误差协方差。下面将分别讨论它们的计算方法。

验前误差协方差是在不参考新测量值的情况下，只依靠系统方程作外推时的滤波误差协方差。设

$$\boldsymbol{X}_k = \boldsymbol{\Phi}(k,k-1) \boldsymbol{X}_{k-1} + \boldsymbol{\Gamma}_{k-1} \boldsymbol{W}_{k-1} \tag{4.65}$$

只根据系统的状态转移矩阵，可外推出状态的新值来，即

$$\hat{\boldsymbol{X}}_{k|k-1} = \boldsymbol{\Phi}(k,k-1) \hat{\boldsymbol{X}}_{k-1|k-1} \tag{4.66}$$

由式（4.66）减去式（4.65），可得这次外推的误差为：

$$\begin{aligned} \Delta\tilde{\boldsymbol{X}}_{k|k-1} &= \hat{\boldsymbol{X}}_{k|k-1} - \boldsymbol{X}_k \\ &= \boldsymbol{\Phi}(k,k-1) \hat{\boldsymbol{X}}_{k-1|k-1} - \boldsymbol{\Phi}(k,k-1) \boldsymbol{X}_{k-1} - \boldsymbol{\Gamma}_{k-1} \boldsymbol{W}_{k-1} \end{aligned} \tag{4.67}$$

又因为

$$\Delta\tilde{\boldsymbol{X}}_{k-1|k-1} = \hat{\boldsymbol{X}}_{k-1|k-1} - \boldsymbol{X}_{k-1} \tag{4.68}$$

所以，把式（4.68）代入式（4.67），化简后可得：

$$\Delta\tilde{\boldsymbol{X}}_{k|k-1}=\boldsymbol{\Phi}(k,k-1)\Delta\tilde{\boldsymbol{X}}_{k-1|k-1}-\boldsymbol{\Gamma}_{k-1}\boldsymbol{W}_{k-1} \tag{4.69}$$

那么，这次外推的误差协方差为：

$$\begin{aligned}\boldsymbol{P}_{k|k-1}&=E(\Delta\tilde{\boldsymbol{X}}_{k|k-1}\Delta\tilde{\boldsymbol{X}}_{k|k-1}^{\mathrm{T}})\\&=E\{[\boldsymbol{\Phi}(k,k-1)\Delta\tilde{\boldsymbol{X}}_{k-1|k-1}-\boldsymbol{\Gamma}_{k-1}\boldsymbol{W}_{k-1}][\boldsymbol{\Phi}(k,k-1)\Delta\tilde{\boldsymbol{X}}_{k-1|k-1}-\boldsymbol{\Gamma}_{k-1}\boldsymbol{W}_{k-1}]^{\mathrm{T}}\}\end{aligned} \tag{4.70}$$

利用$\boldsymbol{X}_k$和$\boldsymbol{W}_k$的不相关性，由式（4.70）交叉项的乘积的数学期望等于零，则有

$$\begin{aligned}\boldsymbol{P}_{k|k-1}&=E(\Delta\tilde{\boldsymbol{X}}_{k|k-1}\Delta\tilde{\boldsymbol{X}}_{k|k-1}^{\mathrm{T}})\\&=\boldsymbol{\Phi}(k,k-1)E(\Delta\tilde{\boldsymbol{X}}_{k-1|k-1}\Delta\tilde{\boldsymbol{X}}_{k-1|k-1}^{\mathrm{T}})\boldsymbol{\Phi}^{\mathrm{T}}(k,k-1)+\boldsymbol{\Gamma}_{k-1}E(\boldsymbol{W}_{k-1}\boldsymbol{W}_{k-1}^{\mathrm{T}})\boldsymbol{\Gamma}_{k-1}^{\mathrm{T}}\\&=\boldsymbol{\Phi}(k,k-1)\boldsymbol{P}_{k-1|k-1}\boldsymbol{\Phi}^{\mathrm{T}}(k,k-1)+\boldsymbol{\Gamma}_{k-1}\boldsymbol{Q}_{k-1}\boldsymbol{\Gamma}_{k-1}^{\mathrm{T}}\end{aligned} \tag{4.71}$$

式中，$\boldsymbol{P}_{k-1|k-1}=E(\Delta\tilde{\boldsymbol{X}}_{k-1|k-1}\Delta\tilde{\boldsymbol{X}}_{k-1|k-1}^{\mathrm{T}})$为$t_{k-1}$时刻的验后误差协方差；$\boldsymbol{Q}_{k-1}=E$（$\boldsymbol{W}_{k-1}\cdot\boldsymbol{W}_{k-1}^{\mathrm{T}}$）为$t_{k-1}$时刻的系统噪声协方差。

式（4.71）即为计算验前滤波误差协方差的公式，也称为误差传播公式或误差外推公式。它根据已知的$\boldsymbol{P}_{k-1|k-1}$通过外推得到$\boldsymbol{P}_{k|k-1}$。但是这里只是根据动态方程外推的，并没有参考新的测量值做适当修正。式（4.71）中$\boldsymbol{Q}_{k-1}$是状态方程的随机误差方差，它不可能是负的。因此，可以说由于$\boldsymbol{W}_k$的不确定性，误差协方差在外推中要增大。

下面考察验后误差协方差的计算，根据定义可知

$$\Delta\tilde{\boldsymbol{X}}_{k|k}=\hat{\boldsymbol{X}}_{k|k}-\boldsymbol{X}_k$$

把$\hat{\boldsymbol{X}}_{k|k}=\hat{\boldsymbol{X}}_{k|k-1}+\boldsymbol{K}_k[\boldsymbol{Z}_k-\boldsymbol{H}_k\hat{\boldsymbol{X}}_{k|k-1}]$和观测方程$\boldsymbol{Z}_k=\boldsymbol{H}_k\boldsymbol{X}_k+\boldsymbol{V}_k$代入上式，可以得

$$\begin{aligned}\Delta\tilde{\boldsymbol{X}}_{k|k}&=\hat{\boldsymbol{X}}_{k|k}-\boldsymbol{X}_k\\&=\hat{\boldsymbol{X}}_{k|k-1}+\boldsymbol{K}_k[\boldsymbol{Z}_k-\boldsymbol{H}_k\hat{\boldsymbol{X}}_{k|k-1}]-\boldsymbol{X}_k\\&=[\boldsymbol{I}-\boldsymbol{K}_k\boldsymbol{H}_k]\hat{\boldsymbol{X}}_{k|k-1}-[\boldsymbol{I}-\boldsymbol{K}_k\boldsymbol{H}_k]\boldsymbol{X}_k+\boldsymbol{K}_k\boldsymbol{V}_k\\&=[\boldsymbol{I}-\boldsymbol{K}_k\boldsymbol{H}_k](\hat{\boldsymbol{X}}_{k|k-1}-\boldsymbol{X}_k)+\boldsymbol{K}_k\boldsymbol{V}_k\\&=[\boldsymbol{I}-\boldsymbol{K}_k\boldsymbol{H}_k]\Delta\tilde{\boldsymbol{X}}_{k|k-1}+\boldsymbol{K}_k\boldsymbol{V}_k\end{aligned} \tag{4.72}$$

所以，验后误差协方差为：

$$\begin{aligned}\boldsymbol{P}_{k|k}&=E(\Delta\tilde{\boldsymbol{X}}_{k|k}\Delta\tilde{\boldsymbol{X}}_{k|k}^{\mathrm{T}})\\&=E\{[[\boldsymbol{I}-\boldsymbol{K}_k\boldsymbol{H}_k]\Delta\tilde{\boldsymbol{X}}_{k|k-1}+\boldsymbol{K}_k\boldsymbol{V}_k][\boldsymbol{I}-\boldsymbol{K}_k\boldsymbol{H}_k]\Delta\tilde{\boldsymbol{X}}_{k|k-1}+\boldsymbol{K}_k\boldsymbol{V}_k]^{\mathrm{T}}\}\\&=[\boldsymbol{I}-\boldsymbol{K}_k\boldsymbol{H}_k]E(\Delta\tilde{\boldsymbol{X}}_{k|k-1}\Delta\tilde{\boldsymbol{X}}_{k|k-1}^{\mathrm{T}})[\boldsymbol{I}-\boldsymbol{K}_k\boldsymbol{H}_k]+\boldsymbol{K}_kE(\boldsymbol{V}_k\boldsymbol{V}_k^{\mathrm{T}})\boldsymbol{K}_k^{\mathrm{T}}\\&=[\boldsymbol{I}-\boldsymbol{K}_k\boldsymbol{H}_k]\boldsymbol{P}_{k|k-1}[\boldsymbol{I}-\boldsymbol{K}_k\boldsymbol{H}_k]+\boldsymbol{K}_k\boldsymbol{R}_k\boldsymbol{K}_k^{\mathrm{T}}\end{aligned} \tag{4.73}$$

这就是有新的测量值后的误差协方差，它是对$\boldsymbol{P}_{k|k-1}$的修正。但是，这里的$\boldsymbol{K}_k$不一定是最优的。需要指出，公式是对称的。

如何进行增益的最优化选择呢？在以上的计算中用到了$\boldsymbol{K}_k$，它只是一个待定的加权矩阵，现在讨论$\boldsymbol{K}_k$的最优选择。首先选定性能指标函数，即

$$J = E(\Delta\tilde{\boldsymbol{X}}_{k|k}^{\mathrm{T}}\Delta\tilde{\boldsymbol{X}}_{k|k}) = \mathrm{tr}E(\Delta\tilde{\boldsymbol{X}}_{k|k}\Delta\tilde{\boldsymbol{X}}_{k|k}^{\mathrm{T}}) = \mathrm{tr}(\boldsymbol{P}_{k|k})$$

选择适当的$\boldsymbol{K}_k$，使$J$最小，则估计误差的方差也就是最小的了。

把式（4.73）右端展开，则

$$\begin{aligned}\boldsymbol{P}_{k|k} &= [\boldsymbol{I}-\boldsymbol{K}_k\boldsymbol{H}_k]\boldsymbol{P}_{k|k-1}[\boldsymbol{I}-\boldsymbol{K}_k\boldsymbol{H}_k] + \boldsymbol{K}_k\boldsymbol{R}_k\boldsymbol{K}_k^{\mathrm{T}} \\ &= \boldsymbol{P}_{k|k-1} - \boldsymbol{K}_k\boldsymbol{H}_k\boldsymbol{P}_{k|k-1} - \boldsymbol{P}_{k|k-1}\boldsymbol{H}_k^{\mathrm{T}}\boldsymbol{K}_k^{\mathrm{T}} + \boldsymbol{K}_k\boldsymbol{H}_k\boldsymbol{P}_{k|k-1}\boldsymbol{H}_k^{\mathrm{T}}\boldsymbol{K}_k^{\mathrm{T}} + \boldsymbol{K}_k\boldsymbol{R}_k\boldsymbol{K}_k^{\mathrm{T}}\end{aligned} \tag{4.74}$$

对矩阵的迹的微分公式：

$$\frac{\partial\mathrm{tr}(\boldsymbol{AB})}{\partial\boldsymbol{A}} = \boldsymbol{B}^{\mathrm{T}},\ \frac{\partial\mathrm{tr}(\boldsymbol{ACA}^{\mathrm{T}})}{\partial\boldsymbol{A}} = \boldsymbol{A}(\boldsymbol{C}^{\mathrm{T}}+\boldsymbol{C}),\ \mathrm{tr}(\boldsymbol{AC}) = \mathrm{tr}(\boldsymbol{CA}) = \mathrm{tr}(\boldsymbol{A}^{\mathrm{T}}\boldsymbol{C}^{\mathrm{T}}\boldsymbol{A}^{\mathrm{T}}) = \mathrm{tr}(\boldsymbol{C}^{\mathrm{T}}\boldsymbol{A}^{\mathrm{T}})$$

有关矩阵的迹的微分公式，详情可参阅数学类专著。将式（4.74）的迹对$\boldsymbol{K}_k$求偏导，并令其等于零可得：

$$\begin{aligned}\frac{\partial\mathrm{tr}(\boldsymbol{P}_{k|k})}{\partial\boldsymbol{K}_k} &= -\boldsymbol{P}_{k|k-1}\boldsymbol{H}_k^{\mathrm{T}} - \boldsymbol{P}_{k|k-1}\boldsymbol{H}_k^{\mathrm{T}} + 2\boldsymbol{K}_k\boldsymbol{H}_k\boldsymbol{P}_{k|k-1}\boldsymbol{H}_k^{\mathrm{T}} + 2\boldsymbol{K}_k\boldsymbol{R}_k \\ &= 2\boldsymbol{K}_k\boldsymbol{R}_k - 2(\boldsymbol{I}-\boldsymbol{K}_k\boldsymbol{H}_k)\boldsymbol{P}_{k|k-1}\boldsymbol{H}_k^{\mathrm{T}} = 0\end{aligned}$$

$$\boldsymbol{K}_k = \boldsymbol{P}_{k|k-1}\boldsymbol{H}_k^{\mathrm{T}}[\boldsymbol{H}_k\boldsymbol{P}_{k|k-1}\boldsymbol{H}_k^{\mathrm{T}} + \boldsymbol{R}_k]^{-1} \tag{4.75}$$

这就是卡尔曼滤波中的增益公式。选用这个增益就会使滤波误差协方差最小，在这个意义上的滤波是最优的。

用$\boldsymbol{K}_k$的公式还可以把前面的$\boldsymbol{P}_{k|k}$表达式简化。给$\boldsymbol{K}_k = \boldsymbol{P}_{k|k-1}\boldsymbol{H}_k^{\mathrm{T}}[\boldsymbol{H}_k\boldsymbol{P}_{k|k-1}\boldsymbol{H}_k^{\mathrm{T}} + \boldsymbol{R}_k]^{-1}$两边同时右乘以$[\boldsymbol{H}_k\boldsymbol{P}_{k|k-1}\boldsymbol{H}_k^{\mathrm{T}} + \boldsymbol{R}_k]$可得

$$\boldsymbol{K}_k[\boldsymbol{H}_k\boldsymbol{P}_{k|k-1}\boldsymbol{H}_k^{\mathrm{T}} + \boldsymbol{R}_k] = \boldsymbol{P}_{k|k-1}\boldsymbol{H}_k^{\mathrm{T}}$$

或

$$\boldsymbol{K}_k\boldsymbol{R}_k = [\boldsymbol{I}-\boldsymbol{K}_k\boldsymbol{H}_k]\boldsymbol{P}_{k|k-1}\boldsymbol{H}_k^{\mathrm{T}} \tag{4.76}$$

把式（4.76）代入式（4.74）的公式中，则可得

$$\begin{aligned}\boldsymbol{P}_{k|k} &= [\boldsymbol{I}-\boldsymbol{K}_k\boldsymbol{H}_k]\boldsymbol{P}_{k|k-1}[\boldsymbol{I}-\boldsymbol{K}_k\boldsymbol{H}_k] + [\boldsymbol{I}-\boldsymbol{K}_k\boldsymbol{H}_k]\boldsymbol{P}_{k|k-1}\boldsymbol{H}_k^{\mathrm{T}}\boldsymbol{K}_k^{\mathrm{T}} \\ &= [\boldsymbol{I}-\boldsymbol{K}_k\boldsymbol{H}_k]\boldsymbol{P}_{k|k-1}[\boldsymbol{I}-\boldsymbol{K}_k\boldsymbol{H}_k + \boldsymbol{H}_k^{\mathrm{T}}\boldsymbol{K}_k^{\mathrm{T}}] \\ &= [\boldsymbol{I}-\boldsymbol{K}_k\boldsymbol{H}_k]\boldsymbol{P}_{k|k-1}\end{aligned} \tag{4.77}$$

这是当$\boldsymbol{K}_k$是最优增益矩阵时的滤波误差协方差。注意，此时公式是不对称的。利用$\boldsymbol{K}_k$的表达式（4.75）可以把式（4.77）改写为

$$\begin{aligned}\boldsymbol{P}_{k|k} &= [\boldsymbol{I}-\boldsymbol{K}_k\boldsymbol{H}_k]\boldsymbol{P}_{k|k-1} \\ &= \boldsymbol{P}_{k|k-1} - \boldsymbol{P}_{k|k-1}\boldsymbol{H}_k^{\mathrm{T}}[\boldsymbol{H}_k\boldsymbol{P}_{k|k-1}\boldsymbol{H}_k^{\mathrm{T}} + \boldsymbol{R}_k]^{-1}\boldsymbol{H}_k\boldsymbol{P}_{k|k-1}\end{aligned}$$

根据矩阵求逆公式，有

$$\boldsymbol{P}_{k|k}^{-1} = \boldsymbol{P}_{k|k-1}^{-1} + \boldsymbol{H}_k^{\mathrm{T}}\boldsymbol{R}_k\boldsymbol{H}_k \tag{4.78}$$

从式（4.78）可以看出，$\boldsymbol{P}_{k|k-1}^{-1} + \boldsymbol{H}_k^{\mathrm{T}}\boldsymbol{R}_k\boldsymbol{H}_k$是非奇异的，而且$\boldsymbol{P}_{k|k}$要比$\boldsymbol{P}_{k|k-1}$小，也就是说，经过修正后的误差协方差减小了。当测量较准确时，$\boldsymbol{R}_k$小，即$\boldsymbol{R}_k^{-1}$大，$\boldsymbol{P}_{k|k}$减小得多一些。

在卡尔曼滤波中用到的误差协方差公式是式（4.73）和式（4.77）。其中前者虽然比后者长些，但它不限定$\boldsymbol{K}_k$是最优的，而且它的计算式具有对称性，因而在反复计算过程中，

可保持误差协方差矩阵的对称性和正定性。

如果把式（4.77）代入式（4.76），可得$\boldsymbol{K}_k$的另一种表达式，即$\boldsymbol{K}_k\boldsymbol{R}_k=\boldsymbol{P}_{k|k}\boldsymbol{H}_k^{\mathrm{T}}$，两边同时右乘以$\boldsymbol{R}_k^{-1}$，可得

$$\boldsymbol{K}_k=\boldsymbol{P}_{k|k}\boldsymbol{H}_k^{\mathrm{T}}\boldsymbol{R}_k^{-1} \tag{4.79}$$

这样，$\boldsymbol{K}_k$也有两个表达式。表面上看来，后者要比前者简单，但是求$\boldsymbol{K}_k$的式（4.79）需要知道$\boldsymbol{P}_{k|k}$，而求$\boldsymbol{P}_{k|k}$只要知道$\boldsymbol{P}_{k|k-1}$和$\boldsymbol{K}_k$就可以了，因此式（4.79）只能作分析用。式（4.79）说明，增益矩阵是由滤波误差协方差$\boldsymbol{P}_{k|k}$和测量误差方差$\boldsymbol{R}_k$之比组成，而矩阵$\boldsymbol{H}_k^{\mathrm{T}}$不过是从状态到测量的转换。这点正是增益的物理意义。如果$\boldsymbol{P}_{k|k}$比$\boldsymbol{R}_k$大很多，则$\boldsymbol{K}_k$大，那么应多考虑新信息在估计中的分量；反之，当滤波误差较小，而量测误差较大时，则$\boldsymbol{K}_k$小，即对滤波的校正量取小一些。

以上计算了状态估值、误差协方差，这两个式子都分为验前和验后两种情况，加上增益公式后，共有5个公式。这5个公式就是卡尔曼滤波公式系。

**4. 离散线性卡尔曼滤波公式系**

为了方便使用，把上述导出的卡尔曼滤波公式列在一起。

验前状态估计（预测估计）为：

$$\hat{\boldsymbol{X}}_{k|k-1}=\boldsymbol{\Phi}(k,k-1)\hat{\boldsymbol{X}}_{k-1|k-1} \tag{4.80}$$

测量前的误差协方差为：

$$\boldsymbol{P}_{k|k-1}=\boldsymbol{\Phi}(k,k-1)\boldsymbol{P}_{k-1|k-1}\boldsymbol{\Phi}^{\mathrm{T}}(k,k-1)+\boldsymbol{\Gamma}_{k-1}\boldsymbol{Q}_{k-1}\boldsymbol{\Gamma}_{k-1}^{\mathrm{T}} \tag{4.81}$$

最优增益为：

$$\boldsymbol{K}_k=\boldsymbol{P}_{k|k-1}\boldsymbol{H}_k^{\mathrm{T}}[\boldsymbol{H}_k\boldsymbol{P}_{k|k-1}\boldsymbol{H}_k^{\mathrm{T}}+\boldsymbol{R}_k]^{-1} \tag{4.82}$$

验后状态估计（滤波估计）为：

$$\hat{\boldsymbol{X}}_{k|k}=\hat{\boldsymbol{X}}_{k|k-1}+\boldsymbol{K}_k[\boldsymbol{Z}_k-\boldsymbol{H}_k\hat{\boldsymbol{X}}_{k|k-1}] \tag{4.83}$$

测量后的误差协方差为：

$$\boldsymbol{P}_{k|k}=[\boldsymbol{I}-\boldsymbol{K}_k\boldsymbol{H}_k]\boldsymbol{P}_{k|k-1} \tag{4.84}$$

已知条件：动态系统噪声及观测噪声的统计特性$\boldsymbol{Q}_{k-1}$和$\boldsymbol{R}_{k-1}$。

初值：$\hat{\boldsymbol{X}}(0)$即$\hat{\boldsymbol{X}}_{0|0}$，取$\hat{\boldsymbol{X}}_{0|0}=E(\boldsymbol{X}_0)=c$，其中$c$为任意常数；

$\boldsymbol{P}(0)=\boldsymbol{P}_{0|0}=E\{[\boldsymbol{X}(0)-\hat{\boldsymbol{X}}_{0|0}][\boldsymbol{X}(0)-\hat{\boldsymbol{X}}_{0|0}]^{\mathrm{T}}\}$取任意假定的非零值即可。

为了更好地理解和掌握卡尔曼滤波公式系，下面对公式里的符号进行简要的说明。

（1）$\boldsymbol{Q}_k$是半正定矩阵，这意味着不是所有状态都受到干扰，这在物理上是合理的假定。

（2）$\boldsymbol{R}_k$是正定矩阵，表示观测向量的每一个元素都有不确定性，这是合乎工程实际的假定。

（3）动态系统必须是线性的，观测方程必须是状态的线性组合，干扰（噪声）必须是附加性噪声，而且是正态的随机变量。

工程中，上述3个要求可能不完全满足，这时，卡尔曼滤波公式仍可以使用，只不过不是“最优”的，而是“次优”的。

（4）$\boldsymbol{P}_{k|k-1}$称为测量前的误差协方差矩阵，$\boldsymbol{P}_{k|k}$称为测量后的误差协方差矩阵。

$$\boldsymbol{P}_{k|k}=\boldsymbol{P}_{k|k-1}-\boldsymbol{P}_{k|k-1}\boldsymbol{H}_k^{\mathrm{T}}[\boldsymbol{H}_k\boldsymbol{P}_{k|k-1}\boldsymbol{H}_k^{\mathrm{T}}+\boldsymbol{R}_k]^{-1}\boldsymbol{H}_k\boldsymbol{P}_{k|k-1}$$

式中，右端第二项是非负矩阵，说明$\boldsymbol{P}_{k|k}$是绝对不会大于$\boldsymbol{P}_{k|k-1}$的，因此，可以认为，将减少估值的不确定性。

(5) 在卡尔曼滤波中，协方差的计算量很大，其目的主要是为了求得增益$\boldsymbol{K}_k$，然后利用增益$\boldsymbol{K}_k$ 来求得滤波 $\hat{\boldsymbol{X}}_{k|k}$。而且，从状态到协方差计算没有反馈，即协方差的计算循环是独立的。

(6) 增益是按照如下的准则确定的：协方差$\boldsymbol{P}_{k|k}$的对角线元素加权和为最小，实际要求每个元素都必须是最小。这就是对每一个状态的滤波误差方差都是最小的。

增益中考虑了状态的不确定性和测量的不确定性，一般它是变化的。如果增益用一个简单的常数代替，则需要计算协方差了。这时，卡尔曼滤波公式就只剩下式（4.80）和式（4.81）了，计算量大减。当然，这时已经不是“最优”的了。

(7) 若 $\boldsymbol{\Phi}$、$\boldsymbol{\Gamma}$、$\boldsymbol{H}$、$\boldsymbol{Q}$、$\boldsymbol{R}$ 等都是与时间无关的常数矩阵，则称为定常系统。在一定条件下，如果当 $t\to\infty$ 时，误差协方差矩阵$\boldsymbol{P}_{k|k}$、增益$\boldsymbol{K}_k$ 均趋于一常数矩阵，这类估计称为定常系统的稳态卡尔曼滤波。其计算流程如图 4.5 所示。

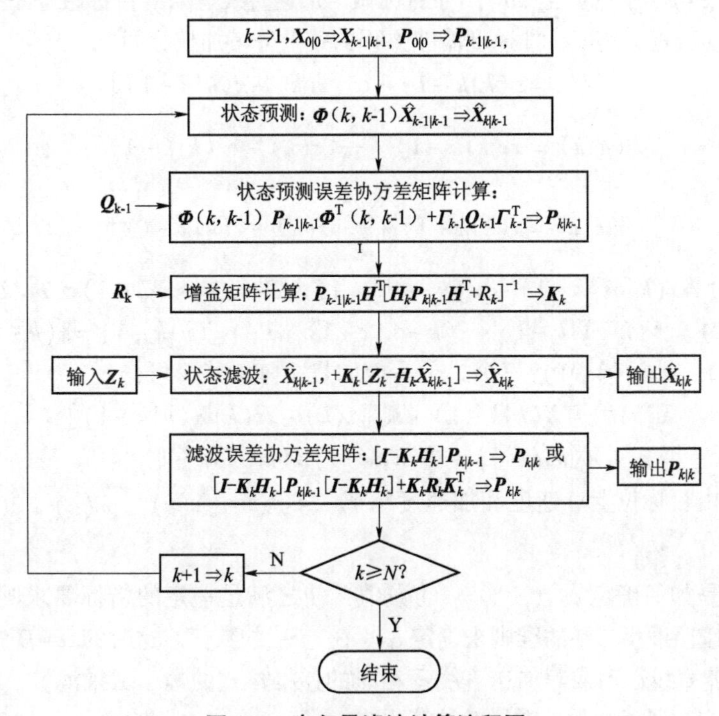


**图 4.5　卡尔曼滤波计算流程图**

首先把 $\hat{\boldsymbol{X}}_0$ 和 $\boldsymbol{P}_0$ 的初值送入，然后即可求出 $\hat{\boldsymbol{X}}_{1|0}$ 和 $\boldsymbol{P}_{1|0}$，即可计算出$\boldsymbol{K}_1$。有了测量值$\boldsymbol{Z}_1$ 后，进一步求出状态滤波 $\hat{\boldsymbol{X}}_{1|1}$，同时对协方差修正，得 $\boldsymbol{P}_{1|1}$，存储 $\boldsymbol{P}_{1|1}$ 直到第二次测量，重复以上计算。注意，协方差的计算循环有独立性，它不依赖于状态估计值。

**5. 常增益滤波方法**

卡尔曼滤波的常增益滤波方法主要是指 $\alpha-\beta$ 滤波和 $\alpha-\beta-\gamma$ 滤波。早在 20 世纪 50 年代后期，工程技术人员在研究边搜边跟踪（TWS）系统时就提出了这两种滤波方法。对于简单的目标跟踪问题，也有选用类似 $\alpha-\beta-\gamma$ 滤波方法的。下面对其进行简要的说明。

二阶 $\alpha-\beta$ 滤波主要应用在目标做匀速直线运动的目标跟踪系统中，$\alpha-\beta$ 分别对应目标位置和速度滤波方程的残差分量加权，即

$$x(k|k)=x(k|k-1)+\alpha_k[z(k)-x(k|k-1)] \tag{4.85}$$

$$\dot{x}(k|k)=\dot{x}(k|k-1)+\frac{\beta_k}{T}[z(k)-\dot{x}(k|k-1)] \tag{4.86}$$

式中，$x(k|k-1)=x(k-1|k-1)+\dot{x}(k-1|k-1)\cdot T, \dot{x}(k|k-1)=\dot{x}(k-1|k-1)$。

为了描述方便，写成向量的形式，可得

$$\boldsymbol{X}(k|k)=\boldsymbol{X}(k|k-1)+\boldsymbol{K}_k[z(k)-\boldsymbol{H}(k)\boldsymbol{X}(k|k-1)] \tag{4.87}$$

$$\boldsymbol{X}(k|k-1)=\boldsymbol{\Phi}(k,k-1)\boldsymbol{X}(k-1|k-1) \tag{4.88}$$

式中，状态向量由目标位置和速度组成，$\boldsymbol{X}(k)=[x(k) \quad \dot{x}(k)]^{\mathrm{T}}$；滤波增益 $\boldsymbol{K}_k=[\alpha_k \quad \beta_k/T]^{\mathrm{T}}$。

同理，三阶 $\alpha-\beta-\gamma$ 滤波主要应用在目标做匀加速直线运动的目标跟踪系统中，$\alpha-\beta-\gamma$ 分别对应目标运动位置、速度、加速度滤波方程的残差分量加权，即

$$x(k|k)=x(k|k-1)+\alpha_k[z(k)-x(k|k-1)] \tag{4.89}$$

$$\dot{x}(k|k)=\dot{x}(k|k-1)+\frac{\beta_k}{T}[z(k)-\dot{x}(k|k-1)] \tag{4.90}$$

$$\ddot{x}(k|k)=\ddot{x}(k|k-1)+\frac{\gamma_k}{T^2}[z(k)-\ddot{x}(k|k-1)] \tag{4.91}$$

式中，$x(k|k-1)=x(k-1|k-1)+\dot{x}(k-1|k-1)\cdot T+\ddot{x}(k-1|k-1)\cdot T^2/2$；

$\dot{x}(k|k-1)=\dot{x}(k-1|k-1)+\ddot{x}(k-1|k-1)\cdot T$；$\ddot{x}(k|k-1)=\ddot{x}(k-1|k-1)$

把式（4.89）~式（4.91）三个式子写成向量矩阵形式，可得

$$\boldsymbol{X}(k|k)=\boldsymbol{X}(k|k-1)+\boldsymbol{K}_k[z(k)-\boldsymbol{H}(k)\boldsymbol{X}(k|k-1)] \tag{4.92}$$

$$\boldsymbol{X}(k|k-1)=\boldsymbol{\Phi}(k,k-1)\boldsymbol{X}(k-1|k-1) \tag{4.93}$$

式中，状态向量由目标位置、速度和加速度组成，$\boldsymbol{X}(k)=[x(k) \quad \dot{x}(k) \quad \ddot{x}(k)]^{\mathrm{T}}$；滤波增益 $\boldsymbol{K}_k=[\alpha_k \quad \beta_k/T \quad \gamma_k/T^2]^{\mathrm{T}}$。

现在的问题是如何确定 $\alpha_k$、$\beta_k$、$\gamma_k$ 的数值，使之满足一定的指标要求呢？有几种可用的方法，但通常按照最小二乘的准则来确定 $\alpha_k$、$\beta_k$、$\gamma_k$ 的数值。这时的 $\alpha-\beta$ 滤波和 $\alpha-\beta-\gamma$ 滤波实质上是等速直线运动或等加速直线运动时的递推格式的最小二乘滤波。同时，$\alpha_k$、$\beta_k$、$\gamma_k$ 的数值还可用卡尔曼滤波的稳态增益计算出来。

对于匀速直线运动，采用最小二乘准则来确定 $\alpha-\beta$ 值，根据最小二乘估计方法的讨论，可以确定

$$\alpha=\frac{2(2n-1)}{n(n+1)}, \quad \beta=\frac{6}{n(n+1)} \tag{4.94}$$

随着扫描次数 $n$ 的增加，$\alpha$、$\beta$ 皆减小；当目标航迹刚刚建立时，$\beta$ 取 1，然后逐渐减小，最后趋向稳态值。实际上 $\alpha\neq0$，因为如果 $\alpha=0$，相当于预测值等于观测值，观测值就不起作用了。

增益 $\alpha$、$\beta$ 随扫描次数 $n$ 的变化情况如表 4.1 所示。

表 4.1　$\alpha$、$\beta$ 随 $n$ 的变化

| $n$ | 1 | 2 | 3 | 4 | 5 | 6 | 7 | 8 | 9 | 10 |
|---|---|---|---|---|---|---|---|---|---|---|
| $\alpha$ | 1.000 0 | 1.000 0 | 0.833 3 | 0.700 0 | 0.600 0 | 0.523 8 | 0.464 3 | 0.416 7 | 0.377 8 | 0.345 5 |
| $\beta$ | — | 1.000 0 | 0.500 0 | 0.300 0 | 0.200 0 | 0.142 9 | 0.107 1 | 0.083 3 | 0.066 7 | 0.054 5 |

当 $\alpha$、$\beta$ 的数值选用卡尔曼滤波的稳态增益时，同样，可以在一定的系统噪声和观测噪声的假定下，利用卡尔曼滤波稳态方程求出 $\alpha$、$\beta$ 的数值。

下面用连续系统卡尔曼滤波的稳态增益矩阵来描述参数 $\alpha$、$\beta$ 和 $\gamma$ 的值，以及系统噪声方差阵 $\boldsymbol{Q}$ 和观测噪声矩阵 $\boldsymbol{R}$ 的关系。

设连续系统的状态方程和观测方程为：

$$\dot{X}(t)=A(t)X(t)+\Gamma(t)w(t) \tag{4.95}$$

$$z(t)=H(t)X(t)+v(t) \tag{4.96}$$

式中，状态噪声和观测噪声互不相关，其统计特性为

$$E[w(t)]=0,\ E[w(t)w(\tau)]=\boldsymbol{Q}\delta(t-\tau)$$

$$E[v(t)]=0,\ E[v(t)v(\tau)]=\boldsymbol{R}\delta(t-\tau)$$

对于 $\alpha-\beta$ 滤波，有

$$\boldsymbol{A}=\begin{bmatrix}0 & 1\\0 & 0\end{bmatrix},\quad \boldsymbol{\Gamma}=\begin{bmatrix}0\\1\end{bmatrix},\quad \boldsymbol{H}=[1\quad 0]$$

对于 $\alpha-\beta-\gamma$ 滤波，有

$$\boldsymbol{A}=\begin{bmatrix}0 & 1 & 0\\0 & 0 & 1\\0 & 0 & 0\end{bmatrix},\quad \boldsymbol{\Gamma}=\begin{bmatrix}0\\0\\1\end{bmatrix},\quad \boldsymbol{H}=[1\quad 0\quad 0]$$

由于上述系统是线性定常的，且假定滤波器已达到稳态，于是滤波协方差矩阵 $\boldsymbol{P}$ 满足黎卡提（Riccati）方程，即

$$\boldsymbol{AP}+\boldsymbol{P}\boldsymbol{A}^{\mathrm{T}}-\boldsymbol{P}\boldsymbol{H}^{\mathrm{T}}\boldsymbol{R}^{-1}\boldsymbol{HP}+\boldsymbol{\Gamma P}\boldsymbol{\Gamma}^{\mathrm{T}}=0 \tag{4.97}$$

并且稳态增益矩阵为：

$$\boldsymbol{K}=\boldsymbol{P}\boldsymbol{H}^{\mathrm{T}}\boldsymbol{R}^{-1} \tag{4.98}$$

将各参数代入式（4.97）和式（4.98），可分别得到两种滤波器的稳态增益如下：

$\alpha-\beta$ 滤波为

$$\boldsymbol{K}=[\sqrt{2h}\quad h]^{\mathrm{T}} \tag{4.99}$$

$\alpha-\beta-\gamma$ 滤波为

$$\boldsymbol{K}=[2\sqrt[3]{h}\quad 2\sqrt[3]{h^2}\quad h]^{\mathrm{T}} \tag{4.100}$$

式中，$h=\sqrt{\boldsymbol{Q}/\boldsymbol{R}}$称为信噪比。

比较式（4.99）和式（4.100）与 $\alpha-\beta$ 滤波以及 $\alpha-\beta-\gamma$ 滤波的增益，可得参数 $\alpha$、$\beta$、$\gamma$ 与 $\boldsymbol{Q}$、$\boldsymbol{R}$ 的关系如下。

$\alpha-\beta$ 滤波为

$$\begin{cases}\alpha=\sqrt{2h}\\\beta=Th\end{cases} \tag{4.101}$$

$\alpha-\beta-\gamma$ 滤波为

$$\begin{cases}\alpha=2\sqrt[3]{h}\\ \beta=2T\sqrt[3]{h^2}\\ \gamma=T^2h\end{cases} \tag{4.102}$$

因此，从上述公式可以看出，增益 $\alpha$、$\beta$、$\gamma$ 的优化选取，同 $h=\sqrt{\boldsymbol{Q}/\boldsymbol{R}}$ 密切相关，即系统噪声的估计必须准确，这一要求在实际应用中往往是难以满足的，这样，依据上述思路来选取增益 $\alpha$、$\beta$、$\gamma$ 一般是不可行的，仅具有理论分析意义。

那么，在折中考虑系统噪声动态特性的基础上，如何来优化选择 $\alpha$、$\beta$、$\gamma$ 的数值呢？许多学者为此做了大量的工作，主要思路是在 $\alpha$、$\beta$、$\gamma$ 之间找出合适的关系，根据此关系来确定 $\alpha$、$\beta$、$\gamma$ 的值，这样就避开了系统噪声的限制。

卡塔拉（Katala）证明了最优参数应该满足下列关系，即

$$\begin{cases}\beta=2(2-\alpha)-4\sqrt{1-\alpha}\\ \gamma=\beta^2/\alpha\end{cases} \tag{4.103}$$

方程（4.103）第一式对 $\alpha-\beta$ 和 $\alpha-\beta-\gamma$ 两种滤波器均适用，第二式对 $\alpha-\beta-\gamma$ 滤波器来说可作为附加条件。

贝尼泰克（Benetic）等人在考虑方差减小比的加权和瞬态均方差的基础上，推导了 $\alpha-\beta-\gamma$ 滤波的一种最优参数关系，即

$$2\beta-\alpha(\alpha+\beta+\gamma/2)=0 \tag{4.104}$$

不难证明，当 $\alpha\leqslant 0.6$ 时，式（4.104）与方程（4.103）近似相同。

在式（4.104）中，令 $\gamma=0$，可得 $\alpha-\beta$ 滤波的最优参数关系为

$$\beta=\alpha^2/(2-\alpha) \tag{4.105}$$

从上述各式可以看出，在 $\alpha$、$\beta$、$\gamma$ 中至少有一个自由参数必须被指定，它可以用相应的卡尔曼滤波稳态增益来确定。

需要指出的是，$\alpha-\beta$ 滤波和 $\alpha-\beta-\gamma$ 滤波是常增益滤波，仅适用于稳态增益值比较小的情况。而在滤波开始阶段，属于瞬态过程，此时采用常增益矩阵，滤波性能很差，估计方差会很大，需要采用较大的增益值加以补偿。如果增益 $\boldsymbol{K}$ 值太小，则滤波器收敛太慢，不符合跟踪系统的实时性要求。

卡尔曼滤波与 $\alpha-\beta-\gamma$ 滤波的对应关系如何呢？下面以三阶状态的卡尔曼滤波为例进行说明，由于 $\alpha-\beta-\gamma$ 滤波实质上是卡尔曼滤波的稳态解形式，故可以得出下述各对应关系。

（1）卡尔曼滤波稳态增益矩阵 $\boldsymbol{K}$ 与 $\alpha$、$\beta$、$\gamma$ 的对应关系。

设卡尔曼滤波稳态增益矩阵为 $\boldsymbol{K}=[k_1\quad k_2\quad k_3]^{\mathrm{T}}$，其中各元素与 $\alpha$、$\beta$、$\gamma$ 的对应关系为

$$k_1=\alpha,\ k_2=\frac{\beta}{T},\ k_3=\frac{\gamma}{T^2} \tag{4.106}$$

（2）卡尔曼滤波稳态预测协方差矩阵 $\overline{\boldsymbol{p}}$ 与 $\alpha$、$\beta$、$\gamma$ 的对应关系。

设卡尔曼滤波稳态预测协方差矩阵 $\overline{\boldsymbol{p}}$ 为：

$$\boldsymbol{p}(k|k-1)=\overline{\boldsymbol{p}}=\begin{bmatrix}\overline{p}_{11} & \overline{p}_{12} & \overline{p}_{13}\\ \overline{p}_{21} & \overline{p}_{22} & \overline{p}_{23}\\ \overline{p}_{31} & \overline{p}_{32} & \overline{p}_{33}\end{bmatrix} \tag{4.107}$$

由卡尔曼稳态增益方程可以得到：

$$k_1=\frac{\overline{p}_{11}}{\overline{p}_{11}+r},\ k_2=\frac{\overline{p}_{12}}{\overline{p}_{11}+r},\ k_3=\frac{\overline{p}_{13}}{\overline{p}_{11}+r} \tag{4.108}$$

因此，可以得到矩阵$\overline{\boldsymbol{p}}$与$\alpha$、$\beta$、$\gamma$的对应关系为：

$$\alpha=\frac{\overline{p}_{11}}{\overline{p}_{11}+r},\ \beta=\frac{T\overline{p}_{12}}{\overline{p}_{11}+r},\ \gamma=\frac{T^2\overline{p}_{13}}{\overline{p}_{11}+r} \tag{4.109}$$

式中，$\overline{p}_{11}+r$为目标位置估计残差的方差；$r$为观测噪声方差。

式（4.109）说明$\alpha$、$\beta$、$\gamma$的取值与预测协方差和观测误差方差相关；$\alpha$、$\beta$、$\gamma$的选择影响状态估计的精度。

（3）卡尔曼滤波中状态噪声方差$q$和观测噪声方差$r$与$\alpha$、$\beta$、$\gamma$的对应关系。

由上述的分析，状态噪声方差$q$和观测噪声方差$r$与$\alpha$、$\beta$、$\gamma$的对应关系为：

$$\begin{cases}\alpha=2\sqrt[3]{h}\\ \beta=2T\ \sqrt[3]{h^2}\\ \gamma=T^2h\end{cases} \tag{4.110}$$

式中，$h=\sqrt{\boldsymbol{Q}/\boldsymbol{R}}$。

综上所述，最小二乘滤波、卡尔曼滤波既可适用于稳态过程，也可适用于瞬态过程，而维纳滤波、$\alpha-\beta-\gamma$滤波、稳态卡尔曼滤波仅适用于稳态过程，属于常增益滤波方法。主要由于计算机资源限制，使得稳态滤波方法在20世纪70年代研究得非常多，随着计算机处理速度和容量的提高，计算机资源限制问题已经不是主要问题了，稳态滤波方法应用越来越少了，而递推最小二乘和卡尔曼滤波等瞬态滤波方法应用越来越广。并且，对线性系统来说，直到现在为止，卡尔曼滤波仍然是各种统计滤波中精度最高、计算较为简便的一种方法，一直受到人们的青睐。

## 第二节　火控弹道模型

### 一、火控弹道模型概述

火控系统的主要作用是自动或半自动地解决在实际条件下火炮射击命中目标的问题，或者说解决目标与射弹相遇的问题。为解决射击命中问题，需要研究火炮和目标的运动规律，以及弹丸在大气空间的运动特性，建立火控系统数学模型，求解火控系统所需的各种参数，控制与指挥射击。在火控系统数学模型中，主要解决两方面的问题：一是目标的运动规律，二是弹丸的运动规律。研究弹丸的运动规律，即火控弹道模型问题。火控弹道模型研究在实际条件下的弹丸运动微分方程组，根据实际条件计算弹丸的运动规律，并把计算结果转换为火炮的射击诸元；根据射击条件偏差量计算射击诸元修正量。因此，火控弹道模型用于解决命中问题，在火控系统数学模型中，它是关键问题之一。没有精确实用的火控弹道模型，就不能很好地解决命中问题。根据不同的条件，火控弹道模型应是多种多样的，它可以是运动微分方程组、解析表达式和数值表，以及曲线图。

理论分析与实际计算都证明，火控弹道模型对火炮系统的射击精度与反应时间都有较大影响。火控弹道模型误差在诸元误差中占较大比例，对于地面火炮，模型距离误差占总距离误差的20%~50%，模型方向误差占总方向误差的15%~30%，可见火控弹道模型在火控系统中的地位与作用的重要性。

对某122 mm火炮采用精密法准备射击诸元，弹道模型误差占总诸元误差的比例如表4.2所示。

**表4.2　某122 mm火炮的诸元误差**

| 误 差 名 称 | 距离误差/% | 方向误差/% |
|---|---|---|
| 测地误差 | 1 | 17 |
| 目标位置误差 | 3 | 7 |
| 内弹道误差 | 19 | 0 |
| 气象诸元误差 | 37 | 56 |
| 弹道模型误差 | 40 | 20 |

火控弹道模型随着战术要求和技术水平的发展而发展，它与战术要求和技术可行性紧密相关，利用战术和技术快速准确地毁歼目标，这就是火控系统出现的背景，也就是对火控弹道模型的战术技术要求。

战术要求与技术可行性必须结合考虑。在火控弹道模型的发展过程中，火控弹道模型与科学技术水平、目标性质、战术要求有关。影响火控弹道模型发展的科学技术背景，包括数学力学和弹道学的发展、测试手段与计算技术的发展。用于火控弹道模型的弹道微分方程在不断发展，相继出现了质点弹道方程、修正质点弹道方程、刚体弹道方程和简化刚体弹道方程。弹丸空气动力测定与计算、起始扰动的测定与计算和气象诸元的测定与计算都出现了新的方法。数学力学与计算方法的发展，推动了弹道方程组成与弹道解法的发展与完善。

弹道测试手段的发展更为迅速，测速装置、测阻力系数装置、测章动角装置、遥测系统、各种靶道的建成与使用，为精确得到所需参数提供了条件。计算机的发展，高性能、快速运算与小型化，为火控计算机的使用创造了条件。在此基础上，有可能编制精确的射表，也为其他形式的火控弹道模型的发展提供了条件。

目标的性质与火控弹道模型也有密切关系。对高机动性飞机射击，对武装直升机射击，对地面活动目标射击（如坦克和自行火炮），对远程固定目标射击，这些对火控弹道模型的共同要求是计算时间要短，精度要高，对目标的命中概率要高。但是，对具体的目标，在选择弹道模型时，又有差别。例如，对高机动性的飞机射击，在选择火控弹道模型时，计算时间与计算精度相比较，计算时间对命中概率的影响更为重要。对远程固定目标射击，则计算精度对命中概率的影响将比计算时间的影响要大。因此，目标性质将影响火控弹道模型的复杂程度。

炮兵战术、射击法则也与火控弹道模型的选择有关。炮兵战斗原则，试射与效力射的方法，要求首发命中率的高低，都是发展与选择火控弹道模型的依据。

迄今为止，世界上已出现了各种各样的火控系统。从第一次世界大战前出现的简单光学瞄准具，发展到今天的综合性多功能火力控制系统的发展，战场上出现了各种各样的目标，特别重要的是出现了各种快速活动目标，如飞机和坦克等。由于各种战场探测器材的使用、火力对抗的加剧，为了提高生存能力，提高对目标的毁伤效果，就要求火力控制系统经历从低级到高级、从简单到复杂的演变过程。有火控装置就要有火控弹道模型。与火控系统的发展相同，火控弹道模型的发展也经历了从低级到高级、从简单到复杂的发展过程。外弹道学本身的发展就是如此，从真空弹道发展到空气质点弹道，从简单质点弹道发展到修正质点弹道与刚体弹道。射表编制方法的发展也是如此，射表射击试验，射表编制用的弹道方程，射表符合计算和射表计算都在不断发展中。火控弹道模型发展的主要特点是，在火控系统开始设计时，以具体的火控系统为对象，大都由火控系统的设计者，针对具体火控系统的实际要求，进行选用和改进火控弹道模型，此时并没有对火控弹道模型进行较深入的研究。

随着火控系统的发展及使用范围的扩大，要求火控弹道模型有完整系统的理论体系和方法；火控系统的设计者对火控弹道模型应当有系统全面的认识；在火控系统设计时，能够根据战术技术要求，合理选择和灵活运用火控弹道模型，改进与发展火控弹道模型；根据实际情况，处理各种火控弹道模型及与火控弹道模型有关的问题；根据战术技术要求与战场目标的特点，发展新的火控弹道模型，如弹道探测、简易弹道修正模型等。

目前火控系统使用的火控弹道模型有 5 种类型：弹道微分方程组、弹道诸元的解析表达式、射表、射表诸元的逼近表达式、射表与弹道微分方程组联合使用。

1）弹道微分方程组

弹道微分方程组作为火控弹道模型，考虑了多种因素，可以提高计算精度，但是，由于弹道微分方程组比较复杂，对多种参数和初始条件有很大的依赖性，参数的精度将直接影响计算结果的精度。在火控计算机中，采用比较复杂的弹道方程组，要进行大量的弹道计算，致使计算机用时过长，影响火控系统的反应时间。如果弹道计算所需参数的误差较大，也很难保证计算精度。因此，到目前为止，刚体弹道方程组用于火控弹道模型还只能是在极特殊的条件下。随着科学技术的发展，远程大口径火炮对固定目标射击，有可能采用刚体弹道模型作为火控弹道模型。

2）弹道诸元的解析表达式

利用弹道诸元解析表达式作为火控弹道模型是最理想的，因为它的函数关系表达明确，计算精度高，计算速度快。问题的关键是将弹道微分方程组积分成简洁的解析表达式并不是一件容易的事情，只有在一些特殊条件下才可以做到。例如，在平射弹道、空中射击弹道、小速度弹道、近距离弹道等情况下才能做到。在特殊条件下，利用弹道参数变化的某些特殊性，能消除弹道方程组联解性，通过分离变量，使微分方程能单独积分，得到解析表达式。因此，解析表达式的使用有很大的局限性，只有满足特定的条件，才能保证较高的计算精度，否则误差较大。或者在某些特殊条件下，要求计算速度快，但允许有一定计算误差时，可以利用解析表达式作为火控弹道模型，如对活动目标射击。可见解析表达式作为火控弹道模型，使用上有较大局限性。

3）射表

在弹道微分方程组不易精确求解，有些参数未知的条件下，要求有较精确的射角与射程的关系，并有较精确的修正量计算，此时利用射表数据是最好的办法。由于射表是在理论计算与试验数据相结合的条件下编制的，射表精度可以满足火控系统弹道解算的精度要求。一个完整的射表，可以给出精密法确定射击开始诸元的所有数据。利用完整射表作为火控弹道模型的主要缺点是射表的篇幅过大，在火控计算机中，查表计算的时间过长，而且要求计算机容量要大。

4）射表诸元的逼近表达式

利用射表数据，可逼近成经验公式，或分段逼近成经验公式，从而克服了直接利用射表数据作为火控弹道模型的缺点，使射表成为目前较普遍采用的火控弹道模型。

5）射表与弹道微分方程组联合使用

为了提高火控弹道模型的计算精度和计算速度，目前有的大口径远程火炮系统将弹道方程与射表数据相结合，作为火控弹道模型。

综上所述，对火控弹道模型的主要要求是计算精度和计算速度，但是，它不应该是不考虑系统总体条件下的绝对数据，应当以对目标的命中概率为基准，综合优化，提出火控弹道模型的计算精度与计算速度。火控弹道模型的技术指标的提出，既要考虑战术要求的需求，也要考虑技术的可行性，二者较好地结合，才能达到先进可行的火控弹道模型的指标要求。

## 二、弹道学基础知识

在弹道微分方程组中，包含许多变量与参数，这些变量与参数涉及气象诸元、空气动力系数、弹丸的几何与质量分布参数、弹丸质心的运动参数及绕质心的角运动参数、地球与地形有关的参数等。如果这些变量与参数的相互关系表达式或者数值表不事先给出，弹道微分方程组将无法求解，因此，下面重点介绍与外弹道有关的气象条件、弹道条件和地理条件。

为了推导弹道方程，现将部分符号及其说明列于下面：

$A$——赤道转动惯量，$\text{kg}\cdot\text{m}^2$；

$c$——弹道系数；

$C$——极转动惯量，$\text{kg}\cdot\text{m}^2$；

$C_m$——弹头质量系数，$\text{kg/dm}^3$；

$C_s$——音速，m/s；

$C_t$——陀螺力矩系数；

$C_z$——马格努斯力系数；

$d$——弹头直径，m；

$g_0$——地面重力加速度值；

$G$——弹头重力，N；

$h$——阻心与质心的距离，m；

$i$——弹形系数；

$j_k$——科氏加速度，$\text{m/s}^2$；

$l$——弹头长度，m；

$m$——弹头质量，kg；

$m_y$——马格努斯力矩系数；

$m_{zz}$——赤道阻尼力矩系数；

$R$——地球半径，地球平均半径为 6 371 km；

$S$——弹头最大横截面积，$m^2$；
$V$——弹头相对于空气的速度，m/s；
$y$——弹道高，m；
$\rho$——空气密度，$kg/m^3$；
$\delta$——攻角，(°)；
$\varphi$——弹头摆动角速度，rad/s；
$\omega$——弹头自转角速度，rad/s。

（一）气象条件

包围地球的空气层称为大气层。1951 年大地测量与地球物理国际联合会推荐大气层按温度、成分、电离、化学反应和大气散逸分层和命名。

**1. 以温度为主划分**

1）对流层

这是接近地面的一层大气。该层空气不断地上下对流，产生强烈的掺混，形成温度随高度降低的分布。对流层顶离地面的高度，在赤道处为 16 ~ 18 km，在中纬度地区为 10 ~ 12 km，在南北极地区为 8 ~ 9 km。随着季节不同，对流层顶的高度也在变化。我国绝大部分地区，一般夏季对流层厚，冬季对流层薄。对流层集中了全部大气的四分之三的质量和几乎全部水汽，是气象变化最复杂的一层，也是对弹丸飞行影响最重要的一层。对流层内又分下层、中层和上层。下层又称摩擦层，其高度距地面 1 ~ 2 km，但各地区具体的高度又与地表和季节等因素有关，此层气温日变化可达 10 ~ 40 ℃。中层在摩擦层之上，其顶离地约 6 km，云和降雨现象多在这一层发生。上层范围从 6 km 延伸到对流层顶，常年温度在 0 ℃以下。在中纬度和副热带地区，此层内常有风速等于或大于 30 m/s 的强风带。

2）平流层

此层在对流层之上，基本没有空气上下对流，水汽和尘粒也很少，空气只有较缓慢的水平流动，空气阻力很小。平流层顶离地 50 ~ 55 km；在离地 25 ~ 30 km 以下气温基本不变，这一层过去常被称为同温层；此层以上，气温升高较快，到平流层顶达到 270 ~ 290 K。在对流层与平流层之间还有一层厚度为数百米到 1 ~ 2 km 的亚同温层。它对垂直气流有很大阻挡作用，上升的水汽、尘粒多聚集其下。

3）中间层

此层在平流层之上。中间层顶离地 70 ~ 85 km，此层空气稀薄，但有相当强烈的垂直运动，气温随高度增加而下降，顶部气温可低到 160 ~ 190 K。

4）热层

它的范围从中间层顶到离地 800 km。此层空气很稀薄，声波难以传播，由于强烈的太阳紫外线和宇宙射线的作用，空气处于高度电离状态，电子密集大，影响无线电通信。

5）散逸层

此层又称外大气层，它是地球大气最外层，位于热层之上。此层空气更加稀薄，还有极其稀薄的星际气体。若以空气密度接近星际气体密度作为散逸层顶界，则根据人造地球卫星探测资料推算，高度为 2 000 ~ 3 000 km。散逸层离地心较远，地球引力作用较小，因而大气分子不断向星际空间逃散。

一般弹丸主要在对流层和平流层中飞行。

气象诸元是表示大气物理状态的诸要素，主要有气温、气压、空气密度、湿度和风速、风向等。在湿空气条件下，考虑湿度对空气密度的影响，可引进虚温的概念，使之空气状态方程在形式上与干空气的状态方程完全一致。干空气的状态方程为：

$$\rho = \frac{p}{R_1 T} \tag{4.111}$$

湿空气的状态方程为：

$$\rho = \frac{p}{R_1 \tau} \tag{4.112}$$

虚温 $\tau$ 的表达式为：

$$\tau = T \cdot \left(1 - \frac{3}{8} \cdot \frac{e}{p}\right)^{-1}$$

式中，$T$ 为气温（K）；$\rho$ 为空气密度（$\mathrm{kg/m^3}$）；$p$ 为气压（Pa）；$e$ 为水汽分压（Pa）；$\tau$ 为虚温（K）；$R_1$ 为气体常数（J/kg · K），$R_1 = 287$（J/kg · K）。

如果气压以 mmHg（1 mmHg = 0.133 kPa）为单位，气体常数 $R$ 用 29.27kgf · m/kgf · K，则状态方程为：

$$\rho = \frac{13.6p}{RT} \tag{4.113}$$

$$\rho = \frac{13.6p}{R\tau} \tag{4.114}$$

**2. 气象诸元随高度的变化**

1）气压随高度的变化

利用大气铅垂平衡原理，可得到气压与高度的关系方程为：

$$\frac{\mathrm{d}p}{p} = -\frac{g}{R_1} \cdot \frac{\mathrm{d}y}{\tau} \tag{4.115}$$

式中，$y$ 为从海平面起算的高度；$g$ 为重力加速度。

对式（4.115），$p$ 从 $p_0$ 到 $p$，$y$ 从 0 到 $y$ 积分，得到关系式

$$p = p_0 \exp\left(-\frac{g}{R_1}\int_0^y \frac{\mathrm{d}y}{\tau}\right) \tag{4.116}$$

只要已知 $\tau$ 与 $y$ 的关系 $\tau = f_1(y)$，即可得到 $p$ 与 $y$ 的关系 $p = f_2(y)$。

2）气温随高度的变化

实际气温随高度的变化比较复杂。根据对大气层的分析，在对流层，气温随高度呈线性减小；在平流层，气温为常数；在此两层之间，采取与上下两层平滑过渡的近似模型。

3）空气密度随高度的变化

已知 $\tau = f_1(y)$，$p = f_2(y)$ 的条件下，利用状态方程式（4.112），可求得空气密度随高度的变化关系 $\rho = f_3(y)$。

4）音速随高度的变化

由物理学可知，音速 $c_s$ 的表达式为

$$c_s = \sqrt{\frac{\mathrm{d}p}{\mathrm{d}\rho}} \tag{4.117}$$

如果认为音速的传播为绝热过程，可导出音速的表达式为：

$$c_s = \sqrt{k\frac{p}{\rho}} \tag{4.118}$$

由状态方程可得

$$c_s = \sqrt{kR_1\tau} \tag{4.119}$$

式中，$k$ 为空气的绝热指数。

（二）标准气象条件

标准气象条件是人为规定的最接近实际大气的大气变化特性。标准气象条件是实际气象条件的模型化，它可以近似反映实际气象条件的变化，又便于弹道计算。标准气象条件包括气象诸元随高度的分布特性及地面标准值，以及大气的标准物理常数。气温、气压、湿度、空气密度随高度的标准分布、大气成分、黏滞系数、重力加速度、热导率、分子平均自由程、分子碰撞频率、相对分子质量（分子量）、分子速度等都是标准气象条件的内容。

在进行飞行器和抛射体设计或性能比较时，或进行气动力和弹道计算以及实验数据处理时，或者在确定火控弹道模型与对实际射击修正时，都必须规定标准气象条件，使之成为计算、设计、数据处理、性能比较和实际射击修正的参照标准。

由于历史的原因和技术发展水平的差异，以及地理位置的不同，世界各国都规定了各自的标准气象条件，甚至一个国家的不同部门也有不同的标准气象条件。标准气象条件包括气象诸元的地面标准值、随高度的标准分布及一些参数的标准值。

国际标准大气有以下几种：国际标准化组织的标准大气，代号为 ISO2533，它是 1975 年发布的，适用于各种飞行器、地球物理和大气观测。

国际民航组织标准大气，简称 ICAO 标准大气，为美军和北约各国军队所采用。

1976 年美国标准大气。它是 1976 年美国国家海洋和大气局、国家航空和航天局与美国空军合作制定的美国国家标准大气。现在国际标准化组织、世界气象组织、国际民航组织及一些国家都采用 1976 年美国标准大气（30 km 以下）作为标准大气，它实际上已成为国际标准大气。我国 1980 年公布了在 30km 以下高度，采用 1976 年美国标准大气，国家标准为 GB 1920—1980。下面介绍几种标准大气。

**1. 国际民航组织标准大气（ICAO）**

气象诸元的地面标准值：

地面标准气温　$T_{0N} = 278\ \text{K}$；

地面标准气压　$p_{0N} = 1\ \text{bar} = 100\ \text{kPa}$；

地面标准空气密度　$\rho_{0N} = 1.253\ \text{kg/m}^3$；

标准重力加速度　$g_0 = 9.818\ \text{m/s}^2$；

标准地球半径　$R = 6\,270 \times 10^3\ \text{m}$；

气象诸元随高度的标准分布：

$y \leqslant 10\,000$ m 时：

$$p = p_{0N}\left(1 - \frac{0.006y}{T_{0N}}\right)^{5.7} \tag{4.120}$$

$$\rho=\rho_{0N}\left(\frac{T}{T_{0N}}\right)^{4.7} \tag{4.121}$$

$$T=T_{0N}-0.006y \tag{4.122}$$

$$c_s=20.052\sqrt{T_{0N}-0.006y} \tag{4.123}$$

$y>10\ 000$ m 时：

$$p=p_{10\ 000}\mathrm{e}^{-\frac{y-10\ 000}{6\ 374.3}} \tag{4.124}$$

$$\rho=\rho_{10\ 000}\mathrm{e}^{-\frac{y-10\ 000}{6\ 374.3}} \tag{4.125}$$

$$T=T_{10\ 000}=218\ \mathrm{K} \tag{4.126}$$

$$c_s=20.052\sqrt{T_{10\ 000}}=296.07\ \mathrm{m/s} \tag{4.127}$$

**2. 我国国家标准大气**

我国国家标准大气直接采用1976年美国标准大气。

**3. 中国炮兵标准气象条件**

1957年，哈尔滨军事工程学院外弹道教研室提出了我国炮兵标准气象条件。目前我国炮兵使用的射表、弹道表及气象观测与计算所使用的仪器、图线等都是按此标准气象条件制定的。武器的外弹道性能设计与比较，标准弹道的计算与数据处理也都以此标准气象条件为准。

中国炮兵标准气象条件规定如下。

1）地面标准值

气温：$t_{0N}=15$ ℃；

气压：$p_{0N}=100$ kPa；

空气密度：$\rho_{0N}=1.206\ 3\ \mathrm{kg/m^3}$；

地面虚温：$\tau_{0N}=288.9$ K；

相对湿度：$f=50\%$［绝对湿度$(p_e)_{0N}=847$ Pa］；

音速：$c_{0N}=341.1$ m/s；

风速：无风。

2）随高度的标准分布

$y\leqslant 9\ 300$ m 时

$$\tau=\tau_{0N}-G_1y \tag{4.128}$$

$$\tau_{0N}=288.9\ \mathrm{K},\ G_1=0.006\ 328 \tag{4.129}$$

$9\ 300\ \mathrm{m}<y\leqslant 12\ 000$ m 时：

$$\tau=A-B(y-9\ 300)+C(y-9\ 300)^2 \tag{4.130}$$

$$A=230,\ B=6.328\times10^{-3},\ C=1.172\times10^{-6}$$

$12\ 000\ \mathrm{m}<y<30\ 000$ m 时：

$$\tau=221.5\ (\mathrm{K})$$

① 气压随高度的标准分布。把气温的标准分布代入式（4.115），得到气压的标准分布

$$\pi(y)=\frac{p}{p_{0N}}=\exp\left(-\frac{g}{R_1}\int_0^y\frac{\mathrm{d}y}{\tau}\right) \tag{4.131}$$

$$R_1=287.14$$

② 空气密度随高度的标准分布。利用状态方程可得：

$$H(y)=\frac{\rho}{\rho_{0N}}=\frac{p}{p_{0N}}\cdot\frac{\tau_{0N}}{\tau}=\pi(y)\frac{\tau_{0N}}{\tau} \tag{4.132}$$

$\pi(y)$ 与 $\tau_{0N}/\tau$ 已知，即可得到空气密度随高度的标准分布。

③ 音速随高度的标准分布。由式（4.119）可得

$$c_s=\sqrt{kR_1\tau}=20.05\sqrt{\tau} \tag{4.133}$$

在弹道计算时，可将 $\pi(y)$ 和 $H(y)$ 写成具体的表达式，具体如下。

$y\leqslant 9\ 300$ m 时：

$$\pi(y)=(1-2.190\ 5\times10^{-5}y)^{5.4} \tag{4.134}$$

$$H(y)=(1-2.190\ 5\times10^{-5}y)^{4.4} \tag{4.135}$$

$9\ 300\ \text{m}<y\leqslant 12\ 000$ m 时：

$$\pi(y)=0.292\ 275\exp\left[-2.120\ 642\ 6\left(\arctan\frac{2.344(y-9\ 300)-6\ 328}{32\ 221.057}+0.193\ 925\ 2\right)\right] \tag{4.136}$$

$y>12\ 000$ m 时：

$$\pi(y)=0.193\ 725\exp\left[-\frac{(y-12\ 000)}{6\ 483.305}\right] \tag{4.137}$$

对于空气密度函数，还有以下经验公式，在 $y\leqslant 10\ 000$ m 时，有足够的准确性。

$$H(y)=\exp(-1.959\times10^{-4}y) \tag{4.138}$$

$$H(y)=\frac{20\ 000-y}{20\ 000+y} \tag{4.139}$$

### （三）实际气象诸元的观测

在火炮射击准备和实施过程中，要测定实时气象诸元，为在实际条件下进行射击修正装定精确的射击开始诸元提供数据。气象诸元的观测由炮兵气象分队进行综合观测。观测分为定时观测和临时观测两种。定时观测按气象站的制度进行；临时观测一般为伴随炮兵部队的野战观测。

气象诸元的观测按照气象诸元的性质分为地面气象要素的观测与空中气象要素的观测。地面气象要素包括气温、气压、湿度、风速风向和云雨等。空中气象要素包括气温、气压、湿度、风速、风向和云雨等沿高度的变化数据。气象诸元的观测结果，以气象通报的形式传给火炮。

### （四）弹道条件

弹道条件主要包括药温、弹重及初速等。药温的变化仅影响初速的变化。弹重的变化同时影响到初速和弹道系数的变化，从而影响弹头在空气中所受的力和力矩。所以，弹道条件对弹道的影响最终可归结为初速和弹道系数变化对弹道的影响。弹头在空气中飞行将受到下列力和力矩的影响。

1）重力

重力加速度与地理纬度和高度有关，重力加速度与纬度的关系式为：

$$g = G\left[1 - 2\frac{\Omega^2 R}{G}\cos^2\Lambda + \left(\frac{\Omega^2 R}{G}\right)^2\cos^2\Lambda\right]^{\frac{1}{2}} \tag{4.140}$$

式中，$G$ 为地球引力常数；$R$ 为地球平均半径；$\Omega$ 为地球旋转角速度；$\Lambda$ 为纬度。

重力加速与高度的关系式为：

$$g = g_0(1 - 2y/R) \quad 或 \quad g = g_0(1 + y/R)^{-2} \tag{4.141}$$

式中，$y$ 为弹道高；$g_0$ 为 $y=0$ 时的重力加速度。

2）空气阻力

空气阻力包含摩擦阻力、涡流阻力和激波阻力。空气阻力与空气的特性、弹头特性和相对运动特性等有关。空气阻力的一般表达式为：

$$R_x = \frac{1}{2}S\rho v^2 c_{x0}(v/c_s) \tag{4.142}$$

式中，$c_{x0}(v/c_s)$ 为弹轴和飞行方向一致时的阻力系数，无量纲。

阻力系数在一定速度范围内近似为马赫数的函数。马赫数的定义为：

$$Ma = \frac{v}{c_s} = \frac{v_\tau}{c_{s0N}}$$

式中，$v$ 为弹丸质心速度；$c_s$ 为弹丸所在高度的音速；$c_{s0N}$ 为标准地面音速；$v_\tau$ 是以标准音速为准在保证马赫数不变时的虚拟速度或等效速度。

由于 $c_{s0N} = \sqrt{kR\tau_{0N}}$，$c_s = \sqrt{kR\tau}$（其中，$k$ 为绝热指数；$R$ 为气体常数；$\tau_{0N}$ 为地面标准虚温；$\tau$ 为高度在 $y$ 时的虚温），因此 $v_\tau = v\sqrt{\tau_{0N}/\tau}$。

定义

$$i = \frac{c_{x0}(v/c_s)}{c_{x0N}(v/c_s)} = \frac{c_{x0}(Ma)}{c_{x0N}(Ma)}$$

为弹形系数，相关概念和理论可参阅弹道学里的西亚切阻力定律和43年阻力定律的相关内容。需要指出，在弹道计算和火控弹道模型使用时，阻力定律与弹形系数必须一一对应。

在实际应用中，常用表示弹头相对于空气的运动速度 $v$ 对弹头运动影响的空气阻力函数 $F(v)$ 或 $G(v)$ 表示：

$$\begin{aligned} R_x &= \frac{1}{2}\cdot\frac{\pi d^2}{4}\cdot\frac{\rho}{\rho_{0N}}\rho_{0N}v^2 c_{x0}(Ma) \\ &= \frac{1}{2}\cdot\frac{i\pi d^2}{4}\cdot\frac{\rho}{\rho_{0N}}\rho_{0N}v^2 c_{x0N}(Ma) \\ &= m\cdot\left(\frac{id^2\times 1\,000}{m}\right)\cdot\frac{\rho}{\rho_{0N}}\cdot\left[\frac{\pi}{8}\cdot\rho_{0N}\cdot 10^{-3}v^2 c_{x0N}(Ma)\right] \end{aligned} \tag{4.143}$$

$$c = \frac{id^2\times 1\,000}{m} \tag{4.144}$$

$$H(y) = \frac{\rho}{\rho_{0N}} \tag{4.145}$$

$$\begin{aligned} F(v) = vG(v) &= \frac{\pi}{8}\cdot\rho_{0N}\cdot 10^{-3}v^2 c_{x0N}(Ma) \\ &= 4.737\times 10^{-4}v^2 c_{x0N}(Ma) \end{aligned} \tag{4.146}$$

弹头所受空气阻力又可表示为：

$$R_x = mcH(y)F(v) \tag{4.147}$$

则得

$$a_x = cH(y)F(v) \tag{4.148}$$

式中，$c$ 为弹道系数；$H(y)$ 为空气密度函数；$F(v)=G(v)v$ 为空气阻力函数。

弹道系数 $c$ 与弹形系数 $i$ 有关，因此，它与阻力定律有关。需要指出：在工程应用中必须用 $c_c$ 或 $c_{43}$ 替换表示。

3）其他力和力矩

弹头在空气中飞行除受到重力和空气阻力外，还受到下列力和力矩的作用。

翻转力矩：$M_z = \dfrac{d^2 h}{g} \times 10^3 H(y) v^2 K_{mz}(Ma)\delta$，其中，$K_{mz}$ 为静力矩特征数，表示式为：$K_{mz}(Ma) = 4.737 \times 10^{-4}/[hm'_z]$。

赤道阻尼力矩：$M_{zz} = \rho v^2/(2Slm_{zz})$

极阻尼力矩：$M_{xz} = \rho v^2/(2Slm_{xz})$

马格努斯力：$R_z = \rho v^2/(2SC_z)$

马格努斯力矩：$M_y = \rho v^2/(2Slm_y)$

陀螺力矩：$M_t = C_t \omega \dot{\varphi}$

科氏惯性力：$F_k = mj_k$

在所有受力中，重力和空气阻力对整个弹道的影响最大，在简单的弹道模型中，可以少考虑甚至不考虑其他力和力矩的影响。

### （五）地理条件

小射程的射弹弹道受地理条件的影响很小，大射程的射弹弹道需考虑地理条件的影响。标准地理条件为：

（1）枪炮静止，射击点与目标同在炮（枪）口水平面内。

（2）枪炮俯仰时，身管轴线在同一铅垂面内。

（3）重力加速度 $g \approx 9.8\ \mathrm{m/s^2}$，方向垂直于地平面。

（4）不计科氏加速度。

（5）地表面为平面。

考虑地球曲面时，射弹的射程将是射击点到弹着点的弧线长度，同时射弹将受由地球自转引起的科氏力作用。科氏力使射弹产生偏移，影响射击效果。对地形条件主要考虑射击点与弹着点是否在同一水平面上，射击区内有无遮蔽顶等。

考虑地球表面曲率的影响，假设地球表面为一球面，加速度分量公式为：

$$\begin{cases} \dfrac{\mathrm{d}v_x}{\mathrm{d}t} = -\dfrac{v_x v_y}{R}\left(1+\dfrac{y}{R}\right)^{-1} \\ \dfrac{\mathrm{d}v_y}{\mathrm{d}t} = -\dfrac{v_x v_x}{R}\left(1+\dfrac{y}{R}\right)^{-1} \\ \dfrac{\mathrm{d}v_z}{\mathrm{d}t} = -\dfrac{v_z}{R}\left(1+\dfrac{y}{R}\right)^{-1} \end{cases} \tag{4.149}$$

地球的自转角速度为 $\Omega$，弹丸相对地球的运动速度为 $v$，则弹丸的科氏加速度为：

$$a_c = -2\Omega \times v \tag{4.150}$$

它在直角坐标系的三个分量为：

$$\begin{cases} a_{cx} = -2\Omega(\dot{z}\sin\Lambda + \omega\cos\Lambda\sin\alpha_1) \\ a_{cy} = +2\Omega(u\cos\Lambda\sin\alpha_1 + \dot{z}\cos\Lambda\cos\alpha_1) \\ a_{cz} = -2\Omega(\omega\cos\Lambda\sin\alpha_1 - u\sin\Lambda) \end{cases} \tag{4.151}$$

式中，$\alpha_1$ 为射向与正北方向的夹角。

## 三、质点弹道微分方程组

质点弹丸在飞行过程中，只受到空气阻力和重力两个力。弹丸的外形和质量分布都是轴对称体的，且攻角恒为零。由于外形对称，攻角为零，空气阻力矢量必然与弹轴重合，又由于质量分布对称，故质心必在弹轴上。由以上两点可知空气阻力必定通过质心。而重力总是通过质心的，这样，作用在弹丸上的力都过质心，弹丸便可作为质点处理，以方便研究它的运动规律。此时的弹道成为平面曲线。质点弹道是实际弹道的最简单模型，一般作为研究实际弹道的基准。在火控弹道模型中，对活动目标射击时，有时用质点弹道模型。

质点弹道基本假设：

(1) 在弹丸整个飞行期间，假设章动角（攻角）$\delta = 0°$；

(2) 弹丸是对称体；

(3) 地球表面为平面；

(4) 重力加速度的大小不变（$g = 9.8\ \text{m/s}^2$）、方向始终铅垂向下；

(5) 科氏加速度为零；

(6) 气象条件是标准的，无风雨。

在火控弹道模型中，一般取直角坐标系，建立运动微分方程组。此坐标系的 $Ox$ 轴为过初速方向线的铅垂直面与炮口水平面的交线，$Oy$ 轴在铅垂面内垂直 $Ox$ 轴，$Oz$ 轴与 $Ox$、$Oy$ 轴构成右手坐标系。以初速 $v_0$ 和射角 $\theta_0$ 发射的任一弹道，在时刻 $t$ 有质心坐标（$x$，$y$，$z$），速度 $v$，弹道倾角 $\theta$。$v$ 在 $x$、$y$ 轴的分量为 $v_x$，$v_y$，如图 4.6 所示。

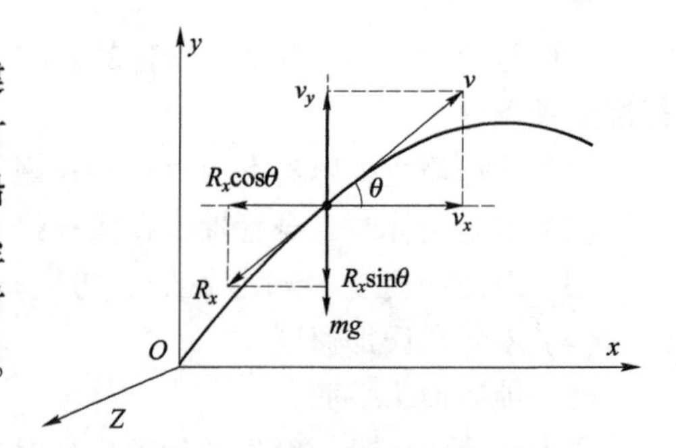


**图 4.6　直角坐标系与弹道诸元**

由外弹道学可知，质点弹道是实际弹道的最简单模型，一般作为研究实际弹道的基础。在火控问题中，对活动目标射击时，有时就用质点弹道模型。

### （一）无风条件下地面直角坐标系内的质点弹道方程组

由牛顿第二运动定律可得质点弹道矢量方程为：

$$m\frac{\mathrm{d}\boldsymbol{v}}{\mathrm{d}t} = \boldsymbol{R}_x + m\boldsymbol{g} \quad 或 \quad \frac{\mathrm{d}\boldsymbol{v}}{\mathrm{d}t} = \boldsymbol{a}_x + \boldsymbol{g} \tag{4.152}$$

把矢量方程向 $Ox$ 轴、$Oy$ 轴投影，可得质点弹道微分方程组

$$\begin{cases}\dfrac{\mathrm{d}v_x}{\mathrm{d}t}=-cH(y)G(v)v_x\\ \dfrac{\mathrm{d}v_y}{\mathrm{d}t}=-cH(y)G(v)v_y-g\\ \dfrac{\mathrm{d}x}{\mathrm{d}t}=v_x\\ \dfrac{\mathrm{d}y}{\mathrm{d}t}=v_y\\ \dfrac{\mathrm{d}p}{\mathrm{d}t}=-\rho g v_y\end{cases} \tag{4.153}$$

$$G(v)=4.737\times10^{-4}vC_{x0\mathrm{N}}\left(\frac{v}{c_\mathrm{s}}\right)$$

$$H(y)=\frac{\rho}{\rho_{0\mathrm{N}}},\quad \rho=\frac{p}{R_1\tau},\quad v=\sqrt{v_x^2+v_y^2},$$

$$c_\mathrm{s}=\sqrt{kR_1\tau},\quad \theta=\arctan\frac{v_y}{v_x},\quad c=\frac{id^2}{m}\times10^3$$

初值：$t=0$，$x=y=0$，$v_{x0}=v_0\cos\theta_0$，$v_{y0}=v_0\sin\theta_0$，$p=p_{0\mathrm{N}}=10^5\ \mathrm{Pa}$。

（二）有风条件下地面直角坐标系内的质点弹道方程组

把风 $W$ 分解为平行射面的纵风 $W_x$ 和垂直射面的横风 $W_z$。这样，质点弹道方程组为：

$$\begin{cases}\dfrac{\mathrm{d}v_x}{\mathrm{d}t}=-cH(y)G(v)(v_x-W_x)\\ \dfrac{\mathrm{d}v_y}{\mathrm{d}t}=-cH(y)G(v)v_y-g\\ \dfrac{\mathrm{d}v_z}{\mathrm{d}t}=-cH(y)G(v)(v_z-W_z)\\ \dfrac{\mathrm{d}x}{\mathrm{d}t}=v_x\\ \dfrac{\mathrm{d}y}{\mathrm{d}t}=v_y\\ \dfrac{\mathrm{d}z}{\mathrm{d}t}=v_z\\ \dfrac{\mathrm{d}p}{\mathrm{d}t}=-\rho g v_y\end{cases} \tag{4.154}$$

$$v_r=\sqrt{(v_x-W_x)^2+v_y^2+(v_z-W_z)^2}$$

$$G(v_r)=4.737\times10^{-4}v_rC_{x0\mathrm{N}}\left(\frac{v_\mathrm{r}}{c_\mathrm{s}}\right)$$

$$c_\mathrm{s}=\sqrt{kR_1\tau},\ H(y)=\frac{\rho}{\rho_{0\mathrm{N}}},\ \rho=\frac{p}{R_1\tau}$$

初值：$t=0$，$x=y=z=0$，$v_{x0}=v_0\cos\theta_0$，$v_{y0}=v_0\sin\theta_0$，$v_{z0}=0$，$p=p_{0\mathrm{N}}=10^5\ \mathrm{Pa}$。

（三）考虑地球表面曲率及重力加速度随高度变化时的质点弹道方程组

$$\begin{cases}\dfrac{\mathrm{d}v_x}{\mathrm{d}t}=-cH(y)G(v)v_x-\dfrac{v_xv_y}{R}\left(1+\dfrac{y}{R}\right)^{-1}\\\dfrac{\mathrm{d}v_y}{\mathrm{d}t}=-cH(y)G(v)v_y+\dfrac{v_x^2}{R}\left(1+\dfrac{y}{R}\right)^{-1}-g_0\left(1+\dfrac{y}{R}\right)^{-2}\\\dfrac{\mathrm{d}x}{\mathrm{d}t}=v_x\left(1+\dfrac{y}{R}\right)^{-1}\\\dfrac{\mathrm{d}y}{\mathrm{d}t}=v_y\\\dfrac{\mathrm{d}p}{\mathrm{d}t}=-\rho gv_y\end{cases}\tag{4.155}$$

$$v=\sqrt{v_x^2+v_y^2},\ G(v)=4.737\times10^{-4}vC_{x0N}\left(\frac{v}{c_s}\right),$$

$$H(y)=\frac{\rho}{\rho_{0N}},\ \rho=\frac{p}{R_1\tau},\ c_s=\sqrt{kR_1\tau}$$

初值：$t=0$，$x=y=0$，$v_{x0}=v_0\cos\theta_0$，$v_{y0}=v_0\sin\theta_0$，$p=p_{0N}=10^5$ Pa。

（四）考虑科氏加速度时的质点弹道方程组

$$\begin{cases}\dfrac{\mathrm{d}v_x}{\mathrm{d}t}=-cH(y)G(v)v_x-2\Omega(v_z\sin\Lambda+v_y\cos\Lambda\sin\alpha_1)\\\dfrac{\mathrm{d}v_y}{\mathrm{d}t}=-cH(y)G(v)v_y-g+2\Omega\cos\Lambda(v_x\sin\alpha_1+v_y\cos\alpha_1)\\\dfrac{\mathrm{d}v_z}{\mathrm{d}t}=-cH(y)G(v)v_z-2\Omega(v_y\cos\Lambda\sin\alpha_1-v_x\sin\Lambda)\\\dfrac{\mathrm{d}x}{\mathrm{d}t}=v_x\\\dfrac{\mathrm{d}y}{\mathrm{d}t}=v_y\\\dfrac{\mathrm{d}z}{\mathrm{d}t}=v_z\\\dfrac{\mathrm{d}p}{\mathrm{d}t}=-\rho gv_y\end{cases}\tag{4.156}$$

$$v=\sqrt{v_x^2+v_y^2+v_z^2},\ G(v)=4.737\times10^{-4}vC_{x0N}\left(\frac{v}{c_s}\right),$$

$$H(y)=\frac{\rho}{\rho_{0N}},\ \rho=\frac{p}{R_1\tau},\ \Omega=7.292\times10^{-5}\ \mathrm{rad/s}$$

初值：$t=0$，$x=y=z=0$，$v_{x0}=v_0\cos\theta_0$，$v_{y0}=v_0\sin\theta_0$，$v_{z0}=0$，$p=p_{0N}=10^5$ Pa。

## 四、修正质点弹道方程

质点弹道方程没有考虑攻角的影响，忽略了作用在弹丸上的升力、马氏力和攻角引起的诱导阻力，使弹道计算结果产生一定的误差。如果利用刚体弹道模型计算弹道，由于方程比较复杂，计算速度达不到要求，而且方程中使用的参数有的误差较大，也影响计算结果的精度。在工程应用中，考虑到计算精度与计算速度的要求，提出了修正质点弹道模型。修正质点弹道模型在质点弹道模型的基础上，加上升力、马氏力和诱导阻力，提高了计算精度，计算速度比六自由度弹道模型的计算速度快很多，修正质点弹道是空间曲线，它更接近实际弹道。修正质点弹道模型可用于弹道计算、射表编制、稳定性和散布计算，目前，较广泛地用于火控系统。

为了表述方便，先将修正的质点弹道模型采用的坐标系表述如下。

（1）地面直角坐标系 $O-xyz$。

坐标原点 $O$ 为炮口中心，$Ox$ 轴为射面与炮口水平面的交线，指向射击方向为正；$Oy$ 轴在射面内垂直于 $Ox$ 轴，向上为正；$Oz$ 轴与 $Ox$ 轴、$Oy$ 轴构成右手坐标系。地面直角坐标系是火控系统解算射击诸元问题所用的坐标系，弹道微分方程组在此坐标系内建立。

（2）基准坐标系 $O_c-xyz$。

坐标原点 $O_c$ 为弹丸质心，$O_cx$ 轴、$O_cy$ 轴、$O_cz$ 轴分别与 $Ox$ 轴、$Oy$ 轴、$Oz$ 轴对应平行。

（3）速度坐标系 $O_c-x_vy_vz_v$。

坐标原点 $O_c$ 为弹丸质心，$O_cx_v$ 轴与弹丸质心速度 $v$ 重合，指向一致；$O_cy_v$ 轴在 $O_cx_vy_v$ 平面内且垂直于 $O_cx_v$ 轴，向上为正；$O_cz_v$ 轴与 $O_cx_v$ 轴和 $O_cy_v$ 轴构成右手直角坐标系。

速度坐标系 $O_c-x_vy_vz_v$ 相对于基准坐标系 $O_c-xyz$ 的位置可以用 $\theta$ 角与 $\psi$ 角确定，如图4.7所示。过速度 $v$ 作垂直 $O_cxy$ 的平面，与 $O_cxy$ 平面相交于 $O_cx_v'$，$O_cx_v'$ 与 $O_cx$ 的夹角为 $\theta$，$O_cx_v'$ 与 $O_cx_v$ 的夹角为 $\psi$。

（4）弹轴坐标系 $O_c-\xi\eta\zeta$。

坐标原点 $O_c$ 为弹丸质心，$O_c\xi$ 轴与弹轴重合，指向弹头方向为正；$O_c\eta$ 轴垂直于 $O_c\zeta$ 轴，$O_c\zeta$ 轴与 $O_c\xi$ 轴和 $O_c\eta$ 轴构成右手直角坐标系。

弹轴坐标系 $O_c-\xi\eta\zeta$ 相对于速度坐标系 $O_c-x_vy_vz_v$ 的位置可以用 $\delta_1$ 角和 $\delta_2$ 角确定。过弹轴 $O_c\xi$ 作垂直于 $O_cx_vy_v$ 的平面，该平面与 $O_cx_vy_v$ 平面相交于 $O_cx_v'$，$O_cx_v'$ 与 $O_cx_v$ 的夹角为 $\delta_1$，$O_cx_v'$ 与 $O_c\xi$ 的夹角为 $\delta_2$，如图4.8所示。

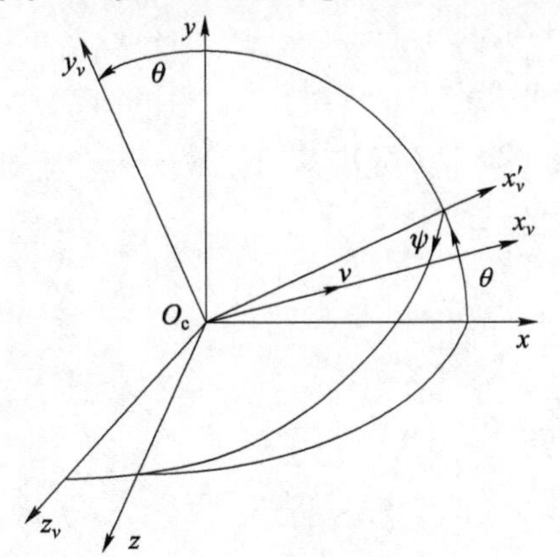


图4.7 速度坐标系

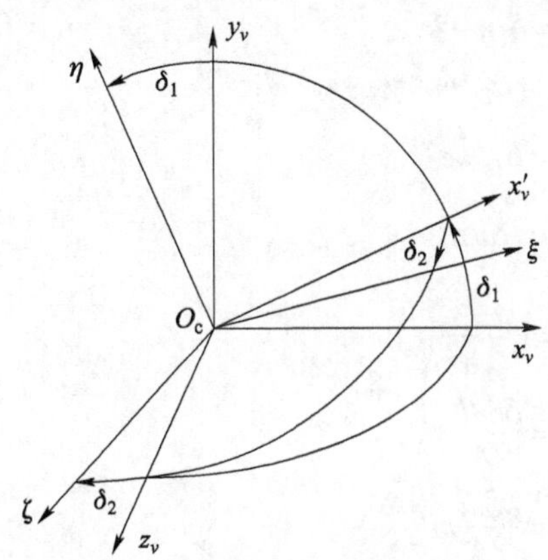


图4.8 弹轴坐标系与速度坐标系

（一）无风条件下地面直角坐标系中的修正质点弹道方程组

无风条件下，修正质点弹道方程的矢量形式为：

$$\frac{\mathrm{d}\boldsymbol{v}}{\mathrm{d}t}=-\frac{\rho S}{2m}c_x v\boldsymbol{v}+\frac{\rho S}{2m}v^2c_y'\boldsymbol{\delta}+\frac{\rho S}{2m}v\left(c_z''\frac{\mathrm{d}\dot{\gamma}}{v}\right)\cdot(\boldsymbol{\delta}\times\boldsymbol{v})+\boldsymbol{g}-2\boldsymbol{\Omega}\times\boldsymbol{v}$$

此矢量方程，向地面直角坐标系投影，可得标量方程为：

$$\begin{cases}\dfrac{\mathrm{d}v_x}{\mathrm{d}t}=-b_xvv_x+b_yv^2\delta_x+b_z\dot{\gamma}(\delta_yv_z-\delta_zv_y)-2(\Omega_yv_z-\Omega_zv_y)\\ \dfrac{\mathrm{d}v_y}{\mathrm{d}t}=-b_xvv_y+b_yv^2\delta_y+b_z\dot{\gamma}(\delta_xv_z-\delta_zv_x)+2(\Omega_xv_z+\Omega_zv_x)-g\\ \dfrac{\mathrm{d}v_z}{\mathrm{d}t}=-b_xvv_z+b_yv^2\delta_z+b_z\dot{\gamma}(\delta_xv_y-\delta_yv_x)-2(\Omega_xv_y-\Omega_yv_x)\\ \dfrac{\mathrm{d}x}{\mathrm{d}t}=v_x\\ \dfrac{\mathrm{d}y}{\mathrm{d}t}=v_y\\ \dfrac{\mathrm{d}z}{\mathrm{d}t}=v_z\\ \dfrac{\mathrm{d}\dot{\gamma}}{\mathrm{d}t}=-k_{xz}v\dot{\gamma}\end{cases}$$

辅助方程：

$\delta_x=\delta_1\sin\theta-\delta_2\sin\psi\cos\theta,$ $\Omega_x=\Omega\cos\Lambda\cos\alpha_1,$

$\delta_y=\delta_1\cos\theta-\delta_2\sin\psi\sin\theta,$ $\Omega_y=\Omega\sin\Lambda,$

$\delta_z=\delta_2\cos\psi,$ $\Omega_z=\Omega\cos\Lambda\sin\alpha_1,$

$v^2=v_x^2+v_y^2+v_z^2,$ $\psi=\arcsin\dfrac{v_z}{v},$

$\theta=\arcsin\dfrac{v_y}{v_x},$ $b_x=\dfrac{\rho S}{2m}[c_{x0}+c_{x0}K\delta^2],$

$b_y=\dfrac{\rho S}{2m}c_y',$ $b_z=\dfrac{\rho S}{2m}c_z'',$

$\delta_1=\delta_{1D}+\delta_{1p},$ $\delta_2=\delta_{2D}+\delta_{2p},$

$\delta_{1D}=\delta_D\cos(\gamma_0+\alpha^*\sqrt{\sigma}t),$ $\delta_{2D}=\delta_D\sin(\gamma_0+\alpha^*\sqrt{\sigma}t),$

$\delta_D=\delta_{Dm0}e^*,$ $\delta_{Dm0}=\dot{\delta}_0\ (2\alpha^*\sqrt{\sigma_0})^{-1},$

$\alpha^*=\alpha v,$ $\alpha=\dfrac{C}{2A}\cdot\dfrac{\dot{\gamma}}{v},$

$\sigma=1-\dfrac{k_z}{\alpha^2},$ $k_z=\dfrac{\rho Sl}{2A}m_z',$

$k_{zz}=\dfrac{\rho Sdl}{2A}m_{zz}',$ $k_y=\dfrac{\rho Sdl}{2A}m_y'',$

$k_{xz}=\dfrac{\rho Sdl}{2A}m_{xz}'$

$$\frac{\mathrm{d}k}{\mathrm{d}t}=-\left(\frac{k_{zz}+b_y-k_{xz}}{2}-\frac{k_{zz}+b_y+2k_y-k_{xz}}{2\sqrt{\sigma}}\right)v,$$

$$\delta_{1p}=\frac{-k_{zz}\left(k_z+2\alpha\frac{\dot{\gamma}}{v}b_z\right)+4\alpha^2(b_y-k_y)}{\left(k_z+2\alpha\frac{\dot{\gamma}}{v}b_z\right)^2+4\alpha^2(k_y-b_y)^2}\left(\frac{g\cos\theta}{v^2}\right)^2,$$

$$\delta_{2p}=\frac{2\alpha\left[k_z+2\alpha\frac{\dot{\gamma}}{v}b_z+k_{zz}(b_y-k_y)\right]}{\left(k_z+2\alpha\frac{\dot{\gamma}}{v}b_z\right)^2+4\alpha^2(k_y-b_y)^2}\left(\frac{g\cos\theta}{v^2}\right)^2$$

式中，$\theta$ 为速度 $v$ 与水平面 $Oxz$ 的夹角；$\psi$ 为速度 $v$ 与铅垂面 $Oxy$ 的夹角；$\delta_1$ 为 $\delta$ 在速度坐标系中的纵向分量；$\delta_2$ 为 $\delta$ 在速度坐标系中的横向分量；$\dot{\gamma}$ 为弹丸的转速；$\delta_D$ 为起始扰动引起的攻角；$\delta_p$ 为动力平衡角。

如果采用修正质点弹道方程组作为火控弹道模型，对于榴弹有 7 个方程，其初值分别为：

$$t=0,\ v_{0x}=v_0\cos\theta_0,\ v_{0y}=v_0\sin\theta_0,\ v_z=0,\ x=z=0,\ Y=Y_0,\ \dot{\gamma}=\dot{\gamma}_0$$

式中，$v_0$ 为火炮初速；$\theta_0$ 为火炮射角；$Y_0$ 为炮口海拔高度；$\dot{\gamma}_0$ 为弹丸的炮口转速，$\dot{\gamma}_0=\frac{2\pi v_0}{\eta d}$，对于给定的火炮、给定的弹药，则 $\dot{\gamma}_0$ 是确定了的。

从以上各式可见，所谓初值确定就是确定 $v_0$、$\theta_0$ 和 $Y_0$。

炮口海拔高度 $Y_0$ 由测地结果给出。火炮初速 $v_0$ 的确定分为两种情况：一种情况使用炮口测速雷达，此时 $v_0$ 直接由初速预测系统给出；另一种情况用传统的初速预测方法给出，即

$$v_0=v_{0\mathrm{N}}+\Delta v_{0\mathrm{w}}+\Delta v_{0\mathrm{ms}}+\Delta v_{0\mathrm{yp}}$$

式中，$v_{0\mathrm{N}}$为某装药号的标准初速；$\Delta v_{0\mathrm{w}}$为由药温引起的初速修正量；$\Delta v_{0\mathrm{ms}}$为由身管磨损引起的初速修正量；$\Delta v_{0\mathrm{yp}}$为由药批引起的初速修正量。

需要指出的是，由弹重变化引起的初速差在弹重修正射击中已经考虑过了，在这里不应再重复考虑。

$\theta_0$ 的初值可以根据经验给定。为了给二次调炮提供初始数据，这里就要求给定的初值要有一定的准确性。在这种情况下 $\theta_0$ 的初值只能根据实际目标距离和气象通报，通过射表解算的办法求得。首先根据目标距离查出敏感因子，根据气象通报和有关数据确定各种因素偏差量，进而求出各种因素的修正量，然后用修正后的距离查射表得到 $\theta_0$ 作为火控解算的初值，并输出给调炮使用。

对于底排弹而言，还有 3 个方程，即已经烧去的质量方程、任一时刻燃烧面的半径方程和狭缝宽方程，其初值分别为：

$$t=0,\ v_{烧去}=0,\ r=r_0,\ c=0.5c_0$$

式中，$r_0$ 为底排弹药柱内径；$c_0$ 为狭缝宽度。

射击诸元的计算可以分为以下三大步：

第一步：实时数据输入。射击诸元计算前，首先输入各种实时数据，主要包括炮位坐标、炮位的地理纬度、目标坐标（目标距离和方向）、弹丸质量、弹丸转动惯量、弹丸质心位置、各种气动系数、气象数据（包括气象站高程和计算机气象通报中各层的风向、风速、气温、气压、湿度等）。

第二步：方程组数值积分初值的确定。按照前面所述的方法确定 $v_0$、$\theta_0$ 和 $Y_0$，其他初

值由已知量进行计算间接得到。

第三步：符合计算。弹道计算所需要的全部参数和初值给定之后，即开始实际弹道计算，通过调整射角 $\theta_0$ 使计算的落地距离与实际目标距离的差小于预先给定的误差限，此时计算停止。这时的射角 $\theta_0$ 就是所要求的射角。目标方位减去落点方位与目标之间的夹角，就是所要求的方位（需要指出：落点方位在目标方位右侧，其夹角为正，否则夹角为负），因此弹丸飞行时间就是引信装定时间。

弹道方程组数值积分初值的确定：按照前面所述的方法确定 $v_0$、$\theta_0$ 和 $Y_0$，其他初值由已知量进行计算间接得到。

### （二）有风条件下地面直角坐标系中的修正质点弹道方程组

有风条件下，修正质点弹道方程组的矢量形式为：

$$\frac{\mathrm{d}\boldsymbol{v}}{\mathrm{d}t}=-\frac{\rho S}{2m}c_x v_r \boldsymbol{v}_r+\frac{\rho S}{2m}v_r^2 c_y' \boldsymbol{\delta}_r+\frac{\rho S}{2m}v_r\left(c_z''\frac{\mathrm{d}\dot{\gamma}}{v_r}\right)\cdot(\boldsymbol{\delta}_r\times\boldsymbol{v}_r)+\boldsymbol{g}-2\boldsymbol{\Omega}\times\boldsymbol{v}$$

此矢量方程，向地面直角坐标系投影，可得标量方程为：

$$\begin{cases}\dfrac{\mathrm{d}v_x}{\mathrm{d}t}=-b_x v_r v_{rx}+b_y v_r^2\delta_{rx}+b_z\dot{\gamma}(\delta_{ry}v_{rz}-\delta_{rz}v_{ry})-2(\Omega_y v_z-\Omega_z v_y)\\ \dfrac{\mathrm{d}v_y}{\mathrm{d}t}=-b_x v_r v_{ry}+b_y v_r^2\delta_{ry}+b_z\dot{\gamma}(\delta_{rx}v_{rz}-\delta_{rz}v_{rx})+2(\Omega_x v_z+\Omega_z v_x)-g\\ \dfrac{\mathrm{d}v_z}{\mathrm{d}t}=-b_x v_r v_{rz}+b_y v_r^2\delta_{rz}+b_z\dot{\gamma}(\delta_{rx}v_{ry}-\delta_{ry}v_{rx})-2(\Omega_x v_y-\Omega_y v_x)\\ \dfrac{\mathrm{d}x}{\mathrm{d}t}=v_x\\ \dfrac{\mathrm{d}y}{\mathrm{d}t}=v_y\\ \dfrac{\mathrm{d}z}{\mathrm{d}t}=v_z\\ \dfrac{\mathrm{d}\dot{\gamma}}{\mathrm{d}t}=-k_{xz}v_r\dot{\gamma}\end{cases}$$

辅助方程：

$v_r^2=v_{rx}^2+v_{ry}^2+v_{rz}^2$，　$v_{rx}=v_x-W_x$，

$v_{ry}=v_y$，　$v_{rz}=v_z-W_z$，

$\delta_{r1}=\delta_1-\dfrac{W_x\sin\theta}{v_r}$，　$\delta_{r2}=\delta_2+\dfrac{W_z}{v_r}$，

$\theta_r=\arcsin\left(\dfrac{v_y}{v_r\cos\psi_r}\right)$，　$\psi_r=\arcsin\left(\dfrac{v_z-W_z}{v_r}\right)$，

$\delta_{rx}=-\delta_{r1}\sin\theta_r-\delta_{r2}\sin\psi_r\cos\theta_r$，　$\delta_{ry}=-\delta_{r1}\cos\theta_r-\delta_{r2}\sin\psi_r\sin\theta_r$，

$\delta_{rz}=\delta_{r2}\cos\psi_r$，　$\Omega_x=\Omega\cos\Lambda\cos\alpha_1$，

$\Omega_y=\Omega\sin\Lambda$，　$\Omega_z=\Omega\cos\Lambda\sin\alpha_1$

$\delta_1=\delta_{1D}+\delta_{1p}$，　$\delta_2=\delta_{2D}+\delta_{2p}$，

$\delta_{1D}=\delta_D\cos(\gamma_0+\alpha^*\sqrt{\sigma}t)$，　$\delta_{2D}=\delta_D\sin(\gamma_0+\alpha^*\sqrt{\sigma}t)$，

$\delta_D=\delta_{Dm0}e^*$，　$\delta_{Dm0}=\dot{\delta}_0(2\alpha^*\sqrt{\sigma_0})^{-1}$，

$$\alpha^* = \alpha v, \qquad \alpha = \frac{C}{2A} \cdot \frac{\dot{\gamma}}{v},$$

$$\sigma = 1 - \frac{k_z}{\alpha^2}, \qquad b_x = \frac{\rho S}{2m}[c_{x0} + c_{x0} K\delta^2],$$

$$b_y = \frac{\rho S}{2m} c_y', \qquad b_z = \frac{\rho S}{2m} c_z'',$$

$$k_z = \frac{\rho Sl}{2A} m_z', \qquad k_{zz} = \frac{\rho Sdl}{2A} m_{zz}',$$

$$k_y = \frac{\rho Sdl}{2A} m_y'', \qquad k_{xz} = \frac{\rho Sdl}{2A} m_{xz}'$$

$$\frac{\mathrm{d}k}{\mathrm{d}t} = -\left(\frac{k_{zz} + b_y - k_{xz}}{2} - \frac{k_{zz} + b_y + 2k_y - k_{xz}}{2\sqrt{\sigma}}\right) v,$$

$$\delta_{1p} = \frac{-k_{zz}\left(k_z + 2\alpha \frac{\dot{\gamma}}{v} b_z\right) + 4\alpha^2 (b_y - k_y)}{\left(k_z + 2\alpha \frac{\dot{\gamma}}{v} b_z\right)^2 + 4\alpha^2 \ (k_y - b_y)^2} \left(\frac{g\cos\theta}{v^2}\right)^2,$$

$$\delta_{2p} = \frac{2\alpha\left[k_z + 2\alpha \frac{\dot{\gamma}}{v} b_z + k_{zz}(b_y - k_y)\right]}{\left(k_z + 2\alpha \frac{\dot{\gamma}}{v} b_z\right)^2 + 4\alpha^2 \ (k_y - b_y)^2} \left(\frac{g\cos\theta}{v^2}\right)^2$$

式中，$W_x$、$W_z$ 分别表示风速在 $x$ 方向和 $z$ 方向的分量，其余符号的意义同无风条件下的修正质点弹道方程组。

## 五、刚体弹道方程

刚体弹道方程又称六自由度弹道方程。把弹丸在空中的运动作为一般刚体的运动，它可分解为质心的运动和绕质心的运动。考虑到作用在弹丸上的全部力和力矩，所以，刚体弹道模型认为是比较精确的弹道模型，可以作为其他弹道模型的比较标准。但是，刚体弹道模型对气动力和初始条件要求较高，如果这些数据精度不高，将影响刚体弹道方程计算的精度。由于弹道方程复杂，计算机计算时间较长，在火控弹道模型中，目前采用得较少。

刚体弹道模型采用的坐标系以及作用在弹丸上的力和力矩可以简要地表述如下。刚体弹道模型采用如下的坐标系。

（1）地面直角坐标系 $O-xyz$。

坐标原点 $O$ 为炮口中心，$Ox$ 轴为射面与炮口水平面的交线，指向射击方向为正；$Oy$ 轴在射面内垂直于 $Ox$ 轴，向上为正；$Oz$ 轴与 $Ox$ 轴、$Oy$ 轴构成右手直角坐标系。需要指出：地面直角坐标系是火控系统解算射击诸元问题所用的坐标系，弹道微分方程组在此坐标系内建立。

（2）基准坐标系 $O_c-xyz$。

基准坐标系也称为平动坐标系，坐标原点 $O_c$ 为弹丸质心，它的3个坐标轴 $O_cx$ 轴、$O_cy$ 轴、$O_cz$ 轴分别与地面直角坐标系的 $Ox$ 轴、$Oy$ 轴、$Oz$ 轴对应平行。它是速度坐标系和弹轴坐标的参考系。

（3）速度坐标系 $O_c-x_vy_vz_v$。

坐标原点 $O_c$ 为弹丸质心，$O_cx_v$ 轴与弹丸速度 $v$ 方向一致；$O_cy_v$ 轴在铅直面内且与 $O_cx_v$

轴垂直，向上为正；$O_c z_v$ 轴与 $O_c x_v$ 轴和 $O_c y_v$ 轴构成右手直角坐标系。速度 $v$ 或 $O_c x_v$ 轴对基准坐标系 $O_c - xyz$ 的位置用角度 $\theta$ 和 $\psi$ 确定，如图 4.7 所示。

（4）弹轴坐标系 $O_c - \xi\eta\zeta$。

坐标原点 $O_c$ 为弹丸质心，$O_c\xi$ 轴与弹轴重合，指向弹头方向为正；$O_c\eta$ 轴垂直于 $O_c\zeta$ 轴，$O_c\zeta$ 轴与 $O_c\xi$ 轴和 $O_c\eta$ 轴构成右手直角坐标系。

$O_c\xi$ 轴相对于速度坐标系 $O_c - x_v y_v z_v$ 的位置可以用 $\delta_1$ 角和 $\delta_2$ 角确定。过弹轴 $O_c\xi$ 作垂直于 $O_c x_v y_v$ 的平面，该平面与 $O_c x_v y_v$ 平面相交于 $O_c x_v'$，$O_c x_v'$ 与 $O_c x_v$ 的夹角为 $\delta_1$，$O_c x_v'$ 与 $O_c\xi$ 的夹角为 $\delta_2$，如图 4.8 所示。

$O_c\xi$ 轴在 $O_c - xyz$ 坐标系的位置可以用 $\phi_1$ 角和 $\phi_2$ 角确定。过 $O_c\xi$ 轴作垂直于 $O_c xy$ 平面的平面，与平面 $O_c xy$ 的交线为 $O_c x'$，$O_c x'$ 与 $O_c x$ 的夹角为 $\phi_1$；$O_c x'$ 与 $O_c\xi$ 的夹角为 $\phi_2$，如图 4.9 所示。

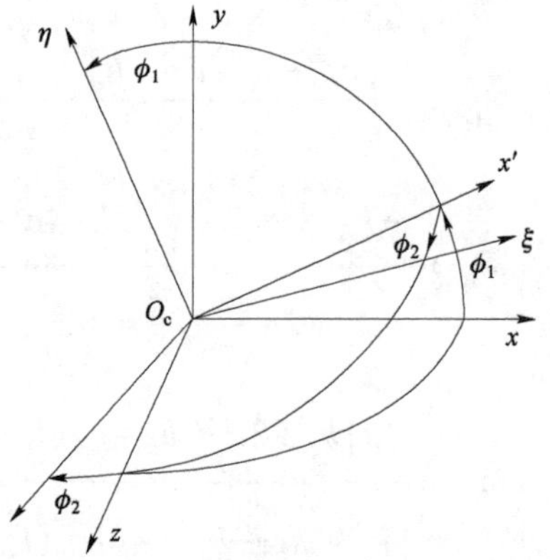

图 4.9　弹轴坐标系与基准坐标系

由图 4.8 还可表明：速度 $v$ 与弹轴 $\xi$ 的夹角为攻角 $\delta$，则由速度 $v$ 与弹轴 $\xi$ 组成的平面称为攻角平面或阻力平面，阻力平面与 $O_c xy$ 平面的夹角 $v$ 称为进动角。

$$\delta = \sqrt{\delta_1^2 + \delta_2^2}$$

下面将给出作用在弹丸上的力及力矩，以方便后面使用及理解。

空气阻力：

$$R_x = mb_x v^2, \qquad b_x = \frac{\rho S}{2m} c_x$$

升力：

$$R_y = mb_y v^2 \delta, \qquad b_y = \frac{\rho S}{2m} c_y'$$

马氏力：

$$R_z = mb_z \dot{\gamma} v \delta, \qquad b_z = \frac{\rho S}{2m} d c_z''$$

重力：

$$G = mg$$

科氏惯性力：

$$F_k = -2m\Omega \times v$$

俯仰力矩：

$$M_z = Ak_z v^2 \delta, \qquad k_z = \frac{\rho Sl}{2A} m_z'$$

赤道阻尼力矩：

$$M_{zz} = Ak_{zz} v \dot{\phi}, \qquad k_{zz} = \frac{\rho Sld}{2A} m_{zz}'$$

极阻尼力矩：

$$M_{xz} = Ck_{xz} v \dot{\gamma}, \qquad k_{xz} = \frac{\rho Sld}{2C} m_{zz}'$$

马氏力矩：

$$M_y = Ak_y v\dot{\gamma}\delta, \qquad k_y = \frac{\rho Sld}{2A}m_y''$$

（一）无风条件下地面直角坐标系中的刚体弹道方程组

刚体弹道方程组推导过程复杂，下面仅给出无风条件下地面直角坐标系中的刚体弹道方程组的基本形式。

$$\frac{\mathrm{d}v_x}{\mathrm{d}t} = -b_x vv_x - b_y v^2\delta(\sin\theta\cos\upsilon + \sin\psi\cos\theta\sin\upsilon) + b_z v\dot{\gamma}(\cos\phi_2\sin\phi_1\sin\psi - \sin\phi_2\sin\theta\cos\psi)\frac{\delta}{\sin\delta} - 2(\Omega_y v_z + \Omega_z v_y)$$

$$\frac{\mathrm{d}v_y}{\mathrm{d}t} = -b_x vv_y - b_y v^2\delta(\cos\theta\cos\upsilon - \sin\psi\sin\theta\sin\upsilon) + b_z v\dot{\gamma}(\sin\phi_2\cos\theta\sin\psi - \cos\phi_1\cos\theta\sin\psi)\frac{\delta}{\sin\delta} - g + 2(\Omega_x v_z + \Omega_z v_x)$$

$$\frac{\mathrm{d}v_z}{\mathrm{d}t} = -b_x vv_z + b_y v^2\delta\cos\psi\sin\upsilon + b_z v\dot{\gamma}(\cos\phi_1\cos\phi_2\sin\theta\sin\psi - \cos\phi_2\sin\phi_1\cos\theta\cos\psi)\frac{\delta}{\sin\delta} - 2(\Omega_x v_y - \Omega_y v_x)$$

$$\frac{\mathrm{d}x}{\mathrm{d}t} = v_x$$

$$\frac{\mathrm{d}y}{\mathrm{d}t} = v_y$$

$$\frac{\mathrm{d}z}{\mathrm{d}t} = v_z$$

$$\frac{\mathrm{d}\dot{\gamma}}{\mathrm{d}t} = -k_{xz}v\dot{\gamma} - \frac{A}{C}k_{zz}v\dot{\phi}\sin\phi_2 + \ddot{\phi}\sin\phi_2 - \dot{\phi}_1\dot{\phi}_2\cos\phi_2$$

$$\frac{\mathrm{d}\dot{\phi}_1}{\mathrm{d}t} = k_z v^2(\cos\alpha_r\sin\delta_1 + \sin\alpha_r\sin\delta_2\cos\delta_1)\frac{\delta}{\sin\delta_1\cos\phi_2} - k_y v\dot{\gamma}(\sin\alpha_r\sin\delta_1 - \cos\alpha_r\sin\delta_2\cos\delta_1)\frac{\delta}{\sin\delta\cos\phi_2} - k_{zz}v\dot{\phi}_1 - \frac{C\dot{\gamma}\dot{\phi}_2}{A\cos\phi_2} - \frac{(C-2A)\dot{\phi}_1\dot{\phi}_2\sin\phi_2}{A\cos\phi_2}$$

$$\frac{\mathrm{d}\dot{\phi}_2}{\mathrm{d}t} = k_z v^2(\cos\alpha_r\sin\delta_2\cos\delta_1 - \sin\alpha_r\sin\delta_1)\frac{\delta}{\sin\delta} - k_y v\dot{\gamma}(\cos\alpha_r\sin\delta_1 + \sin\alpha_r\sin\delta_2\cos\delta_1)\frac{\delta}{\sin\delta} - k_{zz}v\dot{\phi}_2 + \frac{C\dot{\gamma}\dot{\phi}_1}{A}\cos\phi_2 - \frac{C-A}{A}\dot{\phi}_1\sin\phi_2\cos\phi_2$$

$$\frac{\mathrm{d}\phi_1}{\mathrm{d}t} = \dot{\phi}_1$$

$$\frac{\mathrm{d}\phi_2}{\mathrm{d}t} = \dot{\phi}_2$$

$$v^2 = v_x^2 + v_y^2 + v_z^2$$

$$\psi = \arcsin\left(\frac{v_z}{v}\right)$$

$$\theta = \arcsin\left(\frac{v_y}{v\cos\psi}\right)$$

$$\delta_1 = \arcsin\left[\frac{\cos\phi_2 \sin(\phi_1 - \theta)}{\cos\delta_2}\right]$$

$$\delta_2 = \arcsin[\sin\phi_2 \cos\psi - \cos\phi_2 \sin\psi \cos(\phi_1 - \theta)]$$

$$\alpha_r = \arccos(\cos\delta_1 \cos\delta_2)$$

$$\sin\upsilon = \frac{\sin\delta_2}{\sin\delta}$$

$$\cos\upsilon = \frac{\cos\delta_2 \sin\delta_1}{\sin\delta}$$

$$\Omega_x = \Omega\cos\Lambda\sin\alpha_1$$

$$\Omega_y = \Omega\sin\Lambda$$

$$\Omega_z = \Omega\cos\Lambda\cos\alpha_1$$

（二）有风条件下地面直角坐标系中的刚体弹道方程组

设弹丸飞行过程中受到的是水平风，风速为 $W$，如果把水平风 $W$ 分解为平行射面的纵风 $W_x$ 和垂直射面的横风 $W_z$，则有风条件下的刚体弹道方程为：

$$\frac{\mathrm{d}v_x}{\mathrm{d}t} = -b_x v_r (v_x - W_x) - b_y v_r^2 \delta_r (\sin\theta_r \cos\upsilon + \sin\psi_r \cos\theta_r \sin\upsilon) + b_z v_r \dot{\gamma} (\cos\phi_2 \sin\phi_1 \sin\psi_r - \sin\phi_2 \sin\theta_r \cos\psi_r) \frac{\delta}{\sin\delta_r} - 2(\Omega_y v_z + \Omega_z v_y)$$

$$\frac{\mathrm{d}v_y}{\mathrm{d}t} = -b_x v_r v_y - b_y v_r^2 \delta_r (\cos\theta_r \cos\upsilon - \sin\psi_r \sin\theta_r \sin\upsilon) + b_z v_r \dot{\gamma} (\sin\phi_2 \cos\theta_r \sin\psi_r - \cos\phi_1 \cos\theta \sin\psi_r) \frac{\delta}{\sin\delta_r} - g + 2(\Omega_x v_z + \Omega_z v_x)$$

$$\frac{\mathrm{d}v_z}{\mathrm{d}t} = -b_x v_r (v_z - W_z) + b_y v_r^2 \delta_r \cos\psi_r \sin\upsilon + b_z v_r \dot{\gamma} (\cos\phi_1 \cos\phi_2 \sin\theta_r \sin\psi_r - \cos\phi_2 \sin\phi_1 \cos\theta_r \cos\psi_r) \frac{\delta}{\sin\delta_r} - 2(\Omega_x v_y - \Omega_y v_x)$$

$$\frac{\mathrm{d}x}{\mathrm{d}t} = v_x$$

$$\frac{\mathrm{d}y}{\mathrm{d}t} = v_y$$

$$\frac{\mathrm{d}z}{\mathrm{d}t} = v_z$$

$$\frac{\mathrm{d}\dot{\gamma}}{\mathrm{d}t} = -k_{xz} v_r \dot{\gamma} - \frac{A}{C} k_{zz} v_r \dot{\phi} \sin\phi_2 + \ddot{\phi} \sin\phi_2 - \dot{\phi}_1 \dot{\phi}_2 \cos\phi_2$$

$$\frac{\mathrm{d}\dot{\phi}_1}{\mathrm{d}t} = k_z v_r^2 (\cos\alpha_r \sin\delta_{r1} + \sin\alpha_r \sin\delta_{r2} \cos\delta_{r1}) \frac{\delta_r}{\sin\delta_{r1} \cos\phi_2} - k_y v_r \dot{\gamma} (\sin\alpha_r \sin\delta_{r1} -$$

$$\cos\alpha_r\sin\delta_{r2}\cos\delta_{r1})\frac{\delta_r}{\sin\delta_r\cos\phi_2}-k_{zz}v_r\dot{\phi}_1-\frac{C\dot{\gamma}\dot{\phi}_2}{A\cos\phi_2}-\frac{(C-2A)\dot{\phi}_1\dot{\phi}_2\sin\phi_2}{A\cos\phi_2}$$

$$\frac{d\dot{\phi}_2}{dt}=k_z v_r^2(\cos\alpha_r\sin\delta_{r2}\cos\delta_{r1}-\sin\alpha_r\sin\delta_{r1})\frac{\delta_r}{\sin\delta_r}-k_y v_r\dot{\gamma}(\cos\alpha_r\sin\delta_{r1}+$$

$$\sin\alpha_r\sin\delta_{r2}\cos\delta_{r1})\frac{\delta_r}{\sin\delta_r}-k_{zz}v_r\dot{\phi}_2+\frac{C\dot{\gamma}\dot{\phi}_1}{A}\cos\phi_2-\frac{C-A}{A}\dot{\phi}_1\sin\phi_2\cos\phi_2$$

$$\frac{d\phi_1}{dt}=\dot{\phi}_1$$

$$\frac{d\phi_2}{dt}=\dot{\phi}_2$$

$$v_r^2=(v_x-W_x)^2+v_y^2+(v_z-W_z)^2$$

$$\psi_r=\arcsin\left(\frac{v_z-W_z}{v_r}\right)$$

$$\theta_r=\arcsin\left(\frac{v_y}{v_r\cos\psi_r}\right)$$

$$\delta_{r1}=\arcsin\left[\frac{\cos\phi_2\sin(\phi_1-\theta_r)}{\cos\delta_{r2}}\right]$$

$$\delta_{r2}=\arcsin[\sin\phi_2\cos\psi_r-\cos\phi_2\sin\psi_r\cos(\phi_1-\theta_r)]$$

$$\alpha_r=\arccos(\cos\delta_{r1}\cos\delta_{r2})$$

$$\delta_r=\sqrt{\delta_{r1}^2+\delta_{r2}^2}$$

$$\sin\upsilon=\frac{\sin\delta_{r2}}{\sin\delta_r}$$

$$\cos\upsilon=\frac{\cos\delta_{r2}\sin\delta_{r1}}{\sin\delta_r}$$

$$\Omega_x=\Omega\cos\Lambda\sin\alpha_1$$

$$\Omega_y=\Omega\sin\Lambda$$

$$\Omega_z=\Omega\cos\Lambda\cos\alpha_1$$

## 六、简化的刚体弹道方程

刚体弹道方程为弹道计算提供了精确的数学模型。但是，计算刚体弹道需要很小的步长，计算的时间很长。特别是在计算远程曲射弹道时，如需大量计算弹道，需要机时很长，很难达到工程的需求。因此，需要寻求计算速度快而且精度能满足要求的弹道方程。

刚体弹道方程要求计算步长小，其主要原因是 $\ddot{\phi}_1$ 和 $\ddot{\phi}_2$ 项的存在，因此方程的解中存在这种变化周期非常短的成分。通过误差分析表明，$\ddot{\phi}_1$ 和 $\ddot{\phi}_2$ 对弹丸质心运动的影响并不大，这给忽略 $\ddot{\phi}_1$ 和 $\ddot{\phi}_2$ 提供了理论依据。略去 $\ddot{\phi}_1$ 和 $\ddot{\phi}_2$ 使方程的解中略去了高频小振幅的成分，计算步长可增大很多，可以大幅度减小运算量。与此同时，$\dot{\phi}_1$ 和 $\dot{\phi}_2$ 也大为减小，因而赤道阻尼力矩与其他力矩相比，可以忽略不计。同时可略去 $\ddot{\phi}_1$ 或 $\ddot{\phi}_2$ 的等阶小量 $\dot{\phi}_1\dot{\phi}_2$。这样就可以使弹道方程得到简化。

下面将给出简化的刚体弹道方程组。

（一）无风条件下地面直角坐标系中的简化刚体弹道方程组

$$\frac{\mathrm{d}v_x}{\mathrm{d}t} = -b_x v v_x - b_y v^2 \delta(\sin\theta\cos\upsilon + \sin\psi\cos\theta\sin\upsilon) + b_z v\dot{\gamma}(\cos\phi_2\sin\phi_1\sin\psi - \sin\phi_2\sin\theta\cos\psi) - 2(\Omega_y v_z + \Omega_z v_y)$$

$$\frac{\mathrm{d}v_y}{\mathrm{d}t} = -b_x v v_y + b_y v^2 \delta(\cos\theta\cos\upsilon - \sin\psi\sin\theta\sin\upsilon) + b_z v\dot{\gamma}(\sin\phi_2\cos\theta\sin\psi - \cos\phi_1\cos\theta\sin\psi) - g + 2(\Omega_x v_z + \Omega_z v_x)$$

$$\frac{\mathrm{d}v_z}{\mathrm{d}t} = -b_x v v_z + b_y v^2 \delta\cos\psi\sin\upsilon + b_z v\dot{\gamma}(\cos\phi_1\cos\phi_2\sin\theta\sin\psi - \sin\phi_1\cos\phi_2\cos\theta\cos\psi) - 2(\Omega_x v_y - \Omega_y v_x)$$

$$\frac{\mathrm{d}x}{\mathrm{d}t} = v_x$$

$$\frac{\mathrm{d}y}{\mathrm{d}t} = v_y$$

$$\frac{\mathrm{d}z}{\mathrm{d}t} = v_z$$

$$\frac{\mathrm{d}\dot{\gamma}}{\mathrm{d}t} = -k_{xz} v\dot{\gamma}$$

$$\frac{\mathrm{d}\dot{\phi}_1}{\mathrm{d}t} = k_z v^2(\cos\alpha_r\sin\delta_1 + \sin\alpha_r\sin\delta_2\cos\delta_1) - k_y v\dot{\gamma}(\sin\alpha_r\sin\delta_1 - \cos\alpha_r\sin\delta_2\cos\delta_1) - k_{zz} v\dot{\phi}_1$$

$$\frac{\mathrm{d}\dot{\phi}_2}{\mathrm{d}t} = k_z v^2(\cos\alpha_r\sin\delta_2\cos\delta_1 - \sin\alpha_r\sin\delta_1) - k_y v\dot{\gamma}(\cos\alpha_r\sin\delta_1 + \sin\alpha_r\sin\delta_2\cos\delta_1) - k_{zz} v\dot{\phi}_2$$

$$\frac{\mathrm{d}\phi_1}{\mathrm{d}t} = \dot{\phi}_1$$

$$\frac{\mathrm{d}\phi_2}{\mathrm{d}t} = \dot{\phi}_2$$

$$v^2 = v_x^2 + v_y^2 + v_z^2$$

$$\psi = \arcsin\left(\frac{v_z}{v}\right)$$

$$\theta = \arctan\left(\frac{v_z}{v_x}\right)$$

$$\delta_1 = \arcsin\left[\frac{\cos\phi_2\sin(\phi_1 - \theta)}{\cos\delta_2}\right]$$

$$\delta_2 = \arcsin[\sin\phi_2\cos\psi - \cos\phi_2\sin\psi\cos(\phi_1 - \theta)]$$

$$\alpha_r = \arccos(\cos\delta_1\cos\delta_2)$$

$$\sin\upsilon=\frac{\sin\delta_2}{\sin\delta}$$

$$\cos\upsilon=\frac{\cos\delta_2\sin\delta_1}{\sin\delta}$$

$$\Omega_x=\Omega\cos\Lambda\sin\alpha_1$$

$$\Omega_y=\Omega\sin\Lambda$$

$$\Omega_z=\Omega\cos\Lambda\cos\alpha_1$$

（二）有风条件下地面直角坐标系中的简化刚体弹道方程组

设弹丸飞行过程中受到的是水平风，风速为 $W$，如果把水平风 $W$ 分解为平行射面的纵风 $W_x$ 和垂直射面的横风 $W_z$，则有风条件下的刚体弹道方程为

$$\frac{\mathrm{d}v_x}{\mathrm{d}t}=-b_xv_r(v_x-W_x)-b_yv_r^2\delta_r(\sin\theta_r\cos\upsilon+\sin\psi_r\cos\theta_r\sin\upsilon)+b_zv_r\dot{\gamma}(\cos\phi_2\sin\phi_1\sin\psi_r-\sin\phi_2\sin\theta_r\cos\psi_r)-2(\Omega_yv_z+\Omega_zv_y)$$

$$\frac{\mathrm{d}v_y}{\mathrm{d}t}=-b_xv_rv_y+b_yv_r^2\delta_r(\cos\theta_r\cos\upsilon-\sin\psi_r\sin\theta_r\sin\upsilon)+b_zv_r\dot{\gamma}(\sin\phi_2\cos\theta_r\sin\psi_r-\cos\phi_1\cos\theta\sin\psi_r)-g+2(\Omega_xv_z+\Omega_zv_x)$$

$$\frac{\mathrm{d}v_z}{\mathrm{d}t}=-b_xv_r(v_z-W_z)+b_yv_r^2\delta_r\cos\psi_r\sin\upsilon+b_zv_r\dot{\gamma}(\cos\phi_1\cos\phi_2\sin\theta_r\sin\psi_r-\cos\phi_2\sin\phi_1\cos\theta_r\cos\psi_r)-2(\Omega_xv_y-\Omega_yv_x)$$

$$\frac{\mathrm{d}x}{\mathrm{d}t}=v_x$$

$$\frac{\mathrm{d}y}{\mathrm{d}t}=v_y$$

$$\frac{\mathrm{d}z}{\mathrm{d}t}=v_z$$

$$\frac{\mathrm{d}\dot{\gamma}}{\mathrm{d}t}=-k_{xz}v_r\dot{\gamma}$$

$$\frac{\mathrm{d}\dot{\phi}_1}{\mathrm{d}t}=k_zv_r^2(\cos\alpha_r\sin\delta_{r1}+\sin\alpha_r\sin\delta_{r2}\cos\delta_{r1})-k_{zz}v_r\dot{\phi}_1-k_yv_r\dot{\gamma}(\sin\alpha_r\sin\delta_{r1}-\cos\alpha_r\sin\delta_{r2}\cos\delta_{r1})$$

$$\frac{\mathrm{d}\dot{\phi}_2}{\mathrm{d}t}=k_zv_r^2(\cos\alpha_r\sin\delta_{r2}\cos\delta_{r1}-\sin\alpha_r\sin\delta_{r1})-k_{zz}v_r\dot{\phi}_2-k_yv_r\dot{\gamma}(\cos\alpha_r\sin\delta_{r1}+\sin\alpha_r\sin\delta_{r2}\cos\delta_{r1})$$

$$\frac{\mathrm{d}\phi_1}{\mathrm{d}t}=\dot{\phi}_1$$

$$\frac{\mathrm{d}\phi_2}{\mathrm{d}t}=\dot{\phi}_2$$

$$v_r^2=(v_x-W_x)^2+v_y^2+(v_z-W_z)^2$$

$$\psi_r = \arcsin\left(\frac{v_z - W_z}{v_r}\right)$$

$$\theta_r = \arcsin\left(\frac{v_y}{v_r \cos\psi_r}\right)$$

$$\delta_{r1} = \arcsin\left[\frac{\cos\phi_2 \sin(\phi_1 - \theta_r)}{\cos\delta_{r2}}\right]$$

$$\delta_{r2} = \arcsin[\sin\phi_2 \cos\psi_r - \cos\phi_2 \sin\psi_r \cos(\phi_1 - \theta_r)]$$

$$\alpha_r = \arccos(\cos\delta_{r1} \cos\delta_{r2})$$

$$\delta_r = \sqrt{\delta_{r1}^2 + \delta_{r2}^2}$$

$$\sin\upsilon = \frac{\sin\delta_{r2}}{\sin\delta_r}$$

$$\cos\upsilon = \frac{\cos\delta_{r2} \sin\delta_{r1}}{\sin\delta_r}$$

$$\Omega_x = \Omega\cos\Lambda\sin\alpha_1$$

$$\Omega_y = \Omega\sin\Lambda$$

$$\Omega_z = \Omega\cos\Lambda\cos\alpha_1$$

刚体弹道方程和简化刚体弹道方程组用于火控弹道模型，必须满足两个条件：其一是小型快速计算机的研制成功。随着计算机技术的日新月异，这一条目前已经不是问题了。其二是精确的空气动力学数据和起始扰动数据的理论计算和试验测定。因此，相比较而言，简化刚体弹道模型更容易当作火控系统弹道模型使用。而随着弹道理论和测试技术的发展，刚体弹道方程组也有可能成为火控弹道模型使用。

限于篇幅，各类弹道方程组仅给出了表达式，各种弹道方程的详细推导和使用细节可参阅相关弹道学著作。

## 七、射表及其函数逼近

火控计算机的一项首要计算任务是，在已知目标距离为 $D$ 后，根据弹道微分方程组，解算出火炮的瞄准角 $\alpha_0$ 和弹丸飞行时间 $t_f$。在火控计算机具有高速运算能力的条件下，本应对外弹道微分方程组直接进行数值求解，但是一方面是由于计算量过大，另一方面是在火控系统中的弹道解算任务，并非弹道微分方程典型的初值问题，例如初始条件中的重要参数 $\alpha_0$ 这时成了求解对象，这给弹道问题的求解增加了困难。因此在当前的火控系统工程实践中，是采用火炮射表逼近的方法来进行外弹道问题的近似解算的。

### （一）火炮射表简介

射表是针对特定的弹、炮、药在实际条件下使用的，含有所需射击诸元的数字表或图表。射表的内容包括射表说明、基本诸元、修正诸元、散布诸元和辅助诸元等。

射表说明中通常包括编制射表的标准条件和使用射表的有关问题说明。例如在编制射表中常提到的标准条件包括标准弹道条件、标准气象条件和标准地形、地球条件。我国规定的标准条件如表 4.3 所示。

表4.3　标准条件

| 标准弹道条件 | 标准气象条件 | 标准地形、地球条件 |
|---|---|---|
| （1）初始值等于规定值；<br>（2）药温为15 ℃，装药量等于规定值；<br>（3）弹重等于规定值；<br>（4）弹丸形状、尺寸及质量分布均符合图纸规定；<br>（5）火炮静止，耳轴水平并与炮身轴线垂直 | （1）地面气温为+15 ℃，相对湿度50%，各高度上的标准值遵守随高度变化的标准定律；<br>（2）地面气压为750 mmHg（0.099 992 MPa），大气密度为1.206 kg/m³，各高度上标准值遵守高度变化的规律；<br>（3）无风、雨 | （1）地球表面为平面；<br>（2）重力加速度 $g=9.8\ \mathrm{m/s^2}$，方向铅垂向下；<br>（3）不考虑地球自转而产生的科氏加速度对弹道的影响 |

基本诸元是在标准条件下计算得到的弹道诸元（如射程、飞行时间、偏流等），它给出了在标准条件下射击诸元与弹道诸元的关系，是射表的基本部分。修正诸元包括弹丸质量偏差、初速偏差、气温偏差、气压偏差、风速等规定偏差量对弹道诸元的修正量。散布诸元列出了各种射击条件（射角）下的散布特征量，即距离、方向和高低概率误差。对于时间引信，有时还列出飞行时间概率误差。散布诸元主要供射击指挥、准备弹药数量及选取射击方法时参考。辅助诸元因射表不同而异，有窄夹叉、炮位水平面上任意点弹道高、遮蔽条件下射击用表等。

射表的分类，按照不同的分类方法，同一射表可以处于不同的类别。射表按用途可分为高射炮射表、海军炮射表和地面炮射表。射表按弹种可分为穿（破）甲弹射表、航空炸弹投弹射表、火箭弹射表、火箭增程弹射表、火箭布雷弹射表和子母弹射表等。射表按内容分可以分为完整射表、简易射表和临时射表。按使用区域分可以分为地面射表、山地射表和高原射表。

射表是提供实际射击条件下武器射击诸元的基本工具。对于人工操作的火炮，射表供炮兵准备射击诸元之用。对于装有火控系统的自动或半自动射击的火炮，射表为火控系统提供弹道模型及其他有关的基础数据。

射表编制一般采用理论计算与射击试验相结合的办法。如果完全靠射击试验编制射表，不但要消耗大量的弹药，而且由于无法进行各方面条件的修正，所编制的射表误差必然很大。如果完全用弹道方程计算射表，由于弹道方程组在建立的时候就进行了大量的假设，存在模型误差，另外在弹道方程组中包含的各种参数及初始条件的确定过程中也包含大量的误差，因此以此为准编制的射表会造成较大的误差。因此，单纯靠试验或单纯靠理论计算都不可能编制出精确的射表，故射表的编制一般采用理论计算和射击试验相结合的方法，即采用调整某些原始数据的办法，使计算结果与试验结果相一致，这项工作在射表编制中称为“符合计算”。采用符合计算的方法，可以修正不够精确的原始数据，同时对由弹道方程不完善造成的误差也可以补偿。

把通过射击试验与理论计算确定射击诸元与弹道诸元的关系，并编制出数字表或图表的过程称为射表编制。随着弹道学理论的发展，测试技术的日新月异，计算机和计算数学的发展进步，射表的编制方法也在不断地发展变化。射表编制虽然繁简不等，但是一般都要经过射击试验、弹道计算和制表三个阶段。射击试验包括试验准备、试验实施和数据处理；弹道计算包括符合计算、基本诸元计算、修正诸元计算和散布诸元计算；制表包括按规定的格式编表、射表说明及射表出版发布。为了让大家对射表有一个直观的了解，如表 4.4 所示，给出了某坦克炮破甲弹射表的表头。

**表 4.4　×××mm 坦克炮射表（表头）**

直射距离，目标高 2.4 m 时　　破甲弹

××××m　　×××引　信　　定装药、初速××××m/s

| 距离 | 表尺 | 最大弹道高 | 修正量 | | | | | | | | 瞄准角改变一毫弧度时射击距离变化量 | 瞄准角 | 落角 | 落速 | 飞行时间 | 公算偏差 | | 距离 |
|---|---|---|---|---|---|---|---|---|---|---|---|---|---|---|---|---|---|---|
| | | | 方向 | | 距离 | | | | | | | | | | | | | |
| | | | 偏流 | 横风速度 10 m/s | 纵风速度 10 m/s | 气压 10 mm | 气温 10℃ | 初速 1% | 装药温度 10℃ | 弹重增加一个符号 | | | | | | 高低 | 方向 | |
| $x$ | $\theta_0$ | $y_m$ | $Z$ | $\Delta\beta$ | $\Delta x_1$ | $\Delta x_2$ | $\Delta x_3$ | $\Delta x_4$ | $\Delta x_5$ | $\Delta x_6$ | $\Delta x_a$ | $a_0$ | $\lvert\theta_c\rvert$ | $v_c$ | $t_f$ | $E_y$ | $E_x$ | $x$ |
| m | (mrad) | m | (mrad) | (mrad) | m | m | m | m | m | m | m | (°) | (°) | m/s | s | m | m | m |
| | | | | | | | | | | | | | | | | | | |

一个完整的作战使用的射表，只有在全武器系统生产定型之后才能编制，这样才能反映武器系统的实际水平，减少射表编制误差。为了提高射表的精度，减少弹药消耗和其他工作量，可以在武器系统研制全过程的各个环节收集和射表有关的数据，特别是概率误差数据。为了满足部队试验或其他临时的需要，也要编制临时射表和简易射表。

（二）射表的插值使用

射表是设计火控系统的基本资料，也是供部队作战训练使用的专门工具。在了解了射表的基本内容后，最重要的就是掌握它的使用方法。由于射表由离散数值组成，当自变量取射表中各离散值时，可直接查射表求得函数值。当自变量取介于离散数值之间的值时，需要根据表中相邻的自变量值和函数值，计算需要的函数值。

采用的方法有：线性插值法和二次插值法（抛物插值法）。下面来推导插值公式。

设 $x_0$，$x_1$，…，$x_n$ 是 $n+1$ 个互异的数，$y_0$，$y_1$，…，$y_n$ 是相应的函数值。

$$y_i = f(x_i),\quad i = 0,\ 1,\ 2,\ \cdots,\ n$$

在次数不高于 $n$ 的代数多项式集合中，求多项式：

$$P_n(x) = a_0 + a_1 x + \cdots + a_n x^n \tag{4.157}$$

使其满足条件：

$$P_n(x_i) = y_i,\quad i = 0,\ 1,\ 2,\ \cdots,\ n \tag{4.158}$$

此问题称为代数插值问题，$x_0$，$x_1$，…，$x_n$ 称为插值节点，条件式（4.158）称为插值条件。满足插值条件式（4.158）的多项式（4.157）称为 $n$ 次代数插值多项式，简称 $n$ 次

插值多项式。$f(x)$ 称为被插值的函数。

**定义：**

称比值$f[x_0,x_1]=\frac{f(x_1)-f(x_0)}{x_1-x_0}$为$f(x)$ 关于节点 $x_0$、$x_1$ 的一阶插商。

称比值$f[x_0,x_1,x_2]=\frac{f[x_0,x_2]-f[x_0,x_1]}{x_2-x_1}$为$f(x)$ 关于节点 $x_0$、$x_1$、$x_2$ 的二阶插商。

一般地，设$f(x)$ 的 $k-1$ 阶插商已定义，则称比值：

$f[x_0, x_1, \cdots, x_k] = \frac{f[x_0, x_1, \cdots, x_{k-2}, x_k] - f[x_0, x_1, \cdots, x_{k-1}]}{x_k - x_{k-1}}$为关于节点 $x_0$、$x_1$、…、$x_k$ 的 $k$ 阶插商。

特殊地，$f(x_i)$ 称为$f(x)$ 关于节点 $x_i$ 的零阶插商。请读者参阅有关数值分析的著作，采用插商的概念，结合多项式（4.157）和插值条件式（4.158），可以推出插值公式：

$$
\begin{aligned}
P_n(x) = & f(x_0) + f[x_0,x_1](x-x_0) + f[x_0,x_1,x_2](x-x_0)(x-x_1) + \cdots + \\
& f[x_0,x_1,\cdots,x_n](x-x_0)(x-x_1)\cdots(x-x_{n-1})
\end{aligned} \tag{4.159}
$$

式（4.159）就是著名的牛顿插值多项式，或称为牛顿插商插值多项式。

**讨论：**

当 $n=1$ 时，式（4.159）即为线性插值公式：

$$
P_1(x) = f(x_0) + f[x_0,x_1](x-x_0) = f(x_0) + \frac{f(x_1)-f(x_0)}{x_1-x_0}(x-x_0) \tag{4.160}
$$

当 $n=2$ 时，式（4.159）即为抛物线插值公式：

$$
\begin{aligned}
P_2(x) &= f(x_0) + f[x_0,x_1](x-x_0) + f[x_0,x_1,x_2](x-x_0)(x-x_1) \\
&= f(x_0) + \frac{f(x_1)-f(x_0)}{x_1-x_0}(x-x_0) + \frac{f[x_0,x_2]-f[x_0,x_1]}{x_2-x_1}(x-x_0)(x-x_1) \\
&= f(x_0) + \frac{f(x_1)-f(x_0)}{x_1-x_0}(x-x_0) + \frac{\frac{f(x_2)-f(x_0)}{x_2-x_0} - \frac{f(x_1)-f(x_0)}{x_1-x_0}}{x_2-x_1}(x-x_0)(x-x_1)
\end{aligned} \tag{4.161}
$$

下面举例说明。

**例 1**　某高炮射表部分数据如表 4.5 所示，设当 $H_q=4\ 000$ m，$d_q=2\ 200$ m 时，求对应的射弹飞行时间 $t_f$。

**表 4.5　高度为 4 000 m 时 $d_q$ 与 $t_f$ 的关系**

| $d_q$/m | 600 | 800 | 1 000 | 1 200 | 1 400 | 1 600 | 1 800 | 2 000 | 2 500 | 3 000 | 3 500 | 4 000 |
|---|---|---|---|---|---|---|---|---|---|---|---|---|
| $t_f$/s | 6.581 | 6.669 | 6.781 | 6.919 | 7.083 | 7.271 | 7.486 | 7.727 | 8.439 | 9.315 | 10.354 | 11.547 |

**解：**由基本射表查得高度为 4 000 m 时水平距离与射弹飞行时间的关系如表 4.5 所示。基本射表中并未直接给出水平距离 $d_q=2\ 200$ m 的射弹飞行时间，为此，需要采用插值法求解，下面分别用线性插值与二次插值法求解。

（1）线性插值法。

线性插值公式为：

$$y=P_1(x)=f(x_0)+\frac{f(x_1)-f(x_0)}{x_1-x_0}(x-x_0)$$

当 $x\in[x_0,\ x_1]$ 时，用 $y=P_1(x)$ 的值近似 $y=f(x)$ 值的插值方法称为线性内插。当 $x$ 在 $[x_0,\ x_1]$ 区间之外，且离区间端点 $x_0$ 或 $x_1$ 不远时，用 $y=P_1(x)$ 的值近似 $y=f(x)$ 值的方法称为线性外推。

利用两点内插法求得的 $d_q=2\ 200$ m 的 $t_f$ 值为：

$$t_f=f(x_0)+\frac{f(x_1)-f(x_0)}{x_1-x_0}(x-x_0)=7.727+\frac{8.439-7.727}{2\ 500-2\ 000}(2\ 200-2\ 000)\approx 8.012(\mathrm{s})$$

线性插值法适用于 $|x_0-x_1|$ 较小时。

（2）二次插值（抛物线插值）法。

线性插值只用两点 $(x_0,\ y_0)$ 及 $(x_1,\ y_1)$ 求 $y=f(x)$ 的近似值。一般来说，利用三点 $(x_0,\ y_0)$、$(x_1,\ y_1)$、$(x_2,\ y_2)$ 求 $y=f(x)$ 的近似值，插值精度要比线性插值好。这种插值方法叫作二次插值法或抛物线插值法。

抛物线插值公式为：

$$P_2(x)=f(x_0)+\frac{f(x_1)-f(x_0)}{x_1-x_0}(x-x_0)+\frac{\dfrac{f(x_2)-f(x_0)}{x_2-x_0}-\dfrac{f(x_1)-f(x_0)}{x_1-x_0}}{x_2-x_1}(x-x_0)(x-x_1)$$

利用抛物线插值法计算 $d_q=2\ 200$ m 时的 $t_f$ 值为：

$$t_f=7.727+\frac{8.439-7.727}{2\ 500-2\ 000}(2\ 200-2\ 000)+$$

$$\frac{\dfrac{9.315-7.727}{3\ 000-2\ 000}-\dfrac{8.439-7.727}{2\ 500-2\ 000}}{3\ 000-2\ 500}(2\ 200-2\ 000)(2\ 200-2\ 500)\approx 7.992(\mathrm{s})$$

**例 2** 某炮射表部分数据如表 4.5 和表 4.6 所示，已知 $H_q=3\ 700$ m，$d_q=2\ 200$ m，求对应的射弹飞行时间 $t_f$。

**解：** 当 $H_q=3\ 700$ m 时，基本射表中并没有直接给出对应关系。需要根据给定的 $H_q$ 值，利用其相邻高度 $H_{q1}$ 及 $H_{q2}$ 确定 $d_q$ 与 $t_f$ 的关系，求取射弹飞行时间 $t_f$。

因为 $H_{q1}=3\ 500\ \mathrm{m}<H_q=3\ 700\ \mathrm{m}<H_{q2}=4\ 000$ m，而 $H_{q1}=3\ 500$ m 与 $H_{q2}=4\ 000$ m 时的 $d_q$ 与 $t_f$ 关系在基本射表中是给定的，所以，这些 $d_q$ 与 $t_f$ 的关系就是计算的依据。$H_{q1}=3\ 500$ m时，查表得 $d_q$ 与 $t_f$ 的关系如下，见表 4.6 所示。

**表 4.6　高度为 3 500 m 时 $d_q$ 与 $t_f$ 的关系**

| $d_q$/m | 600 | 800 | 1 000 | 1 200 | 1 400 | 1 600 | 1 800 | 2 000 | 2 500 | 3 000 | 3 500 | 4 000 |
|---|---|---|---|---|---|---|---|---|---|---|---|---|
| $t_f$/s | 5.447 | 5.536 | 5.650 | 5.790 | 5.954 | 6.144 | 6.359 | 6.599 | 7.370 | 8.175 | 9.211 | 10.408 |

线性插值法的计算步骤：

第一步，利用表 4.6 计算 $d_q=2\ 200$ m 对应的射弹飞行时间 $t_{f1}$：

$$t_{f1}=6.599+\frac{(7.307-6.599)(2\ 200-2\ 000)}{2\ 500-2\ 000}\approx 6.882(\mathrm{s})$$

第二步，利用表 4.5 计算 $d_q=2\ 200$ m 时对应的射弹飞行时间 $t_{f2}$：

$$t_{f2}=7.727+\frac{(8.439-7.727)(2\,200-2\,000)}{2\,500-2\,000}\approx 8.012(\mathrm{s})$$

第三步，制成一新的表格函数表，如表4.7所示。

**表4.7　$d_q=2\,200$ m时的$H_q$与$t_f$值**

| $H_q$/m | 3 500 | 4 000 |
|---|---|---|
| $t_f$/s | 6.882 | 8.012 |

利用线性插值法计算$H_q=3\,700$ m时的$t_f$值：

$$t_f=6.882+\frac{(8.012-6.882)(3\,700-3\,500)}{4\,000-3\,500}\approx 7.334(\mathrm{s})$$

（三）射表的函数逼近

对于射表里的表格函数常采用曲线拟合的方法获得弹道的逼近函数，这种函数通常以代数多项式形式出现。由于它不需要存储大量的数据，而且计算速度也快，因此适合数字式火控系统。但是这种方法也有明确的缺点。首先，它是二次近似的结果，因此计算精度不可能很高，而且它在弹道气象修正量计算时，忽略了各修正量之间的关联性，影响到实际条件下的计算精度。其次，由于各型火炮、各个弹种有各自的特点，射表各不相同，因此，不可能有统一的逼近多项式，无法实现通用化。因此，随着计算机技术的发展，该方法出现了被直接解弹道微分方程组所取代的趋势。射表一般是二元函数，地炮的射表常用一元函数逼近，高炮的射表常用二元函数逼近。为叙述方便，这里仅以一元函数为例阐述。

**1. 弹道逼近的基本原理**

在射击与弹道试验中，常遇到仅知道变量$y$与变量$x$的离散数值对应关系，而不确切知道其函数关系$y=\varphi(x)$的情况。例如，变量$x$取不同的离散数值，进行测定对应的函数$y$值，可得到试验结果如表4.8所示。

**表4.8　试验结果**

| $x$ | $x_1$ | $x_2$ | $x_3$ | … | $x_{n-1}$ | $x_n$ |
|---|---|---|---|---|---|---|
| $y$ | $y_1$ | $y_2$ | $y_3$ | … | $y_{n-1}$ | $y_n$ |

利用数值（试验结果）的对应关系确定一个函数$\hat{y}=\hat{\varphi}(x)$，使它能最佳地接近函数$y=\varphi(x)$，称之为函数逼近，如图4.10所示。称函数$\hat{y}=\hat{\varphi}(x)$为未知函数$y=\varphi(x)$的逼近函数。用函数$\hat{y}=\hat{\varphi}(x)$去逼近函数$y=\varphi(x)$的目的是为了消除各个试验结果的随机误差。在模拟式火控系统中，主要的原因是便于用模拟电路实现弹道函数。函数逼近，一般采用两个步骤：选择函数的类型和确定函数中的未知数。

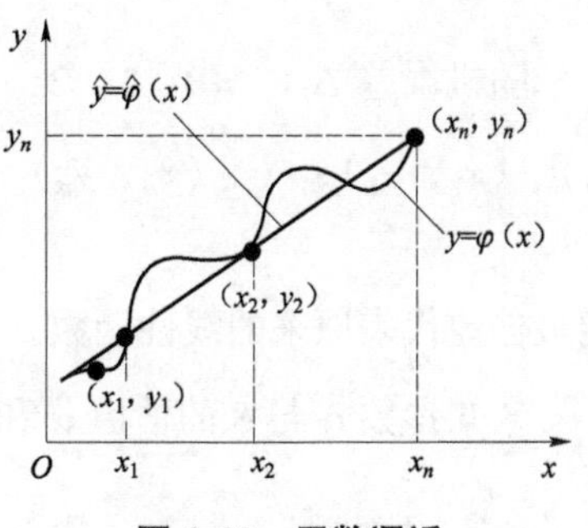

图4.10　函数逼近

1）选择函数$y=\varphi(x)$的类型

首先根据试验结果确定函数$y=\varphi(x)$的类型。逼近函数类型不同，对逼近过程的繁复程度和计算时能实际达到的精度有直接影响。逼近函数的选择主要取决于被逼近函数的变换规律。通常可根据给出的数据描图，然后对逼近函数类型进行假设、计算、比较，最后确定比较好的逼近函数类型。因此，它要求有丰富的实践经验。在弹道诸元计算时，由于其自变量并不是唯一的，而自变量不同，会直接影响到相应弹道诸元曲线的变换规律，因此在拟定火控解算模型时，也应考虑到弹道函数的逼近问题。

常用的函数类型有：

幂函数 $y=\varphi(x)=\alpha x^{\beta}$；指数函数 $y=\varphi(x)=\alpha e^{\beta x}$；线性函数 $y=\varphi(x)=\alpha+\beta x$；多项式函数 $y=\varphi(x)=\sum\limits_{i=0}^{n}\beta_i x^i$；双变量多项式函数 $z=\varphi(x,\ y)=\sum\limits_{k=0}^{m_1}\sum\limits_{l=0}^{m_2}C_{kl}x^k y^l$；对数函数 $y=\varphi(x)=\ln(\alpha+\beta x)$ 等。

其中多项式函数 $y=\varphi(x)=\sum\limits_{i=0}^{n}\beta_i x^i$ 多用于单变量的函数，如坦克炮直射时的射表逼近。而在对空射击时，弹道函数是双变量的，可选用多项式函数 $z=\varphi(x,\ y)=\sum\limits_{k=0}^{m_1}\sum\limits_{l=0}^{m_2}C_{kl}x^k y^l$ 作为射表逼近的函数形式。

2）确定函数中的未知数

当函数类型选定之后，其中若干未知参数需要根据试验结果采用“最小二乘法”确定。

最小二乘法的原理是：设选择的函数中包括 $m$ 个未知参数 $\alpha_1$、$\alpha_2$、…、$\alpha_m$，根据试验结果（$x_0$，$y_0$）、（$x_1$、$y_1$）、…、（$x_n$，$y_n$）来确定这些参数的估值 $\hat{\alpha}_1$、$\hat{\alpha}_2$、…、$\hat{\alpha}_m$。

设逼近函数 $\hat{y}=\hat{\varphi}(x)$ 在 $x_1$、$x_2$、…、$x_n$ 上的值为 $\hat{y}_i=\hat{\varphi}(x_i)$。试验结果 $y_i$ 与 $\hat{y}_i$ 的差 $e_i$ 称为残差，$e_i=y_i-\hat{y}_i=y_i-\hat{\varphi}(x_i)$，函数 $\hat{\varphi}(x_i)$ 能最佳地反映原来函数 $\varphi(x)$ 的最佳条件是这些残差的平方和具有最小值，即

$$\min Q=\min\sum_{i=1}^{n}e_i^2=\min\sum_{i=1}^{n}\left[y_i-\hat{\varphi}(x_i)\right]^2 \tag{4.162}$$

函数逼近问题在工程技术上就是寻找经验公式。逼近函数 $\hat{y}_i=\hat{\varphi}(x_i)$ 也称为回归线，用最小二乘法来确定回归线称为最小二乘回归。

**2. 一元线性逼近法**

当未知函数 $y=\varphi(x)$ 为线性函数，即 $y=\alpha+\beta x$ 时，在自变量 $x$ 的值为 $x_1$、$x_2$、…、$x_n$ 上进行试验，得出试验结果 $y_1$、$y_2$、…、$y_n$，其中：

$$y_i=\varphi(x_i)+\Delta_i=\alpha+\beta x_i+\Delta_i \tag{4.163}$$

随机误差 $\Delta_i(i=0,\ 1,\ 2,\ \cdots,\ n)$ 是独立的 $N(0,\ \sigma)$ 变量。现根据试验结果（$x_0$，$y_0$）、（$x_1$，$y_1$）、…、（$x_n$，$y_n$）决定参数 $\alpha$ 与 $\beta$ 的估值 $\hat{\alpha}$ 和 $\hat{\beta}$，使得到的逼近函数

$$\hat{y}=\hat{\alpha}+\hat{\beta}x \tag{4.164}$$

能最佳地代表原来的线性函数。

未知参数 $\alpha$ 与 $\beta$ 的估值 $\hat{\alpha}$ 和 $\hat{\beta}$ 应使残差 $e_i$ 的平方和

$$Q=\sum_{i=1}^{n}\left[y_i-(\hat{\alpha}+\hat{\beta}x_i)\right]^2 \tag{4.165}$$

取最小值。

系数 $\hat{\alpha}$ 与 $\hat{\beta}$ 可由下式求得：

$$\begin{cases} \dfrac{\partial Q}{\partial \hat{\alpha}} = 0 \\ \dfrac{\partial Q}{\partial \hat{\beta}} = 0 \end{cases} \tag{4.166}$$

由式（4.165）可得：

$$\begin{cases} \dfrac{\partial Q}{\partial \hat{\alpha}} = -2\sum_{i=1}^{n}(y_i - \hat{\alpha} - \hat{\beta}x_i) = 0 \\ \dfrac{\partial Q}{\partial \hat{\beta}} = -2\sum_{i=1}^{n}(y_i - \hat{\alpha} - \hat{\beta}x_i)x_i = 0 \end{cases} \tag{4.167}$$

记 $\overline{X}$ 和 $\overline{Y}$ 为 $x$ 和 $y$ 的算术平均值，即

$$\begin{cases} \overline{X} = \dfrac{1}{n}\sum_{i=1}^{n} x_i \\ \overline{Y} = \dfrac{1}{n}\sum_{i=1}^{n} y_i \end{cases} \tag{4.168}$$

则

$$\hat{\beta} = \frac{\sum_{i=1}^{n}(x_i - \overline{X})(y_i - \overline{Y})}{\sum_{i=1}^{n}(x_i - \overline{X})^2},\ \hat{\alpha} = \overline{Y} - \hat{\beta}\overline{X} \tag{4.169}$$

**3. 一元 *B* 次逼近**

在进行射表逼近时常采用最小二乘法进行，即使所求曲线与所给离散函数值之间偏差的平方和为最小。假设射表给出的距离 $x$ 与瞄准角 $y$ 的函数关系如表 4.9 所示。又假设所求的函数曲线是一个 $B$ 次多项式 $\varphi(x)$，即

**表 4.9 函数关系表**

| $x$ | $x_1$ | $x_2$ | $x_3$ | … | $x_{m-1}$ | $x_m$ |
|---|---|---|---|---|---|---|
| $y$ | $y_1$ | $y_2$ | $y_3$ | … | $y_{m-1}$ | $y_m$ |

$$\varphi(x) = a_0 + a_1 x + \cdots + a_B x^B = \sum_{j=0}^{B} a_j x^j \tag{4.170}$$

则函数 $\varphi(x)$ 与距离 $x_i$ 处的瞄准角偏差为：

$$e_i = \sum_{j=0}^{B} a_j x^j - y_i,\ i = 0,\ 1,\ \cdots,\ m \tag{4.171}$$

令

$$Q(a_0, a_1, \cdots, a_B) = \sum_{i=0}^{m}\left(\sum_{j=0}^{B} a_j x^j - y_i\right)^2 \tag{4.172}$$

使上述偏差的平方和达到最小的条件是：

$$\frac{\partial Q}{\partial a_k}=0,\ k=0,\ 1,\ \cdots,\ B \tag{4.173}$$

下面，依据 $Q$ 的表达式可以得出第 $k$ 个方程：

$$\frac{\partial Q}{\partial a_k}=2\sum_{i=0}^{m}\left[\sum_{j=0}^{B}a_j x_i^j-y_i\right]x_i^k=0\ ,\ k=0,\ 1,\ \cdots,\ B \tag{4.174}$$

化简后为：

$$\sum_{j=0}^{B}a_j\sum_{i=0}^{m}x_i^{k+j}=\sum_{i=0}^{m}x_i^k y_i\ ,\ k=0,\ 1,\ \cdots,\ B \tag{4.175}$$

展开可得出由 $B+1$ 个方程式组成的线性方程组，其中含有 $B+1$ 个未知数 $a_0$、$a_1$、…、$a_B$。其中第 $k$ 个方程展开后为：

$$a_0\sum_{i=0}^{m}x_i^k+a_1\sum_{i=0}^{m}x_i^{k+1}+a_2\sum_{i=0}^{m}x_i^{k+2}+\cdots+a_B\sum_{i=0}^{m}x_i^{k+B}=\sum_{i=0}^{m}x_i^k y_i,\ k=0,\ 1,\ \cdots,\ B \tag{4.176}$$

于是由 $B+1$ 个方程式组成的线性方程组的法方程为：

$$\begin{bmatrix}\sum_{i=0}^{m}x_i^0 & \sum_{i=0}^{m}x_i^1 & \sum_{i=0}^{m}x_i^2 & \cdots & \sum_{i=0}^{m}x_i^B\\ \sum_{i=0}^{m}x_i^1 & \sum_{i=0}^{m}x_i^2 & \sum_{i=0}^{m}x_i^3 & \cdots & \sum_{i=0}^{m}x_i^{B+1}\\ \sum_{i=0}^{m}x_i^2 & \sum_{i=0}^{m}x_i^3 & \sum_{i=0}^{m}x_i^4 & \cdots & \sum_{i=0}^{m}x_i^{B+2}\\ \vdots & \vdots & \vdots & & \vdots\\ \sum_{i=0}^{m}x_i^B & \sum_{i=0}^{m}x_i^{B+1} & \sum_{i=0}^{m}x_i^{B+2} & \cdots & \sum_{i=0}^{m}x_i^{2B}\end{bmatrix}\begin{bmatrix}a_0\\ a_1\\ a_2\\ \vdots\\ a_B\end{bmatrix}=\begin{bmatrix}\sum_{i=0}^{m}x_i^0 y_i\\ \sum_{i=0}^{m}x_i^1 y_i\\ \sum_{i=0}^{m}x_i^2 y_i\\ \vdots\\ \sum_{i=0}^{m}x_i^B y_i\end{bmatrix} \tag{4.177}$$

解上述线性方程组，即可获得 $B$ 次多项式的系数 $a_0$、$a_1$、…、$a_B$，从而得到所需的距离与瞄准角的逼近函数。方程组的解法有很多种，有高斯消去法、高斯—约当（Gauss-Jordan）消去法、赛德尔（Seidel）迭代法等。相关解法可参阅有关数值计算类书籍。

需要指出，由于受到舍入误差的限制，逼近的阶次一般不会太高，所以低阶多项式最为有用，如果多项式的阶次越高，火控计算机（无论是机电模拟机、电子模拟机还是数字计算机）就越复杂，这个问题应当引起充分的重视。

**4. 最小二乘法多元多项式逼近射表**

射表的数据由多种因素影响和制约，所以工程上要逼近的弹道数据有多个自变量，现在的任务是如何采用最小二乘法逼近多元多项式函数。

为了讨论方便，我们假设已经给出了表格函数 $y=f(x_1,\ x_2,\ x_3)$ 的 $m$ 个离散点，选定的逼近形式为：

$$\begin{aligned}g(x_1,x_2,x_3)=&a_0+a_1x_1+a_2x_2+a_3x_3+a_4x_1x_2+a_5x_2x_3+a_6x_1x_3+\\&a_7x_1^2+a_8x_2^2+a_9x_3^2+a_{10}x_1^2x_2+a_{11}x_1^2x_3+a_{12}x_2^2x_1+\\&a_{13}x_2^2x_3+a_{14}x_3^2x_1+a_{15}x_3^2x_2\end{aligned} \tag{4.178}$$

显然，在这里多元多项式的各项是随意排列组合的，可以列出无限多项，作为例子暂且取定为上式形式中的 16 项，现在的问题是如何确定 $a_0$、$a_1$、…、$a_{15}$ 这 16 个未知系数。

根据最小二乘法的基本原理，使各离散点的误差平方和 $Q$ 最小化。用数学的语言可以表述为：

$$Q=\sum_{x_1}\sum_{x_2}\sum_{x_3}\left[g(x_1,x_2,x_3)-f(x_1,x_2,x_3)\right]^2 \tag{4.179}$$

最小化。式中 $\sum_{x_1}\sum_{x_2}\sum_{x_3}$ 表示对给定的自变量 $x_1$、$x_2$、$x_3$ 全部值范围求和，也就是对全部离散点求和。需要特别说明的是误差是指离散点拟合函数与该点离散表格函数值之差，它们是一一对应的，即

$$e_i(x_1,x_2,x_3)=g_i(x_1,x_2,x_3)-f_i(x_1,x_2,x_3),\ i=1,\ 2,\ \cdots,\ m \tag{4.180}$$

根据最小二乘法原理，令误差平方和 $Q$ 对系数 $a_0$、$a_1$、…、$a_{15}$ 求偏导，并令该偏导数等于零，即可实现误差平方和 $Q$ 最小化。即

$$\frac{\partial Q}{\partial a_k}=0,\quad k=0,\ 1,\ 2,\ \cdots,\ 15 \tag{4.181}$$

其中第 $k$ 个方程可以表示为

$$\begin{aligned}\frac{\partial Q}{\partial a_0}&=\frac{\partial}{\partial a_0}\left\{\sum_{x_1}\sum_{x_2}\sum_{x_3}\left[g(x_1,x_2,x_3)-f(x_1,x_2,x_3)\right]^2\right\}\\&=2\sum_{x_1}\sum_{x_2}\sum_{x_3}\left[a_0+a_1x_1+\cdots+a_{15}x_3^2x_2-f(x_1,x_2,x_3)\right]\times\\&\quad\frac{\partial}{\partial a_0}\left[a_0+a_1x_1+\cdots+a_{15}x_3^2x_2-f(x_1,x_2,x_3)\right]=0\end{aligned}$$

当 $k=0$ 时，为第一个方程，可整理为：

$$a_0\sum_{x_1}\sum_{x_2}\sum_{x_3}1+a_1\sum_{x_1}\sum_{x_2}\sum_{x_3}x_1+\cdots+a_{15}\sum_{x_1}\sum_{x_2}\sum_{x_3}x_3^2x_2=\sum_{x_1}\sum_{x_2}\sum_{x_3}f(x_1,x_2,x_3),$$

当 $k=1$ 时，为第二个方程，可整理为：

$$a_0\sum_{x_1}\sum_{x_2}\sum_{x_3}x_1+a_1\sum_{x_1}\sum_{x_2}\sum_{x_3}x_1^2+\cdots+a_{15}\sum_{x_1}\sum_{x_2}\sum_{x_3}x_3^2x_2x_1=\sum_{x_1}\sum_{x_2}\sum_{x_3}f(x_1,x_2,x_3)x_1,$$

依此类推，当 $k=15$ 时，为第十六个方程，可整理为：

$$a_0\sum_{x_1}\sum_{x_2}\sum_{x_3}x_3^2x_2+a_1\sum_{x_1}\sum_{x_2}\sum_{x_3}x_1x_2x_3^2+\cdots+a_{15}\sum_{x_1}\sum_{x_2}\sum_{x_3}x_3^4x_2^2=\sum_{x_1}\sum_{x_2}\sum_{x_3}f(x_1,x_2,x_3)x_3^2x_2,$$

求解由上述 16 个方程组成的法方程，则可得到 $a_0$、$a_1$、…、$a_{15}$ 共 16 个未知系数，于是拟合函数 $g(x_1,\ x_2,\ x_3)$ 就完全确定了。

此外，射表数据逼近经常还要采用非线性的形式，而有些非线性的形式是无法用最小二乘的方法实现的。此时一般选用最优化方法进行拟合，常用的最优化方法有高斯—牛顿法（Gauss-Newton Method）、梯度法、共轭梯度法、单纯形加速度法、变量轮换法等，这些方法在优化设计、数值分析里有详细的介绍，感兴趣的读者可自行学习，这里就不一一介绍了。

**5. 射表逼近效果的判断准则**

用最小二乘法进行射表数据拟合时，采用的是误差的平方和最小的准则。对于单变量的

射表数据函数拟合的误差平方和 $Q$ 的大小，不仅取决于拟合的程度，而且也取决于射表数据的样本点数。一般地说，在前者一定的条件下，样本点数越多，误差平方和 $Q$ 就越大，它无法准确地反映出拟合函数的逼近精度。对于双变量的射表数据拟合，也存在相同的情况，因此，在射表数据拟合时，还采用另外两个判断逼近准确的准则。

第一个判断准则：以误差的均方根值作为判断逼近准确度的准则，即

$$\sigma = \sqrt{\frac{Q}{m - (B+1)}} \leqslant \varepsilon_1 \tag{4.182}$$

式中，$\sigma$ 为均方差，又可称为剩余标准误差；$Q$ 为数据逼近函数的误差平方和；$m$ 为数据容量，即离散表格数据的数目；$B+1$ 为逼近函数的项数；$\varepsilon_1$ 为给定的允许误差限。

当逼近函数项数（或逼近多项式阶数）比起离散表格数据的数目很小时，估算均方差也可用下式进行近似计算：

$$\sigma = \sqrt{Q/m} \tag{4.183}$$

只有当 $\sigma$ 不大于给定的允许误差 $\varepsilon_1$ 时，才认为逼近函数符合精度要求，否则就要重新确定逼近函数。

用误差的均方根值作为判断逼近精确度的准则，是从统计学意义上来描述逼近效果的，它说明了逼近函数总体上所达到的逼近精度。应该说，用它来确定逼近函数精确度是合适的。这里需要指出：它不能保证逼近函数在每个样本点上的偏差都满足给定的要求。

第二个判断准则：为了防止个别样本点上可能出现过大的偏差，通常还将各样本点的误差最大值作为逼近效果的判断准则，即

$$\max|\varphi(x_i) - y_i| \leqslant \varepsilon_2 \tag{4.184}$$

式中，$\varepsilon_2$ 为给定的最大允许偏差。

要求各个样本点上的偏差均不大于 $\varepsilon_2$ 时，逼近函数才符合要求。这样就保证了逼近函数无论在总体上还是在各个样本点上都能满足给定的精度要求。

需要指出：射表是依据大地坐标系编制的，其自变量和函数值都是相对于大地坐标的。在武器载体倾斜或载体姿态不断变化的情况下解命中目标问题时，要特别注意是在什么样的坐标系内解命中目标问题，要慎重使用射表。

## 第三节　命中问题分析

火控计算机中运作的程序主要完成 3 个方面的任务：① 处理目标与弹头信息，这些内容在第一、二节已经解决；② 计算命中公式系，这是本节要解决的问题；③ 形成控制指令，传输给相应的设备，如随动系统，这将是下一章要解决的问题。本节重点解决命中公式系的核心——命中方程。

为了分析问题方便，常将目标和射弹视为几何点。发射的弹头与目标相遇或到达指定的区域谓之命中目标。就制导武器而言，弹头包括导弹、炮射导弹等。其控制弹头运动由两部分完成：弹头离开炮身管或发射架前，依靠火控系统赋予火炮身管或发射架以粗略的射击（发射）方向，从而控制弹头的初始方向；当弹头离开火炮身管或发射架后，则依靠制导系统控制弹头运动而命中目标。对非制导武器来说，弹头脱离武器身管后是不可控的，控制弹头的空间运动只能靠火控系统赋予火炮身管精确的射击方向，从而使弹头命中目标。但应指

出，发射弹头前装定引信时间也属火控系统的任务。命中目标分为直接命中和弹头碎片（或钢珠等）命中两种。直接命中必须使弹头与目标相撞；弹头碎片命中则仅需将弹头送抵指定区域，在指定区域内弹头破裂，靠弹头碎片（或钢珠等）与目标相撞而击毁目标，如近炸引信弹和定时引信弹等。

命中问题实质上是目标（或被“放大”了的目标）与弹头的两体碰撞问题。由于敌方目标的运动规律不受我方的控制，要使二者相撞，只能是控制己方发射的弹头。对非制导武器来说，当目标和武器系统载体都处于运动中时，命中目标问题应当用目标运动方程、弹头运动方程（或射表）、武器系统载体运动方程来描述。在命中目标约束条件下，这组联立方程称为解命中问题公式系。依据目标和武器系统载体的空间运动状态，命中目标问题分为目标与武器均静止、目标运动而武器静止、目标静止而武器运动、目标与武器均运动四种。显然，第四种命中目标问题是最复杂的，也是最具代表性的：当武器的运动速度为零时，命中目标问题便蜕化为第一种或第二种；当目标运动速度为零时，命中目标问题便蜕化为第一种或第三种。

对于非制导武器的火控系统，其主要任务之一是实时地精确求解满足命中公式系的精确射击诸元，并赋予武器身管正确的指向。对具有时间引信的炮弹而言，还应计算引信时间，以确保弹头在指定区域内破裂而击毁目标。这时，火炮的射击诸元，除火炮的射角和方位角外，还包括引信时间。

## 一、目标和武器均静止状态下的命中问题

在这种状态下，由于目标和武器均静止，只要知道武器与目标的相对位置，火力控制问题就将简化为一个外弹道学中的二点边值问题。

众所周知，弹头的外弹道取决于下述因素：① 武器和弹药种类；② 武器与目标的相对位置；③ 射角和初速；④ 大气特性。对一个具体武器而言，武器种类和弹种是已知的，武器与目标的相对位置可通过直接观测或间接观测后得到，初速可由试验测量或用炮口初速传感器实时测量得到，大气特性可由气象测量设备测得。因此，只有武器的射角是待求量。这时的火力控制问题实质上是已知弹道上的两点，求弹头运动的初始方向问题。只要知道弹道方程（或射表或射表逼近函数），再利用上述的已知条件，即可解决火控问题。由于这时的火控问题仅涉及外弹道学，所以，过去的地炮火控计算机通常被称为弹道计算机。

地炮射击固定目标时的火控问题通常属于这种情况。射程较近时，常利用炮上的观测器材测量目标相对于火炮的坐标，称为直接瞄准；射程较远时或目标被遮挡时，常利用前方观测哨测量目标相对于观测哨的坐标，称为间接瞄准。观测哨一般设在阵地前沿，也可能位于敌后或进行空中侦察。观测哨将测得的目标相对于观测哨的坐标和观测哨相对于火炮的坐标一并传给指挥中心，指挥中心依据计算得到的目标相对于火炮的坐标、气象测量设备测得的大气特性、弹头的弹道方程或射表，计算射击诸元并赋予火炮。观测哨自身相对于火炮的坐标，由导航定位设备或测地设备测量。

这时的火力控制问题可用考虑了方位角 $-\Delta\beta$ 修正的图 4.11 描述。图中：$T$ 为目标；$Oxy$ 为选定的大地坐标系；$A$ 为虚拟射击点，它位于能使弹头命中目标 $T$ 的武器线上。$\overrightarrow{OA}$称为射击矢量 $\boldsymbol{L}$，$\boldsymbol{P}$ 为弹道下降量，主要由重力引起，方向沿铅垂方向向下；$\boldsymbol{B}$ 为弹头自旋效

应（称偏流）、风等因素引起的弹道横向线偏移量；$\Delta\beta$ 为弹道横向线偏移量所对应的水平面内的弹道横向角偏移量；$\overrightarrow{OT}$称为命中矢量，记为 $\boldsymbol{D}_q$。

当火炮指向 $A$ 点发射弹头时，弹头脱离炮身管后，由于重力作用，弹道在铅垂面内下降 $\boldsymbol{P}$ 值，等效于降至 $T'$ 点。又因为弹头自旋效应（偏流）、风等因素的影响，弹头将实际到达 $T$ 点而命中目标。弹头在空间的实际运动，既不到达 $A$ 点，也不经过 $T'$ 点，而是经过空间的一条曲线 $S$ 而到达 $T$ 点。

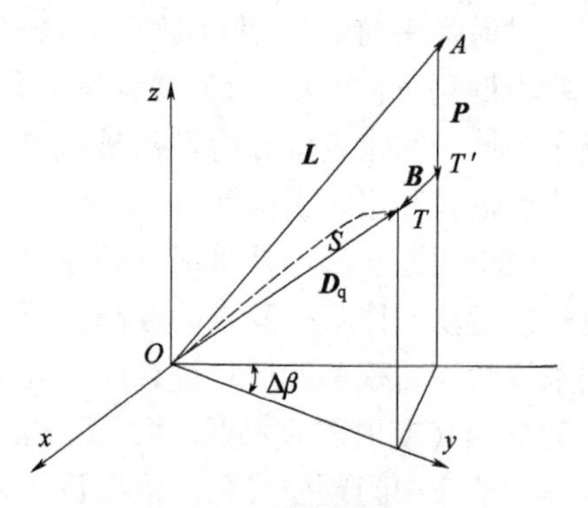


图 4.11　静对静状态下的命中问题图解

显然，射击矢量 $\boldsymbol{L}$ 和命中矢量 $\boldsymbol{D}_q$ 在方位和高低方向上均不重合。$\boldsymbol{L}$、$\boldsymbol{P}$、$\boldsymbol{B}$、$\boldsymbol{D}_q$ 满足下述矢量方程：

$$\boldsymbol{L}=\boldsymbol{D}_q-\boldsymbol{P}-\boldsymbol{B} \tag{4.185}$$

将矢量方程投影在 $x$、$y$、$z$ 方向上，即可用火控计算机求解射击诸元。而在实际应用中，仅在 $Oyz$ 平面内解火控问题，而将 $\Delta\beta$ 作为修正补偿项处理。

需要说明的是：由弹道学理论可知，在弹道与气象条件完全已知的条件下，$\boldsymbol{L}$、$\boldsymbol{P}$ 与 $\boldsymbol{B}$ 可由（$\beta_g$，$\varphi_g$，$t_f$）完全决定，也可由命中矢量（炮目矢量）$\boldsymbol{D}_q$ 完全决定。也就是说，如果给定了目标坐标 $\boldsymbol{D}_q$，即可根据弹道学理论决定射击矢量 $\boldsymbol{L}$，从而得到射击诸元。

## 二、目标运动而武器静止状态下的命中问题

在这种情况下，由于目标是运动的，当直接向观测到的目标射击时，则 $t$ 时刻发射的弹头到达 $t$ 时刻目标所在位置时，目标已前进了一段距离 $|Q(t)|$（$|Q(t)|\neq|S(t)|$），因而不能命中目标。要使弹头命中目标，武器的射击方向必须前置。如果将目标看作一个点（称点目标），且武器和坐标测定器的位置重合，则 $t$ 时刻的命中目标问题可用图 4.12 描述。

图 4.12 中 $O$ 为武器和目标坐标测定器的位置；$T$ 为弹头发射瞬间的目标位置，称目标现在点；$T_q$ 为命中目标时刻的目标位置，称目标未来点；$\overrightarrow{OT}$为瞄准矢量，记为 $\boldsymbol{D}(t)$；$\overrightarrow{OT_q}$为命中矢量，记为 $\boldsymbol{D}_q(t)=\boldsymbol{D}(t+t_f)$；$\overrightarrow{TT_q}$为提前矢量，记为 $\boldsymbol{S}(t)$；$TN$ 连线（可以是直线，也可以是空间曲线）称为航路或航迹；$\overrightarrow{OM}$称为斜航路捷径。$M$ 称为捷径点，是武器至航路的最近点。对图中的直线航路，$M$ 点以左，随时间 $t$ 的增大，$\boldsymbol{D}(t)$ 越来越小，称为目标临近；$M$ 点以右，随时间 $t$ 的增大，$\boldsymbol{D}(t)$ 越来越大，称为目标临远。$M$ 点以左称为航前，$M$ 点以右称为航后。

瞄准矢量、提前矢量和命中矢量构成的三角形称为命中三角形。

命中三角形的矢量方程为：

$$\boldsymbol{D}_q(t)=\boldsymbol{D}(t)+\boldsymbol{S}(t) \tag{4.186}$$

该三角形随时间 $t$ 而不断变化。很明显，如

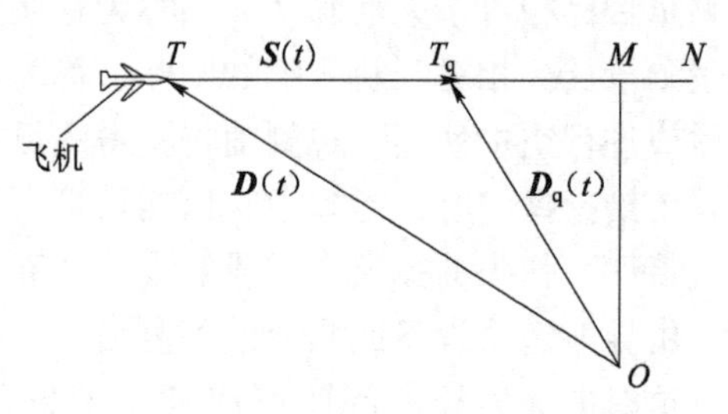


图 4.12　静对动状态下的命中问题图解

果在武器、弹药、目标航迹、气象条件完全已知的条件下，命中三角形是 $\boldsymbol{D}(t)$ 与 $\boldsymbol{D}_{\mathrm{q}}(t)$ 的约束条件。

已知 $\boldsymbol{D}_{\mathrm{q}}(t)$ 求 $\boldsymbol{D}(t)$，称为求命中三角形的逆解问题，其求解方法称为逆解法，这是一种验后解法，其方法较为简单。即在武器有效射程之内的航迹上指定一点 $T_{\mathrm{q}}$，该点至武器的距离为 $\boldsymbol{D}_{\mathrm{q}}(t)=\boldsymbol{D}(t+t_{\mathrm{f}})$；依据外弹道学公式或射表及气象条件，计算弹头从发射瞬间 $t$ 起至飞抵 $T_{\mathrm{q}}$ 点止所需的飞行时间 $t_{\mathrm{f}}$（称为弹头飞行时间）；以 $T_{\mathrm{q}}$ 点为起始点，在航迹上沿目标飞行方向逆行，寻找与 $T_{\mathrm{q}}$ 点相差 $t_{\mathrm{f}}$ 时间的航路上的点，该点的位置就是发射瞬间 $t$ 目标所在的位置 $\boldsymbol{D}(t)$，即现在点位置，此即为所求，此时一个命中三角形被完全确定。需要指出，对一条具体的航迹而言，存在着一个时变的命中三角形序列。据此方法，可求得航路上在武器有效射程之内的所有未来点所对应的现在点位置。逆解法只有在目标航迹已知时使用。如：靶场已测得准确航迹数据，为了求解火控问题的理论值（或称真值、标准值）时使用，或设计者给定航迹后求解火控问题的理论值时使用。目的在于利用逆解法求得的理论值检验实际火控系统的精度。应当指出，当利用射表逆解现在点 $\boldsymbol{D}(t)$ 时，有可能射表上没有 $\boldsymbol{D}_{\mathrm{q}}(t)$ 的对应点，这时应采用插值方法求现在点 $\boldsymbol{D}(t)$。插值法有两点插值法和三点插值法，应根据精度要求而定。

当已知 $\boldsymbol{D}(t)$ 求 $\boldsymbol{D}_{\mathrm{q}}(t)$ 时，称为求解命中三角形的顺解问题，其方法称为顺解法，这是一种验前解法。所有火控系统求解命中问题都只能用顺解法而不能用逆解法。具体做法是：用跟踪系统连续测量目标现在点坐标，依据测量的目标现在点坐标的历史值和当前值求目标运动状态，再根据发射某发弹瞬间 $t$ 的目标坐标和运动状态，以及所假定的在弹头飞行时的目标运动规律及外弹道特性和实际气象条件，进行预测提前矢量 $\hat{\boldsymbol{S}}(t)$。由于 $\hat{\boldsymbol{D}}(t)$ 已测得，$\hat{\boldsymbol{S}}(t)$ 由预测已知，则命中点 $\hat{\boldsymbol{D}}_{\mathrm{q}}(t)$ 可由

$$\hat{\boldsymbol{D}}_{\mathrm{q}}(t)=\hat{\boldsymbol{D}}(t)+\hat{\boldsymbol{S}}(t) \tag{4.187}$$

计算得到。

由测得的目标坐标矢量 $\hat{\boldsymbol{D}}(t)$、预测矢量 $\hat{\boldsymbol{S}}(t)$ 和顺解法求得的 $\hat{\boldsymbol{D}}_{\mathrm{q}}(t)$ 三者所构成的三角形称为提前三角形，以区别于命中三角形。显然，命中三角形是解决火力控制问题追求的理想三角形。所有火控系统实际解算的都是提前三角形，而不是命中三角形。提前三角形与命中三角形之差，就是火控系统的解算误差。

常用的预测提前矢量 $\hat{\boldsymbol{S}}(t)$ 的方法有：角速度法、线性速度法、非线性预测法。

(1) 角速度法假定在弹头飞行时间内，目标做等速直线运动，而提前矢量 $\hat{\boldsymbol{S}}(t)$ 所对应的空间提前角用 $\Delta A\approx\vec{\dot{A}}t_{\mathrm{f}}$ 近似求得。其中，$t_{\mathrm{f}}$ 是 $\hat{\boldsymbol{D}}(t)$ 的近似函数，$\dot{A}=\omega_{\beta}+\omega_{\varepsilon}$。式中 $\omega_{\beta}$、$\omega_{\varepsilon}$ 是跟踪系统测得的目标方位角速度和高低角速度矢量。实际上，在弹头飞行时间 $t_{\mathrm{f}}$ 内 $\dot{A}$ 一般不是常量，$t_{\mathrm{f}}$ 也应该是 $\hat{\boldsymbol{D}}_{\mathrm{q}}(t)$ 的函数，所以角速度法是一种近似的方法。这种方法具有快而简单的优点，其缺点是精度差、修正量引入困难。在坦克火控系统中，由于目标速度低、射程近，采用角速度法仍能满足精度要求，所以被广泛使用。在高炮火控系统中，如果精度要求不高，它适于对高速、近距离目标射击，以达到先敌开火之目的。该方法一般不需要知道目标的角坐标，只需知道目标距离 $\hat{\boldsymbol{D}}(t)$、方位角速度 $\omega_{\beta}$、高低角速 $\omega_{\varepsilon}$ 即可。采用角速度预测法的火控系统，一般是在未计算出方位角和高低角提前量时，使武器线与跟踪线二者重合。当计

算出方位角和高低角提前量时，使武器线相对于跟踪线偏离方位角和高低角提前量，且不允许扰动跟踪线，以便于跟踪线在连续跟踪目标的过程中，使武器线连续指向相应的虚拟射点。

（2）线性速度法同样假定在弹头飞行时间内目标做等速直线运动，而通常将矢量方程投向笛卡儿直角坐标系中，进行预测提前量。其优点是滤波和预测问题简单，修正量引入方便。可直接利用线性滤波器估计目标运动状态和运用线性预测器预测提前矢量 $\hat{\boldsymbol{S}}(t)$。线性速度预测法的精度，很大程度上取决于目标的实际运动是否与目标运动假定相符。如果不符，则造成较大误差，该误差称为原理误差或假定误差。由于现代空中目标速度快、近距离作战时弹头飞行时间短，因而，目标机动的可能性较小。所以，高炮火控系统通常采用这种方法解决非机动目标的火控问题。如果目标运动存在机动，则火控系统存在原理误差（假定误差）。所谓目标机动是指目标的运动存在明显的加速度及其变化率。

（3）非线性预测法假定在弹头飞行时间内目标的运动不仅存在一阶导数，而且存在高阶导数。国内外对非线性预测法进行了大量的研究。研究表明：在提前量预测中，要想仅根据测得的目标坐标数据直接通过滤波器求得精确的目标运动加速度或加速度的变化率是很困难的。如果求得的加速度精度越高，则滤波器的平滑时间就越长，这就会造成整个火控系统的反应时间增加。当目标运动存在明显的机动时，非线性预测方法是非常合理的，而在目标机动不明显的情况下，反而使问题变坏，这已被实践所证明。

工程上，常用的解决办法是：仅检测目标运动的加速度估值，根据加速度估值的大小，决定采用线性预测法还是采用修正的线性预测法，或者采用降阶法求目标运动加速度的非线性预测法。现代火控系统中，即使采用非线性预测法，也仍然保留线性预测法。根据对加速度估值的检测，采用自动或人工转换预测方法，可以适应射击机动目标和非机动目标。为了射击转弯机动目标，有的火控系统还采用等速圆弧运动假定预测提前矢量；有的火控系统还假定目标在高低方向上做“蛇形”运动，以适应目标在高低方向的机动；为了射击俯冲直线段目标，有的火控系统采用能量守恒定律求俯冲飞机在俯冲直线段的加速度。总之，射击机动目标至今仍是待深入研究的问题。

不管用什么方法预测提前量，都是根据测得的目标坐标预测的。由于测得的目标坐标存在测量误差，且滤波、预测器本身也存在误差，所以，预测的提前量即使不存在原理误差也仍然存在噪声误差。

上述的命中目标问题分析，只孤立地分析了 $t$ 时刻的命中三角形。根据分析所得的结论，可以这样射击目标，即假设目标航路已知，先将武器线指向未来点 $T_q$ 所对应的虚拟射击点 $A$，且使武器线静止不动，而让目标严格按假设航路飞行，等待目标飞至 $T$ 点时开始射击目标，则此时发射的弹头依据上述分析必然命中目标。实际上，火控系统解提前三角形是沿航路连续进行的。即目标飞行的同时，跟踪线和武器线都在运动着，而不是静止的。根据上述命中三角形分析结论，如果这时发射弹头，武器线仍应指向 $T_q$，所对应的虚拟射点为 $A$。但这种射击状态和前述的射击状态是不同的，由于武器身管在运动，会赋予弹头横向速度 $V=\omega R$（其中，$\omega$ 是武器身管运动的横向角速度，$R$ 是身管长度），因此，弹头脱离炮口的速度等于初速 $v_0$ 与 $V$ 的合成，造成弹头不沿武器线方向飞行而产生射击误差 $\Delta A=\arctan(V/v_0)\approx V/v_0$。这一误差是一种超前误差，在斜航路捷径附近表现最明显。设发射弹头瞬间，武器线运动的角速度 $\omega=30°/\mathrm{s}$，武器身管长度 $R=2\ \mathrm{m}$，弹头初速 $v_0=1\ 000\ \mathrm{m/s}$。则 $\Delta A=1$ 密位（1 密位 $=360°/6\ 000$ 或 1 密位 $=360°/6\ 400$）。

在实际火控系统中，由于各环节的惯性作用，火控系统的误差常呈现滞后，而上述误差是超前误差，它将起抵消火控系统滞后误差的积极作用，且该误差很小，所以常予以忽略。当射击高速目标时，应引起重视。

顺便指出，命中点的预测精度是随着预测时间（这里的预测时间是指弹丸飞行时间）的增长而迅速下降的。例如，对于3 000 m射距的目标射击，使用初速为980 m/s的弹丸，则飞行时间为4.8 s，而使用初速为1 470 m/s的弹丸时飞行时间则为2.6 s，实弹射击和模拟仿真可以表明，将使均方差变为原来的40%左右。除了提高弹丸初速能有效地缩小目标速度误差所造成的预测误差外，它还能有效地减少预测点因目标运动假设与实际不符而造成的原理误差。因此提高弹丸初速会产生很好的射击效果。而且，弹丸初速的提高还会提高弹丸的比动能，使弹丸毁伤目标的能力也得到提高。目前不少新型小口径防空火炮正是这样做的，它们的初速已经从原来的900～1 000 m/s提高到1 300 m/s以上。

## 三、目标与武器均处于运动状态下的命中问题

自行火炮（高炮或榴弹炮）、火箭炮、坦克、飞机和舰船武器在运动中射击运动目标就属于这种情况。前述解命中问题所遇到的问题，这里都必须考虑进去。由于武器载体也在运动，这就产生了与上述不同的新问题。这就是典型的行进间火力控制问题。

武器载体的运动可分为载体平移运动和载体姿态运动。载体平移运动是指载体平面保持水平且不旋转的载体运动。载体姿态运动是指载体平面相对于以武器为原点的大地惯性坐标系的纵向倾斜、横向滚动和方位旋转。载体姿态运动具有随机性。

为了定量地描述载体平动和转动，需要建立运动的基准：地理（大地）坐标系 $O-xyh$ 与载体坐标系 $O_z-x_zy_zh_z$。

地理（大地）坐标系 $O-xyh$ 是固连在地球上的直角坐标系，它的3个坐标轴在不同的场合有不同的规定。例如，我国陆军炮兵射击规则规定：以地球表面上的某一点为坐标原点 $O$，坐标轴 $Ox$ 指向东方；坐标轴 $Oy$ 指向北方；坐标轴 $Oh$ 指向上方。

载体坐标系 $O_z-x_zy_zh_z$ 是固连在载体上的直角坐标系，以载体上最宜做测量基点的点（例如：载体质心或几何中心等）为坐标原点 $O_z$，$O_zx_z^0$ 轴过坐标原点且平行于装载平面（例如：座圈上平面），指向车首为正，$O_zh_z^0$ 轴过坐标原点且垂直于装载平面（例如：座圈上平面），指向天为正，$O_zy_z^0$ 轴过坐标原点在装载平面内，指向车的左侧为正，也可用右手确定。

调整载体姿态角，使载体坐标轴 $O_zh_z^0$ 与地理坐标系 $Oh$ 轴重合，谓之载体调平；使载体坐标轴 $O_zx_z^0$ 与地理坐标系 $Ox$ 轴重合，谓之载体对正（基准）。需要指出，如果将地理坐标系坐标原点取到载体坐标系（或其他坐标系）的坐标原点上，如果调平和对正后，则两个坐标系完全重合。

### （一）载体转动

在地理坐标系与载体坐标系重合后，由于载体运动，使载体坐标依据右手定则沿 $Oh$ 转动了 $q$ 角，则称载体偏航 $q$，如图4.13所示。仅有偏航时，载体坐标系的3个轴的位置很重要，特别记为 $x_0^0$、$y_0^0$、$h_0^0$。当载体出现且仅出现偏航 $q$ 时，对同一个矢量而言，若它在地理坐标系中的表示是 $\boldsymbol{X}=(x, y, h)^{\mathrm{T}}$，则在载体坐标系中的表示是 $\boldsymbol{X}_0=(x_0, y_0, h_0)^{\mathrm{T}}$，根据

第二章的相关内容，显然有：

$$X_0 = T_q X \tag{4.188}$$

式中，

$$T_q = \begin{bmatrix} \cos q & \sin q & 0 \\ -\sin q & \cos q & 0 \\ 0 & 0 & 1 \end{bmatrix} \tag{4.189}$$

称为地理坐标系到载体坐标系的偏航变换矩阵。而且满足

$$X = T_q^{-1} X_0 \tag{4.190}$$

式中，

$$T_q^{-1} = \begin{bmatrix} \cos q & -\sin q & 0 \\ \sin q & \cos q & 0 \\ 0 & 0 & 1 \end{bmatrix} \tag{4.191}$$

称为载体坐标系到地理坐标系的偏航变换矩阵。

由于载体的运动，载体坐标系依据右手定则沿 $y_0^0$ 轴转动了 $\varphi$ 角，则称载体俯仰 $\varphi$。此时，由于 $h_0^0$ 转到 $h_1^0$、$x_0^0$ 转到 $x_z^0$，而载体坐标系处于（$x_z^0$，$y_0^0$，$h_1^0$），如图 4.14 所示。

由于载体的运动，载体坐标系依据右手定则沿 $x_z^0$ 轴转动了 $\gamma$ 角，则称载体横滚 $\gamma$。此时，由于 $h_1^0$ 转到 $h_z^0$、$y_0^0$ 转到 $y_z^0$，而载体坐标系处于（$x_z^0$，$y_z^0$，$h_z^0$），如图 4.14 所示。

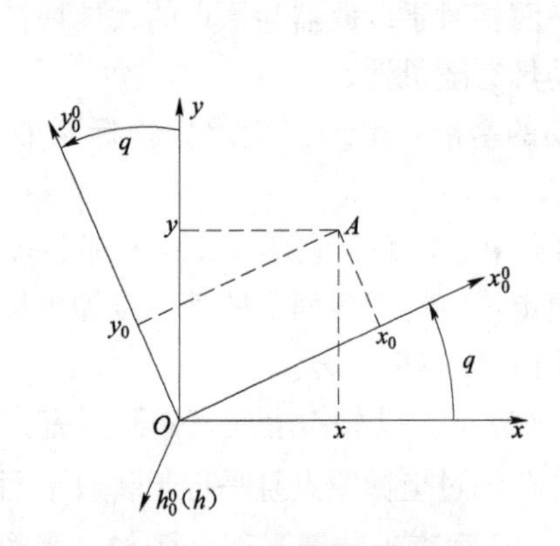

图 4.13　载体航向姿态运动的坐标转换关系

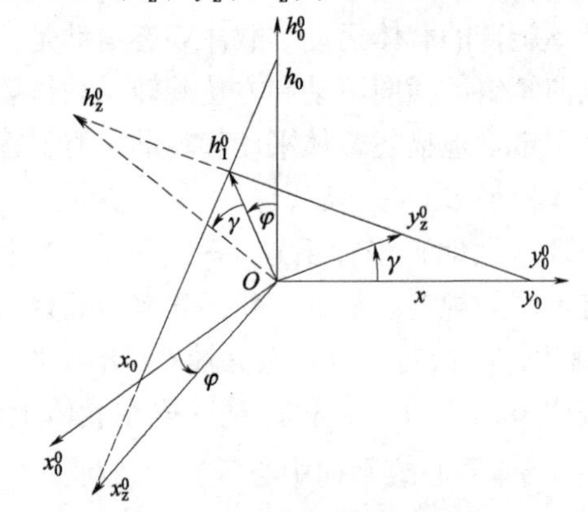

图 4.14　载体俯仰和横滚姿态运动的坐标转换关系

设某矢量在偏航后的载体坐标系 $O_z - x_z y_z h_z$ 中的表示是$X_0 = (x_0,\ y_0,\ h_0)^{\mathrm{T}}$，而该矢量在偏航、俯仰和横滚后的载体坐标系中的表示是$X_z = (x_z,\ y_z,\ h_z)^{\mathrm{T}}$，现在求$X_0$ 与$X_z$ 间的关系。

考虑到：$h_0^0$、$h_1^0$、$x_0^0$、$x_z^0$ 四轴共面，且垂直于 $y_0^0$；$y_0^0$、$y_z^0$、$h_1^0$、$h_z^0$ 四轴共面，且垂直于 $x_z^0$；$h_0^0$ 与 $h_1^0$ 夹角为 $\varphi$；$h_1^0$ 与 $h_z^0$ 夹角为 $\gamma$，分别将 $x_0$、$y_0$、$h_0$ 先投影到坐标系 $O_z - x_z y_0 h_1$，再投影到坐标系 $O_z - x_z y_z h_z$ 上，根据第二章的相关内容，易求得：

$$X_t = T_\varphi X_0 \tag{4.192}$$

式中，

$$T_\varphi = \begin{bmatrix} \cos\varphi & 0 & -\sin\varphi \\ 0 & 1 & 0 \\ \sin\varphi & 0 & \cos\varphi \end{bmatrix} \tag{4.193}$$

称为地理坐标系到载体坐标系的俯仰变换矩阵。而

$$\boldsymbol{X}_0 = \boldsymbol{T}_{\varphi}^{-1} \boldsymbol{X}_{\mathrm{t}} \tag{4.194}$$

式中，

$$\boldsymbol{T}_{\varphi}^{-1} = \begin{bmatrix} \cos\varphi & 0 & \sin\varphi \\ 0 & 1 & 0 \\ -\sin\varphi & 0 & \cos\varphi \end{bmatrix} \tag{4.195}$$

称为载体坐标系到地理坐标系的俯仰变换矩阵。

$$\boldsymbol{X}_{\mathrm{z}} = \boldsymbol{T}_{\gamma} \boldsymbol{X}_{\mathrm{t}} \tag{4.196}$$

式中，

$$\boldsymbol{T}_{\gamma} = \begin{bmatrix} 1 & 0 & 0 \\ 0 & \cos\gamma & \sin\gamma \\ 0 & -\sin\gamma & \cos\gamma \end{bmatrix} \tag{4.197}$$

称为地理坐标系到载体坐标系的横滚变换矩阵，而

$$\boldsymbol{X}_{\mathrm{t}} = \boldsymbol{T}_{\gamma}^{-1} \boldsymbol{X}_{\mathrm{z}} \tag{4.198}$$

式中，

$$\boldsymbol{T}_{\gamma}^{-1} = \begin{bmatrix} 1 & 0 & 0 \\ 0 & \cos\gamma & -\sin\gamma \\ 0 & \sin\gamma & \cos\gamma \end{bmatrix} \tag{4.199}$$

称为载体坐标系到地理坐标系的横滚变换矩阵。

所以同时考虑俯仰和横滚则有

$$\boldsymbol{X}_{\mathrm{z}} = \boldsymbol{T}_{\gamma} \boldsymbol{X}_{\mathrm{t}} = \boldsymbol{T}_{\gamma} \boldsymbol{T}_{\varphi} \boldsymbol{X}_0 = \boldsymbol{T}_{\gamma\varphi} \boldsymbol{X}_0 \tag{4.200}$$

式中，

$$\boldsymbol{T}_{\gamma\varphi} = \boldsymbol{T}_{\gamma} \boldsymbol{T}_{\varphi} = \begin{bmatrix} \cos\varphi & 0 & -\sin\varphi \\ \sin\gamma\sin\varphi & \cos\gamma & \sin\gamma\cos\varphi \\ \cos\gamma\sin\varphi & -\sin\gamma & \cos\gamma\cos\varphi \end{bmatrix} \tag{4.201}$$

称为地理坐标系到载体坐标系的俯仰—横滚变换矩阵，而

$$\boldsymbol{X}_0 = \boldsymbol{T}_{\gamma\varphi}^{-1} \boldsymbol{X}_{\mathrm{z}} \tag{4.202}$$

式中，

$$\boldsymbol{T}_{\gamma\varphi}^{-1} = \begin{bmatrix} \cos\varphi & \sin\gamma\sin\varphi & \cos\gamma\sin\varphi \\ 0 & \cos\gamma & -\sin\gamma \\ -\sin\varphi & \sin\gamma\cos\varphi & \cos\gamma\cos\varphi \end{bmatrix} \tag{4.203}$$

称为载体坐标系到地理坐标系的俯仰—横滚变换矩阵。

综上所述，在载体由偏航 $q$、俯仰 $\varphi$、横滚 $\gamma$ 时，同一矢量，若在地理坐标系中用 $\boldsymbol{X}$ 表示，在载体坐标系中用$\boldsymbol{X}_{\mathrm{z}}$ 表示，则两者之间服从下列关系：

$$\begin{cases} \boldsymbol{X}_{\mathrm{z}} = \boldsymbol{T}_{\gamma} \boldsymbol{T}_{\varphi} \boldsymbol{T}_{q} \boldsymbol{X}_0 = \boldsymbol{T}_{\gamma\varphi} \boldsymbol{T}_{q} \boldsymbol{X}_0 = \boldsymbol{T} \boldsymbol{X}_0 \\ \boldsymbol{X}_0 = \boldsymbol{T}^{-1} \boldsymbol{X}_{\mathrm{z}} = \boldsymbol{T}_{q}^{-1} \boldsymbol{T}_{\gamma\varphi}^{-1} \boldsymbol{X}_{\mathrm{z}} \end{cases} \tag{4.204}$$

式中，$\boldsymbol{T}$、$\boldsymbol{T}^{-1}$分别称为地理坐标系到载体坐标系的变换矩阵与逆变换矩阵。

定义$\boldsymbol{\Theta}_z=(q \quad \varphi \quad \gamma)^{\mathrm{T}}$为武器载体的姿态角。它们一旦发生了变化，即

$$\frac{\mathrm{d}}{\mathrm{d}t}\begin{bmatrix} q(t) \\ \varphi(t) \\ \gamma(t) \end{bmatrix}=\frac{\mathrm{d}}{\mathrm{d}t}\boldsymbol{\Theta}_z(t)\neq 0 \tag{4.205}$$

时，则称武器载体处于转动之中。

如前所述，坦克和自行高炮一般在以武器为原点的大地惯性坐标系内解命中问题。因此，所需的目标坐标、速度、射表、修正量等都应是相对于该坐标系的，且计算得到的射击诸元也应是相对于该坐标系的。然而，由于结构配置的原因，跟踪系统测得的目标直角坐标系是相对于载体坐标系 $O-xyz$ 的。所以，在以武器为原点的大地惯性坐标系内解命中问题时，需要将测得的目标直角坐标进行若干坐标变换，以得到解命中问题所需的目标坐标。计算机解算所得到的射击诸元是相对于以武器为原点的大地坐标系的，不能直接驱动武器，需变换成相对于载体坐标系的射击诸元之后，才能用于驱动武器。

应当指出，坦克和自行高炮行进中射击目标时，采用以武器为原点的大地惯性坐标系解命中问题，是因为在该坐标系内的目标坐标、速度和计算的射击诸元都是稳定量。这里所谓的稳定量是指这些量中，不含载体姿态变化的因素。如果在 $O-xyz$ 坐标系内解命中问题，则无须对测得的目标直角坐标进行坐标变换就能直接用于解命中问题，且计算出的射击诸元可直接用于驱动武器。但是，由于测得的目标直角坐标中含有姿态变化因素，却使滤波与预测问题变得十分困难。原因在于载体的姿态运动是随机变化的，结果使得目标相对于 $O$-$xyz$ 坐标系的运动规律变得十分复杂，甚至不可预测。还应当说明，在载体坐标系内解命中问题时，弹道方程或射表及修正量也必须在载体坐标系内描述，即必须将与弹道有关的量转换到载体坐标系内才能使用。否则，将造成解命中问题错误。

很显然，由于载体姿态的运动，将严重地扰动目标跟踪系统的跟踪线和武器的武器线。所以，必须采取稳定措施，以提高跟踪精度和射击精度。可见，这时的命中问题是最复杂的。

(二) 载体平移运动

以地理坐标系的原点 $O$ 为始端、载体坐标系的原点 $O_z$ 为终端的矢量称为武器载体的平移矢量，记为$\boldsymbol{D}_c=\overrightarrow{OO_z}$。如果$\boldsymbol{D}_c$ 发生了变化，即

$$\frac{\mathrm{d}}{\mathrm{d}t}\boldsymbol{D}_c(t)=\boldsymbol{U}_c(t)\neq 0 \tag{4.206}$$

时，则称武器载体处于平移之中。

不论武器载体处于平移还是处于转动之中，都称之为处于运动之中。上式中，$\boldsymbol{U}_c(t)$为载体航速矢量，它在地理坐标系上的投影（$U_{cx}$、$U_{cy}$、$U_{ch}$）$^{\mathrm{T}}$可以表示为：

$$\boldsymbol{U}_c=\begin{bmatrix} U_{cx} \\ U_{cy} \\ U_{ch} \end{bmatrix}=\begin{bmatrix} U_c\cos K_c\cos Q_c \\ U_c\cos K_c\sin Q_c \\ U_c\sin K_c \end{bmatrix} \tag{4.207}$$

式中，

$$U_c=\|\boldsymbol{U}_c\| \tag{4.208}$$

为武器载体航速。而 $K_c$ 为载体航路俯仰角，它等于$\boldsymbol{U}_c$ 对水平面的张角；$Q_c$ 为载体航路航向角，它等于$\boldsymbol{U}_c$ 在水平面上的投影对地理坐标系的基准方向 $Ox$ 轴的张角，如图 4.15 所示。

需要特别指出，载体航路航向角 $Q_c$ 与载体偏航角 $q$，载体航路俯仰角 $K_c$ 与载体俯仰角 $\varphi$ 是不同的，是两组完全不同的概念。然而，出于减小阻力与便于观察的双重考虑，控制载体运动的驾驶策略往往力图使 $Q_c$ 与 $q$、$K_c$ 与 $\varphi$ 趋于一致或大体上趋于一致。这种情况下，$Q_c$ 与 $q$、$K_c$ 与 $\varphi$ 互作近似值或估计初值有一定的置信度。

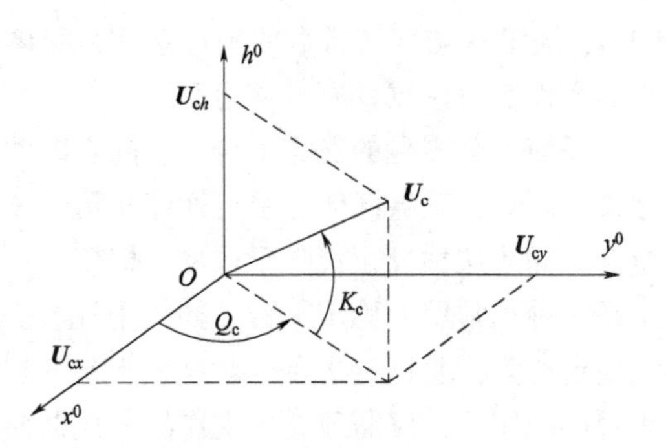

图 4.15 载体航速投影关系

此外，如果在大地惯性坐标系内解命中问题，则必须考虑载体平移运动，载体平移运动无疑将对解命中问题带来影响。如果在以武器为原点的大地惯性坐标系中解命中问题，当不考虑载体姿态运动时，跟踪系统测得的目标坐标将是相对于以武器为原点的大地惯性坐标系的坐标。因此，测得的目标坐标数据中已含有载体平移运动因素。此时，目标相对运动速度是目标相对大地惯性坐标系的运动速度和武器载体相对大地惯性坐标系的运动速度之矢量和。例如，目标相对于大地惯性坐标系的速度为零，即目标静止，在载体平移运动状态下，跟踪系统测得的目标速度将是武器载体相对于大地惯性坐标系运动速度的负值。所以，依据跟踪系统的测量值解命中问题时，载体的平移运动已自然地包含在预测问题之中，无须另外考虑，但目标运动规律假定却与武器载体平移运动有关。

坦克和自行高炮一般在以武器为原点的大地惯性坐标系内解命中问题，所以，这种状态下解命中问题与前述解命中问题基本相同。但是，如风速之类的修正量应当是相对于以武器为原点的大地惯性坐标系的量。这一点必须引起设计者高度重视。

但应当说明，如果目标运动不存在机动，而武器载体存在机动，则在解命中问题中，就相当于目标运动存在机动。这将使预测问题变得复杂，使火控系统精度变差。因此，当目标运动不存在机动时，要求武器载体的运动最好也不存在机动而保持等速直线运动。反之，当目标存在机动时，在坦克作战中，可以驾驶坦克，使其相对于大地惯性坐标系的运动尽量与目标相对于大地惯性坐标系的运动相一致，这样可使预测问题变得简单。例如，如果使我方坦克与敌方坦克的运动完全一致，则命中目标问题就简单地变成了目标和武器均静止状态下的命中目标问题，但应注意，修正量应是相对于以武器为原点的大地惯性坐标系的。对自行高炮射击快速空中机动目标，要想做到这一点是困难的，一般要求其保持等速直线运动。舰对舰作战或空中飞机格斗可以采用这种方法。

### （三）载体运动参数测量

凡是能够影响弹目偏差的武器载体运动参数均属于测试范畴。只有掌握了这些载体运动参数，进而分析透这些运动参数与弹目偏差之间的关系，才有可能抑制这些运动参数对弹目偏差的影响，研制出合格的火控系统。

对于一个具体的武器系统而言，必须测试哪些运动参数，这还与其任务、经费支持力度、技术状态等有关，难以一言蔽之，但总的来说可以归结为两类：转动参数测量与平移参数测量。

建立武器载体稳定平台是测量载体转动参数的基础。随武器载体一起运动且偏航 $q$、俯

仰 $\varphi$、横滚 $\gamma$ 均保持常数的坐标系称为载体稳定平台，很显然，武器载体的稳定平台对地理坐标系而言，仅仅具有平移运动。

任何一个实际的稳定平台，它随着时间的推移，其姿态角肯定要产生漂移。为限制这种漂移的影响，武器载体必须定期停止运动，以便校正已经漂移的稳定平台姿态角回归到既定位置。如果这种校正仅限于调平，即使 $q=\text{const}$ 而 $\varphi=\gamma=0$ 的稳定平台称为调平稳定平台，这是一种很常用的稳定平台。如果上述校正包括调平与对正，即使 $q=90°$ 而 $\varphi=\gamma=0$ 的稳定平台称为找北稳定平台。对这种平台一旦校正完毕，其轴 $Oy_z^0$ 正好指向正北方。对于一个无须协同作战，仅需独立自主作战的武器系统而言，它可把调平稳定平台的 $q$ 定为该武器系统作战区域的地理坐标系基准轴 $Ox$，而无须使用找北稳定平台。然而，对于一个参与协同作战的武器而言，为了辨识并利用友军提供的地理坐标系内的诸种参数，必须配备找北稳定平台。

稳定平台既可以是真实的物理稳定平台，也可以是抽象的数学稳定平台。在载体上设置一个在偏航、俯仰、横滚方向上均有旋转自由度的机械框架，将三个具有高度轴向稳定性的陀螺轴分别置于 $Ox$、$Oy$、$Oh$ 三个方向上，使机械框架的三个机械轴分别恒定地指向 $Ox$、$Oy$、$Oh$，武器载体一旦转动，装于三个轴上的角度传感器将自动输出载体的 $q(t)$、$\varphi(t)$ 与 $\gamma(t)$。显然，三个陀螺轴的方向组成了一个真实的物理稳定平台，在此稳定平台上的任何物理实体，对地理坐标系而言，只有平移而无转动。如果仅仅是为了调平对正，用两个陀螺分别稳定 $Ox$ 与 $Oh$ 方向即可，因为第三个方向已经有前两个确定，多增加一个陀螺则是为了提高抗干扰能力。

将三个高速旋转陀螺的支架分别按武器载体坐标系的 $Ox_z$、$Oy_z$ 与 $Oh_z$ 方向捆绑在武器载体上，使支架与载体之间不存在任何相对运动，当载体发生转动时，上述三个陀螺将分别会感应出：

$$\frac{\mathrm{d}}{\mathrm{d}t}\boldsymbol{\Theta}_z(t)=\left[\frac{\mathrm{d}q(t)}{\mathrm{d}t}\quad\frac{\mathrm{d}\varphi(t)}{\mathrm{d}t}\quad\frac{\mathrm{d}\gamma(t)}{\mathrm{d}t}\right]^{\mathrm{T}} \tag{4.209}$$

这就是捷联式测速陀螺的工作原理。

再经过积分可以得出任意瞬时下武器载体的姿态角：

$$\int_0^t\dot{\boldsymbol{\Theta}}_z(t)\mathrm{d}\tau=\begin{bmatrix}\int_0^t\dot{q}(t)\mathrm{d}\tau\\ \int_0^t\dot{\varphi}(t)\mathrm{d}\tau\\ \int_0^t\dot{\gamma}(t)\mathrm{d}\tau\end{bmatrix}=\boldsymbol{\Theta}_z(t)-\boldsymbol{\Theta}_z(0) \tag{4.210}$$

条件是 $\boldsymbol{\Theta}_z(0)=[q(0)\quad\varphi(0)\quad\gamma(0)]^{\mathrm{T}}$ 要标定准确，也就是说，在 $t=0$ 瞬时，必须将载体的 $Ox_z$、$Oy_z$、$Oh_z$ 准确地对准地理坐标系的 $Ox$、$Oy$、$Oh$。

随着时间的推移，载体姿态 $q(t)$、$\varphi(t)$、$\gamma(t)$ 可以处于任何位置，任何具有物理特征的稳定坐标系已经不存在于载体之中，但有一个抽象的数学稳定坐标系却存在于计算机之中，这就是式（4.210）给出的载体姿态角的计算值。如果需要在数学稳定坐标系上构造物理稳定坐标系，只需在载体上设置具有三个方向自由度的机械框架，用三个随动系统将这三个机械框架分别驱动到 $-\boldsymbol{\Theta}_z(t)$ 的姿态上即可。其实，有了数学稳定平台，也就没有必要再设置物理稳定平台了。由于捷联式测速陀螺是捆绑在载体上的，结构紧凑、抗振性好，再加上数学稳定平台没有机械惯性，各种变换非常快捷，故有很好的使用场合与应用前景。此外，激光陀螺、光纤陀螺、晶振陀螺等非机械旋转型陀螺在构造稳定平台方面也都有了长足的发展。

目前对于载体平移量的测量，主要依靠测量载体的瞬时速度，并对瞬时速度进行积分获取。而载体的瞬时速度则是由速度传感器实时测量。如果载体瞬时速度测得，则载体瞬时位置

$$\boldsymbol{D}_{\mathrm{c}}(t)=\int_{0}^{t}\boldsymbol{U}_{\mathrm{c}}(\tau)\mathrm{d}\tau \tag{4.211}$$

式中，$\boldsymbol{D}_{\mathrm{c}}(t)$ 表示载体的瞬时位置；$\boldsymbol{U}_{\mathrm{c}}(\tau)$ 表示载体的瞬时速度。

式（4.210）与式（4.211）所相应的技术较为简单，但积分时间不能太长，准确、及时、自动校正 $\boldsymbol{D}_{\mathrm{c}}(t)$ 的技术是必不可少的。

由于武器载体是由自己一方人员操纵与控制的，因而对其运动参数的测量应该有满意的精度。

### （四）自行武器火控系统的特点

自行武器，如坦克、自行火炮等将火控系统、火力系统和运载体集于一体，用于在运动中独立作战。因此，这种结构配置使得自行武器火控系统应具有如下特点。

#### 1. 单体分散配置，结构小型化

火控系统配置在空间狭小的炮塔内，为了充分利用空间，一般将其各单体分散配置在炮塔的各部位，且各单体尽量小型化。否则，会因炮塔内容纳不下火控系统的各单体而导致火控系统方案失败。由于各单体分散配置，在炮塔内导致电缆增多、可靠性下降、维修困难。

#### 2. 自动化程度高，操作人员少

一般炮塔内只有两名操作人员（坦克有车长和炮长），这就要求火控系统的操作控制尽量简单、自动化程度高。常采用计算机自动控制逻辑，简化操作；采用战术参数、设备状态的综合显示，减少显示装置。

#### 3. 耐冲击振动

车辆长途行军颠簸和火炮发射，都会造成较大的振动和冲击。火炮发射时，炮塔某些部位受到的冲击较大。因此，火控系统的各单体设备应有减振措施。光学设备应布置在冲击、振动较小的部位。发动机引起的振动亦不可忽视，它影响目标跟踪精度和射击精度。因此，设计载体时应注意悬挂减振问题。

#### 4. 电磁环境恶劣，抗电磁干扰能力强

火控系统各电子设备密集在炮塔内，相互间辐射电磁干扰增大；自行武器的所有电子设备共用车内直流电源，传导干扰增加；火控系统各设备分散配置，接地点增多。因此，要求火控系统的各单体设备应有良好的电磁屏蔽和接地。地线一般分为信号地、设备地、公共地。激光电源、火炮随动系统电源、计算机电源常采用单独供电方式，以减少电源线、电源地线的传导干扰。

#### 5. 充分考虑维修性

炮塔内维修空间小，常采用吊篮非密闭方式，以便维修人员能在车内维修而不是在吊篮

内维修。维修时，常采用整件置换。为方便维修，必要时可在炮塔上开窗加盖，以便维修人员在炮塔外维修。

**6. 能测量载体姿态**

要求自行武器在载体任意倾斜状态下都能精确射击目标，就必须测量载体的姿态角。载体姿态角一般包括横滚角、纵倾角和航向角。测量载体姿态一般用位置陀螺、阻尼摆、炮耳轴倾斜传感器、小型稳定平台等。

**7. 跟踪线独立**

跟踪系统的跟踪镜（或雷达天线）安装在炮塔上，当炮塔进行方位转动时，会因牵连运动对跟踪线造成空间扰动。自动消除这种扰动称为跟踪线独立。习惯上称为“瞄准线”独立。其实质是：当炮塔转动一个方位角提前量时，同时使跟踪线相对于炮塔反向转动相等的角度，常用机械差动和电气差动方式实现。应注意，在火炮加入方位角提前量过程中（包括暂态过程），应实时保持跟踪线独立。如果在暂态过程中跟踪线独立误差较大，有可能使自动跟踪丢失目标，或对半自动跟踪造成较大瞬间扰动。

**8. 采用多环方位跟踪系统**

自行武器的方位跟踪系统的工作原理可等效为图 4.16、图 4.17。图中，$\beta_t$ 为目标方位角；$\delta\beta$ 为方位角提前量；$\beta_q$ 为提前方位角，$\beta_q=\beta_t+\delta\beta$；$\beta$ 为跟踪线方位角。

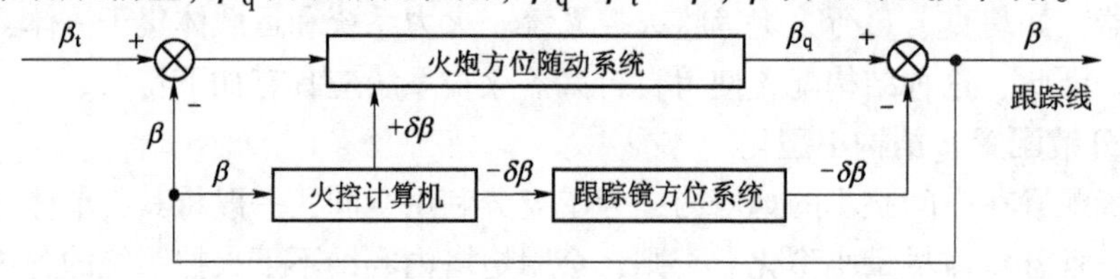


**图 4.16　跟踪镜同步于火炮的等效方位跟踪系统**

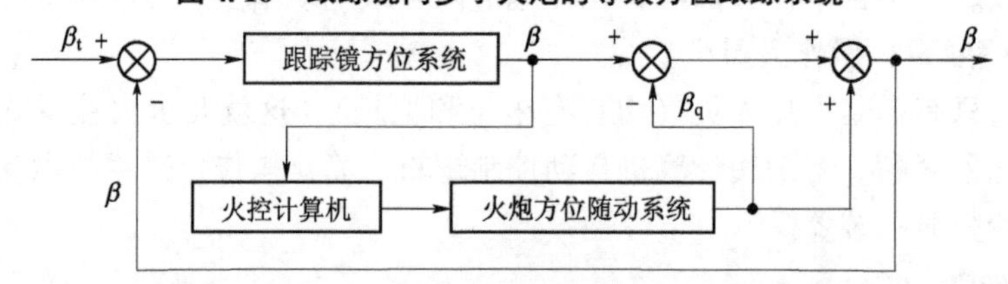


**图 4.17　火炮同步于跟踪镜的等效方位跟踪系统**

可见，方位跟踪系统包含跟踪镜方位系统、火炮随动系统和火控计算机，是一个多环路跟踪系统。它们的性能及存在的炮塔传动空回都将影响跟踪精度，如果设计不当，虽然各部分都能正常工作，但难以跟踪目标。还应特别指出，方位角提前量的加入时机不同，对跟踪精度影响也不一样。

**9. 充分考虑烟雾遮挡**

自行武器的跟踪镜与火炮炮管相距较近，火炮发射时的烟雾和火焰将影响半自动、电视和红外自动跟踪。对速射炮而言，由于烟雾和火焰遮挡，往往会使电视或红外自动跟踪在一段时间（一秒左右）内丢失目标，应引起重视。

除在炮口上加装消烟装置和结构配置上采取措施外，跟踪系统应具有短暂记忆跟踪能力，以便烟雾和火焰消失后，能重新跟踪目标。

当要求自行武器能在运动中精确射击目标时，火控系统又应具有以下特点：搜索雷达天线稳定；跟踪线稳定；武器线稳定。

当考虑自行武器集群作战时，为满足作战指挥和行军的需要，火控系统又必须增加导航定位分系统和无线通信分系统。导航定位分系统用于实时确定自行武器本身的地理位置和行驶方向，以便驾驶员根据指定路线行军。当上级或其他火力单元向自行武器指示目标或自行武器向其他单元指示目标时，自行武器本身的地理位置和行驶方向也是必不可少的，否则将无法相互指示目标。无线通信分系统用于与上级和其他火力单元联络和相互指示目标，是火控系统与指控系统连接的纽带。特别是在移动中作战时无法使用有线通信系统，必须用无线全向通信分系统。无线通信分系统的体制应与指控系统协调一致。

### (五) 搜索雷达天线稳定

由于搜索雷达安装在炮塔上，当炮塔相对于载体做方位运动时，因牵连运动，将影响安装在炮塔上的搜索雷达的空间等时扫描运动。特别地，当炮塔方位运动与搜索雷达的扫描运动大小相等、方向相反时，搜索雷达天线轴线将固定瞄向空间某一方向而失去搜索功能。在火炮大调转和加入提前量的过程中，影响最明显。解决的办法是：将炮塔运动的方位角速度反向输入搜索雷达的天线等速扫描控制系统，使天线相对于炮塔做不等速转动，而相对于空间坐标仍做等速扫描运动。

载体的平移运动不影响搜索雷达的性能，而载体姿态变化将严重地影响搜索雷达的性能。载体航向变化造成的影响，可用克服炮塔运动对搜索雷达影响的方法近似解决，而载体纵倾和横滚所造成的影响却难以解决。因载体倾斜后，天线亦倾斜，使扫描扇面与地面不垂直。致使在扫描过程中，某些空域变成盲区，又使某些区域的地物进入显示屏。同时，地面反射造成扫描面断裂，从而减小了搜索雷达的搜索空域，大大降低了远距离发现低空和超低空目标的概率。解决的方法有：将搜索雷达天线放置在稳定平台上；使搜索雷达天线增加高低方向的机械运动；采用电气方法，使搜索波束沿高低方向随载体姿态变化而运动。

炮塔运动和载体姿态变化不仅影响搜索雷达天线的空间运动，而且影响显示画面，使画面发生转动。通常采用的解决办法为：将炮塔方位角和载体的航向角引入画面显示中，保持基准基本不变。

### (六) 跟踪线稳定

跟踪线稳定专指自动消除载体姿态变化对跟踪线空间位置的扰动，习惯上称之为瞄准线稳定。它因要求自行武器能运动中精确跟踪目标而产生，继“跟踪线独立”之后而出现。因载体的平移运动可看成是目标相对载体中心的运动，跟踪线稳定中不予考虑。

自行武器的跟踪系统一般使跟踪线相对于载体做方位和高低运动。其控制量是相对于载体坐标系的，当载体姿态变化时，如果不把姿态变化量自动引入控制量中，跟踪线相对于载体坐标系将不运动。而因牵连运动必然对跟踪线的空间位置造成扰动，即跟踪线随载体姿态变化而偏离目标。在半自动跟踪系统中，这一扰动由人工消除，在自动跟踪系统中，这一扰动通过误差调节自动消除。但是，由于人或自动跟踪系统都不能及时消除扰动，所以造成较大的跟踪误差。特别是半自动跟踪情况下，由于人的惯性较大，且姿态随机变化会对人造成很大的心理压力，致使跟踪误差更大。在跟踪过程中采取用速率陀螺稳定跟踪线措施，相当于跟踪系统对载体姿态变化的前馈补偿。

在跟踪坐标系与载体坐标系原点重合的情况下，消除这一扰动的最好方法是将跟踪系统放置在三自由度稳定平台上（半自动跟踪时，人也应坐在稳定平台上）。由于稳定平台保持水平，无论载体姿态如何变化都不会影响跟踪线。但是，稳定平台的稳定精度低、价格昂贵、结构复杂，所以很少采用。有的火控系统仅将光学跟踪镜的某些部件（如反射镜）放在稳定平台上，达到跟踪线稳定的目的。

消除这一扰动的最简单方法是：安装载体姿态测量传感器，自动、实时地测量载体姿态或姿态变化率，经数学处理后分别反向加入方位、高低系统的速度环和加速度环作为控制信号。

当载体姿态变化时，使跟踪线相对于载体自动反向变化，保持跟踪线的空间指向，达到消除扰动的目的。这种稳定方法称为二维稳定方法，现在普遍采用。但这种稳定方法是不完善的，当载体同时绕垂直于跟踪系统的方位轴及高低轴的第三轴旋转时，二维稳定方法无稳定作用，且不能消除目标图像绕跟踪线的旋转。

当跟踪过程存在跟踪误差时，由于跟踪标志（十字线）随载体姿态而转动，所以方位、高低误差也随之变化，造成方位、高低跟踪系统相互耦合。如果姿态变化剧烈，这一耦合现象将非常明显，使半自动跟踪操作手忙乱不堪，造成较大的跟踪误差。

如果将跟踪标志（十字线）也采取稳定措施，即再增加一套绕跟踪线反向转动的稳定系统，这时，跟踪标志将不随载体姿态变化而旋转，则跟踪误差亦不随载体姿态变化而变化。但取出的误差不能直接用于控制跟踪系统，需变换成载体坐标系内的误差后再去控制方位、高低跟踪系统。这样，可减轻半自动跟踪操作手的负担，但需在跟踪系统控制回路中增加坐标转换装置。跟踪线二维稳定也可用速率陀螺作为角速度反馈元件实现。

方位跟踪系统采用速率陀螺负反馈实现跟踪线方位方向稳定的基本原理如图 4.18 所示。图 4.18 中，$\beta$ 为目标相对于载体坐标系的方位角；$\beta_{出}$ 为跟踪线相对于载体坐标系的方位角；$G_1$ 为跟踪系统校正回路的传递函数；$G_2$ 为跟踪系统速度回路的传递函数；$G_3$ 为速率陀螺。

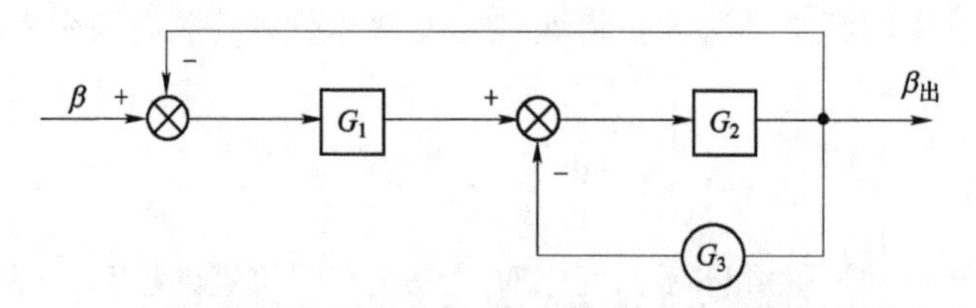


**图 4.18　速率陀螺反馈稳定原理图**

高低方向的跟踪线稳定原理与方位方向相同。方位速率陀螺敏感载体姿态变化时所引起的沿跟踪线方位轴的角速度，以及高低速率陀螺敏感载体沿跟踪线高低轴的角速度分别自动地反向加入跟踪系统的速度回路，使跟踪线改变在载体坐标系内的方位角和高低角，达到跟踪线稳定的目的。应当着重指出：这时，跟踪线在载体坐标系内的方位角和高低角是随载体姿态变化而变化的。还应指出：如果方位速率陀螺的安装位置恰当，该速率陀螺还兼有“跟踪线独立”功能及测速机功能。如果考虑到速度回路存在加速度滞后误差，还应将速率陀螺测量的载体姿态变化的角速度，经数学运算计算出角加速度，用于补偿速度回路造成的系统的加速度滞后，进一步提高稳定精度。

解算式稳定方案是在载体上（或相关载体上）安装敏感载体航向、纵倾、横滚的传感器，测量载体的航向角、纵倾角、横滚角或其角速率。经数学运算求得跟踪线的方位角和高低角或方位角速率和高低角速率补偿量，反向加入跟踪系统，实现跟踪线的二维稳定。解算式稳定的优点是设备少，载体姿态测量、跟踪线稳定和导航定位可共用一个装置。同时，稳定信号和跟踪信号可分别处理。

跟踪线稳定，已广泛应用于运动中精确射击目标的自行武器中。对仅行进间跟踪目标，而停下来射击目标的自行武器，为了快速射击目标，跟踪线稳定也是必不可少的。应当明确，前述的跟踪线稳定方法仅适于跟踪线坐标系与载体坐标系原点重合的情况。当原点不重合时，因载体姿态变化会造成跟踪坐标系原点在空间移动。这一移动对跟踪线造成的扰动，是上述跟踪线稳定方法所不能克服的。这一移动对跟踪线的扰动与跟踪装置偏离载体坐标系原点的大小、目标距离、载体姿态有关，需经计算后加以补偿。在陆用自行武器中，尚未考虑这一因素，如果要求陆用自行武器的跟踪线稳定精度高或舰载武器的跟踪线稳定，则应考虑这一因素。

（七）武器线稳定

武器线稳定是稳定炮管或发射架的空间指向，使其不受载体姿态变化影响，只有要求武器在运动中精确射击目标时才存在武器线稳定问题。其基本原理和采取的稳定方法与跟踪线稳定相同。但由于火炮的惯量比跟踪镜的惯量大，其稳定精度一般低于跟踪线稳定精度。对高炮火控系统，跟踪线稳定精度一般为 0.2 密位，武器线稳定精度一般为 1 密位。当火炮随动系统是位置闭环系统时，有的火控系统采用了如下解算式稳定方法稳定武器线：火控计算机实时解算并输出以武器为原点的大地惯性坐标系内的射击诸元，经坐标变换后求得载体坐标系内的射击诸元，输给火炮随动系统驱动火炮。其稳定原理如图 4.19 所示。

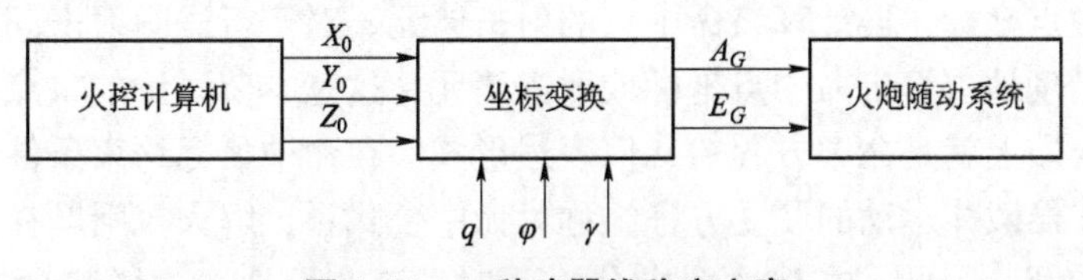


**图 4.19 一种武器线稳定方案**

图 4.19 中，$X_0$、$Y_0$、$Z_0$ 为“虚拟射击点”在以武器为原点的大地惯性坐标系内的直角坐标；$A_G$ 为载体坐标系内的火炮方位角；$E_G$ 为载体坐标系内的火炮射角；$q$ 为航向角或称偏航角；$\varphi$ 为纵倾角；$\gamma$ 为横滚角。

武器线稳定的坐标转换关系为：

$$\begin{cases} X_H = X_0\cos q + Y_0\sin q \\ Y_H = -X_0\sin q + Y_0\cos q \\ Z_H = Z_0 \end{cases} \tag{4.212}$$

$$\begin{cases} X_t = X_H\cos\varphi + Z_H\sin\varphi \\ Y_t = Y_H \\ Z_t = -X_H\sin\varphi + Z_H\cos\varphi \end{cases} \tag{4.213}$$

$$\begin{cases} X_s = X_t \\ Y_s = Y_t\cos\gamma - Z_t\sin\gamma \\ Z_s = Y_t\sin\gamma + Z_t\cos\gamma \end{cases} \tag{4.214}$$

$$\begin{cases} A_G = \arctan(Y_s/X_s) \\ E_G = \arctan(Z_s/\sqrt{X_s^2+Y_s^2}) \end{cases} \tag{4.215}$$

这种武器线稳定方案是建立在快速、高精度理想武器随动系统基础之上的，其提高武器线稳定精度的关键技术是：火炮随动系统的精度高、快速性好；姿态测量装置的精度高、快速性好、漂移小。对数字式火炮随动系统，还要求姿态采样频率、火控计算机输出频率、火炮随动系统采样频率高。

实际上，由于火炮随动系统是大功率随动系统，且要求其有一定的数据平滑能力，所以其快速反应能力不可能高。因此，这种稳定方法的稳定精度一般不会太高。为提高稳定精度还需求取姿态（$q$，$\varphi$，$\gamma$）的变化率（经数学运算），将之输入火炮随动系统的速度回路进行补偿。为减小采样频率引起的动态滞后误差，应尽量提高采样频率，最好在 400 次/秒以上。

## 第四节　命中方程的建立及求解

### 一、命中公式系

火控系统控制武器在停止间射击固定目标时，火控计算机的主要任务是：利用求解弹道方程或查询射表的方法，找到对已知目标坐标点的射击诸元。解决这一任务的技术在前面已经论述。火控系统在停止间射击运动目标时，火控计算机的主要任务：先是利用预测技术与弹道理论求出命中点坐标，再计算该命中点的射击诸元。对于行进间射击问题，将是最复杂的。实时地、高精度地求解出命中点坐标或射击诸元，这是本节讨论的重点。

命中三角形实质上就是命中方程的几何表述形式。在命中目标约束条件下，描述目标运动、弹头运动和武器载体运动的联立方程组称为命中公式系，解火控问题在数学上就是求解满足命中公式系的解。因此，在建立命中公式系时，应全面地考虑影响命中目标的各种因素。如：目标坐标测定器与武器是否在同一位置、气象条件是否标准、弹道下降量、偏流等。由于弹头在空中不沿直线飞行，且目标坐标测定器与武器不一定总在同一位置，这时，命中目标问题不是用三角形描述，而是被多边形所代替。考虑到观测的回转中心 $O$ 与武器的回转中心 $O'$ 不可能置于同一点，以 $O'$ 为始端、$O$ 为终端的矢量称为观测—武器基线，简称观炮基线，记为 $\boldsymbol{J}=\overrightarrow{O'O}$。若 $\boldsymbol{J}\neq 0$，则图 4.12 中的 $\boldsymbol{D}(t)$ 应改用 $\boldsymbol{D}(t)+\boldsymbol{J}$ 替换，如图 4.20 所示。

图 4.20 中，$T$ 为目标现在点；$T_q$ 为目标未来点；$O$ 为目标坐标测定器位置；$O'$ 为武器的回转中心；$\boldsymbol{D}(t)$ 为瞄准矢量；$\boldsymbol{S}(t)$ 为提前矢量；$\boldsymbol{L}(t)$ 为射击矢量；$\boldsymbol{P}(t)$ 为弹道下降量；$\boldsymbol{E}(t)$ 为非标准气象条件引起的修正量与弹头自旋效应引起的横向线偏移量之和；$\boldsymbol{D}_q(t)=\boldsymbol{D}(t+t_f)=\boldsymbol{L}(t)+\boldsymbol{P}(t)$ 为标准气象条件下的命中矢量。相应的命中多边形矢量方程为：

$$\boldsymbol{D}_q(t)-\boldsymbol{D}(t)-\boldsymbol{S}(t)-\boldsymbol{J}+\boldsymbol{E}(t)=0 \tag{4.216}$$

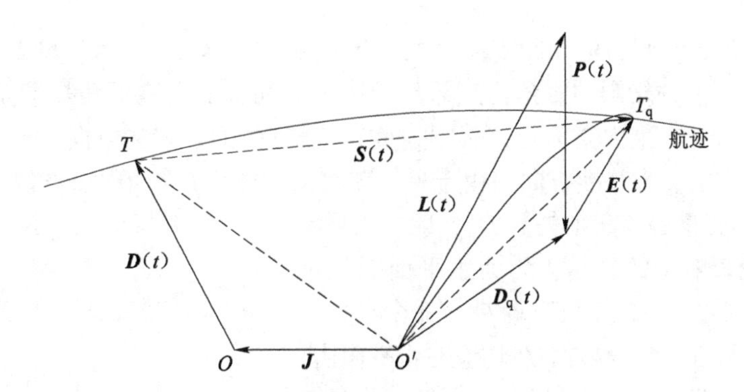

图 4.20　静对动状态下的命中多边形

或

$$[\boldsymbol{L}(t)+\boldsymbol{P}(t)+\boldsymbol{E}(t)]-\boldsymbol{S}(t)-[\boldsymbol{D}(t)+\boldsymbol{J}]=0 \tag{4.217}$$

现代火控系统中，解命中问题都不用矢量计算机。所以，必须将上述矢量方程投向某种坐标轴，将其转换成标量方程组，再求解射击诸元。在向坐标轴投影时，应注意使射表的自变量与命中方程中的待求量相一致。被用于投影的坐标轴在火控理论中又称为投影轴。

从理论上讲，任何矢量都可用作投影轴或用作派生投影轴的基础矢量，然而，只有可测量或可计算的矢量才可选来做这种矢量。设矢量 $\boldsymbol{D}$ 是被选来做派生投影轴的基础矢量，在火控理论中，可按不同的规则派生出两类投影轴，分别是线性投影轴和角投影轴。

**1. 线性投影轴**

与选定的矢量 $\boldsymbol{D}$ 重合且取向相同的有向直线被定义为线性投影轴 $D^0$。如果 $\boldsymbol{D}$ 的范数 $\|\boldsymbol{D}\|$ 有专用名称，则 $D^0$ 亦用该专用名称命名。例如：若 $\boldsymbol{D}$ 是瞄准矢量，则 $D^0$ 称为目标现在点斜距离投影轴；若 $\boldsymbol{D}_q$ 是命中矢量，则 $D_q^0$ 称为命中点斜距离投影轴；若 $\boldsymbol{L}$ 是射击矢量，则 $L^0$ 称为虚拟射击点斜距离投影轴；若 $\boldsymbol{d}$ 是瞄准矢量在水平面上的投影，则 $d^0$ 称为目标现在点水平距离投影轴；若 $\boldsymbol{d}_q$ 是命中矢量在水平面上的投影，则 $d_q^0$ 称为命中点水平距离投影轴。

很显然，与地球固连在一起，指向东方的水平轴 $x$、指向北方的水平轴 $y$、指向上方的垂直轴 $h$，都是线性投影轴。

**2. 角投影轴**

与指定矢量 $\boldsymbol{D}$ 共面且垂直于 $\boldsymbol{D}$ 的所有矢量都可用作投影轴。显然，这种矢量有无穷多个。为了在这无穷多个矢量中给某个特殊的矢量定位，还得构造一个与 $\boldsymbol{D}$ 共面，且与 $\boldsymbol{D}$ 所成张角为 $\varepsilon$ 的基准矢量 $\boldsymbol{d}$，显然，在 $\boldsymbol{D}$ 与 $\boldsymbol{d}$ 所在平面上有且仅有一条直线与 $\boldsymbol{D}$ 垂直，如图 4.21 所示。

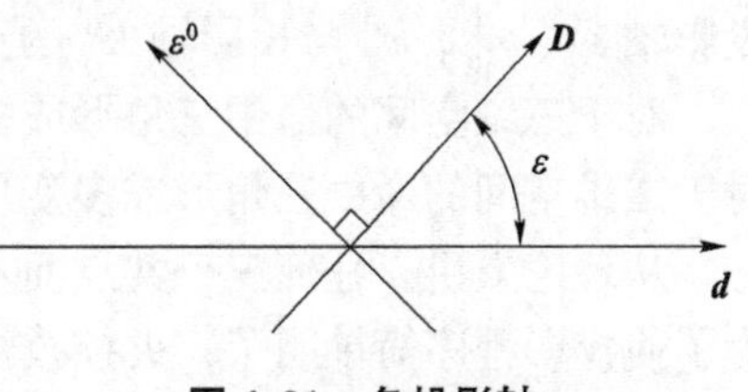

图 4.21　角投影轴

而且，在 $\boldsymbol{D}$ 与 $\boldsymbol{d}$ 所在的平面上，既可顺时针也可逆时针，将基准矢量 $\boldsymbol{d}$ 旋转到矢量 $\boldsymbol{D}$ 的方位上。为了定向的需要，还应根据使用方便和习惯，将上述两个旋转方向中的一个指定为正方向。

如果规定：与 $\boldsymbol{D}$、$\boldsymbol{d}$ 共面且垂直于 $\boldsymbol{D}$ 的直线方向就是 $\boldsymbol{D}$ 在 $\boldsymbol{D}$ 与 $\boldsymbol{d}$ 共有的平面内依 $\varepsilon$ 的正方向旋转 90°后的方向，则定义该垂直于 $\boldsymbol{D}$ 的有向直线为角投影轴 $\varepsilon^0$，其中 $\varepsilon$ 为矢量 $\boldsymbol{D}$ 对基准矢量 $\boldsymbol{d}$ 的张角。如果 $\varepsilon$ 有专用名称，则 $\varepsilon^0$ 也用该专用名称命名。

若 $\boldsymbol{D}$ 是瞄准矢量，$\boldsymbol{d}$ 是 $\boldsymbol{D}$ 在水平面上的投影，$\boldsymbol{D}$ 对 $\boldsymbol{d}$ 的张角为 $\varepsilon$，且以 $\boldsymbol{D}$ 矢端向上抬离

水平的旋转方向为正，则目标现在点高低角投影轴 $\varepsilon^0$ 如图 4.21 所示。设 $\boldsymbol{L}$ 是射击矢量，由于 $\boldsymbol{L}$ 对其在水平面上的投影的张角为武器高低角 $\varphi_g$，所以武器高低角投影轴 $\varphi_g^0$ 应位于过 $\boldsymbol{L}$ 的铅垂面上依正向（向上太高为正，否则为负）旋转 90°后所取的方向。

在水平面内指定 $x$ 为基准方向，由于目标现在点方位角 $\beta$、命中点方位角 $\beta_q$、武器方位角 $\beta_g$ 分别是瞄准矢量 $\boldsymbol{D}$、命中矢量 $\boldsymbol{D}_q$、射击矢量 $\boldsymbol{L}$ 在水平面上的投影对 $x$ 的张角，均为水平面上矢量角，所以，目标现在点方位角投影轴 $\beta^0$、命中点方位角投影轴 $\beta_q^0$、武器方位角投影轴 $\beta_g^0$ 均应在水平面内，且分别超前瞄准矢量 $\boldsymbol{D}$、命中矢量 $\boldsymbol{D}_q$、射击矢量 $\boldsymbol{L}$ 在水平面上的投影 90°。$\beta^0$ 与 $\beta_q^0$ 如图 4.22 所示。

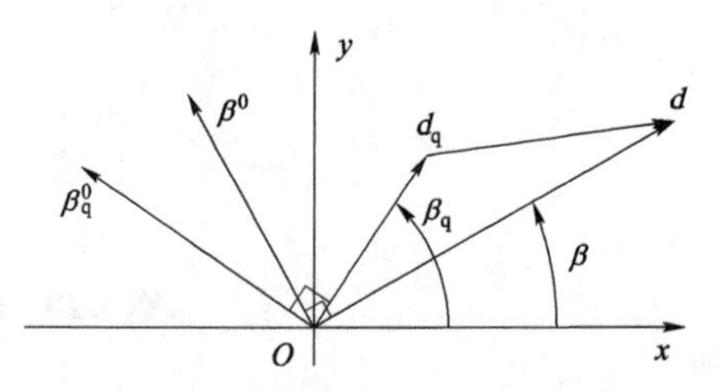


图 4.22　瞄准矢量和命中矢量角投影轴

如果指定目标航速矢量

$$\boldsymbol{V}(t)=\frac{\mathrm{d}}{\mathrm{d}t}\boldsymbol{D}(t) \tag{4.218}$$

为基础矢量，则可以由它派生出：与 $\boldsymbol{V}$ 同向的航速投影轴 $V^0$；在过 $\boldsymbol{V}$ 的铅垂面上、垂直于 $\boldsymbol{V}$ 的俯冲角投影轴 $K^0$；在水平面内、垂直于 $\boldsymbol{V}$ 在水平面内投影的航路角投影轴 $Q^0$。如图 4.23（b）所示，给出了过 $\boldsymbol{V}$ 的铅垂面上的投影轴 $V^0$ 与 $K^0$，而图 4.23（a）则给出了水平面上投影轴 $Q^0$。

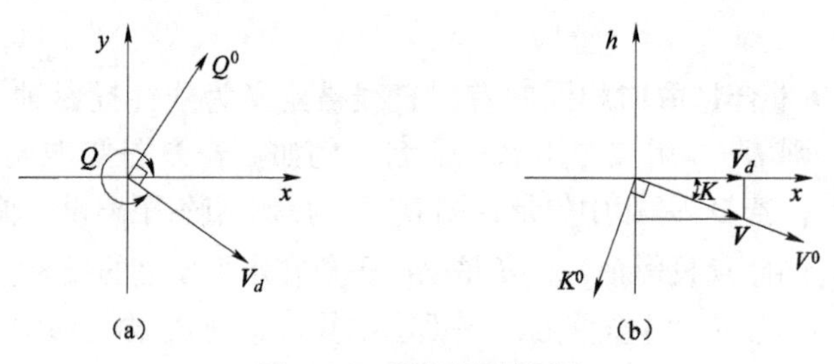


图 4.23　目标航速投影

由于习惯上，高低角 $\varepsilon$、$\varepsilon_q$、$\varphi_g$ 以上翘为正，而俯冲角 $K$ 以下俯为正，所以，相应的投影轴 $\varepsilon^0$、$\varepsilon_q^0$、$\varphi_g^0$ 与投影轴 $K^0$ 的正方向是相反的。

对于三维空间的命中三角形或多边形的投影，应该构造具有三个投影轴的投影轴系，而对于二维空间的命中三角形或多变形，相应的投影轴应缩减为两个。

从理论上讲，任何三个共点而不共面的投影轴都可以构成一个堪用的投影轴系，然而，为了使投影程序简单明了，火控技术中更多地采用正交投影轴系，即两两互相垂直的投影轴组成的投影轴系。常用的投影轴系有：

（1）地理直角坐标投影轴系（$x$，$y$，$h$）；

（2）现在点球形投影轴系（$D^0$，$\beta^0$，$\varepsilon^0$）；

（3）现在点柱形投影轴系（$h^0$，$d^0$，$\beta^0$）；

（4）现在点锥形投影轴系（$h^0$，$\beta^0$，$\varepsilon^0$）；

（5）命中点球形投影轴系（$D_q^0$，$\beta_q^0$，$\varepsilon_q^0$）；

（6）命中点柱形投影轴系（$h_q^0$，$d_q^0$，$\beta_q^0$）；

（7）命中点锥形投影轴系（$h_q^0$，$\beta_q^0$，$\varepsilon_q^0$）；

（8）弹道坐标投影轴系（$L^0$，$\beta_g^0$，$\varphi_g^0$）；

（9）内坐标投影轴系（$V^0$，$K^0$，$Q^0$）。

当然，常用投影轴系绝不止上述这些，到底哪种最好，读者可参阅相关专著和文献。

## 二、命中方程组的建立

将命中三角形（多变形），或者说命中矢量方程式（4.216）或式（4.217）向某个指定的投影轴系投影即得命中方程组。这已经不存在任何技术难点，需要指出的是：基本射表与修正量射表的自变量应与命中方程组的待求量相一致。

如果计划先利用命中矢量方程式（4.216）的投影方程解出命中点 $\boldsymbol{D}_q=(x_q,\ y_q,\ h_q)$ 的三个地理直角坐标，然后再求取射击诸元（$\beta_g$，$\varphi_g$，$t_f$），应先计算好以（$x_q$，$y_q$，$h_q$）为自变量的基本射表与修正量射表。由于这些射表不存在方位上的方向性，其自变量可以缩减为 $d_q(=\sqrt{x_q^2+y_q^2})$ 和 $h_q$ 两个来表示。这时，应首先离线计算好基本射表：

$$\begin{cases}\alpha=\alpha(d_q,h_q)\\ t_f=t_f(d_q,h_q)\end{cases}\tag{4.219}$$

式中，$t_f$ 为弹头从发射点飞至命中点所需的时间，称为弹头飞行时间；$\alpha$ 为武器线射角与命中矢量高低角之差，称为抬高角或高角。

再离线计算好修正量射表：弹头飞行时间修正量 $\Delta t_f(d_q,\ h_q)$、抬高角修正量 $\Delta\alpha(d_q,\ h_q)$、武器线方位角修正量 $\Delta\beta(d_q,\ h_q)$。

$$\begin{cases}\Delta t_f(d_q,h_q)=f_{\Delta v_0}(d_q,h_q)\Delta v_0+f_{\Delta\tau}(d_q,h_q)\Delta\tau+f_{\Delta p}(d_q,h_q)\Delta p+\\ \qquad f_{\Delta G_b}(d_q,h_q)\Delta G_b+f_{w_d}(d_q,h_q)w_d+f_{w_h}(d_q,h_q)w_h\\ \Delta\alpha(d_q,h_q)=f'_{\Delta v_0}(d_q,h_q)\Delta v_0+f'_{\Delta\tau}(d_q,h_q)\Delta\tau+f'_{\Delta p}(d_q,h_q)\Delta p+\\ \qquad f'_{\Delta G_b}(d_q,h_q)\Delta G_b+f'_{w_d}(d_q,h_q)w_d+f'_{w_h}(d_q,h_q)w_h\\ \Delta\beta(d_q,h_q)=\Delta\beta_z(d_q,h_q)+\beta_{w_z}(d_q,h_q)w_z\end{cases}\tag{4.220}$$

式中，共有14个以（$d_q$，$h_q$）为自变量的修正量射表，通过它们即可开始建立命中方程组。

将命中矢量方程式（4.216）逐项向地理直角坐标系投影，为了表述投影表达式方便，这里假定目标做等速直线运动，并且暂时令 $\Delta\beta(d_q,\ h_q)=0$，此时有：

$$\begin{cases}x_q-x-v_x[t_f(d_q,h_q)-\Delta t_f(d_q,h_q)]-J_x=0\\ y_q-y-v_y[t_f(d_q,h_q)-\Delta t_f(d_q,h_q)]-J_y=0\\ h_q-h-v_h[t_f(d_q,h_q)-\Delta t_f(d_q,h_q)]-J_h=0\end{cases}\tag{4.221}$$

式中，

$$\boldsymbol{D}=(x,y,h)^{\mathrm{T}}\tag{4.222}$$

为目标现在点坐标。而

$$\boldsymbol{V}=(v_x,v_y,v_h)^{\mathrm{T}}\tag{4.223}$$

为目标现在点速度。而

$$\boldsymbol{J}=(J_x,J_y,J_h)^{\mathrm{T}}\tag{4.224}$$

为观测基线在地理直角坐标系上的投影。此外

$$d_{\mathrm{q}}^2 = x_{\mathrm{q}}^2 + y_{\mathrm{q}}^2 \tag{4.225}$$

是方程组（4.221）的联系方程。

方程组（4.221）即为求解命中点坐标

$$\boldsymbol{D}_{\mathrm{q}} = (x_{\mathrm{q}},\ y_{\mathrm{q}},\ h_{\mathrm{q}})^{\mathrm{T}} \tag{4.226}$$

的命中方程组。

如果方程组（4.221）有解，且求得了这组解，则射击诸元可由下式计算获得：

$$\begin{cases} \varphi_{\mathrm{g}} = \arctan \dfrac{h_{\mathrm{q}}}{\sqrt{x_{\mathrm{q}}^2 + y_{\mathrm{q}}^2}} + \alpha(d_{\mathrm{q}}, h_{\mathrm{q}}) + \Delta\alpha(d_{\mathrm{q}}, h_{\mathrm{q}}) \\ \beta_{\mathrm{g}} = \arctan \dfrac{y_{\mathrm{q}}}{x_{\mathrm{q}}} + \Delta\beta_z(d_{\mathrm{q}}, h_{\mathrm{q}}) + \beta_{w_z}(d_{\mathrm{q}}, h_{\mathrm{q}}) \\ t_{\mathrm{f}} = t_{\mathrm{f}}(d_{\mathrm{q}}, h_{\mathrm{q}}) + \Delta t_{\mathrm{f}}(d_{\mathrm{q}}, h_{\mathrm{q}}) \end{cases} \tag{4.227}$$

式中，$\varphi_{\mathrm{g}}$ 为武器线射角（高低角）；$\beta_{\mathrm{g}}$ 为武器线方位角。

如果计划利用式（4.217）的投影直接计算射击诸元（$\varphi_{\mathrm{g}}$，$\beta_{\mathrm{g}}$，$t_{\mathrm{f}}$），则应先将射表的自变量改为（$\varphi_{\mathrm{g}}$，$t_{\mathrm{f}}$）。这里去掉了 $\beta_{\mathrm{g}}$ 也是因为这些射表对 $\beta_{\mathrm{g}}$ 具有不变性。不妨将基本射表改写为

$$\begin{cases} L = L(\varphi_{\mathrm{g}}, t_{\mathrm{f}}) \\ P = P(\varphi_{\mathrm{g}}, t_{\mathrm{f}}) \end{cases} \tag{4.228}$$

此时修正量射表按下面的形式进行计算：

$$\begin{cases} \Delta d_{\mathrm{q}}(\varphi_{\mathrm{g}}, t_{\mathrm{f}}) = g_{\Delta v_0}(\varphi_{\mathrm{g}}, t_{\mathrm{f}})\Delta v_0 + g_{\Delta\tau}(\varphi_{\mathrm{g}}, t_{\mathrm{f}})\Delta\tau + g_{\Delta p}(\varphi_{\mathrm{g}}, t_{\mathrm{f}})\Delta p + \\ \qquad g_{\Delta G_b}(\varphi_{\mathrm{g}}, t_{\mathrm{f}})\Delta G_b + g_{w_d}(\varphi_{\mathrm{g}}, t_{\mathrm{f}}) w_d + g_{w_h}(\varphi_{\mathrm{g}}, t_{\mathrm{f}}) w_h \\ \Delta h_{\mathrm{q}}(\varphi_{\mathrm{g}}, t_{\mathrm{f}}) = g'_{\Delta v_0}(\varphi_{\mathrm{g}}, t_{\mathrm{f}})\Delta v_0 + g'_{\Delta\tau}(\varphi_{\mathrm{g}}, t_{\mathrm{f}})\Delta\tau + g'_{\Delta p}(\varphi_{\mathrm{g}}, t_{\mathrm{f}})\Delta p + \\ \qquad g'_{\Delta G_b}(\varphi_{\mathrm{g}}, t_{\mathrm{f}})\Delta G_b + g'_{w_d}(\varphi_{\mathrm{g}}, t_{\mathrm{f}}) w_d + g'_{w_h}(\varphi_{\mathrm{g}}, t_{\mathrm{f}}) w_h \\ z_{\mathrm{q}}(\varphi_{\mathrm{g}}, t_{\mathrm{f}}) = z_{\beta_z}(\varphi_{\mathrm{g}}, t_{\mathrm{f}}) + z_{w_z}(\varphi_{\mathrm{g}}, t_{\mathrm{f}}) w_z \end{cases} \tag{4.229}$$

式中，$z_{\mathrm{q}}$ 是由弹丸的状态方程（即弹道方程）求解的、以标量形式给出的弹道横偏量，它等于纯由偏流造成的横偏量 $z_{\beta_z}$ 与纯由横风引起的横偏量之和。

弹道方程可以表述为：

$$\begin{cases} \dot{d}_{\mathrm{q}}(t) = v_d(t) \\ \dot{z}_{\mathrm{q}}(t) = v_z(t) \\ \dot{h}_{\mathrm{q}}(t) = v_h(t) \\ \dot{v}_d(t) = -CH_\tau(h_{\mathrm{q}})G(v_{r\tau})[v_d(t) - w_d] \\ \dot{v}_z(t) = -CH_\tau(h_{\mathrm{q}})G(v_{r\tau})[v_z(t) - w_z] - a_z(t) \\ \dot{v}_h(t) = -CH_\tau(h_{\mathrm{q}})G(v_{r\tau})[v_h(t) - w_h] \end{cases} \tag{4.230}$$

式中，$a_z(t)$ 为偏流加速度，表示旋转弹丸的陀螺效应，仅在高速旋转弹头的弹道方程中才存在这一项。

偏流加速度计算公式为：

$$a_z(t)=k_z b v_d(t) v^{-2}(t) \tag{4.231}$$

式中，$k_z$ 称为偏流修正系数，由武器及弹头的种类决定，为一常数，而

$$b=\frac{2\pi I_x h_x g v_0^2}{d^2 l G_b \eta} \tag{4.232}$$

式中，$I_x$ 为弹头相对于其纵轴的转动惯量；$h_x$ 为弹头的长度；$v_0$ 为弹头初速；$l$ 为身管膛线导程；$\eta$ 为身管膛线缠度。为了方便起见，工程中常常将 $k_z b$ 合称为偏流系数。

对于弹道方程组（4.230）而言，还必须有以下联系方程

$$\begin{cases} v^2=v_d^2+v_z^2+v_h^2 \\ v_r^2=(v_d-w_d)^2+(v_z-w_z)^2+(v_h-w_h)^2 \\ v_{r\tau}=v_r\sqrt{\tau_0/\tau} \end{cases} \tag{4.233}$$

求解弹道方程需要的已知条件分为两类，一类是弹道条件，一类是气象条件。

弹道条件包括：

（1）弹道初始条件：

$$\begin{cases} d_{\mathrm{q}}(t_0)=0 \\ z_{\mathrm{q}}(t_0)=0 \\ h_{\mathrm{q}}(t_0)=0 \\ v_d(t_0)=v_0\cos\varphi(t_0) \\ v_z(t_0)=0 \\ v_h(t_0)=v_0\sin\varphi(t_0) \end{cases} \tag{4.234}$$

式中，$v_0$ 为弹头初速；$\varphi$ 为射角；$t_0$ 为弹头离膛或离轨瞬时。

（2）弹道系数 $c$。它是一个仅与弹头外形、质量有关的常数。此外攻角也影响它。

（3）偏流系数 $k_z b$。

气象条件包括：海拔零处的绝对气温 $\tau_0$，气压 $p_0$；弹道风，并把弹道风分解为纵风 $w_d(h_{\mathrm{q}})$、横风 $w_z(h_{\mathrm{q}})$、垂直风 $w_h(h_{\mathrm{q}})$。

如果仍然假定目标做等速直线运动，将式（4.217）向弹道坐标投影轴系投影，可得另一种形式的命中方程组。

$$\begin{cases} L(\varphi_{\mathrm{g}},t_{\mathrm{f}})-[d_{\mathrm{q}}+\Delta d_{\mathrm{q}}(\varphi_{\mathrm{g}},t_{\mathrm{f}})+J_d]\cos\varphi_{\mathrm{g}}-[h_{\mathrm{q}}+\Delta h_{\mathrm{q}}(\varphi_{\mathrm{g}},t_{\mathrm{f}})+J_h]\sin\varphi_{\mathrm{g}}-P(\varphi_{\mathrm{g}},t_{\mathrm{f}})\sin\varphi_{\mathrm{g}}=0 \\ -[d_{\mathrm{q}}+\Delta d_{\mathrm{q}}(\varphi_{\mathrm{g}},t_{\mathrm{f}})+J_d]\sin\varphi_{\mathrm{g}}+[h_{\mathrm{q}}+\Delta h_{\mathrm{q}}(\varphi_{\mathrm{g}},t_{\mathrm{f}})+J_h]\cos\varphi_{\mathrm{g}}+P(\varphi_{\mathrm{g}},t_{\mathrm{f}})\cos\varphi_{\mathrm{g}}=0 \\ (x_{\mathrm{q}}+J_z)\sin\beta_{\mathrm{g}}-(y_{\mathrm{q}}+J_y)\cos\beta_{\mathrm{g}}-z_{\mathrm{q}}(\varphi_{\mathrm{g}},t_{\mathrm{f}})=0 \end{cases} \tag{4.235}$$

式中，

$$\begin{cases} x_{\mathrm{q}}=x+v_x t_{\mathrm{f}} \\ y_{\mathrm{q}}=y+v_y t_{\mathrm{f}} \\ h_{\mathrm{q}}=h+v_h t_{\mathrm{f}} \end{cases} \tag{4.236}$$

及

$$d_{\mathrm{q}}=\sqrt{x_{\mathrm{q}}^2+y_{\mathrm{q}}^2} \tag{4.237}$$

与

$$J_d = \sqrt{J_x^2 + J_y^2} \tag{4.238}$$

为联系方程。方程组（4.235）共有三个方程，恰好有三个未知数，即三个射击诸元 $\varphi_g$、$\beta_g$、$t_f$，因此该命中方程完全可解。

很显然，改换投影轴系、射表表达式形式或中间变量，还可以得到其他形式的命中方程组，不再赘述。

## 三、命中方程组的求解

假设记

$$\boldsymbol{X}_q = (x_{q1},\ x_{q2},\ x_{q3})^T \tag{4.239}$$

为命中方程的待求量，它是命中点的坐标，或者是射击诸元，又记

$$\boldsymbol{U} = (u_1,\ u_2,\ \cdots,\ u_s)^T \tag{4.240}$$

为命中方程中的已知量，它包括：目标的现在点位置、速度、加速度，弹道与气象条件偏差量，观测基线等待。则命中方程可概括为：

$$F_i(x_{q1}, x_{q2}, x_{q3}, u_1, u_2, \cdots, u_s) = F_i(\boldsymbol{X}_q, \boldsymbol{U}) = 0,\quad i = 1,2,3 \tag{4.241}$$

为表述方便，再记

$$\boldsymbol{F} = (F_1,\ F_2,\ F_3)^T \tag{4.242}$$

则命中方程可进一步简写为：

$$\boldsymbol{F}(\boldsymbol{X}_q, \boldsymbol{U}) = 0 \tag{4.243}$$

所谓的求解命中方程，就是将上述 $\boldsymbol{X}_q$ 的隐函数改作显函数

$$\boldsymbol{X}_q = \boldsymbol{Q}(\boldsymbol{U}) \tag{4.244}$$

使

$$\boldsymbol{F}[\boldsymbol{Q}(\boldsymbol{U}), \boldsymbol{U}] = 0 \tag{4.245}$$

当不考察 $\boldsymbol{U}$ 的作用时，式（4.243）中的 $\boldsymbol{U}$ 亦可隐去，而将命中方程缩写成

$$\boldsymbol{F}(\boldsymbol{X}_q) = 0 \tag{4.246}$$

求解此类非线性方程的方法很多，大致可以分为两类，即线性化法与搜索法。只有那些在求解精度与速度上均能满足工程要求的算法才有可能被火控计算的设计人员采用，并将其固化在火控计算机里。下面先讨论线性化法。

**1. 线性化法**

设 $\boldsymbol{X}_q$ 的第 $k$ 次近似值为 $\boldsymbol{X}_q^{(k)}$，相应的误差为：

$$\Delta\boldsymbol{X}_q^{(k)} = \boldsymbol{X}_q - \boldsymbol{X}_q^{(k)} \tag{4.247}$$

将式（4.247）代入式（4.246），再将 $\boldsymbol{F}(\boldsymbol{X}_q)$ 在 $\boldsymbol{X}_q^{(k)}$ 处展成泰勒级数，如果仅保留常数项与一阶项，则可得式（4.247）的线性化方程

$$\boldsymbol{F}(\boldsymbol{X}_q) = \boldsymbol{F}(\boldsymbol{X}_q^{(k)} + \Delta\boldsymbol{X}_q^{(k)}) = \boldsymbol{F}(\boldsymbol{X}_q^{(k)}) + \frac{\partial \boldsymbol{F}(\boldsymbol{X}_q^{(k)})}{\partial (\boldsymbol{X}_q^{(k)})^T}\Delta\boldsymbol{X}_q^{(k)} \tag{4.248}$$

记

$$A^{(k)}=\frac{\partial F(X_q^{(k)})}{\partial(X_q^{(k)})^T}=\begin{bmatrix}\frac{\partial F_1(X_q^{(k)})}{\partial x_{q1}} & \frac{\partial F_1(X_q^{(k)})}{\partial x_{q2}} & \frac{\partial F_1(X_q^{(k)})}{\partial x_{q3}}\\ \frac{\partial F_2(X_q^{(k)})}{\partial x_{q1}} & \frac{\partial F_2(X_q^{(k)})}{\partial x_{q2}} & \frac{\partial F_2(X_q^{(k)})}{\partial x_{q3}}\\ \frac{\partial F_3(X_q^{(k)})}{\partial x_{q1}} & \frac{\partial F_3(X_q^{(k)})}{\partial x_{q2}} & \frac{\partial F_3(X_q^{(k)})}{\partial x_{q3}}\end{bmatrix}=\begin{bmatrix}a_{11}^{(k)} & a_{12}^{(k)} & a_{13}^{(k)}\\ a_{21}^{(k)} & a_{22}^{(k)} & a_{23}^{(k)}\\ a_{31}^{(k)} & a_{32}^{(k)} & a_{33}^{(k)}\end{bmatrix} \tag{4.249}$$

则有

$$\begin{cases}A^{(k)}\Delta X_q^{(k)}=-F(X_q^{(k)})\\ X_q=X_q^{(k)}+\Delta X_q^{(k)}\end{cases} \tag{4.250}$$

为 $X_q^{(k)}$ 和 $\Delta X_q^{(k)}$ 应满足的方程。

如果能从方程中求解出 $X_q^{(k)}$ 与 $\Delta X_q^{(k)}$，则准确解 $X_q$ 也就求到了，然而，这是很难直接做到的。如果有

$$a_{ii}^{(k)}\neq 0 \tag{4.251}$$

对于 $i=1$，2，3 均成立，再做矩阵

$$B^{(k)}=\begin{bmatrix}a_{11}^{(k)} & 0 & 0\\ 0 & a_{22}^{(k)} & 0\\ 0 & 0 & a_{33}^{(k)}\end{bmatrix}^{-1} \tag{4.252}$$

与矩阵

$$C^{(k)}=-B^{(k)}F(X_q^{(k)})=\begin{bmatrix}-\frac{F_1(X_q^{(k)})}{a_{11}^{(k)}}\\ -\frac{F_2(X_q^{(k)})}{a_{22}^{(k)}}\\ -\frac{F_3(X_q^{(k)})}{a_{33}^{(k)}}\end{bmatrix} \tag{4.253}$$

及矩阵

$$G^{(k)}=I-B^{(k)}A^{(k)}=\begin{bmatrix}0 & -\frac{a_{12}^{(k)}}{a_{11}^{(k)}} & -\frac{a_{13}^{(k)}}{a_{11}^{(k)}}\\ -\frac{a_{21}^{(k)}}{a_{22}^{(k)}} & 0 & -\frac{a_{23}^{(k)}}{a_{22}^{(k)}}\\ -\frac{a_{31}^{(k)}}{a_{33}^{(k)}} & -\frac{a_{32}^{(k)}}{a_{33}^{(k)}} & 0\end{bmatrix} \tag{4.254}$$

将式（4.253）和式（4.254）代入式（4.250），可得

$$\begin{cases}\Delta X_q^{(k)}=G^{(k)}\Delta X_q^{(k)}+C^{(k)}\\ X_q=X_q^{(k)}+\Delta X_q^{(k)}\end{cases} \tag{4.255}$$

任给一个 $X_q^{(k)}$，可按式（4.253）和式（4.254）计算出 $C^{(k)}$ 与 $G^{(k)}$。再任给一个 $\Delta X_q^{(0)}$，由于等式条件已经被破坏，此时，式（4.255）中的第一个等号将不再成立，而应

将它改为迭代格式，即

$$\Delta X_{\mathrm{q}}^{(i+1)}=G^{(k)}\Delta X_{\mathrm{q}}^{(i)}+C^{(k)} \tag{4.256}$$

依次置 $i$ 由 0 到 $k-1$，用上述迭代格式迭代 $k$ 次，即可得到 $\Delta X_{\mathrm{q}}^{(k)}$。需要指出：如果式(4.256)是线性方程，则不存在任何线性化带来的误差，将已得到的 $\Delta X_{\mathrm{q}}^{(k)}$ 代入式(4.255)的第二个式子，即得到准确解 $X_{\mathrm{q}}$。由于命中方程是非线性的，由式（4.255）的第二个式子得到的 $X_{\mathrm{q}}$ 仅能作为一个更好的近似解，继续参与迭代，即

$$X_{\mathrm{q}}^{(k+1)}=X_{\mathrm{q}}^{(k)}+\Delta X_{\mathrm{q}}^{(k)} \tag{4.257}$$

直到

$$\| X_{\mathrm{q}}^{(k+1)}-X_{\mathrm{q}}^{(k)} \| \leqslant E_{\varepsilon} \tag{4.258}$$

迭代结束。这里 $E_{\varepsilon}$ 为事先给定的误差限（可满足射击精度要求，依靠技术论证和经验给出），并以 $X_{\mathrm{q}}^{(k+1)}$ 作为式（4.246）的解。

如图 4.24 所示，是线性化法的计算程序框图。

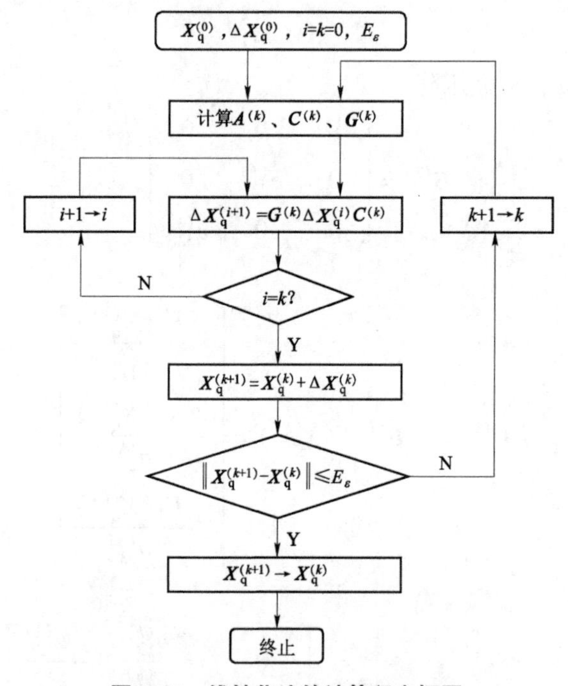


**图 4.24　线性化法的计算程序框图**

很明显，计算程序中有两个循环：计算 $\Delta X_{\mathrm{q}}^{(i)}$ 的内循环，其中 $X_{\mathrm{q}}^{(k)}$ 是由初值 $\Delta X_{\mathrm{q}}^{(0)}$ 经过 $k$ 次迭代得到的，故 $\Delta X_{\mathrm{q}}^{(i)}$ 被计算了 $1+2+\cdots+k=k(k+1)/2$ 次。而计算 $X_{\mathrm{q}}^{(k)}$ 的外循环次数 $k$ 取决于控制参数 $E_{\varepsilon}$，详见公式（4.258）。

**2. 搜索法**

上面讨论完了线性化法，下面讨论搜索法。定义

$$\varphi(X_{\mathrm{q}})=\sum_{i=1}^{3}F_i^2(X_{\mathrm{q}}) \tag{4.259}$$

为目标函数，其中 $F_i(X_{\mathrm{q}})$ 为式（4.241）命中方程。

任给一个 $\boldsymbol{X}_{\mathrm{q}}^{(k)}$，若

$$\varphi(\boldsymbol{X}_{\mathrm{q}}^{(k)})=0 \tag{4.260}$$

则 $\boldsymbol{X}_{\mathrm{q}}^{(k)}$ 必然为命中方程之解。反之，若

$$\varphi(\boldsymbol{X}_{\mathrm{q}}^{(k)})>0 \tag{4.261}$$

则 $X_{\mathrm{q}}^{(k)}$ 必然不是命中方程之解。

如何才能把这个使目标函数 $\varphi(\boldsymbol{X}_{\mathrm{q}}^{(k)})$ 为零的 $\boldsymbol{X}_{\mathrm{q}}$ 搜寻出来呢？一个最笨拙的办法是全面搜索法：在 $\boldsymbol{X}_{\mathrm{q}}$ 可能出现的区间内，以 $\boldsymbol{X}_{\mathrm{q}}$ 允许误差为步长，逐一地计算目标函数，找出使目标函数为最小值的 $\boldsymbol{X}_{\mathrm{q}}$。如果对目标函数的性质一无所知，那么似乎也不存在比全面搜索法更好的优化搜索法了。然而，对于命中方程的目标函数而言，在包含命中方程解的邻域内，它通常都可以用凹函数来表示，而关于凹函数的定义及其性质读者可以查阅有关数学文献，这里不再赘述。这里可将命中方程的目标函数形象地比喻为一个逐渐下跌的山谷，而目标函数 $\varphi(\boldsymbol{X}_{\mathrm{q}})$ 则表示了谷坡距谷地的相对标高（也可称为等高线）。求解命中方程等价于搜索谷底，如果已经搜索到了 $\boldsymbol{X}_{\mathrm{q}}^{(k)}$，而目标函数还不为零，则应继续搜索 $\boldsymbol{X}_{\mathrm{q}}^{(k+1)}$。记

$$\boldsymbol{X}_{\mathrm{q}}^{(k+1)}-\boldsymbol{X}_{\mathrm{q}}^{(k)}=\alpha^{(k)}\boldsymbol{S}^{(k)} \tag{4.262}$$

式中，$\alpha^{(k)}$为正数，$\boldsymbol{S}^{(k)}$为矢量。

显然，$\boldsymbol{S}^{(k)}$表征了在 $\boldsymbol{X}_{\mathrm{q}}^{(k)}$ 处继续搜索的方向，而 $\alpha^{(k)}$ 则表征了在 $\boldsymbol{S}^{(k)}$ 方向上继续搜索的步长。当 $\boldsymbol{S}^{(k)}$一定时，$\alpha^{(k)}$ 的选择应能保证对所有 $\alpha>0$，恒有

$$\varphi(\boldsymbol{X}_{\mathrm{q}}^{(k+1)})=\varphi(\boldsymbol{X}_{\mathrm{q}}^{(k)}+\alpha^{(k)}\boldsymbol{S}^{(k)})=\min\varphi(\boldsymbol{X}_{\mathrm{q}}^{(k)}+\alpha^{(k)}\boldsymbol{S}^{(k)}) \tag{4.263}$$

也就是说，$\boldsymbol{X}_{\mathrm{q}}^{(k+1)}$ 是在方向 $\boldsymbol{S}^{(k)}$ 上标高最近的一点。当 $\boldsymbol{S}^{(k)}$ 给定后，求 $\alpha^{(k)}$ 仅仅是一维搜索问题，较容易解决。因而，用搜索法求解命中方程组的关键就变成了如何决定搜索方向的问题。

设 $\boldsymbol{X}_{\mathrm{q}}^{(k)}$ 是第 $k$ 步搜索的结果，而下一步搜索的目标当然应该是谷底 $\boldsymbol{X}_{\mathrm{q}}$。将目标函数 $\varphi(\boldsymbol{X}_{\mathrm{q}})$ 在 $\boldsymbol{X}_{\mathrm{q}}^{(k)}$ 处展成泰勒级数，略去三阶与三阶以上各项，得

$$\begin{aligned}\varphi(\boldsymbol{X}_{\mathrm{q}})&=\varphi(\boldsymbol{X}_{\mathrm{q}}^{(k)}+\Delta\boldsymbol{X}_{\mathrm{q}}^{(k)})\\&=\varphi(\boldsymbol{X}_{\mathrm{q}}^{(k)})+[\nabla\varphi(\boldsymbol{X}_{\mathrm{q}}^{(k)})]^{\mathrm{T}}(\boldsymbol{X}_{\mathrm{q}}-\boldsymbol{X}_{\mathrm{q}}^{(k)})+\frac{1}{2}(\boldsymbol{X}_{\mathrm{q}}+\boldsymbol{X}_{\mathrm{q}}^{(k)})^{\mathrm{T}}\boldsymbol{H}(\boldsymbol{X}_{\mathrm{q}}^{(k)})(\boldsymbol{X}_{\mathrm{q}}-\boldsymbol{X}_{\mathrm{q}}^{(k)})\end{aligned} \tag{4.264}$$

式中，

$$\nabla\varphi(\boldsymbol{X}_{\mathrm{q}})=\begin{bmatrix}\dfrac{\partial\varphi(\boldsymbol{X}_{\mathrm{q}})}{\partial x_{\mathrm{q}1}} & \dfrac{\partial\varphi(\boldsymbol{X}_{\mathrm{q}})}{\partial x_{\mathrm{q}2}} & \dfrac{\partial\varphi(\boldsymbol{X}_{\mathrm{q}})}{\partial x_{\mathrm{q}3}}\end{bmatrix}^{\mathrm{T}} \tag{4.265}$$

为目标函数的梯度，而

$$\boldsymbol{H}(\boldsymbol{X}_{\mathrm{q}})=\begin{bmatrix}\dfrac{\partial^2\varphi(\boldsymbol{X}_{\mathrm{q}})}{\partial x_{\mathrm{q}1}^2} & \dfrac{\partial^2\varphi(\boldsymbol{X}_{\mathrm{q}})}{\partial x_{\mathrm{q}1}\partial x_{\mathrm{q}2}} & \dfrac{\partial^2\varphi(\boldsymbol{X}_{\mathrm{q}})}{\partial x_{\mathrm{q}1}\partial x_{\mathrm{q}3}}\\ \dfrac{\partial^2\varphi(\boldsymbol{X}_{\mathrm{q}})}{\partial x_{\mathrm{q}2}\partial x_{\mathrm{q}1}} & \dfrac{\partial^2\varphi(\boldsymbol{X}_{\mathrm{q}})}{\partial x_{\mathrm{q}2}^2} & \dfrac{\partial^2\varphi(\boldsymbol{X}_{\mathrm{q}})}{\partial x_{\mathrm{q}2}\partial x_{\mathrm{q}3}}\\ \dfrac{\partial^2\varphi(\boldsymbol{X}_{\mathrm{q}})}{\partial x_{\mathrm{q}3}\partial x_{\mathrm{q}1}} & \dfrac{\partial^2\varphi(\boldsymbol{X}_{\mathrm{q}})}{\partial x_{\mathrm{q}3}\partial x_{\mathrm{q}2}} & \dfrac{\partial^2\varphi(\boldsymbol{X}_{\mathrm{q}})}{\partial x_{\mathrm{q}3}^2}\end{bmatrix} \tag{4.266}$$

称为目标函数的 Hessian 矩阵，该矩阵是一个对称方阵。

目标函数 $\varphi(\boldsymbol{X}_{\mathrm{q}})$ 不但有极小值点，而且还假设它存在着二阶偏导数。从数学上的微分

积分理论可知，此时的目标函数 $\varphi(\boldsymbol{X}_q)$ 在极小点上的梯度应为零，且 Hessian 矩阵应正定，即

$$\nabla\varphi(\boldsymbol{X}_q)=\nabla\varphi(\boldsymbol{X}_q^{(k)})+\boldsymbol{H}(\boldsymbol{X}_q^{(k)})(\boldsymbol{X}_q-\boldsymbol{X}_q^{(k)})=0 \tag{4.267}$$

且

$$\boldsymbol{H}(\boldsymbol{X}_q^{(k)})>0 \tag{4.268}$$

由式（4.268）可知，$\boldsymbol{H}(\boldsymbol{X}_q^{(k)})$ 可逆。由式（4.267）可知

$$\boldsymbol{X}_q=\boldsymbol{X}_q^{(k)}-\boldsymbol{H}^{-1}(\boldsymbol{X}_q^{(k)})\nabla\varphi(\boldsymbol{X}_q^{(k)}) \tag{4.269}$$

如果目标函数的确是一个二次函数，即它的三阶及三阶以上导数均为零，那么，用式（4.269）就可以一步得到命中方程的解。由于在推导式（4.264）时略去了三阶及三阶以上导数项，因而还不能用式（4.269）一步求得 $\boldsymbol{X}_q$，而必须把它改作迭代格式，即

$$\boldsymbol{X}_q^{(k+1)}=\boldsymbol{X}_q^{(k)}-\boldsymbol{H}^{-1}(\boldsymbol{X}_q^{(k)})\nabla\varphi(\boldsymbol{X}_q^{(k)}) \tag{4.270}$$

只有当

$$\|\boldsymbol{X}_q^{(k+1)}-\boldsymbol{X}_q^{(k)}\|\leqslant E_\varepsilon \tag{4.271}$$

时，才可令迭代结束，这里 $E_\varepsilon$ 为事先给定的误差限，由此求出命中方程的解。

式（4.270）称为牛顿法（Newton Method）。由于它考虑了目标函数的泰勒展开式二次项，因而要比线性化法优胜一筹。如图 4.25 所示为采用牛顿法解命中方程的计算程序框图。

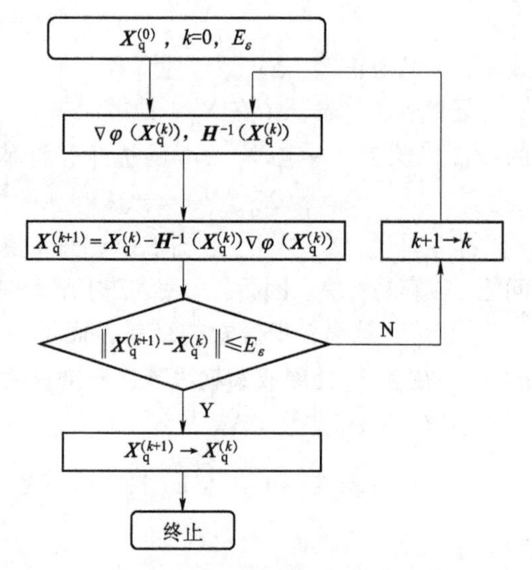


**图 4.25　牛顿法解命中方程的计算程序框图**

对比式（4.270）与式（4.263），可以发现对牛顿法而言，有

$$\begin{cases}\boldsymbol{S}^{(k)}=-\boldsymbol{H}^{-1}(\boldsymbol{X}_q^{(k)})\nabla\varphi(\boldsymbol{X}_q^{(k)})\\ \alpha^{(k)}=1\end{cases} \tag{4.272}$$

式中，$\boldsymbol{S}^{(k)}$称为牛顿方向。

牛顿法有两个缺点：在牛顿方向上，步长不能调整，而它给出的步长又不一定是最优的；存在着以二阶导数为元素的矩阵求逆运算，这是很不方便的。

为了克服牛顿法的上述两个缺点，一是在 $\boldsymbol{S}^{(k)}$之前加上搜索步长因子 $\alpha^{(k)}$，二是寻求一个尺度矩阵 $\boldsymbol{Q}$ 的迭代公式

$$\begin{cases}\boldsymbol{Q}^{(k+1)}=\boldsymbol{Q}^{(k)}+\boldsymbol{E}^{(k)}\\ \boldsymbol{Q}^{(0)}=\boldsymbol{I}\end{cases} \tag{4.273}$$

这里的 $\boldsymbol{I}$ 为单位矩阵。并设法保证此迭代公式在迭代若干步之后，有

$$\boldsymbol{Q}^{(k)}=\boldsymbol{H}^{-1}(\boldsymbol{X}_q^{(k)}) \tag{4.274}$$

而且 $\boldsymbol{E}^{(k)}$不含二次求导与矩阵求逆运算。

只要做到了以上两点，式（4.270）就可以改写为：

$$\boldsymbol{X}_q^{(k+1)}=\boldsymbol{X}_q^{(k)}-\alpha^{(k)}\boldsymbol{Q}^{(k)}\nabla\varphi(\boldsymbol{X}_q^{(k)}) \tag{4.275}$$

由此可见，算法将变得极为简单。

为了使上述设想成为现实，需要首先做到寻求式（4.273）中 $\boldsymbol{E}^{(k)}$ 的表达式，二是安排式（4.273）的迭代途径。

如果式（4.267）中的 $\boldsymbol{X}_{\mathrm{q}}$ 不确定指最小值点，则可将式（4.267）改写为

$$\nabla\varphi(\boldsymbol{X}_{\mathrm{q}}^{(k+1)})=\nabla\varphi(\boldsymbol{X}_{\mathrm{q}}^{(k)})+\boldsymbol{H}(\boldsymbol{X}_{\mathrm{q}}^{(k)})(\boldsymbol{X}_{\mathrm{q}}^{(k+1)}-\boldsymbol{X}_{\mathrm{q}}^{(k)})=0 \tag{4.276}$$

记

$$\boldsymbol{G}=\nabla\varphi(\boldsymbol{X}_{\mathrm{q}}) \tag{4.277}$$

则有

$$\begin{aligned}\Delta\boldsymbol{G}^{(k)}&=\boldsymbol{G}^{(k+1)}-\boldsymbol{G}^{(k)}\\&=\nabla\varphi(\boldsymbol{X}_{\mathrm{q}}^{(k+1)})-\nabla\varphi(\boldsymbol{X}_{\mathrm{q}}^{(k)})\\&=\boldsymbol{H}(\boldsymbol{X}_{\mathrm{q}}^{(k)})\Delta\boldsymbol{X}_{\mathrm{q}}^{(k)}\end{aligned} \tag{4.278}$$

故有

$$\Delta\boldsymbol{X}_{\mathrm{q}}^{(k)}=\boldsymbol{H}^{-1}(\boldsymbol{X}_{\mathrm{q}}^{(k)})\Delta\boldsymbol{G}^{(k)}=\boldsymbol{Q}^{(k)}\Delta\boldsymbol{G}^{(k)} \tag{4.279}$$

此式表明：$\boldsymbol{E}^{(k)}$ 作为 $\boldsymbol{Q}^{(k)}$ 的修正阵应是 $\boldsymbol{Q}^{(k)}$、$\Delta\boldsymbol{X}_{\mathrm{q}}^{(k)}$ 与 $\Delta\boldsymbol{G}^{(k)}$ 的函数。

对于具体函数关系，不同的学者给出了不同的表达式，也在不断改进中，目前认为最为有效的表达形式是：

$$\boldsymbol{E}^{(k)}=\frac{1}{(\Delta\boldsymbol{X}_{\mathrm{q}}^{(k)})^{\mathrm{T}}\Delta\boldsymbol{G}^{(k)}}\left[\Delta\boldsymbol{X}_{\mathrm{q}}^{(k)}(\Delta\boldsymbol{X}_{\mathrm{q}}^{(k)})^{\mathrm{T}}+\frac{\Delta\boldsymbol{X}_{\mathrm{q}}^{(k)}(\Delta\boldsymbol{X}_{\mathrm{q}}^{(k)})^{\mathrm{T}}(\Delta\boldsymbol{G}^{(k)})^{\mathrm{T}}Q^{(k)}\Delta\boldsymbol{G}^{(k)}}{(\Delta\boldsymbol{X}_{\mathrm{q}}^{(k)})^{\mathrm{T}}\Delta\boldsymbol{G}^{(k)}}-\boldsymbol{Q}^{(k)}\Delta\boldsymbol{G}^{(k)}(\Delta\boldsymbol{X}_{\mathrm{q}}^{(k)})^{\mathrm{T}}-\Delta\boldsymbol{X}_{\mathrm{q}}^{(k)}(\Delta\boldsymbol{G}^{(k)})^{\mathrm{T}}\boldsymbol{Q}^{(k)}\right] \tag{4.280}$$

设 $n$ 为 $\boldsymbol{X}_{\mathrm{q}}$ 的维数，对命中方程而言，$n=3$，如果利用式（4.273）迭代 $n=3$ 次，将会得到一个 $\boldsymbol{X}_{\mathrm{q}}^{(n)}=\boldsymbol{X}_{\mathrm{q}}^{(3)}$，以此值为初值，再利用式（4.273）迭代 $n=3$ 次，又会得到一个新的 $\boldsymbol{X}_{\mathrm{q}}^{(n)}=\boldsymbol{X}_{\mathrm{q}}^{(3)}$，再迭代，如图 4.26 所示，直到 $\|\boldsymbol{X}_{\mathrm{q}}^{(k+1)}-\boldsymbol{X}_{\mathrm{q}}^{(k)}\|\leqslant E_{\varepsilon}$，迭代终止。

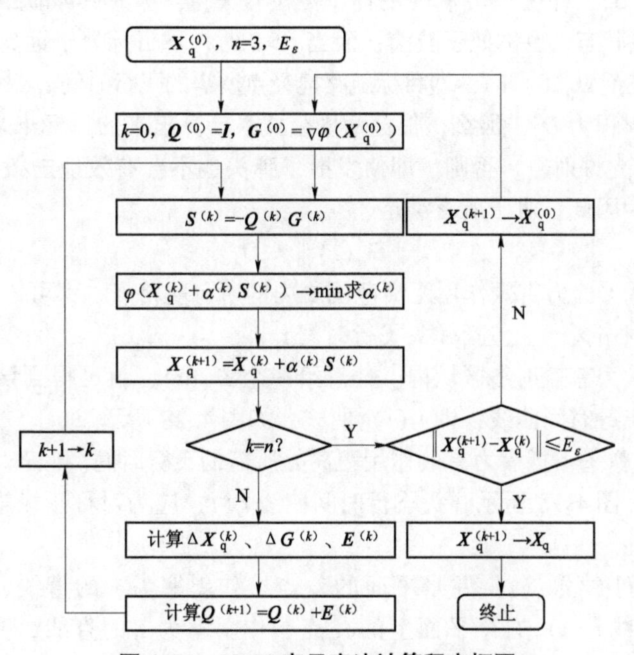


**图 4.26　BFGS 变尺度法计算程序框图**

理论与工程实践均已证明，这最后的 $\Delta\boldsymbol{X}_{\mathrm{q}}^{(k)}$、$\boldsymbol{G}^{(k)}$ 与 $\boldsymbol{E}^{(k)}$ 的确能够保证式（4.273）与式（4.279）同时成立。这种改进的牛顿法称为 BFGS 变尺度法，是由 Broyden、Fletcher、Goldfarb 和 Sbanno 提出的，在当前被认为是一种收敛速度快、计算精度高的优质搜索法。

求解命中方程一般用迭代法，选择坐标系时，应使在给定的解算精度下，迭代次数最少。这在工程实际应用中是非常重要的。解命中方程的其他方法，读者可参阅数值计算、优化设计与分析类教材及专著。限于篇幅和学时要求，这里不再赘述。

## 四、允许射击区域

在某些区域，命中公式系解的存在性是显而易见的，在某些区域则无解。对于高速运动的目标，即使进入了武器的有效射程内，也可能存在来不及射击或不允许射击的情况。因此，存在一个允许射击区域。现分析如下，考察一条先是由远及近，后又由近及远的航路，如图 4.27 所示。

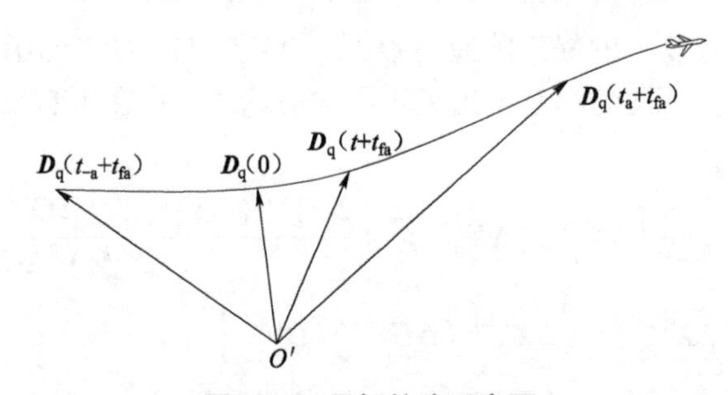


图 4.27　目标航路示意图

在航路上肯定有一点距武器回转中心 $O'$ 最近，记命中点过该点的自然时为 $t=0$ 瞬时，显然，该点应记为 $\boldsymbol{D}_{\mathrm{q}}(0)$，即在 $t=0$ 瞬时的命中点位置矢量，称为目标航路捷径点。又当 $t\leqslant 0$ 时，称目标处于临近状态，也称处于航前；而当 $t>0$ 时，称目标处于远离状态，也称处于航后。很明显，弹头飞抵 $\boldsymbol{D}_{\mathrm{q}}(0)$ 时，即目标航路捷径点所需的飞行时间 $t_{\mathrm{f}}$ 最短。

设武器的有效射程为 $D_{\mathrm{a}}$，那么，根据命中公式系计算出来的目标未来点坐标 $\boldsymbol{D}_{\mathrm{q}}(t)$ 必须小于或等于 $D_{\mathrm{a}}$ 才允许射击。否则，即使发射了弹头也不会有效地击毁目标，反而会因提前开火而暴露自己。因此，对于所有满足

$$\|\boldsymbol{D}_{\mathrm{q}}(t)\|\leqslant D_{\mathrm{a}} \tag{4.281}$$

的 $\boldsymbol{D}_{\mathrm{q}}(t)$，即处于武器火力有效作用距离范围之内的所有航路点，都可依据前面所述的命中方程计算出相应的射击诸元，包括弹头飞行时间 $t_{\mathrm{f}}$。

这就是说，在火力有效射击区域内，任意给一个 $\boldsymbol{D}_{\mathrm{q}}(t)$，就可得到该瞬时 $t$ 下的一个 $t_{\mathrm{f}}$ 与之对应，作弹头飞行时间曲线，即 $t_{\mathrm{f}}(t)$ 曲线，如图 4.28 所示。

图 4.28 中 $t_{\mathrm{fa}}$ 为弹头飞抵火力有效作用距离处所需的飞行时间。假若图 4.27 所示航路为水平直线等速航路，图 4.28 所示弹头飞行时间曲线 $t_{\mathrm{f}}(t)$ 应为对称于纵轴的单极小值曲线，否则，将失去对称性。

过弹头飞行时间曲线 $t_{\mathrm{f}}(t)$ 左半平面的 $t_{\mathrm{fa}}$ 点，作斜率为 1 的直线，交横轴于 $t_{-\mathrm{a}}$ 点；过弹头飞行时间曲线 $t_{\mathrm{f}}(t)$ 右半平面上的 $t_{\mathrm{fa}}$ 点，作斜率为 1 的直线，交横轴于 $t_{\mathrm{a}}$ 点；作

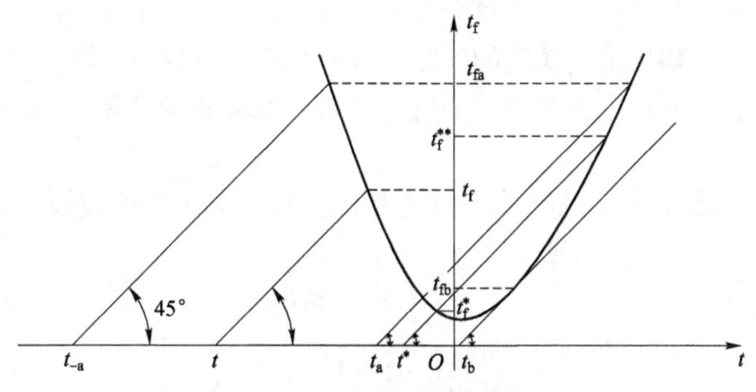


**图 4.28　目标航路示意图**

斜率为 1 的直线且与曲线 $t_f(t)$ 相切，交横轴于 $t_b$ 点，而切点的纵轴记为 $t_{fb}$，如图 4.28 所示。

在横轴上任意取一点 $t \in [t_{-a}, t_a)$，过此点作斜率为 1 的直线，交曲线 $t_f(t)$ 于 $t_f$。显然，如果在 $t$ 瞬时对 $t+t_f$ 瞬时位于 $\boldsymbol{D}_q(t+t_f)$ 的目标实施射击，则肯定会在 $t+t_f$ 瞬时，目标与弹头相遇。这就是说，在此时间区段内，存在一个且仅存在一个命中点。

在横轴上取一点 $t^* \in [t_{-a}, t_b)$，过此点作斜率为 1 的直线，该直线与曲线 $t_f(t)$ 将有两个交点 $t_f^*$ 和 $t_f^{**}$。这就表明，两个不同命中点虽各自具有相异的射击诸元，却在竞争同一射击瞬间，就此就必须舍彼。所谓发射瞬间竞争是指：同一时间、同一地点，以不同方向发射两发弹头射击不同时刻的同一目标，这两发弹头都能命中目标，一发是在航前命中目标，另一发是在航后命中目标。航后命中目标因其弹头飞行时间长而使命中精度降低，更重要的是因战术上要求打近而不打远，所以这种命中点被舍弃了。由于 $t_f^{**} > t_f^*$，故有

$$\|\boldsymbol{D}_q(t+t_f^{**})\| > \|\boldsymbol{D}_q(t+t_f^*)\| \tag{4.282}$$

作战中舍近就远，不仅射击误差大，而且也为武器的战术使用原则所不容，所以在此时间段内，虽然有两个命中点，确仅有近处的 $\boldsymbol{D}(t+t_f^*)$ 是有效的。为了保证求取的命中点是 $\boldsymbol{D}(t+t_f^*)$ 而不是 $\boldsymbol{D}(t+t_f^{**})$，在设计算法的时候，就要保证 $\boldsymbol{D}(t+t_f^*)$ 是稳定的收敛点，而 $\boldsymbol{D}(t+t_f^{**})$ 是不稳定的发散点，从而排除 $\boldsymbol{D}(t+t_f^{**})$ 作为命中点的可能性。

在横轴上取一点 $t \in (t_b, \infty)$，过此点作斜率为 1 的直线，该直线将不会与曲线 $t_f(t)$ 有交点，亦即不再存在命中点。

综上所述，可以得到允许射击的条件

$$\begin{cases} \|\boldsymbol{D}_q(t)\| \leqslant D_a \\ \dfrac{d}{dt}t_f(t) \leqslant 1 \end{cases} \tag{4.283}$$

式中，$t_f$ 是射击诸元的一个元素。在解算命中方程的过程中，如果上式的条件被破坏，应停止解算射击诸元。

需要指出的是，式（4.283）给出的允许射击条件是依据目标做等速直线水平运动的航路得到的。这种航路在 $t \leqslant 0$ 时，$\|\boldsymbol{D}_q(t)\|$ 是递减函数，而在 $t>0$ 时，$\|\boldsymbol{D}_q(t)\|$ 是递增函数，很显然，在任一瞬时下，该航路的命中点最多为两个。假若目标航路很复杂，比如，某

目标先由临近到远离，又返航，变远离为临近，最后又远离，此时，存在的命中点可能多达四个。在这种情况下，如果把返航后的航路作为一个新的航路来处置，而且每返航一次就新辟一个航路，那么，前面讨论的有关一个航路在同一瞬时最多只有两个命中点的约定并未失去其一般性。

允许射击条件，即式（4.283）是一个重要的公式，对于它再做如下解释和说明。

（1）若存在 $t_f \in (t_{fb}, t_{fa})$，使

$$\begin{cases} \| \boldsymbol{D}_q(t) \| \leqslant D_a \\ \dfrac{d}{dt} t_f(t) > 1 \end{cases} \tag{4.284}$$

成立，则 $\boldsymbol{D}_q(t) \in (\boldsymbol{D}_q(t_b + t_{fb}), \boldsymbol{D}_q(t_a + t_{fa}))$ 是一段弹头可达、却由于同另一较近的命中点竞争同一射击瞬时而不得不放弃射击的一段航路。

由于这种航路都出现在远离的航路上，所以，如果式（4.284）一旦成立，在对航后的目标射击时，或者说，尾追射击时，将出现一个航后射击禁区。它的出现，使航后射击区域小于其有效射击区域。

（2）弹头发射（射击）瞬时 $t$ 必须属于可射击区间，即

$$t \in [t_{-a}, t_b] \tag{4.285}$$

因为只有在此时间区段上发射弹头，才有命中点。上式中 $t_{-a}$ 称为射击开始时限，$t_b$ 称为射击终止时限。如果 $t_b > 0$，则射击过程可以一直持续到航后。对于防空高炮而言，传统的射击教程规定：仅射击临近目标而不射击远离目标。果真这样的话，且有 $t_b > 0$，则式（4.284）对有效射击距离的影响就不复存在了。

倘若 $t_b < 0$，如图 4.29 所示，射击在航前就得终止。如果自然时 $t > t_b$，此时目标虽然正在临近飞行，而且威胁度很大，却因不存在命中点而不能射击，也就是说在航前出现了不可射击的区域。

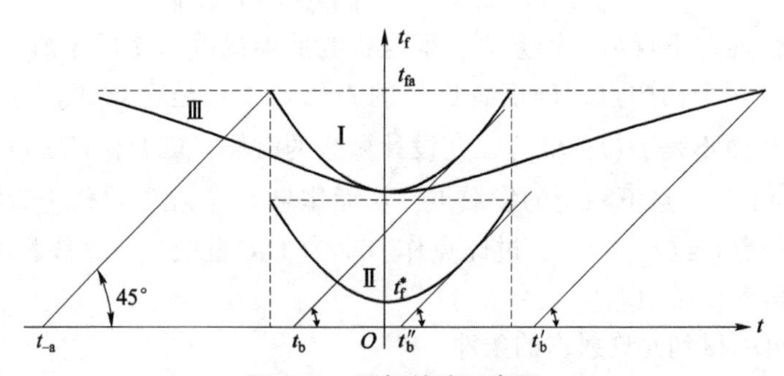


**图 4.29　目标航路示意图**

下面仍然以图 4.29 中曲线Ⅰ为例，不仅 $t_b < 0$，而且 $t_b < t_{-a} + t_{fa}$，这就意味着不可射击区包含了有效射击区。为了能在有效射击区域内使弹头命中目标，弹头的发射必须在目标进入有效射击区之前进行。如果这种发射失败，或者说目标突袭成功，它进入了有效射击区，由于它同时也是不可射击区，此时再发射弹头已经无任何意义了。

目标不论进入由式（4.284）造成的射击禁区，还是进入由 $t_b < 0$ 造成的不可射击区，从不能再射击的意义上来讲，两种区域是一致的。然而，它们产生的机理却是决然不同的：射击禁区出现在航后，由于在同一瞬时出现了两个命中点，根据打近舍远的射击原则，不得

不放弃较远的命中点，正是这些被放弃的射击点构成了射击禁区；而不可射击区出现在航前，是失掉了射击机会的航前区。

实际上，只要目标突防成功，穿过可射击区间，不论目标处于航前还是航后，均不能再对其实施射击。位于航前航路上的目标是对我方威胁最大的目标，如果此时又出现了不可射击区，对武器而言，就只能挨打，而不能还击，武器也就变成了摆设。射击与投掷武器与其对付的目标在毁伤与反毁伤的斗争中，在双方武器技术性能的对抗中，如果上述的武器不可射击区远远地超过了武器的有效射击区域，那么，该种武器就应当被淘汰。

(3) 对沿着同一航路运动的目标而言，若仅仅是目标航速增加 $n$ 倍，那么，弹头飞行时间曲线 $t_f(t)$ 将在横向上缩小到原来的$\frac{1}{n}$。反之，若仅仅是目标航速减小到原来的$\frac{1}{n}$，那么，曲线 $t_f(t)$ 将在横向上放大 $n$ 倍。

图 4.29 中的弹头飞行时间曲线Ⅰ与Ⅲ的不同，仅仅是它们相应的目标航速不同，曲线Ⅲ所对应的目标航速慢于曲线Ⅰ对应的目标航速。当航速慢到一定程度时，斜率为 1 的直线将不再与曲线 $t_f(t)$ 有切点，曲线Ⅲ就表明了这一点。此时，武器有效射击区域内的所有点都是可射击的点，不会再有航后射击禁区与航前的不可射击区，对悬停的武装直升机的射击应属此类情况。

对于沿着同一航路的同一运动目标而言，若仅仅是弹头飞行时间减小到原来的$\frac{1}{n}$，则弹头飞行时间曲线 $t_f(t)$ 在纵向上亦应缩小到原来的$\frac{1}{n}$，反之，将增大 $n$ 倍。如图 4.29 中的曲线Ⅱ就是在曲线Ⅰ的基础上，仅仅增大弹头速度而形成的。弹头飞行速度越高，弹头飞抵目标的时间就越短。从图 4.29 中还可发现，相应的射击终止时限也就越向后移（由 $t_b$ 移到 $t_b''$），而它一旦移到了右半轴，航前的不可射击区将不复存在。

导弹在现代战场上已经成为主要的进攻性武器，如果它一旦突破了对方远、中程防御体系，而进入距其攻击目标不及 3 000 m 到 2 000 m 的弹道末端，导弹速度当会数倍于音速。为对付低、中空飞机而装备的各种高射武器（高炮、防空导弹），在面对上述近程高速导弹时，它相应的弹头飞行时间曲线 $t_f(t)$ 在横向上将缩得很窄，特别是以火箭方式发射的防空导弹，由于它初速过低，相应的航前不可射击区将急剧扩大，甚至远远超过其有效射击区域，从而失去近程反导的能力。在导弹航速与航路均已确定的条件下，要想缩小或消除对来袭导弹的航前不可射击区，只有提高我方弹头的飞行速度，以缩短弹头的飞行时间。发展配备有次口径脱壳穿甲弹的、高初速的小口径高炮和炮射防空导弹，乃是对近程高速导弹防御的有效措施。

(4) 如果目标攻击位于武器近旁并受其保卫的设施，对被保卫的设施而言，目标正处于航前的进攻状态，而对防御的武器而言，目标可能已经进入航后。为了能对付这种目标，武器的可射击区间终止时限 $t_b$ 应延迟到航后。

但是，由于武器总体结构与制造装配上的需求，武器的高低角大多数有一个上限的限制，武器的实际高低角不得超越此限。对于防空高炮武器系统而言，其最大高低角多在 80°~87°。由于这个限制的存在，在武器的上方又出现了一个漏斗状的射击禁区，此禁区称为天顶射击禁区。为了保证武器对运动目标的射击，可以从航前延续到航后，包括对付越过天顶的目标，缩小甚至取消天顶射击禁区是非常有必要的，而实现这一要求的技术已经日趋完善。

对已知航路上的目标进行跟踪与射击时，跟踪线与武器线的姿态角、角速度、角加速度的表示与计算，是一个早已解决了的问题，在此不再赘述。对此问题的分析与计算表明，在近程，特别是在天顶及其近旁跟踪与射击时，跟踪线与武器线的角速度与角加速度不是变化急剧就是取极值，这就为设计、制造跟踪线与武器线的随动系统造成了一系列的技术难题。在满足近程反导任务所要求的高精度、高灵敏度、快速反应能力等方面，轻便、快捷、高初速与高射速的多管小口径高炮系统应更具优越性。

允许射击区域是指去掉航后射击禁区的有效射击区域；对于突袭成功，闯过射击终止时限的目标，它还应去掉航前不可射击区。

# 第五章
# 武器随动系统

◆ **学习目标**：学习和掌握武器随动系统的组成、工作原理、技术指标。

◆ **学习重点**：武器随动系统的组成、工作原理。

◆ **学习难点**：武器随动系统的工作原理。

## 第一节 概　述

### 一、随动系统

随动系统的研制与应用，始于19世纪半叶，因当时工业水平限制，没有得到广泛发展。20世纪上半叶，特别是第二次世界大战以来，由于军事技术的需要，随动系统的研制与应用获得迅速发展，出现了诸如雷达天线控制系统、火控计算机解算随动系统、高射炮随动系统、坦克炮稳定系统、鱼雷制导系统等。现在，随动系统广泛用于武器的自动控制、工业生产自动化、航海、航空航天等各种需要自动控制的场合。本教材中涉及的随动系统是用来控制雷达天线或武器高低和方位的随动系统，这里仅讲随动系统的概念和原理，一般不涉及具体的被控对象。

随动系统是英语 Servo System 的音译，又称伺服系统，是精确跟随或复现某个物理量（例如火控计算机输送给火炮的方位角、高低角等）变化过程的自动调节系统。一般由比较元件、放大元件、执行元件、校正装置、减速器（若采用力矩电机等低速执行元件，则不需减速器）等部分组成。随动系统的具体结构形式多种多样，简单的结构示例如图5.1所示。

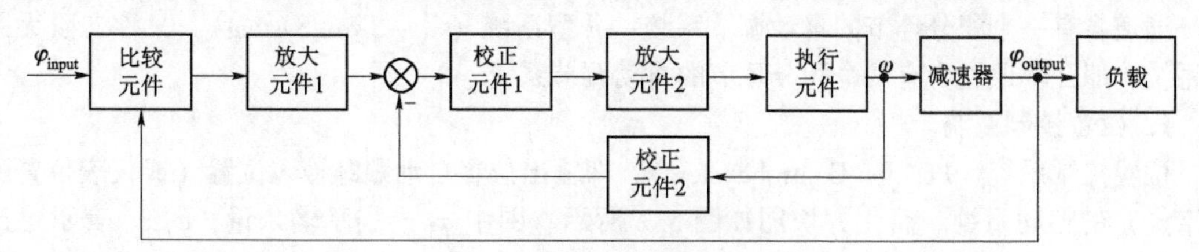


**图5.1　随动系统结构示意图**

图5.1中 $\varphi_{input}$ 是系统的输入信号（即控制信号，例如火控计算机输送给火炮随动系统的方位角），$\varphi_{output}$ 是系统的输出信号（例如随动系统驱动火炮转动的方位角）。只要 $\varphi_{output}$ 与 $\varphi_{input}$ 之间存在误差（$\theta=\varphi_{input}-\varphi_{output}\neq 0$），比较元件便产生误差信号，经过放大元件与

执行元件驱动负载运动，使 $\varphi_{output}$ 跟随 $\varphi_{input}$，保证 $\varphi_{output}$ 与 $\varphi_{input}$ 的瞬时值近似相等。

随动系统的功能是完成信号传递、进行功率放大、驱动负载按输入信号的变化规律运动，保证输出与输入之间的偏差不超出允许的范围。随动系统的输入主令是随时间变化的函数。系统将输入信号和输出反馈信号经求差、校正综合后，产生放大的功率，通过执行机构控制被控对象，以一定的精度复现要求的状态输出。按输出状态是被控对象的速度或位置，随动系统可分为速度随动系统和位置随动系统。武器位置随动系统属于机械运动控制，输出状态是武器的瞄准线或射击线的角位置。按输入主令的不同，随动系统可分为位置跟踪随动系统和定位随动系统。

位置跟踪随动系统输入的位置主令随时间任意变化，即需要跟踪、瞄准运动的目标，对车载和舰载武器随动系统，则还需补偿载体运动造成的目标偏离，即具备稳定功能以保证行进间的瞄准和跟踪。此类随动系统的位置主令含有位置的一阶、二阶乃至高阶导数，就其控制要求而言，最为复杂，难度最大。它主要应用于防空反导武器、舰载武器、坦克装甲车辆、稳定平台、炮瞄雷达，以及可见光、红外、夜视等光电跟踪系统。

定位随动系统输入主令是不随时间改变的常量，多用于间瞄武器、压制兵器，对静止目标射击（就控制问题而言，属于工业控制中广泛应用的调节器问题）。近年来，人们对压制武器自动操瞄技术予以很大关注，以提高信息化能力和快速反应能力，大量原来用人工或半自动操炮的武器开始应用自动定位技术，例如大口径加榴炮、迫榴炮、火箭炮等。这类武器系统的工作方式、技术要求、被控对象显著有别于位置跟踪随动系统，因而将它单列出来叙述。

此外，随动系统还可按其他方式进行分类。按用途分有：位置控制系统（包括位置跟踪系统、稳定系统、自动驾驶系统）与速度控制系统（包括调速系统、积分系统等）；按执行元件物理性能分有电气随动系统（包括直流随动系统与交流随动系统）、电气—液压系统、电气—气动系统；按系统特性分有线性系统与非线性系统；按信号特征分有连续系统（控制信号为模拟量）和离散系统（控制信号为数字量，又称数字随动系统）；按控制方式分有反馈控制系统和复合控制系统；按误差信号形式分有幅值控制随动系统（由输入与输出信号幅值之差来控制的随动系统）、频率控制随动系统、相位控制随动系统；按系统的无差度阶数分有0型系统、Ⅰ型系统、Ⅱ型系统等，系统的无差度阶数等于系统开环通道中含积分环节的个数，例如：0型系统（0 - Type System），又称零阶无差度系统，是指开环通道中不含积分环节的自动调节系统；Ⅰ型系统（Ⅰ - Type System），又称一阶无差度系统，即开环通道含有一个积分环节的自动调节系统；Ⅱ型系统（Ⅱ - Type System），又称二阶无差度系统，即开环通道含有两个积分环节的自动调节系统。

**1. 位置控制系统**

位置控制系统（Position Control System），即输出位置自动跟踪输入位置（或代表位置的数字量）的随动系统。简化方块图如图5.2所示。图中 $\varphi_{input}$ 表示输入量，$\varphi_{output}$ 表示输出量，$W(s)$ 表示系统开环传递函数，$\theta$ 表示误差，$a_i$、$b_i$ 为常数，$v$ 为无差度阶数，而且 $v=1$、2，$m$、$n$ 为正整数且 $m>n$。

位置控制系统具有一阶以上无差度（即为Ⅰ型系统或Ⅱ型系统）。各种自动跟踪系统（例如雷达天线控制系统、高射炮随动系统、机床的自动跟踪系统等）都属于位置控制系统。

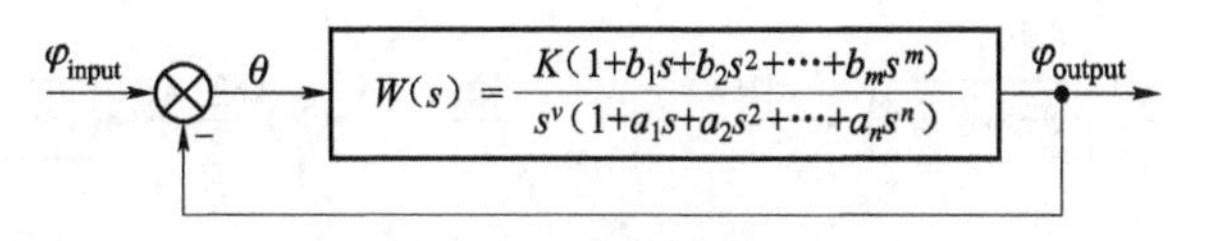


图 5.2 位置控制系统方块图

**2. 速度控制系统**

速度控制系统（Speed Control System），又称调速系统，即按照输入信号的大小自动调整输出速度的随动系统。简化的速度控制系统方框图如图 5.3 所示。

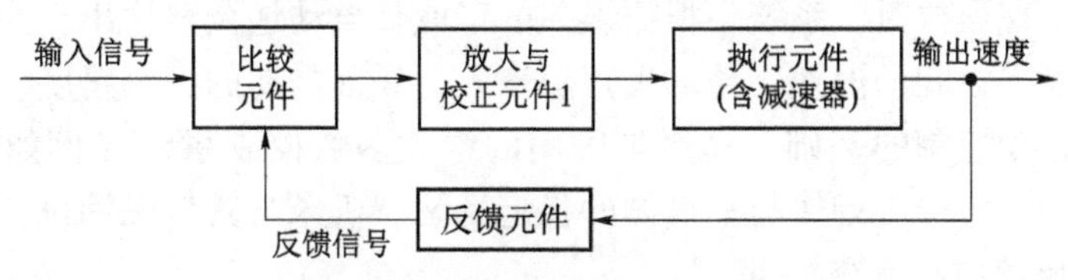


图 5.3 速度控制系统方框图

速度控制系统与位置控制系统的主要区别是系统的输入与输出是不同的物理量，主反馈不能为单位反馈（Feedback），是有量纲的系数；只有输入为零时，系统才能达到静止，通常是有静差系统（即 0 型系统）。速度控制系统根据用途不同，可分为以下三类：

（1）速度调节系统——调速范围大，速度控制精度不高，例如高射炮半自动跟踪系统、各种机床的速度调整系统等。

（2）稳速系统——调速范围不大，系统输出速度在长时间稳定不变，速度控制精度高，例如光纤拉丝稳速系统、自动印染彩色胶片的稳速系统等。此类系统常用锁相稳速的结构形式。

（3）积分系统——在调速系统输出轴上安装一个角度传感器，输出角度是控制信号的积分，如火控系统中用作解算装置的机电积分系统等。

根据执行元件的不同，调速系统可分为以下两类：

（1）直流调速系统——控制线路简单，调速范围宽广，起动与制动性能良好，应用广泛，但电机体积大、质量大，结构复杂，需经常维护。

（2）交流调速系统——除小功率采用两相异步电机外，中、大功率则采用三相异步电机或三相同步电机，特点是体积小，质量轻，价格便宜，易于维护，但要获得较宽的调速范围，控制线路较为复杂。由于三相动力电源比直流动力电源方便，随着大规模集成电路的发展，在一定场合下，交流调速系统有取代直流调速系统的趋势。

**3. 反馈控制系统**

反馈控制系统（Feedback Control System），又称闭环控制系统（Closed Loop Control System），简称反馈系统。将系统输出量反馈到输入端，按输出与输入之差（误差）来控制的自动控制系统。输出量直接反馈到输入端，反馈系数为 1 的系统称单位反馈系统（Unity－Feedback System），其简化方框图如图 5.4（a）所示。许多位置控制系统（例如高射炮的随动系统等）属单位反馈系统。输出量经过变换反馈到输入端，反馈系数为非 1 的系统属非单位反馈系统，其简化方框图如图 5.4（b）所示。调速系统等属非单位反馈系统。

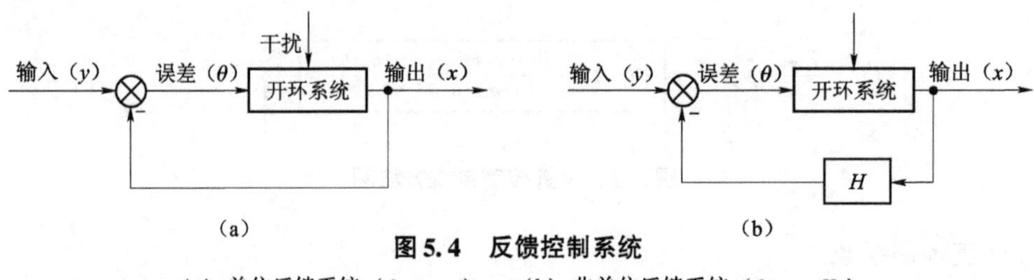


**图 5.4　反馈控制系统**

（a）单位反馈系统（$\theta = y - x$）　（b）非单位反馈系统（$\theta = y - Hx$）

反馈控制的基本原理是系统的输出参与控制，当输入变化或系统的内外干扰引起系统的输出与输入之间出现误差时，系统便根据误差的正或负自动地调整输出，力图尽量减小甚至完全消除输出与输入之间的误差，使输出跟随输入，保证需要的控制精度。

反馈控制是自动控制的基础，军用与民用的绝大多数控制系统（例如雷达天线控制系统、火炮随动系统、各种飞行体与摇摆体的稳定系统、机床与其他民用设备的许多自动控制系统等）都属于反馈控制系统。

**4. 复合控制系统**

复合控制系统（Compound Control System）是按系统误差及系统输入量的 $n$ 阶（一般 $n \leqslant 2$）微分综合控制的随动系统。简化的复合控制系统方框图如图 5.5 所示。

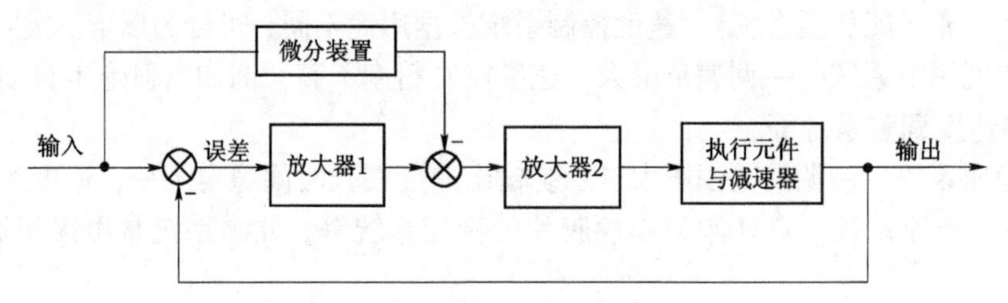


**图 5.5　复合控制系统方框图**

单纯按误差控制的随动系统，在提高稳定性与提高精度、快速性之间存在矛盾（系统放大倍数与无差度阶数高，则系统的精度高、快速性好，但稳定性差）。复合控制系统可解决这个矛盾，它的稳定性由按误差控制的闭环部分来保证，精度与快速性由并联的微分装置以及放大器、执行元件与减速器组成的开环通道来保证。根据理论计算，当微分装置的微分阶次 $n = 1$ 时，系统具有二阶无差度的精度（即静态误差、速度误差均为零）和一阶无差度系统的稳定性，$n = 2$ 时，系统具有三阶无差度精度（即静态误差、速度误差、加速度误差均为零），而系统的稳定性不变。复合控制系统广泛用作高精度快速跟随系统，例如高射炮随动系统等。

**5. 直流随动系统**

用直流伺服电机作执行元件的随动系统称为直流随动系统（DC Servo System）。系统的功率放大与校正装置都是直流部件。与交流随动系统相比，直流随动系统的输出功率较大，容易选择校正装置，但电机有整流子与电刷，需经常维护，电机轴上摩擦力矩较大，系统结构较复杂。在自动高射炮和海军炮的火控系统中及其他自动装置中应用较多。

**6. 交流随动系统**

用交流伺服电机作执行元件的随动系统，称为交流随动系统（AC Carrier Servo System），又称交流载波控制系统。按校正装置的形式，交流随动系统可分为两类：一类系统中的电信号均是交流载波信号，校正网络要满足“相位不变”条件，即校正网络只对交流载波信号的包络起微分或积分作用，而不改变载波相位。由于系统采用交流放大，无零漂，但选择校正网络较困难。另一类系统中交流控制信号被解调成直流信号，采用直流校正网络，然后将校正后的直流信号再调制成交流载波信号去控制交流伺服电机。这一类系统引入了直流放大环节，可能产生零漂，但可避免选择交流校正网络的困难。

与直流随动系统相比，交流随动系统的伺服电机没有整流子与电刷，不需经常维护，电机轴上摩擦力矩小，系统结构简单，坚固耐用，一般输出功率较小。在火控计算机中和其他功率较小的自动化设备中应用较多。

## 二、随动系统性能指标

工程上对随动系统跟随性能提出的具体要求称为随动系统性能指标（Performance Index of Servo System），是进行随动系统设计与定型试验的根本依据。随动系统性能指标包括暂态（又称过渡过程）性能指标与稳态（即过渡过程结束后的状态）性能指标。

暂态性能指标表示随动系统在单位阶跃输入下的响应速度与稳定性能，包括系统输出的调整时间、超调量、振荡次数。

稳态性能指标表示随动系统的跟踪精度，包括静态误差、等速跟踪误差、正弦跟踪误差。

如果系统的初始条件为零，输入单位阶跃信号后，系统输出达到稳态（即过渡过程结束）所经历的时间称为调整时间（Setting Time），又称过渡过程时间（Transient Time）。需要指出：这里所说的初始条件为零，是指在时间为零时系统的输入与输出均为零，系统处于静止协调状态。

通常规定输出量与输入量之差不超过输入量的2%（或5%）时，认为系统输出达到了稳态。调整时间是衡量系统快速性能的指标。如图5.6所示，图中的 $t_s$ 为调整时间（s）。一般情况下，希望调整时间越小越好。

初始条件为零，输入单位阶跃信号后系统输出的暂态最大值与阶跃输入之差称为超调量（Overshoot），又称过调节。用相对单位阶跃的百分比表示，如图5.7中的 $\sigma\%$，它是衡量系统稳定性的指标。若超调量大，系统稳定储备小，容易造成机械传动部件的磨损。一般要求 $\sigma\% \leqslant 30\%$。有的系统则不允许出现超调。超调量的大小与系统的开环增益、惯性、阻尼有关，通常降低系统的开环增益，减小惯性，增大阻尼，可以提高系统稳定性，减小超调量。

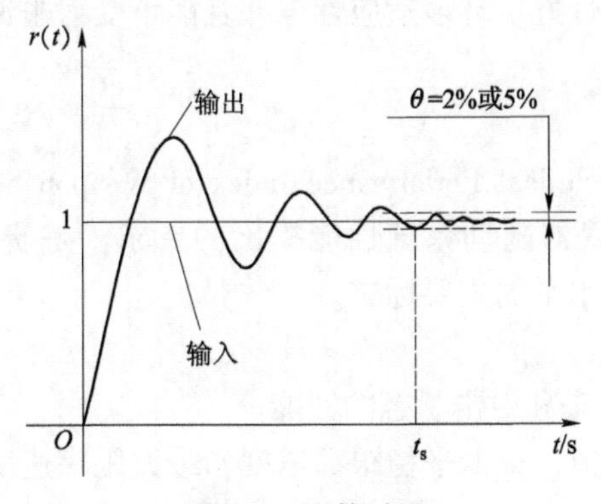


图5.6　调整时间

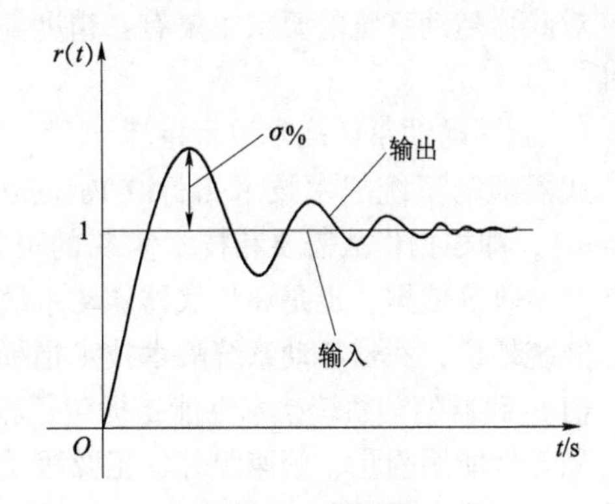


图5.7　超调量

初始条件为零时，输入单位阶跃信号后，系统输出在调整时间内振荡的周期数称为振荡次数（Oscillating Number），它是衡量系统稳定性能的指标。如图 5.8 所示。过渡过程（又称暂态响应）曲线①的振荡次数为 0.5，曲线②的振荡次数为 1。一般的随动系统要求振荡次数小于 1。加大随动系统的阻尼或降低系统的开环增益能减小振荡次数。

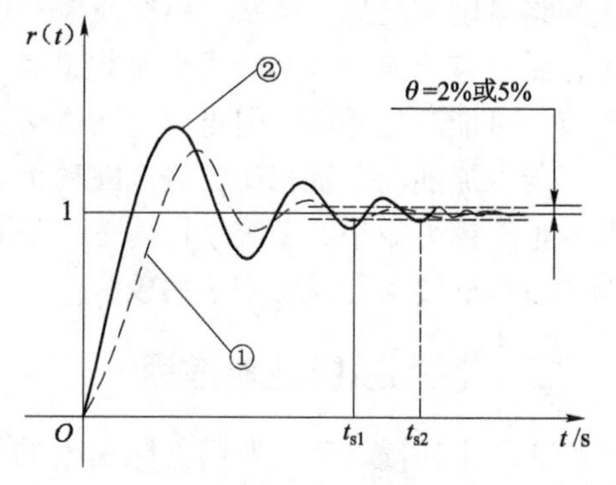


图 5.8　振荡次数

随动系统协调静止时，输出与输入之差称为静态误差（Static Error），简称静误差。按理论分析，位置控制随动系统应是无静态误差的反馈控制系统，实际上，敏感元件的制造误差、放大器的不灵敏区、传动部分有干摩擦等，使系统输出与输入不完全相等，存在静态误差。减小系统静态误差的方法，首先是选择精度高的敏感元件，其次是减小系统干摩擦、传动间隙和放大元件死区，提高系统开环增益。

随动系统等速跟踪（指稳态）时输出与输入的位置误差称为速度误差（Speed Error），又称等速跟踪误差或斜坡误差。表示随动系统等速跟踪的精度。按理论计算，Ⅰ型系统的速度误差大小与跟踪速度成正比，与系统开环增益成反比；Ⅱ型系统的速度误差为零。实际上，由于敏感元件等有制造误差，Ⅱ型系统等速跟踪时也会出现误差。

在振幅与频率恒定的正弦信号输入下，随动系统输出与输入的位置误差的幅值称为正弦跟踪误差（Sine Tracking Error），表示随动系统在变速输入下的跟踪精度。

## 第二节　武器随动系统的组成

### 一、武器随动系统

所谓武器随动系统（Weapon Servo System），即跟随火控计算机输出，赋予武器射击诸元的随动系统、是火控系统的组成部分，对实现武器远距离自动控制，缩短系统反应时间，提高射击精度有重要作用。

武器随动系统按应用场合分为机载武器随动系统、舰载武器随动系统、陆用武器随动系统。对武器随动系统的要求主要有：精度高，快速性好，环境适应性强并且能承受射击冲击负荷。

**1. 武器随动系统战术技术指标**

武器随动系统战术技术指标（Tactical and Technical Performance Index of Weapon Servo System），即根据作战需要和技术实现的可能，对武器随动系统性能提出的要求，是研制、生产和验收的依据，也是评价武器随动系统性能和水平的主要标志。

笼统地说，武器随动系统战术技术指标主要有：

（1）武器随动系统技术性能指标包括稳态、暂态和射击状态的性能。

稳态性能用静止、等速跟踪、正弦跟踪的误差值，最低平稳跟踪速度，最大跟踪速度和加速度来度量。

暂态性能包括调整时间、振荡次数、超调量、最大调转速度和加速度，以及制动角等。

射击状态性能包括给定工作规范下的射击瞬间误差、最大误差和射击扰动的恢复时间等。

（2）作战使用方面的性能，包括可靠性（含使用寿命）、维修性、操作使用的方便性、安全性，以及对体积、重量、功耗等方面的要求。

（3）环境适应性要求，包括保证系统可靠工作的温度范围，海拔高度、防湿、防水、防尘、防霉菌性能，耐冲击、震动性能，以及对电源电压、频率变化的适应能力等。

（4）关于经济性、寿命周期费用等的要求。

（5）标准化要求。

需要指出，不同类型的武器随动系统战术技术指标不尽相同，下面仅针对位置跟踪随动系统和定位随动系统分别说明其主要战术技术指标。

（1）位置跟踪随动系统。

① 最大速度 $\Omega_M$ 和最大加速度 $\varepsilon_M$。

最大速度 $\Omega_M$ 和最大加速度 $\varepsilon_M$ 是随动系统最基本的指标。从简氏武器年鉴上看，国外的位置跟踪伺服系统，如防空高炮，只列出这两项作为随动系统技术指标，国内产品常列出更详细的多项技术指标。

最大速度 $\Omega_M$ 的重要性在于它反映了系统的运动能力，即从某一角度调转到另一角度可达到的最大速度。通常，考核最大速度时并不考核其跟踪精度，它是一种追踪能力。随动系统在高速运动中，或因大的力矩突然扰动（如射击力矩），或因主令突然增加（如提前量的加入）时，均会造成角度的滞后。此时，随动系统必须能产生更高的速度追赶，方能克服此滞后，以保证精度。

最大加速度 $\varepsilon_M$ 则决定了系统的动态性能的优劣，因为它反映了系统的加速能力。实际上，它确定了系统带宽的上限，从而也决定了系统的跟踪精度，因而这是随动系统最重要、最关键的指标。

② 跟踪误差 $e$（密位）。

随动系统跟踪误差是由全武器系统误差分配而来的。按毁歼概率确定全系统的误差均方差，然后分解为火控系统均方差、火力系统均方差、随动系统均方差误差（均为随机变量）。在自行武器系统中，此项可列入火控系统，再向下分解。系统总体工作人员按伺服系统工作特点、状态、经验将该均方差值转为允许的误差最大值，即为确定性的值，以利于系统调试和性能检验。跟踪误差分为静态误差、等速跟踪误差、加速度跟踪误差、正弦跟踪误差、冲击扰动误差等。

静态误差，即在系统工作范围内各点的定位角误差，这项精度要求的实际意义是用于武器系统静态标定，在各类误差允许值中其值最小。

等速跟踪误差，即主令角按恒定速度变化时（斜坡输入）给定随动系统允许的最大跟踪误差值。通常给定最大跟踪速度 $\Omega_{max}$ 之值，要求系统在等于小于此值运动时误差小于等于给定最大跟踪误差值。$\Omega_{max}$ 也称为保精度的最大跟踪速度。注意：此值低于系统最大速度 $\Omega_M$。一般给定的等速跟踪误差略大于静态误差，常对低、中、高三种速度进行检验。

加速度跟踪误差，即主令角按恒定加速度变化时（抛物线输入），随动系统允许的最大跟踪误差。通常给定最大跟踪加速度 $\varepsilon_{max}$ 之值，要求在等于小于此值运动时，误差小于等于允许的最大跟踪误差。$\varepsilon_{max}$也称保精度的最大加速度值。注意：此值低于系统最大加速度$\varepsilon_M$。一般加速度允许跟踪误差大于等速跟踪允许误差，在实际产品中，按等效正弦误差检验此项误差。

正弦跟踪误差，将给定的最大跟踪速度$\Omega_{max}$和跟踪加速度$\varepsilon_{max}$折算成输入等效正弦规范，即系统输入主令角按折算的单振幅$A$（密位）和运动的圆频率$\omega$(rad/s）工作。系统的误差允许最大值称为正弦跟踪误差，其值一般大于等速跟踪误差。对这项误差检验时按小、中、大振幅分别进行，通常代替加速度跟踪误差检验。

由$\theta(t)=A\sin\omega t$（输入角为$\theta$），则输入角的一阶导数为角速度$\Omega=\dot{\theta}(t)=\omega A\cos\omega t$，二阶导数为角加速度$\varepsilon=\ddot{\theta}(t)=-\omega^2A\sin\omega t$，由此可得圆频率、单振幅和周期分别为

$$\omega=\frac{\varepsilon_{max}}{\Omega_{max}} \tag{5.1}$$

$$A=\frac{\Omega_{max}^2}{\varepsilon_{max}} \tag{5.2}$$

$$T=\frac{2\pi}{\omega}=\frac{2\pi\cdot\Omega_{max}}{\varepsilon_{max}} \tag{5.3}$$

正弦跟踪是对随动系统变速、变加速运动跟踪性能的全面考核（用正弦考核）。$\omega$值很重要，$\omega=1$是分界点，当$\omega<1$时，运动的高阶导数幅值是递减的；而当$\omega>1$时，运动的高阶导数幅值是递增的，即输入项及对应的误差不仅有速度、加速度，还有加加速度，甚至更高阶信号，而且幅值按$\omega$的倍数递增，难度大于单一的等速、等加速度输入，而较高频率等效正弦输入时达到高精度是很困难的。

武器射击或发射时产生的冲击扰动力矩对随动系统产生干扰，由此造成的随动系统跟踪误差应小于冲击扰动误差（工程上以密位记）。对低射速武器，在下一发击发前，误差应减小至此值；对高射速武器，扰动造成的误差带均应小于此值。射击允许误差一般为正弦跟踪误差的1.5~2倍。

高炮武器的毁歼机理主要是靠高射速弹丸形成的弹幕，弹幕的散布并非越小越好，例如，美国“火神”防空系统，特意将20 mm加特林机关炮的身管偏置，得到较大的散布以提高连发命中率。当然，对于受弹面积小的目标，散布与精度要求就高，例如，美国近程反导系统“密集阵”其散布小于1密位，跟踪精度要求就高。

之所以提到这些看似题外的话，是希望读者能了解“误差”的由来，考虑它的随机性，在遇到方案选取时，有一个正确的导向。例如，一个原则是“在满足战技指标的前提下，并非误差越小的方案越好，要综合考虑性能”。以射击误差而言，对于一个点射，前几发的误差最重要，而后几发的误差，0.4密位的误差未必就比1.2密位的优越，因为都远高于6~8密位的技术要求，此时要比较其他的性能来决定方案选取，不作纯学术的考量。

③ 最低平稳跟踪速度（(°)/s）。

随动系统在跟踪远距离目标时，对应的跟踪速度极低，且要求跟踪平稳，无爬行。最大跟踪速度与最低平稳跟踪速度的比值通称为调速范围，一般应大于1 000以上。位置跟踪随动系统的调速范围大多低于它包含的速度环单独运行的调速范围。

④ 大角度调转时间$T_{DZ}$（s）。

随动系统完成一个给定大角度 $\theta_{DZ}$ 起始误差值的调转时间，即从启动到其误差减小到进入允许误差带时所用的时间 $T_{DZ}$。对 360°工作范围的系统，此大角度值 $\theta_{DZ}$ 多为 2 800 密位；对运动范围有限的系统，运动范围略小，如高低系统多定为 1 000 密位。对压制兵器也按此原则具体规定，有的产品还规定了允许的最大超调量。对自行高炮则一般要求近于无超调。这个指标关乎系统的快速反应能力，因而十分重要。

⑤ 环境适应性。

高低温、振动冲击、电磁兼容等，由总体单位根据相应的国军标，参照产品工作特点、工作环境参数确定和适当裁剪。其中以电磁兼容性难度最大。

⑥ 可靠性、可维修性。

可靠性、可维修性需参考专门的规定。

(2) 定位随动系统。

① 定位精度（密位）。

总体最终考核的定位精度是身管基线在大地坐标系下的指向角位精度，因为间瞄武器的主令是按大地坐标系计算的。定位随动系统定位精度则直接检验随动系统自身的输入—输出误差，不同于位置跟踪系统，规定的最大允许误差是均方差值或中间差值，与总体定位指标相比，作为单体的伺服定位精度要求应更高。这是定位随动系统的最重要指标，由于射程远，其值应高于位置跟踪随动系统对静态误差的要求。

② 调炮时间（s）。

定义同位置跟踪随动系统，比之前者，调炮范围小、时间长。

③ 最小调炮速度（(°)/s）。

最小调炮速度即随动系统按速度环模式工作时的最低无爬行速度，也称半自动最小调炮速度。

**2. 武器随动系统的被控对象特性**

(1) 负载特性。

随动系统带动被控对象做机械运动，被控对象的负载特性主要表现为作用在传动机构输出端的力矩 $M_{\Sigma}$。通过传动装置（速比为 $i$，效率为 $\eta$），此力矩可换算到随动系统的执行机构上。

执行机构上作用力矩之和为：

$$M_{\Sigma} = M_{dy} + M_{\Omega} + M_{C} + M_{ot} + M_{fi} \tag{5.4}$$

式中，$M_{dy}$ 为动态加速力矩；$M_{C}$ 为干摩擦力矩；$M_{\Omega}$ 为转速函数的阻力矩；$M_{ot}$ 为其他阻力矩；$M_{fi}$ 为冲击扰动力矩。

机构运动的阻力矩为：

$$M_{F} = M_{C} + M_{\Omega} + M_{ot} \tag{5.5}$$

① 动态加速力矩 $M_{dy}$。

对位置跟踪随动系统，动态加减速力矩为负载力矩的主要部分，通常包括三项：$M_{dz}$ 为调转时的启动和制动力矩、$M_{fl}$ 为跟踪动目标的加减速力矩、$M_{st}$ 是为了抵消基座摇摆的稳定力矩。其中，跟踪力矩按跟踪加速度技术指标值计算，稳定力矩按式（5.10）估算，它们是同时作用的，计算峰值时要相加；而调转力矩并不与跟踪力矩、稳定力矩同时作用。

调转力矩：

$$M_{dz}=(1.1J_L\eta^{-1}+i^2J_m)\ \varepsilon_{dz} \tag{5.6}$$

式中，$\varepsilon_{dz}$为最大调转加速度；$J_L$ 为负载转动惯量；$J_m$ 为电机转子转动惯量；$i$ 为减速器速比；$\eta$ 为传动效率。

跟踪动力矩：

$$M_{fl}=(1.1J_L\eta^{-1}+i^2J_m)\ \varepsilon_{max} \tag{5.7}$$

式中，$\varepsilon_{max}$为最大跟踪加速度。

稳定力矩产生的运动保证射击线不受车体横摇角 $\theta$、纵摇角 $\psi$ 和偏航角 $K$ 的影响。为表述和理解简单，在此略去速度、加速度低的偏航影响，主要考虑方向和俯仰应提供的最大稳定力矩值 $M_{st}$。战地指标会给出车摇摆的角度 $\alpha$ 和周期 $T$，可得角加速度幅值 $\varepsilon_{st}$和角速度幅值 $\Omega_{st}$。

$$\varepsilon_{st}=(2\pi/T)^2\alpha \tag{5.8}$$

$$\Omega_{st}=(2\pi/T)\ \alpha \tag{5.9}$$

由于横摇轴与车体方位轴垂直，故炮塔负载转动惯量 $J_L$ 和电机转子转动惯量 $J_m$ 均需惯性加速，所需稳定力矩为：

$$M_{st}=\left(J_m i^2+\frac{1}{\eta}J_L\right)\varepsilon_{st}\tan\varphi \tag{5.10}$$

式中，$\varphi$ 为身管仰角。

俯仰轴与纵摇轴平行，故高低负载惯量稳定在惯性空间不需加速，只需对电机惯量加速，其稳定力矩为：

$$M_{st}=J_m i^2\varepsilon_{st} \tag{5.11}$$

显然此值远低于方位稳定力矩。

② 与转速 $\Omega$ 有关的转矩。

黏滞摩擦力矩：

$$M_b=b\Omega$$

式中，$b$ 为黏滞摩擦系数（Nm·s），通常对系统稳定有利。

风阻力矩：

$$M_{wd}=f_z\Omega^2$$

式中，$f_z$ 为风阻系数（$\mathrm{Nm\cdot s^2}$）。

当被控对象在其旋转轴线与旋转径向构成的平面内的剖面较大时，$f_z$ 较大，例如，在大型天线伺服系统中 $M_{wd}$不可忽略。

③ 摩擦力矩。

摩擦力矩的作用方向由运动方向而定，总是阻力矩。压制兵器的定位随动系统中，这项力矩所占比重大，对系统性能影响较大。

由于静摩擦系数和动摩擦系数的差别，摩擦力矩的特性有很强的非线性，如图 5.9 所示。图中，$M_0$ 是静摩擦力矩峰值，$M_C=|M_C|\mathrm{sgn}\Omega$ 为库仑摩擦力，$M_b$ 为黏性摩擦力矩，大小与转速成正比，动摩擦力矩为 $M_C+M_b$。摩擦力矩是影响随动系统低速运动平稳性的

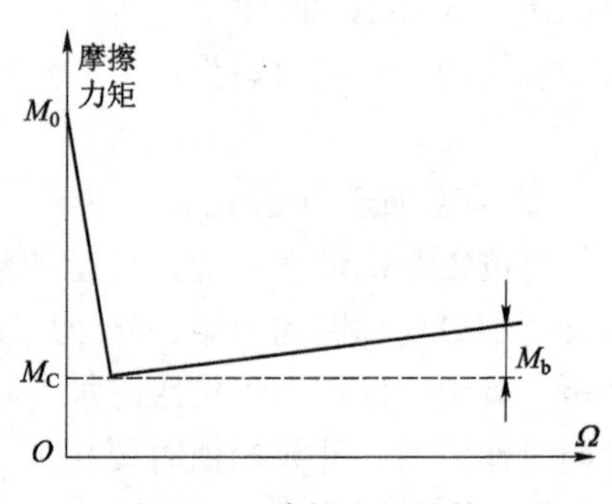

**图 5.9 摩擦力矩特性**

主要因素，要求静摩擦力矩峰值与动摩擦力矩值不能过高，在随动系统运行的不同位置，摩擦力矩不应有较大的波动（如小于20%）。对低速平稳性要求较高的产品，对全运动范围的干摩擦力的波动有严格的技术要求，例如，坦克炮塔的座圈装配检验要求就包含此项内容。

④ 冲击扰动力矩 $M_{fi}$。

这项力矩直接影响火炮的关键技术指标——射击扰动误差。跟踪随动系统抗射击扰动能力的设计是随动系统设计的重点之一，有专门的专著对此进行详细论述，读者可参阅自学。

火力系统应提供作用在传动机构上的射击力矩的幅值、持续时间、作用周期、点射长度等参数。冲击扰动力矩只存在于火炮和火箭类武器系统中。

⑤ 其他负载力矩 $M_{ot}$。

风力干扰力矩 $M_w$：自然风作用在被控装置上，当受风截面较大时产生的力矩不可忽略。该力矩在装置旋转时会周期性变化，装置静止时成为静阻力矩。

倾斜力矩 $M_{de}$：如果被拉装置的重心不在回转中心，当基座倾斜 $\alpha$ 角时会产生附加力矩，该力矩在装置等速旋转时呈正弦规律变化，装置不动时是静阻力矩。在产品进行倾斜状态考核时（如6°），此力矩对方位系统会产生明显影响，因而在设计计算之初就要考虑此因素。结构设计者应提供以下参数：旋转部分质量 $m_{xz}$（kg）、质心与回转中心的偏离值 $l$(m)，由此可计算倾斜力矩：

$$M_{de} = m_{xz} g l \sin\alpha \tag{5.12}$$

不平衡力矩 $M_{ub} = f(\theta)$：此力矩多产生于俯仰系统，其值与被控装置的位置 $\theta$ 相关，由起落部分的重心与耳轴存在偏离引起，在不同位置产生的力矩不同。设有平衡机时，此力矩可大为减小，但很难完全消除。

一般来说，压制兵器的起落部分重量较大，平衡机设计难度大，实际中不平衡力矩常常很大，严重影响随动系统的定位精度，也影响系统的调炮时间，应予以重视。对位置跟踪系统而言，其主要影响是有可能造成俯仰系统在两端（高角或低角）引起振荡。

（2）传动特性。

① 传动空回。

机械传动装置大多为多级齿轮变速箱，因而从执行机构到被控装置之间不可避免存在空回，每级齿轮副之间都存在齿隙。显然，最后一级靠近输出轴的齿轮副的传动间隙所占的比重最大，齿隙会随使用时间因磨损而变大。传动空回主要由齿隙形成，是随动系统中最重要的非线性环节，对系统的动静态特性影响很大。

② 传动刚性。

传动轴在受到大力矩作用时会产生扭转弹性变形，扭转角为

$$\Delta\theta = M/K_L \tag{5.13}$$

式中，$\Delta\theta$ 为弹性扭转转角；$M$ 为扭矩；$K_L$ 为轴的扭转弹性模量。

此时，传动装置的传动关系不再能用简单的传动比表示，一般将各级的扭转变形等效集中折算到输出轴上，弹性形变引起结构谐振，谐振频率与惯量刚性比的平方根成反比。早期武器多为牵引式，上架部分转动惯量小。自行武器装备出现后，其旋转炮塔的转动惯量大幅度增加，使结构谐振频率降低，系统等效传递函数更为复杂，对系统动态性能产生不利影响。

③ 传动自锁力矩。

在采用有自锁特性的传动副时，如在火炮上普遍采用的蜗轮蜗杆副，必须注意它在变速

运动中的非线性，即在减速时产生的自锁力矩作用是制动力矩，不需执行机构提供制动力矩。由于系统总是按线性系统设计的，故在跟踪加、减速度较大情况下，如大加、减速正弦跟踪，这种非线性对控制精度的影响是不可忽视的。在频繁制动的场合，蜗轮蜗杆副提供机械制动力矩会引起发热，造成传动效率降低，严重时出现咬死等损坏。

（3）火炮动力学与随动系统。

随动系统的性能与火炮动力学密切相关。随动系统或者以阶跃的形式或者以近似于正弦的形式向火炮的机械部分加入扰动激励，而机械结构的响应反过来产生动态力矩作用在伺服系统上。

例如，在压制兵器中，细而长的沉重身管从较高速度运动制动到位后以减幅的摆动趋于静止，当随动系统做加速度大的正弦运动时，火炮上的一些部件会产生周期振动。再如，随动系统的跟踪误差与底盘履带张紧的程度有关。

火炮射击时，随动系统的误差与火炮底座的支承材料刚性和结构有关，例如，某高炮靶场试验已满足射击精度要求，但在后续试验过程中突然出现俯仰系统较大的误差超差，对随动系统本身进行检查和参数调试均无效，最后才发现是由于从泥土炮位换到水泥炮位所致。另一个特殊情况是炮塔与底盘连接螺栓松动，造成射击显著超差，如果设计者只在随动系统本身范围查找，则很难发现并解决该问题。

之所以提到这些现象，是希望读者能开阔分析问题的思路，在实际工作中，随动系统达不到设计要求，出现超差等问题的原因可能不仅仅是随动系统本身的原因，还要考虑是否是由机电一体的动力学问题造成的。

**3. 武器随动系统工作方式**

武器随动系统工作方式（Operation Mode of Weapon Servo System），即武器随动系统在不同控制信号作用下跟踪瞄准门的工作状态。分为自动跟踪瞄准和半自动瞄准两种方式。自动跟踪瞄准是主要瞄准方式，其控制信号来自火控计算机的输出。半自动瞄准时，操作人员通过观瞄仪器，人工操作半自动瞄准仪或操纵杆装置产生控制信号，使控制武器进行跟踪瞄准。半自动工作方式是作为辅助的瞄准方式，在火控计算机出现故障或应急情况下使用。武器随动系统辅以这种方式，可以提高武器系统的生存力和作战效能。武器随动系统根据需要可具备两种工作方式，也可仅有一种工作方式。

**4. 武器随动系统调试**

武器随动系统调试（Debugging of Weapon Servo System），即对组装完整的武器随动系统进行检查、调整，以满足技术性能要求的过程。调试的主要技术指标有：静态误差、等速误差、正弦误差及过渡过程指标（调整时间、超调量、振荡次数等）。调试可在模拟试验台和武器上进行。首先进行模拟试验台调试（又称系统总调），这时多采用惯性盘和摩擦盘模拟动态负载及静负载。在模拟试验台上调试便于调整系统参数、排除故障、更换和修理元器件。然后将随动系统装于武器上，检查系统各项技术性能，进行调试，以满足实际使用需要。

**5. 武器随动系统计算机仿真**

武器随动系统计算机仿真（Weapon Servo System Computer Simulation），即用数学模型在计算机上分析、研究武器随动系统的过程。它是武器随动系统综合设计的一种重要手段，用来研究武器随动系统在典型输入信号的时域响应性能，比物理模拟工作量小、周期短、花费少。

武器随动系统计算机仿真的过程如下：

(1) 建立数学模型，通常是微分方程或差分方程组。

(2) 将数学模型变为能在计算机上运行的仿真模型。

(3) 利用计算机语言编写仿真程序，并在计算机上运行。

仿真的效果与数学模型的精确度密切相关。

**6. 武器随动系统试验**

武器随动系统试验（Weapon Servo System Test），即鉴定武器随动系统在特定条件下的使用性能、环境适应性、可靠性、耐久性、零部件互换性等方面的试验。它是系统研制、设计定型、生产定型等过程中经常进行的试验。使用性能试验有重复进行的正弦跟踪、调转、极限角冲击、射击模拟试验等。环境适应性试验是检查系统在规定的使用环境条件下的工作适应能力和可靠性的试验，如高温、低温、高温高湿、淋雨、盐雾、霉菌、扬尘、冲击、振动、摇摆、电压拉偏等试验。耐久性试验是检查系统在长期工作和重复动作时的可靠性试验。

武器随动系统射击试验（Firing Test of Weapon Servo System），即检查武器射击时随动系统技术性能的试验。它包括系统等速和正弦跟踪时的射击试验、强度射击试验等。双管火炮射击试验有双管齐射试验和单管发射试验。

射击试验考核项目包括：

(1) 射击瞬间误差——炮弹出膛时的随动系统跟踪误差。

(2) 射击最大误差——整个射击过程中随动系统的最大误差。

(3) 射击协调时间——从射击开始瞬间到消除射击扰动产生的失调角达到给定精度指标所用的时间，这个时间应小于两发弹之间的射击间隔时间，以保证武器射击精度。

武器随动系统射击模拟试验（Fire Simulation Test of Weapon Servo System），即在试验台上用模拟武器射击状态下的负载扰动力矩来检查随动系统精度及其他工作性能的试验。它是武器随动系统研制、设计、生产定型、验收过程中经常采用的一种试验方法。模拟射击扰动力矩的幅值和频率应与实际射击时一致。

武器随动系统射击模拟试验的方法有：

(1) 改变待试随动系统内部参数，例如，在交磁放大机—电动机式电气随动系统中，利用降低放大机输出电势，使执行电动机能量回馈来产生制动作用。

(2) 直接在系统执行元件负载轴上外加扰动力矩。例如，用直流发电机作系统负载，利用它产生电枢电流并使发电机电磁力矩对应于射击扰动力矩。

模拟试验可通过有触点或无触点开关及其控制设备来实现。试验在系统正弦、等速跟踪或半自动工作方式下，按一定规范分几个周期进行。

## 二、武器随动系统的特点

(1) 动、静态性能好，实时复现输入指令的精度高。

作战中要求武器系统反应速度快、命中率高，以实现先敌开火和较高的作战效能。因此，要求武器随动系统的动、静态性能好，实时复现输入指令的精度高。为满足这一要求，其系统结构都比较复杂，通常采用多环（电流环、速度环、位置环）控制结构，并应用前馈补偿原理。对坦克炮随动系统而言，为实现首发命中目标，要求其复现输入指令的误差一般不大于0.5密位。对高炮随动系统而言，虽精度可略有降低，但为了射击低空快速目标，却要求其最大跟踪速度一般为 1 ~2 rad/s。

(2) 被控对象笨重、体积较大。

被控对象一般是导弹发射架、火炮或坦克炮塔等。其质量一般为几百千克至十几吨，体积也比较大。因此，武器随动系统属于中功率或大功率随动系统。由于其耗能较多，所以要求其工作效率高。特别是自行武器（各种战车、坦克），由于受体积、重量限制，常采用单一种类电源（不大于 36 V）且容量有限，这时武器随动系统的工作效率就特别重要。

(3) 安全保护与故障显示完善。

武器随动系统是中、大功率随动系统，自身的安全性和人员的安全性至关重要。即使在误操作或自身故障情况下，也不允许对人员和设备造成危害。因此，常采用过流、过压、过热、短路、机械限位、电气限位等保护措施。

故障显示是为快速维修而设置的，其故障信息还用于系统的告警和安全保护。

(4) 负载力矩扰动大。

炮身管高低方向的不平衡力矩、载体倾斜后的炮塔方位不平衡力矩、武器发射时的冲击力矩等的变化，都将对武器随动系统造成较大的力矩扰动。在选择执行机构时，都必须充分地考虑。同时，应考虑力矩扰动的自适应控制，使系统具有较好的鲁棒性能。

(5) 传动机构的齿隙空回大。

武器随动系统的传动机构属中、大功率传动机构，难以保证其齿隙空回较小，一般为 1 ~2 密位。为保证武器射击精度，应将其包含在武器随动系统闭环之内，而不是处于闭环之外。由于齿隙空回是一种非线性因素，将其包含在闭环之内时，对系统的稳定性有影响，在设计武器随动系统时应特别慎重。

(6) 对高频噪声具有滤波作用。

如果仅考虑精度要求，当然是武器随动系统的精度越高越好，然而，这将导致武器随动系统的频带变宽。当指令信号中含有高频噪声时，武器随动系统将出现无规则地抖动现象，这在实践中经常碰到。身管或发射架无规则地抖动将造成传动机构的磨损，且造成射击散布误差变大，应当避免。因此，设计武器随动系统时应进行折中处理，使武器随动系统对高频噪声具有滤波作用。

## 三、武器随动系统的组成

武器随动系统的类型很多，用途不同，其具体组成各异，但通常的组成部分如图 5.10 所示。

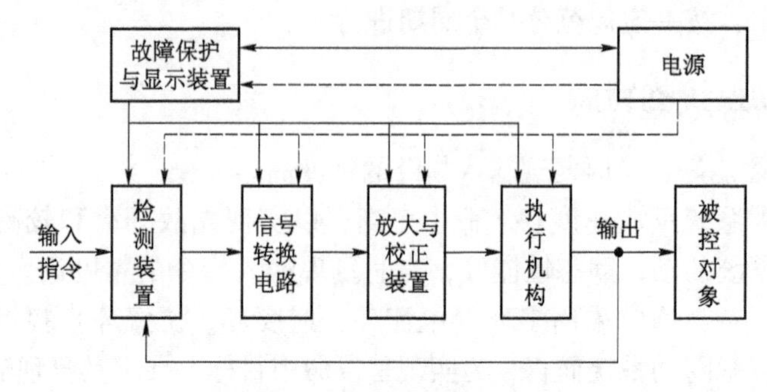


**图 5.10　武器随动系统组成框图**

检测装置：它往往由测角元件、比较元件或各种传感器组成，用于测量被控对象的位置与输入指令的差值。主要有光电码盘、正余弦变压器（或称解算器）、自整角机、感应同步器等。

信号转换电路：把交流量转换为直流量，直流量的正负极性代表交流量的相位（相敏解调），或把检测装置的输出转换为数字量（同步机/数字转换器、自整角机/数字转换器）。

放大与校正装置：放大装置放大误差信号，其增益是依据整个随动系统的稳定性与性能要求选定的；校正装置用于使系统稳定且满足稳态和暂态性能要求。现代武器随动系统中，这部分常被计算机硬件与软件所代替。

执行机构：完成所要求的动作，通常由功率放大器、伺服电机或力矩电机、传动机构组成。

故障保护与显示装置：当系统或某一环节出现故障，或操作失误时，它能及时地停止系统工作，保障操作人员的人身安全和设备不被损坏；及时报警与指示故障发生的部位，以便尽快地维修。通常由各种传感器、控制器、显示器（数码显示或声音报警）组成。

随动系统按执行机构类型可分为电气随动系统、电液随动系统、气动随动系统，它们只是控制特性和执行机构的不同。从系统分析来说，各环节及系统的模型、传递函数都可抽象统一。

为了研究武器随动系统传递函数方便，下面以电气随动系统为例进行说明。如图 5.11 所示，给出了电气随动系统结构框图。

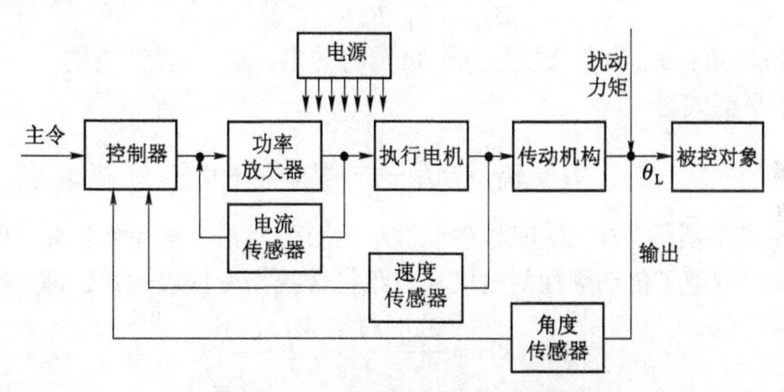


**图 5.11　电气随动系统结构框图**

如图 5.11 所示，图中的控制器是广义的，可以是模拟量控制器，也可是数字量控制器及算法程序；功能包括角度误差求差、信号调理、变换、综合、放大、系统动态校正网、用于提高精度的前馈网络。框图是原理性的，实际系统的结构和信息传输路径不一定与之完全相符。

## 四、执行电机—被控对象模型

### 1. 传动空回

传动机构多用多级齿轮变速箱，以三级为例，设各级间隙分别为 $\Delta_1$、$\Delta_2$、$\Delta_3$，速比为 $i_1$、$i_2$、$i_3$，则输出轴转角 $\theta_L$ 和电机转角 $\theta_m$ 之间的关系为：

$$\theta_L = (\theta_m - \Delta_1 - i_1\Delta_2 - i_1 i_2 \Delta_3) / (i_1 i_2 i_3) \tag{5.14}$$

换算在电机轴上的等效空回为：

$$\Delta = (\Delta_1 + i_1\Delta_2 + i_1 i_2 \Delta_3)/(i_1 i_2 i_3) \tag{5.15}$$

显然，越接近传动器输出轴（低速段）的空回影响越大。齿隙特性如图 5.12 所示。

**2. 传动刚性**

1）传动刚性的计算

通常，简化分析时将传动机构视为刚性，将它表示为减速比是一个固定值，实际上齿轮、传动轴、传动箱都存在弹性形变。对多级齿轮箱，为简化分析，仍将刚度值折算到电机轴上，并取各级弹性模量相同，则有等效刚度为：

$$K_L = \left[\frac{1}{K_1} + \frac{i_1^2}{K_2} + \cdots + \frac{(i_1 i_2 \cdots i_{n-1})^2}{K_n}\right]^{-1} \tag{5.16}$$

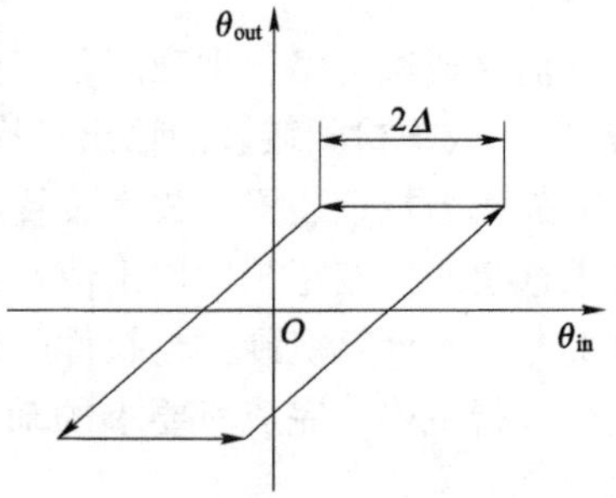

**图 5.12　齿隙特性**

2）传动刚性对电机—负载传递函数的影响

电机力矩平衡方程为：

$$M_m = C_M I_m = J_m \frac{d\Omega_m}{dt} + b\Omega_m + M_{Lm} \tag{5.17}$$

式中，$J_m$ 为电机转子转动惯量；$\Omega_m$ 为电机转速；$b$ 为黏滞摩擦系数；$M_{Lm}$ 为负载换算到电机的阻力矩。由 $M_{Lm} = \frac{M_L}{i\eta}$，并根据虎克定律可知：

$$M_{Lm} = K_L(\theta_m - \theta_{Lm}) \tag{5.18}$$

式中，$\theta_m$ 为电机转角；$\theta_{Lm}$ 为负载换算到电机轴的转角；$K_L$ 为弹性模量。

负载的力矩平衡式为：

$$M_L = M_{Lm} i = J_L \frac{d\Omega_L}{dt} + D_L \Omega_L + M_C \tag{5.19}$$

式中，$J_L$ 为负载转动惯量；$\Omega_L$ 为负载转速；$D_L$ 为负载黏滞摩擦系数；$M_C$ 为负载阻力矩。

由此，可得出考虑了传动刚性的电机和负载拉普拉斯变换表达式，即

$$\Omega_m(s) = \frac{M_m(s) - M_{Lm}(s)}{J_m s + b} \tag{5.20}$$

$$\Omega_L(s) = \frac{M_L(s) - M_C(s)}{J_L s + D_L} \tag{5.21}$$

可见，带动负载转动的转矩由弹性形变产生，系统结构变得复杂很多。

**3. 带有传动空回和弹性形变时的力矩输出特性**

设传动空回为 $\Delta$，输入为扭转角，满足 $\Delta\theta(t) = \theta_m(t) - \theta_{Lm}(t)$，克服空回后产生弹性形变，弹性模量 $K_L$ 的转矩特性数学描述为式（5.22）。转矩特性如图 5.13 所示，斜率为 $K_L$。

$$M_{Lm} = \begin{cases} K_L[\Delta\theta(t) - \Delta], & \Delta\theta(t) > \Delta \\ 0, & |\Delta\theta(t)| \leqslant \Delta \\ K_L[\Delta\theta(t) + \Delta], & \Delta\theta(t) < -\Delta \end{cases} \tag{5.22}$$

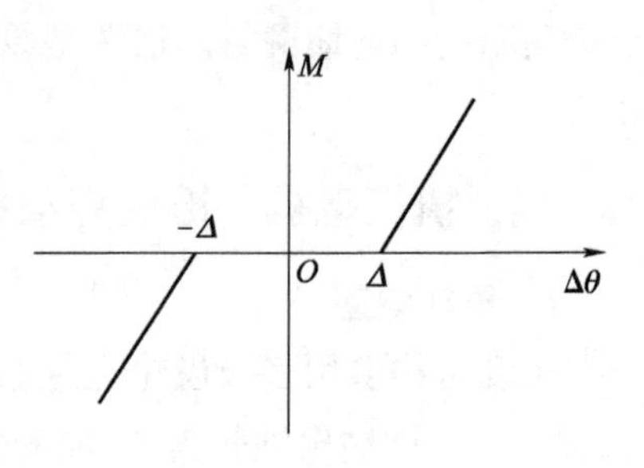


**图 5.13　转矩特性图**

**4. 电机—被控装置模型**

电机—被控装置模型结构框图如图 5.14 所示。图 5.14 中左侧为电机模型，右侧为负载模型，$U_m$ 为电机电枢电压，$R$ 为电枢电阻，$L$ 为电枢电感，$I_a$ 为电枢电流，$C_m$ 为电机力矩系数，$C_e$ 为反电势系数。如果系统的传递函数中出现结构谐振环节，则会使控制更加复杂。

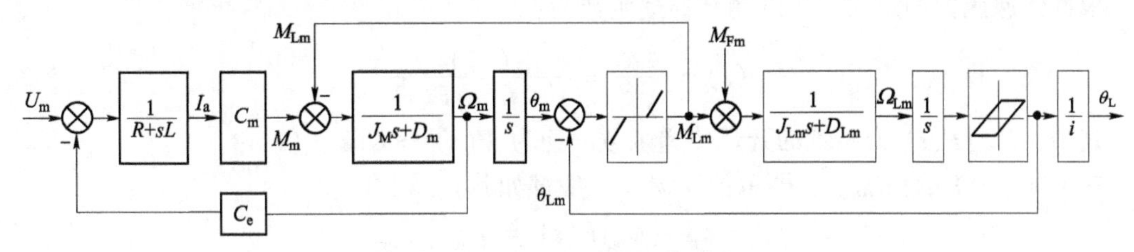


**图 5.14　电机—被控装置结构框图**

图 5.14 是一个考虑了空回非线性和弹性形变的较完整的结构图，表明电机转矩要通过传动空回和弹性形变才能传递到负载上，过程复杂，分析困难，很难直接应用，这个结构图的价值在于：

(1) 它标出了随动系统考虑空回和弹性形变因素时重要状态变量的位置以及扰动的作用点。根据不同产品特点和不同的负载特性，设计者可以考虑选取不同的状态变量作为反馈，以构成相应类型的系统。

(2) 按照实际情况进行简化、线性化，抓住主要因素，设计可达到要求的随动系统。

(3) 在设计正确的前提下，如果出现与预期相差甚远的意外情况，则随动系统调试困难，无法达到要求，此时，要回头审视采用的系统模型，并与图 5.14 的完全模型比较，看是否做了不合理的简化，进一步分析以解决问题。

# 第三节　武器随动系统的工作原理

## 一、武器随动系统模型

**1. 传递函数框图**

位置跟踪随动系统主通道可分为两种基本类型：误差控制系统和复合控制随动系统，定位随动系统可归为误差控制类型。

1) 误差控制系统

(1) 误差控制系统对输入主令的响应。

随动系统都是按误差（偏差）控制的。如图 5.15 所示，通常由正向通道 $G(s)$ 与反馈通道 $F(s)$ 构成闭环控制系统。输出信号 $\varphi_{out}$ 到输入信号 $\varphi_{in}$ 的反馈通道有传递函数 $F(s)$，即系统输出通过 $F(s)$ 反馈到输入端，此时误差信号为：

$$\varphi_e = \varphi_{in} - \varphi_{out}F(s) \tag{5.23}$$

误差信号 $\varphi_e$ 作为系统的控制量，使输出精确复现输入信号。

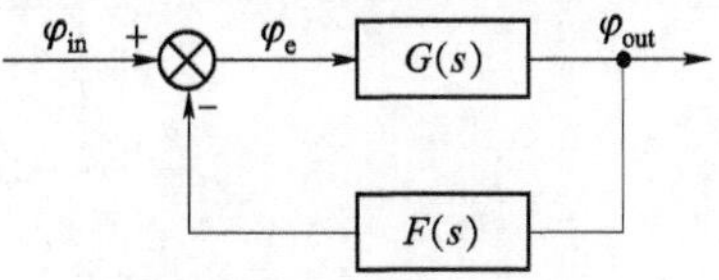


**图 5.15　主令输入的武器随动系统误差控制结构**

定义误差到输出的传递函数 $G(s)$ 为前向通道传递函数，即系统开环传递函数。此时输出信号 $\varphi_{out}$ 与误差信号

$\varphi_e$ 之间的关系为：

$$\varphi_{out} = \varphi_e G(s) \tag{5.24}$$

把式（5.24）代入式（5.23），整理可得：

$$\varphi_{in} = \varphi_e[1 + G(s)F(s)] \tag{5.25}$$

根据传递函数的定义，系统闭环传递函数为：

$$\Phi(s) = \frac{\varphi_{out}}{\varphi_{in}} = \frac{G(s)}{1 + G(s)F(s)} \tag{5.26}$$

其中，$G(s)F(s)$ 为系统的开环传递函数，记为 $W(s) = G(s)F(s)$ 。

在 $F(s) = 1$ 的情况下，即单位反馈（一般都如此），则有：

$$\varphi_e = \varphi_{in} - \varphi_{out}F(s) = \varphi_{in} - \varphi_{out} \tag{5.27}$$

此时，系统的闭环与开环传递函数之间的关系为：

$$\Phi(s) = \frac{W(s)}{1 + W(s)} \tag{5.28}$$

其工作原理是：自动检测系统的输入指令 $\varphi_{in}$ 与系统的输出 $\varphi_{out}$ 之差 $\varphi_e$，并经 $\varphi_e$ 变换与功率放大后，驱动被控对象自动减小误差 $\varphi_e$。但应注意：其误差不可能完全消除。

（2）误差控制系统对扰动的响应。

随动系统另外的主要输入是扰动，如图 5.16 所示。

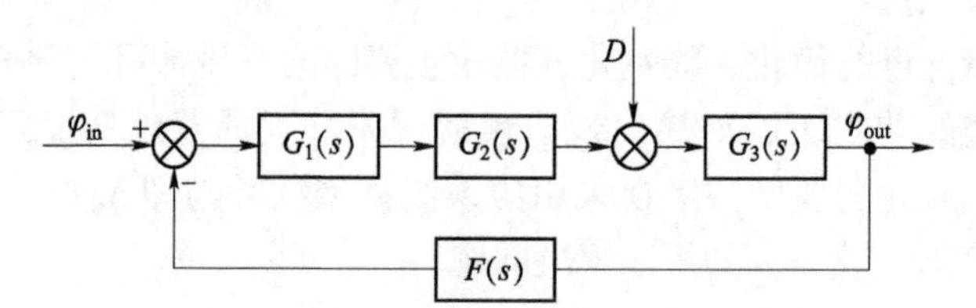


**图 5.16 扰动输入的武器随动系统误差控制结构**

对扰动的闭环传递函数为：

$$\Phi_D(s) = \frac{\varphi_{out}}{D} = \frac{G_3(s)}{1 + G_1(s)G_2(s)G_3(s)F(s)} \tag{5.29}$$

2）复合控制随动系统

要使随动系统的输出及时、精确（即精度高）地复现输入，就必须提高系统的开环放大量和提高系统的无差度。这往往影响系统的稳定性与动态品质。为解决这一矛盾，常采用如图 5.17 所示的结构。与误差随动系统相比，增加了输入到前向主通道中某一节点的 $B(s)$ 通路。通道 $B(s)$ 的传递函数定义为前馈传递函数，显然，控制信号除误差外还有前馈通道信号，所以称之为前馈复合控制。

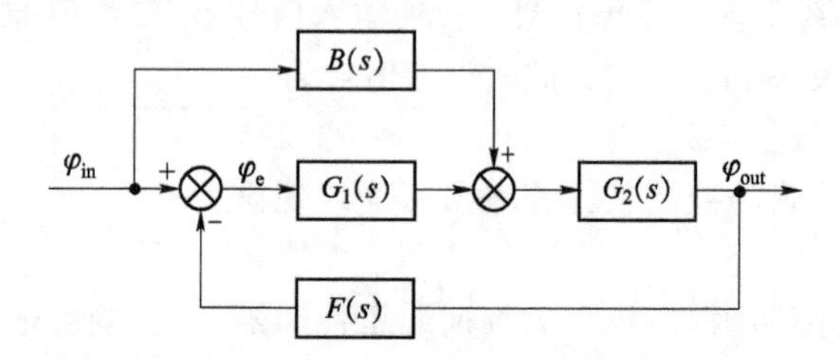


**图 5.17 前馈复合控制系统框图**

根据图 5.17 所示，有：

$$\varphi_e = \varphi_{in} - \varphi_{out}F(s) \tag{5.30}$$

$$\varphi_{out} = [\varphi_e G_1(s) + \varphi_{in}B(s)]G_2(s) \tag{5.31}$$

把式（5.30）代入式（5.31），整理后可得：

$$\varphi_{out}[1 + G_1(s)G_2(s)F(s)] = \varphi_{in}\{[B(s) + G_1(s)]G_2(s)\} \tag{5.32}$$

由传递函数的定义可得如图 5.17 所示前馈复合控制闭环传递函数为：

$$\Phi(s) = \frac{\varphi_{out}}{\varphi_{in}} = \frac{[B(s) + G_1(s)]G_2(s)}{1 + G_1(s)G_2(s)F(s)} \tag{5.33}$$

式中，$B(s)$ 为前馈通道传递函数；$G_1(s)G_2(s)F(s)$ 为误差控制系统中的开环传递函数。

当 $F(s) = 1$ 时，如图 5.17 所示的前馈复合控制系统可以转变为单位负反馈前馈复合控制系统，如图 5.18 所示。

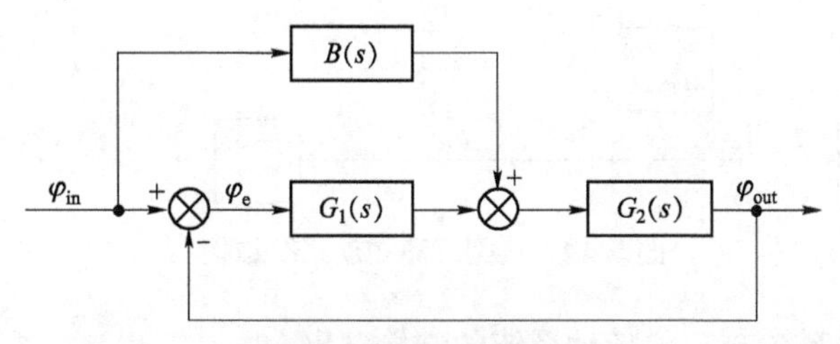


**图 5.18　前馈复合控制系统框图（$F(s) = 1$）**

根据图 5.18 所示，有：

$$\Phi(s) = \frac{[B(s) + G_1(s)]G_2(s)}{1 + G_1(s)G_2(s)} \tag{5.34}$$

此时的误差传递函数为：

$$\Phi_e(s) = 1 - \Phi(s) = \frac{1 - B(s)G_2(s)}{1 + G_1(s)G_2(s)} \tag{5.35}$$

前馈复合控制系统的主要优点是如前馈函数的选定符合不变性原理，即 $\Phi_e(s) = 0$，$\Phi(s) = 1$，输出完全地复现输入，没有误差，没有过渡过程，此时系统必须满足：

$$B(s) = 1/G_2(s) \tag{5.36}$$

则可显著地提高随动系统的跟踪精度和快速性，而且不影响系统的稳定性。

但应指出，这是按线性系统讨论得到的理论结果。在实际系统中，由于受检测装置精度与执行元件快速性、功率等限制，实际上不存在 $\Phi_e(s) = 0$ 的情况。

引入前馈后，能有效地提高武器随动系统的精度和快速性，而不影响原闭环系统的稳定性。武器随动系统之所以能采用前馈复合控制，是因为输入指令是已知的。如果输入指令未知，则不能采用前馈复合控制。还应指出，如果前馈通道无滤波能力，则将使武器随动系统的输出噪声增大。因此，检验实际武器随动系统的性能时，应在输入指令含有噪声的条件下进行，而不能使用理想的输入指令。

**2. 系统模型与结构差别**

1）典型三环随动系统结构

典型三环随动系统结构如图 5.19 所示。随动系统的前向通路一般含有由局部反馈构成的局部闭环，含有速度环和其内环电流环的系统最为典型，与位置控制器共同构成三环伺服系统。

在模拟信号随动系统中，三个闭环的控制器由各自独立的运算放大器组件构成，而在数模混合随动系统中，采用单片机或 DSP 可以按不同采样率完成三个控制器的功能。从图 5.19 中可见，主反馈并未取自实际的负载输出角，而由电机经恰当的速比与其等值，是等效的位置闭环。

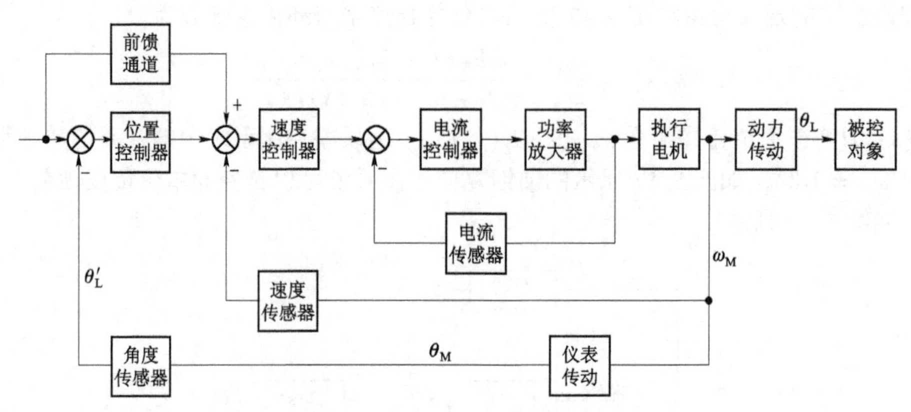


**图 5.19　典型三环随动系统结构**

2）位置跟踪随动系统与定位随动系统的结构区别

对于射击线不按空间坐标系定位的系统，如高炮、舰炮、防空导弹发射架，它的速度传感器直接与电机轴相连；为减小传动空回的影响，输出角度传感器并不直接取自被控装置，而是通过一个独立的精密仪表传动链取自电机或电机减速器的某一中间级；要求电机至输出角度传感器的传动比与电机至被控装置的传动比相等，这个位置闭环并非直接的位置闭环，有文献称其为半闭环，更准确的提法似乎用等效闭环更为恰当。

对于雷达和光学跟踪随动系统，由于是采用电磁波束圆锥扫描或视频成像取差技术，通过空间闭环所得到的是被跟踪目标与瞄准线的直接误差，不可避免地包含了空回；而在稳定系统中，惯性器件测量的是惯性空间的角量，也包含了空回，所以，在设计上不能采用等效闭环，且对结构设计中的空回和刚性要求控制得更为严格。

定位随动系统要求在大地坐标系下的高精度定位，因而它的角度应直接取自被控对象，即位置闭环中包含了传动空回和弹性形变。如何减小它们对随动系统性能的影响很重要。所幸的是，定位随动系统没有跟踪要求，因而不要求高带宽，在技术上是可实现的。

## 二、复合控制随动系统

目前，大功率武器随动系统的跟踪精度要求越来越高，例如 $\Omega_{max}=60°/s$，$\dot{\Omega}_{max}=60°/s^2$，要求误差 $\Delta\theta\leqslant 4$ 密位。按误差控制的随动系统跟踪精度如何呢？下面以跟踪精度较好的Ⅱ型随动系统为例，其开环 Bode 图如图 5.20 所示。

若按等效正弦输入考核，则等效正弦为 $\theta_{max}=60°$（1 000 密位），$\omega=1$ rad/s，一般大功率系统关键小时间常数 $T_\Omega=20\sim80$ ms，取最小值 20 ms，这是可能的最大带宽。

粗估Ⅱ型系统误差，开环增益为 $K=[2.28\times(2.24T_\Omega)^2]^{-1}=177\ s^{-2}$，$\omega_c=22$ rad/s，即误差

$$\Delta\theta = \frac{\omega^2\theta_{\max}}{K} = \frac{1^2 \times 1\ 000}{177} = 5.65\ (\text{密位})$$

大于要求的 $\Delta\theta \leqslant 4$ 密位，所以不能满足要求。

实际上，大多数随动系统的带宽达不到这个宽度，也就是说实际二阶无差度以下的大功率系统的跟踪精度单靠误差通道是达不到要求的，通常要借助复合控制才能达到，它是提高随动系统跟踪精度的最重要手段。下面对复合控制的应用做一简要的介绍。

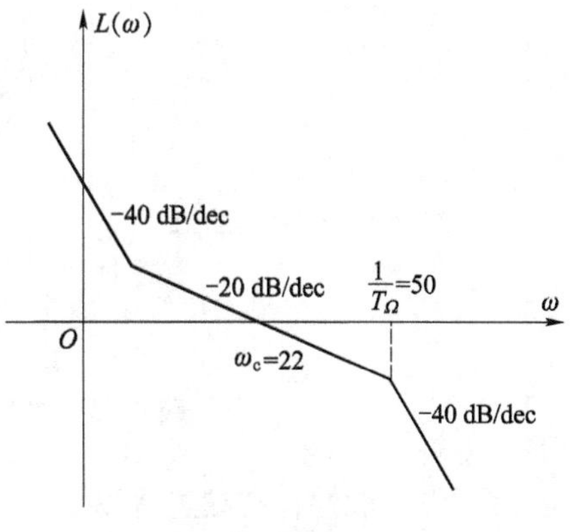


图 5.20　某Ⅱ型随动系统开环 Bode 图

**1. 复合控制的设计**

复合控制结构如图 5.21 所示，$W_K(s)$ 称为开环补偿通道，一般为低阶，$W_1(s)$、$W_2(s)$ 为系统要求设计好的闭环主通道上的控制系统环节。

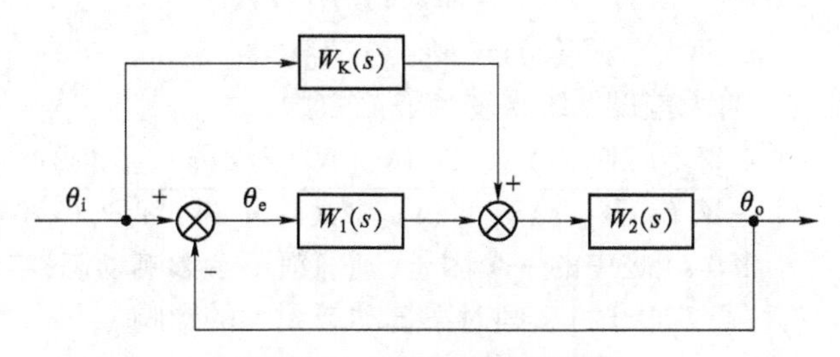


图 5.21　复合控制结构图

根据复合控制结构图 5.21，有：

$$\begin{aligned}\theta_o &= [\theta_i W_K(s) + (\theta_i - \theta_o)W_1(s)]W_2(s)\\ &= \theta_i[W_K(s) + W_1(s)]W_2(s) - \theta_o W_1(s)W_2(s)\end{aligned}$$

所以，闭环传递函数为：

$$\Phi(s) = \frac{\theta_o}{\theta_i} = \frac{[W_K(s) + W_1(s)]W_2(s)}{1 + W_1(s)W_2(s)} \tag{5.37}$$

可见，系统的特征方程不因引入补偿通道而变化。

误差传递函数为：

$$\Phi_e(s) = \frac{\theta_i - \theta_o}{\theta_i} = 1 - \Phi(s) = \frac{1 - W_K(s)W_2(s)}{1 + W_1(s)W_2(s)} \tag{5.38}$$

当 $W_K(s) = 1/W_2(s)$ 时，$\Phi_e(s) = 0$，这就是不变性原理，输出完全复现输入，实际系统不具备这个理想条件，也没有无穷大的能量来实现。

**2. 一阶无差度系统的前馈补偿**

典型一阶无差度系统传递函数框图如图 5.22 所示，加入复合控制的一阶无差度系统结构图如图 5.23 所示。

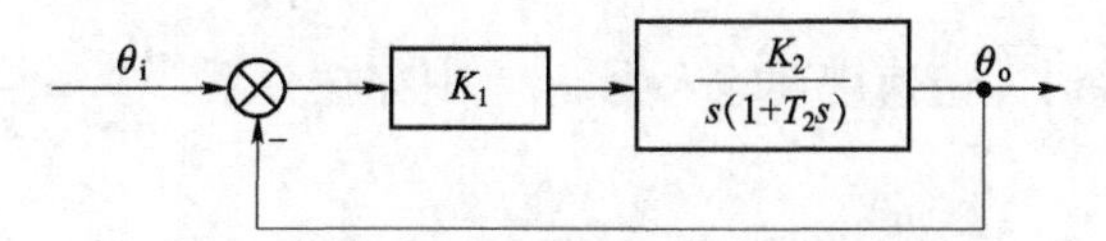


图 5.22　典型一阶无差度系统传递函数框图

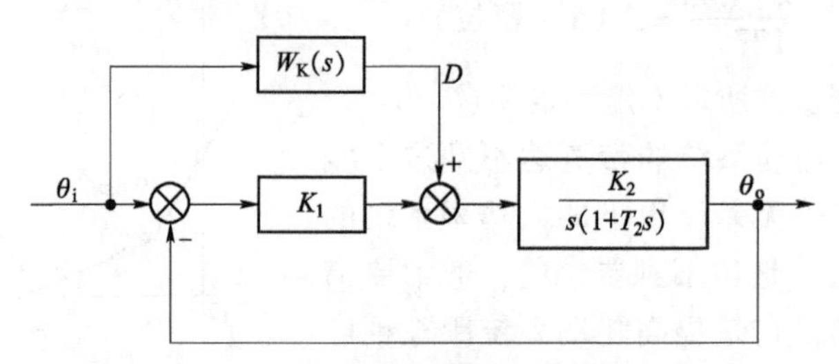


图 5.23　加入复合控制系统的一阶无差度系统

为不失一般性，在这里可以设：

$$W_K(s) = L(s)/Z(s) \tag{5.39}$$

式中，$Z(s)$ 是考虑前馈信号在物理上难以实现纯微分而设置的。

$$W_1(s) = M_1(s)/N_1(s) \tag{5.40}$$

$$W_2(s) = M_2(s)/N_2(s) \tag{5.41}$$

则加入复合控制系统的一阶无差度系统误差传递函数为

$$\Phi_e(s) = \frac{1 - W_K(s)W_2(s)}{1 + W_1(s)W_2(s)} = \frac{N_1(s)[N_2(s)Z(s) - L(s)M_2(s)]}{Z(s)[M_1(s)M_2(s) + N_1(s)N_2(s)]} \tag{5.42}$$

如果能令 $Z(s)$ 等于 $M_2(s)$ 之中的一个因子，则前馈不会影响动态，本例 $M_2(s) = K_2$ 无法满足。取 $Z(s) = 1 + T_Zs$，若 $T_Z < 0.1$ s 则对系统动态无大的影响。

设 $L(s) = a_1s + a_2s^2$，将一阶系统参数代入，有：

$$\Phi_e(s) = \frac{s(1 + T_2s)(1 + T_Zs) - K_2(a_1s + a_2s^2)}{[K_1K_2 + s(1 + T_2s)](1 + T_Zs)} \tag{5.43}$$

若使系统具有二阶无差度，要保证误差传递函数分子低于 $s$ 二次幂的项系数为零，也就是使

$$s(1 + T_2s)(1 + T_Zs) - K_2(a_1s + a_2s^2) = T_2T_Zs^3 + (T_2 + T_Z - K_2a_2)s^2 + (1 - a_1K_2)s$$

低于 $s$ 二次幂的项系数为零，则有

$$1 - a_1K_2 = 0 \quad 和 \quad T_2 + T_Z - K_2a_2 = 0 \tag{5.44}$$

即

$$a_1 = 1/K_2 \quad 和 \quad a_2 = (T_2 + T_Z)/K_2 \tag{5.45}$$

满足式（5.45）的条件，则误差传递函数的分子表达式为：

$$\begin{aligned} s(1 + T_2s)(1 + T_Zs) - K_2(a_1s + a_2s^2) &= T_2T_Zs^3 + (T_2 + T_Z - K_2a_2)s^2 + (1 - a_1K_2)s \\ &= T_2T_Zs^3 \end{aligned}$$

即误差传递函数分子最高次幂为 $s^3$，对等加速度输入 $\varepsilon/s^3$，稳态误差为：

$$e_{ss} = \lim_{s\to0} s\frac{T_2T_Zs^3}{[K_1K_2 + s(1 + T_2s)](1 + T_Zs)}\frac{\varepsilon}{s^3} = 0$$

**讨论：**

（1）在等加速跟踪时，记速度环输入为 $u_\Omega$，则存在关系：$\frac{\theta_o}{u_\Omega} = \frac{K_2}{s(1 + T_2s)}$，因此有

$$u_\Omega = \frac{1}{K_2}\theta_o s + \frac{T_2}{K_2}\theta_o s^2 \tag{5.46}$$

如无前馈，应完全由误差产生速度环输入 $u_{\Omega}$。如果有前馈信号，并且假设跟踪精度高，则近似有 $\theta_o=\theta_i$，可知此时的前馈信号 $u_{\Omega}=\frac{1}{K_2}\theta_o s+\frac{T_2}{K_2}\theta_o s^2$，可以完全替代应由误差产生的速度环输入 $u_{\Omega}$，即误差此时可为零。在恒加速输入时，因为输入角为 $at^2$，所以，前馈为恒定分量与斜坡分量之和，如图 5.24 所示。

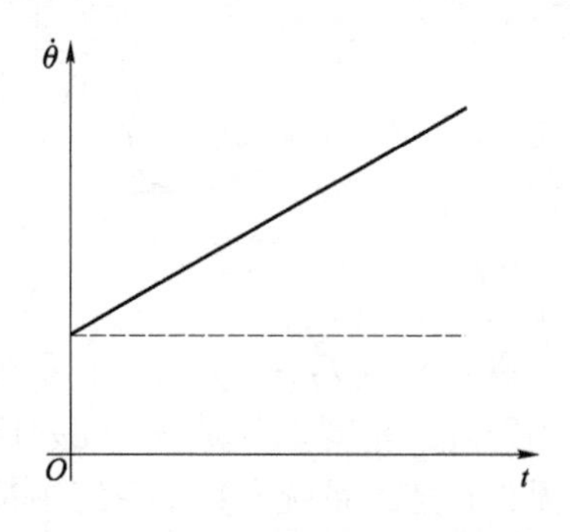

图 5.24 恒加速输入时的前馈信号

（2）若不考虑 $Z(s)$，则加速度补偿量与关键时间常数 $T_2$ 成正比，关键时间常数 $T_2$ 越大，即速度环的滞后越大则需加的补偿量就越大，物理意义明显。前馈通道的滞后环节 $Z(s)$ 使加速度补偿增加了 $T_Z/K_2$。

（3）前馈补偿可以不是纯微分环节，但对系统的动态响应有一定影响，$T_Z$ 越小越好。当 $T_Z<0.1$ s 时，一般无大碍。

（4）前馈信号加入点的选取要考虑到后级增益，以及信号的强弱是否满足要求。显然加入点越靠后，所需信号功率越大。

（5）前馈信号的计算依据为速度环数学模型，因而要求模型准确，参数特别是增益 $K_2$ 和关键时间常数 $T_2$ 的稳定极为重要。

**3. 二阶无差度系统前馈补偿的设计**

此时 $W_1(s)=M_1(s)/N_1(s)=K_1(1+T_1 s)/s$，即前馈信号从 PI 调节器的输出端点加入。误差传递函数为：

$$\Phi_e(s)=\frac{s[s(1+T_2 s)(1+T_Z s)-K_2(a_1 s+a_2 s^2)]}{[K_1(1+T_1 s)K_2+s^2(1+T_2 s)](1+T_Z s)} \tag{5.47}$$

误差传递函数的分子表达式为：

$$\begin{aligned}&s[s(1+T_2 s)(1+T_Z s)-K_2(a_1 s+a_2 s^2)]\\&=T_2 T_Z s^4+(T_2+T_Z-K_2 a_2)s^3+(1-a_1 K_2)s^2\end{aligned} \tag{5.48}$$

由于是二阶无差度系统，误差传递函数无 $s$ 项，即无速度误差。如果 $N_1(s)$ 为 $s$ 的整数幂，即 $W_1(s)$ 有零极点，如为 PI 调节器，$N_1(s)=s$，用速度前馈 $a_1 s$ 即可补偿加速度误差，前馈信号的作用提高了整数幂阶次，即当 $a_1=1/K_2$ 时，系统便是三阶无差，其物理意义如图 5.25 所示。与图 5.26 相比，当恒加速度输入时，在前馈输出点 $D$，两类系统得到了同样的控制量。

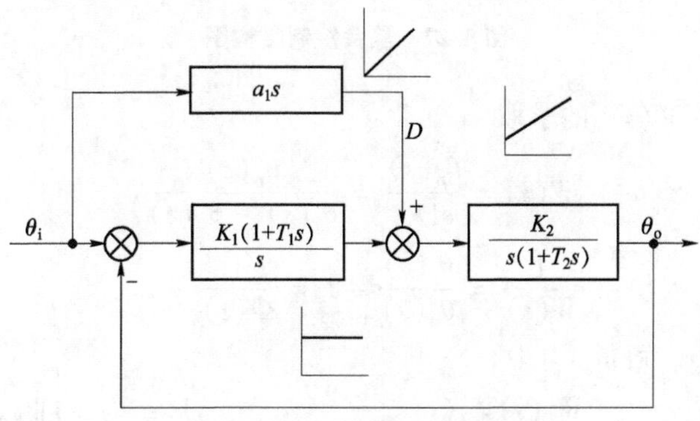

图 5.25 Ⅱ型系统前馈补偿

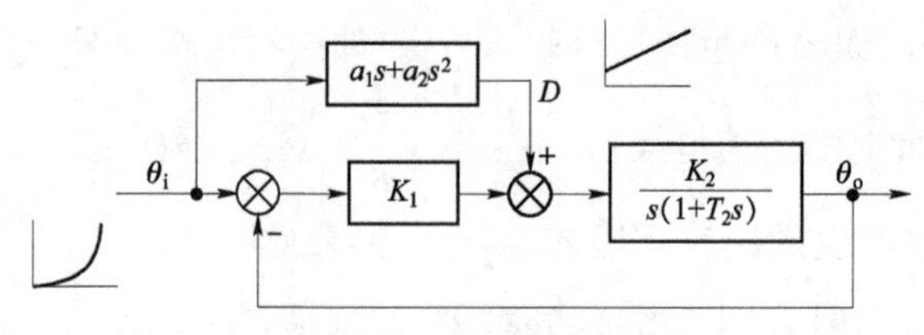


图 5.26　I 型系统前馈补偿

取 $a_2 = (T_2 + T_Z)/K_2$，系统是四阶无差度，即输入角的二阶微分信号通过补偿系统可达到四阶无差度。若对一阶无差度系统补偿到四阶，需三阶微分信号，取得高阶的纯微分信号无论在连续系统和数字系统中都很困难。对随动系统来说，采用三阶以上的微分是不可取的，噪声会淹没主信号。

注意：如果前馈信号从 PI 调节器的输入端点输入，$W_1(s) = 1$，速度前馈便不起作用，必须以加速度前馈 $a_2s^2$ 来补偿加速度误差。

**讨论：**

(1) 如补偿点前环节传递函数存在一个积分环节，则系统的前馈补偿提高了一个阶次，即只用速度前馈就可以补偿恒加速误差；若加入加速度前馈，则可补偿恒加速误差。

(2) 高阶无差度系统的优越性在于它可能用较低阶的微分信号补偿达到较高的无差度。考虑到高阶微分信号的取得在物理上实现很困难，因此这个优点很重要。例如，对 I 型结构的系统就不太可能补偿到四阶无差。

**4. 复合控制的跟踪精度的估算**

系统加入复合控制后，估计系统的精度有两条途径：一是从闭环求取开环传递函数计算精度，闭环传递函数易于求取；二是从复合控制物理意义入手，即求得复合控制可补偿的等效误差部分，从无复合控制补偿的误差中减去它即可得实际的跟踪误差。后一种方法可以加深对补偿机理的理解，这里只谈前一种方法。

下面以图 5.27 为例阐述系统加入复合控制后系统精度的估计方法。

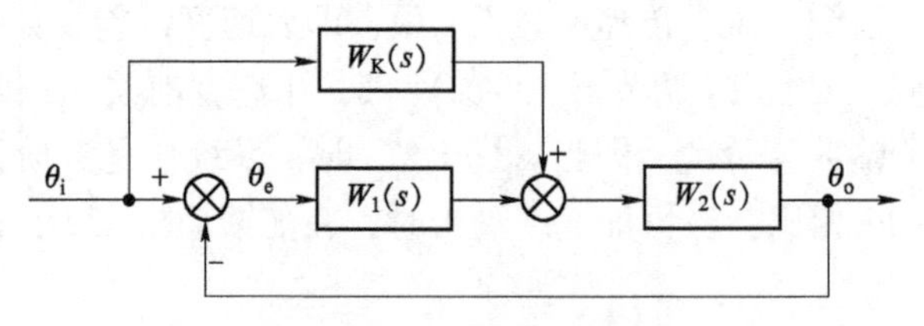


图 5.27　复合控制结构图

1) 开环传递函数 $W(s)$ 的求取

$$W(s) = \frac{\theta_o(s)}{e(s)} = \frac{\theta_o(s)}{\theta_i(s) - \theta_o(s)} \tag{5.49}$$

$$\frac{1}{W(s)} = \frac{\theta_i(s)}{\theta_o(s)} - 1 = \frac{1}{\Phi(s)} - 1 \tag{5.50}$$

考虑到式 (5.37)，可得

$$\frac{1}{W(s)} = \frac{1 + W_1(s)W_2(s)}{[W_K(s) + W_1(s)]W_2(s)} - 1 = \frac{1 - W_2(s)W_K(s)}{[W_K(s) + W_1(s)]W_2(s)} \tag{5.51}$$

由 $W_K=\frac{M_K}{N_K}, W_1=\frac{M_1}{N_1}, W_2=\frac{M_2}{N_2}$，可得

$$W(s)=\frac{[W_K(s)+W_1(s)]W_2(s)}{1-W_2(s)W_K(s)}=\frac{M_2(N_KM_1+N_1M_K)}{N_1(N_2N_K-M_2M_K)} \tag{5.52}$$

如果使开环传递函数 $W(s)$ 的分母取零，则必须使

$$N_2N_K-M_2M_K=0$$

即

$$\frac{M_K}{N_K}=\frac{N_2}{M_2} \tag{5.53}$$

根据 $W_K=\frac{M_K}{N_K}$ 和 $W_2=\frac{M_2}{N_2}$ 可知，如果 $W_K=\frac{1}{W_2}$，即按不变性原理实现的理想复合系统开环传递函数为∞，这就是为什么它的精度如此高。

实际上，$1-W_2W_K$ 一般带有 $s$ 的高次幂，以前例Ⅱ型系统为例，由式（5.42）和式（5.52）可以看出，误差传递函数的分子恰为开环传递函数的分母。若补偿为三阶无差度系统，则开环传递函数的分母为 $T_2s^3$（取 $T_Z=0$），将开坏传递函数的分子 $M_2(N_KM_1+N_1M_K)$ 代入具体参数，以图 5.26 所示参数为例，则可以认为 $N_K=1$，$M_K=a_1s$，$N_1=s$，$M_1=K_1(1+T_1s)$，$N_K=s(1+T_2s)$，$M_2=K_2$，把它们代入式（5.52），则有：

$$W(s)=\frac{K_2[K_1(1+T_1s)+s(a_1s)]}{s[s(1+T_2s)-K_2(a_1s)]}=\frac{K_2[K_1(1+T_1s)+s(a_1s)]}{T_2s^3+(1-K_2a_1)s^2} \tag{5.54}$$

如果 $a_1=1/K_2$，则经分子、分母化简，可得：

$$W(s)=\frac{K_2[K_1(1+T_1s)+s(a_1s)]}{T_2s^3}=\frac{K_1K_2}{T_2}\frac{1+\frac{T_1}{K_1}s+\frac{1}{K_1K_2}s^2}{s^3} \tag{5.55}$$

可以看到，等效开环传递函数分母是 $s$ 的三次幂，已具三阶无差度。

2）典型前馈复合控制随动系统实例

典型前馈复合控制随动系统传递函数框图如图 5.28 所示。

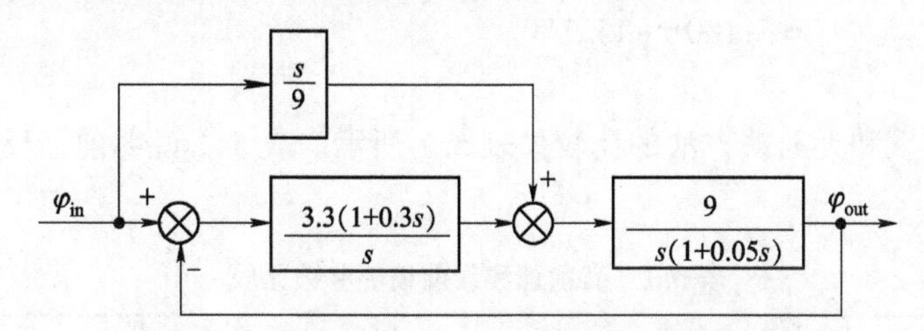


**图 5.28　典型前馈复合控制随动系统传递函数框图**

(1) 开环传递函数的比较。

无补偿的开环传递函数为：

$$W'(s)=\frac{3.3(1+0.3s)}{s}\times\frac{9}{s(1+0.05s)}=\frac{29.7(1+0.3s)}{s^2(1+0.05s)}$$

由式（5.55）可知补偿后开环传递函数为：

$$W(s) = K\frac{1 + 2\zeta Ts + T^2 s^2}{s^3}$$

由图5.28可知：$a_1 = 1/9$，$K_1 = 3.3$，$T_1 = 0.3$，$K_2 = 9$，$T_2 = 0.05$，代入式（5.55）可得

$$W(s) = \frac{3.3 \times 9}{0.05s^3}\left(1 + \frac{0.3}{3.3}s + \frac{1}{3.3 \times 9}s^2\right) = \frac{594}{s^3}\left(1 + 0.09s + \frac{1}{29.7}s^2\right)$$

$W(s)$ 的零点是一对共轭复根，则有 $T = \sqrt{1/(K_1 K_2)} = 1/5.45$，交接频率 $\omega_1 = 1/T = 5.45$，阻尼比可由 $2\zeta T = T_1/K_1$ 计算，即 $\zeta = T_1/(2K_1 T) = 0.3 \times 5.45/(2 \times 3.3) = 2.477$。

（2）求开环穿越频率。

由于 $20\lg 594 = 55.48$ dB，有

$$20\lg\frac{\omega_c}{5.45} = 55.6 - 60\lg 5.45 = 11.3\ (\text{dB})$$

得

$$\omega_c/5.45 = 3.673,\ \omega_c \approx 20$$

注意：如利用开环基型（相关知识可以参阅控制类专著），正好极点比零点多一个，计算得开环基型为$\frac{594}{5.45^2 s} = \frac{20}{s}$，即 $\omega_c = 20$。

对无前馈补偿的开环，两个零极点与一个零点，计算则有$\frac{29.7 \times 0.3}{s} = \frac{9}{s}$，$\omega_c = 9$，可见此方法更为简明。

（3）相角储备。

对于有前馈的系统，相角储备为：

$$\begin{aligned}\Delta\phi &= -3 \times 90° + 2 \times \arctan(T\omega_c)\\ &= -270° + 2 \times 74.5°\\ &= -180° + 59°\end{aligned}$$

对于无前馈系统，相角储备为：

$$\begin{aligned}\Delta\phi &= -2 \times 90° + \arctan(0.3\omega_c) - \arctan(0.05\omega_c)\\ &= -180° + 69.7° - 24°\\ &= -180° + 45.7°\end{aligned}$$

（4）参数比较。

此实例中有前馈和无前馈方法的比较如表5.1所示。表5.1说明前馈反应实质上提高了系统增益和宽带。

**表5.1　有前馈和无前馈的参数比较**

| 项目 | $K$ | $\omega_c$ | $\Delta\varphi$ |
|---|---|---|---|
| 无前馈 | 29.7 | 9 | 59 deg |
| 有前馈 | 594 | 20 | 45.7 deg |

（5）正弦跟踪误差。

进行加前馈补偿和无前馈补偿的系统分别对60°/s、60°/s² 等效正弦误差的比较。加前

馈补偿的系统正弦跟踪误差为：

$$\frac{\theta_{\mathrm{i}}}{K}=\frac{1\ 000}{594}=1.68\ (\mathrm{mil})$$

无前馈补偿的系统正弦跟踪误差为：

$$\frac{\theta_{\mathrm{i}}}{K}=\frac{1\ 000}{29.7}=33.67\ (\mathrm{mil})$$

可见，二阶无差度系统加入输入角一阶导数（即速度）的补偿信号可大大提高正弦跟踪精度。

（6）传递函数分析。

开环放大倍数显著增加为原放大倍数的 $1/T_2$ 倍，转折频率为原放大倍数之根号，即 $\omega_1=\sqrt{K_1K_2}$，所以，$T_2$ 的选择和确定非常关键。$T_2$ 即是线性区关键小时间常数 $T_\Omega$，不仅在动态设计时很关键，在前馈补偿时也直接影响补偿效果。$T_\Omega$ 的概念和计算可参阅相关文献，这里不再赘述。

（7）小结。

在要求精度很高的情况下，用前馈补偿应力求模型的高精度，对模型参数的确定和结构的简化要慎重，要尽可能精确。由于数字控制器功能的强大，可以回到复杂模型的基础上去补偿。对于这类问题，仅靠调试试凑是解决不了的。其中速度环的模型精度最重要，动态设计时速度环简化近似为一阶系统，而在前馈补偿设计时，最好按更准确的模型如二阶系统考虑。

低阶系统原理上不存在高阶误差，但由于建模对模型的简化和线性化处理，常常用低阶系统近似高阶系统。实践表明，由于这个原因，实际系统中高阶误差是存在的。另外，超越函数如正弦函数输入时，$\varphi_{\mathrm{m}}\omega/(s^2+\omega^2)$ 存在任意阶的高阶导数，且 $\omega$ 越高，高次谐波幅值越大，所以，在Ⅱ型甚至是Ⅲ型系统中，为减小高阶误差都有将系统补偿为Ⅳ型的要求，以达正弦跟踪精度的要求。

前馈补偿是在线性化条件下实现的，如存在严重非线性则补偿无效。例如，由于传动箱设计缺陷，使运动时间长后会发热，库仑摩擦力大增；采用如蜗轮蜗杆类传动，如自锁力矩大，则制动力矩的大部分不需电机提供，此时，如有加速度前馈补偿，必导致误差加大，需特殊处理。

前馈补偿系数对精度的影响最大，因而在模拟量系统中要慎用。在数字伺服系统中采用该系数的效果较好。

武器随动系统的技术指标和被控对象特性就是随动系统的设计输入，前者作为战术技术要求，除非有不可克服的技术障碍，否则更改的余地不大。被控对象特性则与武器系统的机械结构设计与制造密切相关，因为武器是机电一体化产品，随动系统的性能自然要受到被控对象机械特性的影响，因而，随动系统的设计者要充分了解被控装置的特性和对随动系统性能的影响。

在方案论证时，要与机械结构设计工程师沟通，在可能的条件下，对负载装置及机械传动机构的重要参数，如传动空回、传动刚性、转动惯量、负载力矩等提出限制范围，保证设计制造结果控制在此范围内。

经验告诉我们，一旦机械结构设计加工完成，便很难更改；随动系统设计者不得不完全承担由机械设计的局限或不合理造成的控制系统设计的困难，并可能形成产品设计的缺憾。对机电一体化产品而言，某些机械设计的技术要求应是为保证和提高控制系统的性能而制定的。

# 第六章
# 火控系统总体设计

◆ **学习目标**：学习和掌握火控系统性能指标、方案设计和火控系统仿真。
◆ **学习重点**：火控系统的性能指标。
◆ **学习难点**：火控系统的方案设计和火控系统仿真。

## 第一节 火控系统性能指标

定量描述火控系统特征的一组参数称为性能指标。它是在武器系统论证阶段根据作战需求，并结合当时技术水平提出来的，是设计和检验火控系统的主要依据。

而最终检验火控系统性能指标是否合理，只能通过靶场实弹射击试验或实战统计数据证明。

火控系统的性能指标主要包括工作范围、精度、反应时间、环境适应性、可靠性、维修性、电磁兼容性、尺寸、重量等。

操作使用性、安全性、人员培训、费用等也是限制充分发挥火控系统性能的重要因素，应引起设计者重视。

### 一、工作范围

工作范围主要取决于作战需求、技术水平、生产工艺水平、成本等。直接影响火控系统的使用性能、先进性等。影响工作范围的主要因素包括以下三类。

**1. 与系统的最大作战空间有关**

如作用距离、高低角、方位角范围等。作用距离分最大作用距离和最小作用距离。最大作用距离一般指能使武器在最大有效射程上击中目标，此种情况下火控系统必须至少具有的搜索目标距离、跟踪目标距离和最大激光测程。

如果小于这些距离，将减少武器的可交战范围。对光电火控系统而言，其关系如图 6.1 所示。

最小作用距离取决于：

① 装置的最小工作距离，如脉冲式雷达、激光测距机只能在大于某一距离时才能使用。

② 武器的最小作用距离，如导弹只能在大于某一距离时才能投入战斗。又如，击中目标的同时也可能使武器自身或人员受伤的距离。

火控系统的高低角和方位角工作范围是根据武器系统对目标实施攻击的空间范围和安全

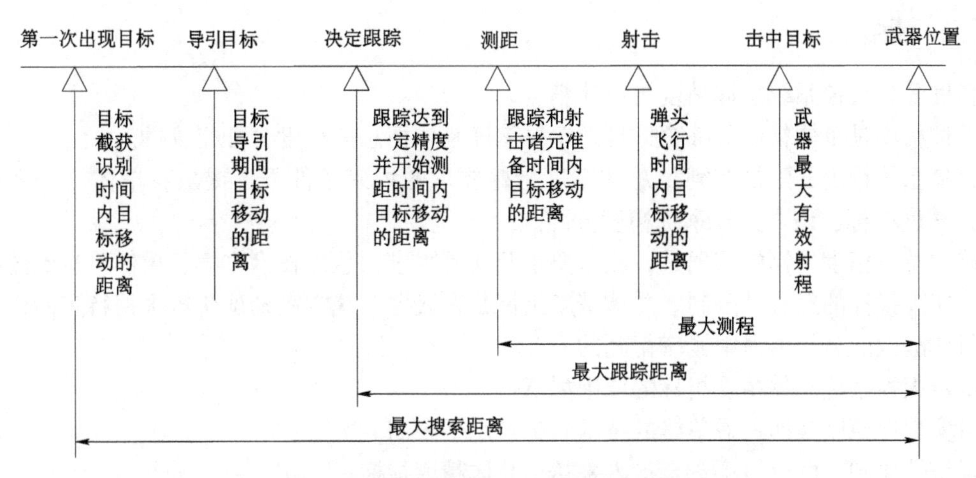


**图 6.1　火控系统最大作用距离示意图**

性决定的，在技术上还受武器和跟踪装置可允许的工作角度范围限制。方位角工作范围一般为 360°；高低角工作范围一般为：高炮火控 -6° ~ +87°，坦克火控 -4° ~ +18°。跟踪系统高低方向的最低角度值和最高角度值均略低于武器高低角射击诸元的最低角度值和最高角度值。

**2. 与系统反应时间有关**

如跟踪装置及武器随动系统的最大调转速度、最大调转加速度、自动调转时间，火控计算机起始工作时间，目标搜索与截获时间等。

最大跟踪速度、最大跟踪加速度和调转时间是跟踪系统和武器随动系统二者的属性，在技术上受跟踪系统、武器随动系统响应能力的限制。最大跟踪速度、最大跟踪加速度取决于目标运动的角速度和角加速度。

调转时间通常指系统的方位角从静止开始以最大调转速度、加速度调转 2 800 密位所需的时间。它由最大调转速度、最大调转加速度来确定，若将最大调转速度、最大调转加速度和自动调转时间分别记为 $\omega_{\beta\max}$、$\dot{\omega}_{\beta\max}$、$T$，则有

$$T = T_1 + T_2 + T_3$$

式中，$T_1 \approx \omega_{\beta\max}/\dot{\omega}_{\beta\max}$；$T_2 \approx [2\,800 - 0.5\dot{\omega}_{\beta\max}T_1^2]/\omega_{\beta\max}$；$T_3$ 为调转速度由 $\omega_{\beta\max}$ 恢复至零的时间，取决于系统的特性。

**3. 与系统本身的品质有关**

如武器随动系统及跟踪系统的最小平稳跟踪速度，激光发射频率，激光束宽角，激光回波率，跟踪雷达扫描周期，雷达波束宽度，搜索雷达虚警概率，光学镜或（可见光或红外、微光）摄像机的倍率、视场与分辨率等。

激光发射频率依火控系统的类型不同而不同。一般来说，高炮火控系统为 3 ~ 10 次/秒或更高；坦克火控系统为 8 ~ 10 次/分；而地炮火控系统则更低。

光学镜以及可见光、红外、微光摄像机的倍率、视场与分辨率等是相互制约的。

具体指标取决于搜索能力、最大作用距离及自动跟踪系统精度等。根据系统需要，有时倍率和视场又是可变的，有连续变倍和分挡变倍两种。

## 二、精度

精度分为火控系统总体精度与单体精度。

总体精度是单体精度的综合体现。单体精度是依据总体精度分配得到的。

火控系统精度分配是在满足总体精度指标要求的约束条件下，提出各单体（分系统或设备）精度指标，谓之火控系统精度分配。

确定总体精度指标的依据是：战术要求及使用需求、总体技术方案、单体可达到的技术水平、实现指标的经济性限制。总体精度指标是在武器系统方案论证阶段根据特定的作战想定进行作战效能分析由命中概率得到的。

确定火控系统总体精度指标的原则如下：

可实现性原则，即考虑单体的技术状况及水平限制。

经济性原则，即以最小资金投入来达到总体精度指标。

重要性原则，即采用正交法等，找出对总体精度指标影响最大的单体精度指标加以严格控制。

匹配原则，火控系统精度应与火力系统精度相匹配，二者精度相差甚远是不合理的。不能要求火控系统的某些单体精度过高，而某些单体精度过低，火控系统的系统误差与均方差应相匹配。

最优化原则，即采用总体优化方法，使系统总体精度最好，而单体精度不一定都最好。

火控系统的总体精度最终影响弹目偏差的大小，精度指标一般有以下三种形式：

① 系统误差、均方差，即误差的均值和均方根值。如：系统误差≤4 密位，均方差≤6 密位。

② 最大绝对值误差，即最大误差的绝对值。如：方位角最大跟踪误差 $\Delta\beta\leq1$ 密位。

③ 百分比，即某诸元误差小于给定值的点数与诸元总点数之比。如：火控系统某诸元误差≤5 密位的点数不小于总点数的 95%。

火控系统的总体精度指标一般用武器线实际指向与理想指向间的角偏差表示，是一项最重要的性能指标，设计者必须作为首项任务来完成。

## 三、反应时间

反应时间又称响应时间。火控系统反应时间（Response Time of Fire Control System）指目标突然临空时，从目标搜索系统发现目标起，到允许武器发射或射击所需的时间。

不同类型的火控系统，反应时间不同。例如：用机械向量瞄准具控制高炮，其反应时间是从连、排长下达射击准备命令算起的，包括测距、瞄准目标、装定航向和航速等炮手动作所经历的时间，其中，炮手的反应时间占相当大的比例。全自动火控系统控制高炮，其反应时间包括搜索雷达发现与识别目标、炮瞄雷达（或其他目标探测跟踪设备）截获和跟踪目标、火控计算机解算射击诸元、随动系统协调等动作所占用的时间（扣除重叠的时间），如图 6.2 所示。其中，炮手的反应时间所占比例相当小。

坦克火控系统的反应时间一般包括瞄准目标（第一次）、测距、跟踪目标、计算补偿角、驱动装表系统、自动调炮等动作所用的时间。

具有射击门的火控系统，还应包括使目标稳定进入射击门的时间及按下击发按钮至弹头出膛的时间。

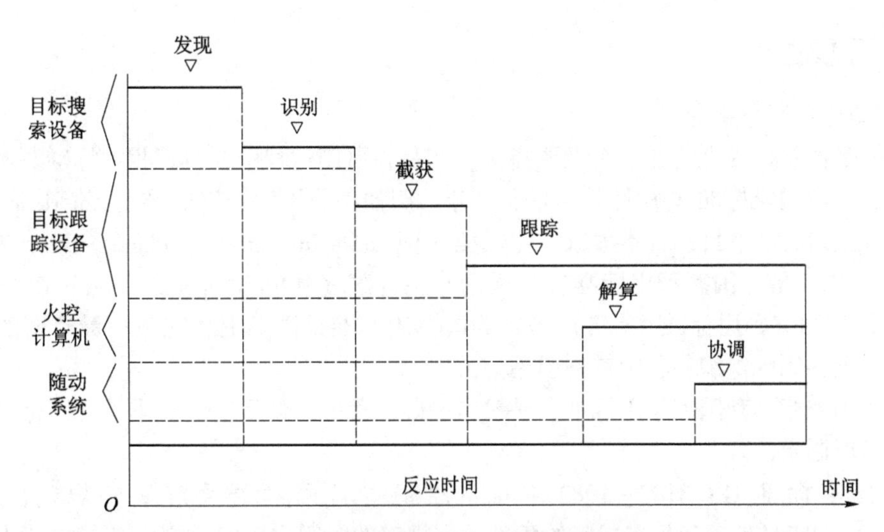


**图 6.2　火控系统反应时间构成示意图**

由图 6.2 可以看出有些时间可以重叠。合理地使过程重叠可以缩短反应时间。各过程所需的时间与各分系统的性能、操作人员的熟练程度以及环境条件有关，是一种统计平均值。在实际作战中，缩短反应时间可以提供较长的可射击时间。在敌我双方均具有攻击能力的条件下作战时，反应时间越短，越能先敌开火，击毁对方的概率和自身的生存率均越大。因此，在这种作战状态下，反应时间是首先考虑的因素，它是火控系统的主要战术技术指标之一。

## 四、环境适应性

火控系统的环境适应性是指火控系统在规定的使用环境中保持其固有性能的能力。

环境分以下四类：

(1) 气候环境：包括云、雨、雾、雪、气温、相对湿度、气压、太阳辐射、霉菌、盐雾、砂尘、爆炸性大气等。

(2) 地理环境：包括平原、高原、丘陵、沼泽、寒带、热带、亚热带等。

(3) 地形地物环境：包括道路、桥梁、涵洞、建筑物、沟渠、江、河、湖、海、水网、植被、灌木丛、森林等。

(4) 人为环境：包括振动、冲击、噪声、冲击波、浸渍、核污染、生物和毒剂沾染等。

火控系统的主要环境适应性指标——高温、低温、湿热、冲击、振动、淋雨、浸渍、霉菌、盐雾、砂尘等。

在现代战争中，噪声、冲击波、核、生物和毒剂沾染等性能要求也日益迫切，设计者应引起高度重视。

适应全天候作战能力也是火控系统的一项重要指标，所谓全天候作战能力是指武器能在恶劣气候环境下，昼夜作战的能力。

一般采用多探测、跟踪传感器使火控系统具有全天候作战能力。火控系统只有在以上环境中能可靠地工作，才有实际意义。

## 五、可靠性

### 1. 可靠性的基本概念

可靠性是衡量产品性能的一个重要指标，产品在研制过程中要执行相关标准。对于可靠性标准而言，有国家标准和国家军用标准之分，例如：美国的国家标准（American National Standards Institute，ANSI）、日本国家工业标准（Japanese Industrial Standards，JIS）和我国的国家标准（GB）等。国家军用标准有美国的军用标准（Military Specification and Standards，MIL）、我国的国家军用标准（GJB）等。美国军用标准是国际上最完整、最严密的标准体系，为世界上各国际组织和各国普遍引用。

我国的国家标准和国家军用标准，是参考国际和美国、俄罗斯、日本等外国标准，结合我国实际情况制定的。

按照国家标准 GB 3187—1982《可靠性基本名词术语及定义》规定，可靠性（Reliability）的定义是：产品在规定的条件下和规定的时间内，完成规定功能的能力。因此火控系统可靠性可以定义为：火控系统可靠性指火控系统、分系统、单体或部件在规定的条件下和规定的时间内完成规定功能的能力。

规定的条件包括：环境条件（如温度、湿度、气压、风沙等）；工作条件即使用条件（如振动、冲击、噪声等）；动力负荷条件（供电电压、输出功率等）；工作方式（连续工作、间断工作）；维护条件等。不同的条件下，产品的可靠性可能决然不同，离开具体条件谈可靠性是毫无意义的，也可以说产品的可靠性是受规定条件制约的。

规定的时间是广义的时间，除了可以在区间（$0, t$），也可以在区间（$t_1, t_2$），根据产品的不同定义，广义的时间还可以是车辆行驶的里程数、工作的循环次数。

规定的功能指表征产品的各种战技指标，如初速、射速、射程、精度、寿命等。

产品的可靠性由固有可靠性和使用可靠性两部分组成。固有可靠性是指产品设计和制造过程中已经确定并最终在产品上得到实现的可靠性，它是产品的内在性能之一，产品一旦完成设计并按要求生产出来，其固有可靠性就完全确定。使用可靠性是产品在使用中的可靠性，它往往与产品的固有可靠性不同，这是由于产品生产出来后要经过包装、运输、储存、安装、使用和维修等环节，且使用中实际环境与规定的条件往往不一致。

例如：国外统计资料表明，电子设备故障原因中属于固有可靠性部分占 80%，其中设计技术占 40%，器件和原材料占 30%，制造技术占 10%。使用可靠性占 20%，其中现场使用占 15%。

因此，为提高可靠性，除设法提高产品的固有可靠性外，还应改善使用条件，加强使用中的维修和保养，使产品的可靠性得到充分的发挥。

随着武器系统性能的不断提高，自动化程度越来越高，结构和系统复杂，零部件随之增多，因此可靠性问题就显得特别尖锐。武器系统在作战过程中，能否很好地完成任务，在很大程度上取决于武器系统的工作可靠性。大的方向来讲关系到国家的安危、战役的胜负。

为了在设计、研制、使用、维修中准确把握某一个系统的可靠性，就应该明确给出定量表示可靠性的指标。有了可靠性指标，就可对系统的可靠性提出明确而统一的要求，在设计时可利用各种方法进行计算、预计和分配它们的可靠性，在系统研制出来后可按一定的试验方法鉴定它们的可靠性，在使用维修中分析它们的可靠性。

系统可靠性指标的给出取决于系统的特点和完成功能的要求。对于以工作时间 $t$ 为函数的系统可靠性指标，可以用可靠度（Reliability）$R(t)$、累积失效概率（Cumulative Failure Probability）$F(t)$、失效率（Failure Rate）$\lambda(t)$ 中的任意一个统计量来表征。此外，有时也用寿命特征来表示系统的可靠性，常用的指标是平均无故障工作时间（平均寿命）（Mean Life）和可靠寿命（Q－Percentile Life）。此外，还有平均失效间隔时间（或失效周期）、故障平均修复时间、维修度以及有效度等可靠性指标。

可靠度指武器（火控）系统在规定的条件下和规定的时间内完成规定任务的概率，这是一个定量指标。表示武器系统在规定的时间（0，$t$）内、规定的工作条件下，正常工作的概率，它是时间 $t$ 的函数，故记作 $R(t)$。$R(t)$ 是时间 $t$ 的非增函数，当 $t$ 增大时，$R(t)$ 逐渐减小。设随机变量 $T$ 是系统正常工作时间：

$$R(t)=\begin{cases}P(T>t), & t\geqslant 0\\ 1, & t<0\end{cases} \tag{6.1}$$

假设 $t=0$ 时刻，武器系统开始工作，在此时刻之前武器系统能正常可靠地工作。武器（火控）系统在（0，$t$）区间正常工作的概率，等于该系统正常工作时间 $T$ 落在$(t\quad +\infty)$域内的概率值，是一个非增函数，取值范围为 $0\leqslant R(t)\leqslant 1$。

不可靠度由可靠度来计算，不可靠度可以表示为：

$$F(t)=1-R(t) \tag{6.2}$$

它表示武器系统在（0，$t$）区间不正常工作的概率（失效分布函数）。

失效率 $\lambda(t)$ 是指武器系统工作一定的时间后，单位时间内发生故障的概率，是衡量产品（系统）在单位时间内失效的次数的数量指标。失效率可以分为瞬时失效率和平均失效率。需要指出，有的文献里将失效率称为故障率。失效指的是系统丧失了预定的功能，如导弹系统失去了作战能力则称为失效，失效后经过修复可以恢复原有功能的系统，这种失效称为故障。

由概率论可知，若随机变量 $T$ 是连续型随机变量，则 $T$ 的概率密度函数为

$$f(t)=\lim_{\Delta t\to\infty}\frac{F(t+\Delta t)-F(t)}{\Delta t} \tag{6.3}$$

式中，$F(t)$ 是系统的累积失效概率，即不可靠度；$f(t)$ 是系统在（$t$，$t+\Delta t$）区间内单位时间内不正常工作的概率，称为失效密度函数。

至此，已经出现了失效密度 $f(t)$、可靠度 $R(t)$、不可靠度 $F(t)$ 和失效率 $\lambda(t)$ 4 个可靠性指标。这 4 个指标是相互联系的，每一个均可由其他的任何一个来表示，其相互关系如表 6.1 所示。

**表 6.1　失效密度 $f(t)$、可靠度 $R(t)$、不可靠度 $F(t)$ 和失效率 $\lambda(t)$ 的相互关系**

| 函数 | $R(t)$ | $F(t)$ | $f(t)$ | $\lambda(t)$ |
|---|---|---|---|---|
| $R(t)$ | — | $1-F(t)$ | $\int_t^{\infty}f(t)\mathrm{d}t$ | $\exp\left[-\int_0^t f(t)\mathrm{d}t\right]$ |
| $F(t)$ | $1-R(t)$ | — | $1-\int_t^{\infty}f(t)\mathrm{d}t$ | $1-\exp\left[-\int_0^t f(t)\mathrm{d}t\right]$ |

续表

| 函数 | $R(t)$ | $F(t)$ | $f(t)$ | $\lambda(t)$ |
| --- | --- | --- | --- | --- |
| $f(t)$ | $-\frac{dR(t)}{dt}$ | $\frac{dF(t)}{dt}$ | — | $\lambda(t)\exp\left[-\int_0^t f(t)dt\right]$ |
| $\lambda(t)$ | $-\frac{d\ln R(t)}{dt}$ | $\frac{dF(t)}{dt}\cdot(1-F(t))$ | $\frac{f(t)}{\int_t^\infty f(t)dt}$ | — |

也可用如图 6.3 所示的图表述失效密度 $f(t)$、可靠度 $R(t)$、不可靠度 $F(t)$ 之间的关系。

平均无故障工作时间 $\tau$ 指在规定的条件下和规定的时间内，产品的寿命单位总数与故障总次数之比。它是系统正常工作时间 $T$ 的数学期望值。系统的平均无故障时间等于被包围在可靠度 $R(t)$ 和坐标轴之间的面积，其几何意义如图 6.4 所示。

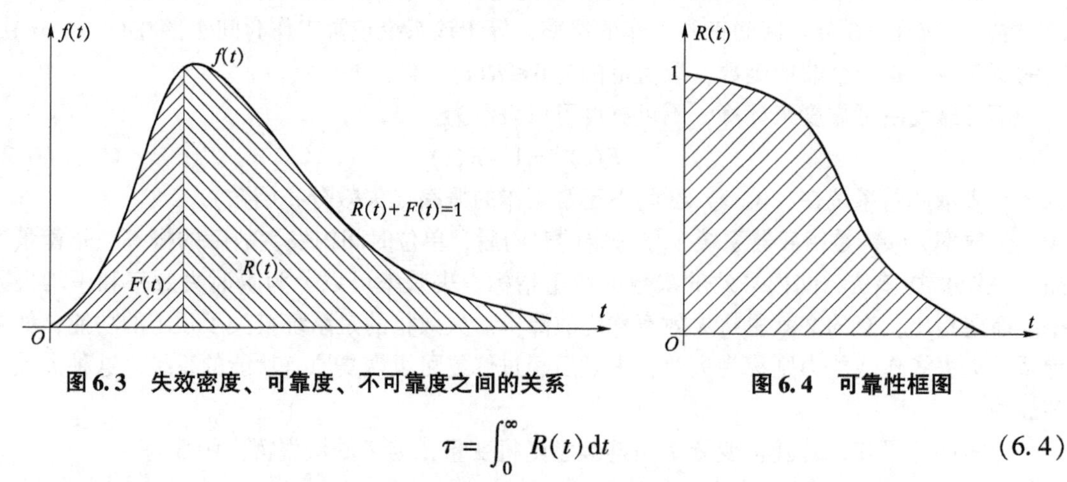


图 6.3 失效密度、可靠度、不可靠度之间的关系

图 6.4 可靠性框图

$$\tau=\int_0^\infty R(t)dt \tag{6.4}$$

对不可修复系统（或产品），$\tau$ 称为平均寿命时间 MTTF（Mean Time To Failure）；对可修复系统，称之为平均故障（失效）间隔，即平均可靠工作的时间，记为 MTBF（Mean Time Between Failure）。平均维修间隔时间（MTBM）指在规定的条件下和规定的时间内，产品的寿命单位总数与该产品计划维修和非计划维修事件总数之比。任务可靠度（MR）指产品在规定的任务剖面内完成规定功能的概率。致命故障间的任务时间（MTBCF）指在一个规定的任务剖面中，产品任务总时间与致命故障总数之比。第一次大修期或首次翻修期限（TTFO）指在规定的条件下，产品从交付（或开始使用）到首次经基地或工厂大修（或翻修）的工作时间和（或）日历持续时间。储存寿命（STL）指产品在规定的条件下储存时，仍能满足规定质量要求的时间长度。

可靠度是可靠性的概率度量。火控系统可靠性指标要求一般分为定性要求和定量要求。

可靠性定性要求包括：制定和贯彻可靠性设计准则；制定和实施元器件大纲；确定关键件和重要件；工程保证及生产质量保证；利用简化设计、余度设计、降额设计、环境防护设计、热设计、软件可靠性设计以及包装、装卸、运输、储存设计等。

可靠性定量要求包括：选择和确定装备的可靠性参数、指标以及验证时机和验证方法。

可靠性参数的具体分类罗列如下：

可靠性参数
- 基本可靠性参数
  - 平均可靠工作时间（MTBF）
  - 平均维修间隔时间（MTBM）
- 任务可靠性参数
  - 任务可靠度（MR）
  - 致命故障间的任务时间（MTBCF）
- 耐久性参数
  - 第一次大修期或首次翻修期限（TTFO）
  - 储存寿命（STL）

**2. 系统的可靠性框图**

对系统进行可靠性分配、估算和评价时，系统可靠性框图及可靠性数学模型是最重要的工具。这里将介绍可靠性框图的绘制和系统可靠性数学模型的建立。

可靠性框图是以方框代表系统组成功能模块，表明各模块故障或故障组合，导致系统故障的逻辑关系图。

首先根据可靠性设计任务书要求，按照系统结构原理，构思出系统工作原理图，进而画出可靠性框图。系统工作原理图表示各组成单元之间的物理关系、信息传递关系；可靠性框图表示为完成系统功能各组成单元之间的可靠性关系。可靠性框图用串—并—旁联等方框的组合，简明扼要地描述系统可靠性关系。需要指出：系统工作原理图和可靠性框图描述的对象不同，逻辑关系不同，两者不可混为一谈。

有时有些单元在原理图中是并联的，而在可靠性框图中却是串联的。例如，由电容 $C$ 和电感线圈 $L$ 组成的谐振电路，如图 6.5（a）所示。从结构原理、工作原理看 $C$ 和 $L$ 是并联的，但是从完成功能、按可靠性关系来看，它们之中任意一个发生故障，就不能完成谐振电路功能，因此在系统的可靠性框图中它们的关系应该是串联的，如图 6.5（b）所示。

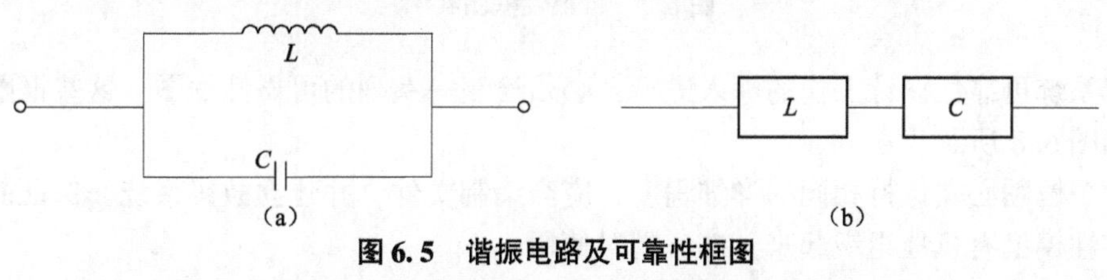


**图 6.5　谐振电路及可靠性框图**

(a) 谐振电路；(b) 可靠性框图

假若在电路中设置了串联的 3 个开关，如图 6.6（a）所示。如果这些开关在电路中的功能是为了接通电路，这三个开关都应该完好（即闭合可以接通电路、打开能断开电路），电路才能接通，而其中任意一个发生故障（闭合不能接通电路），电路就断开，因此其可靠性框图为串联，如图 6.6（b）所示。如果这些开关在电路中的功能是为了切断电路，则只要有一个开关完好，电路就能切断，因此此时的可靠性框图为并联，如图 6.6（c）所示。

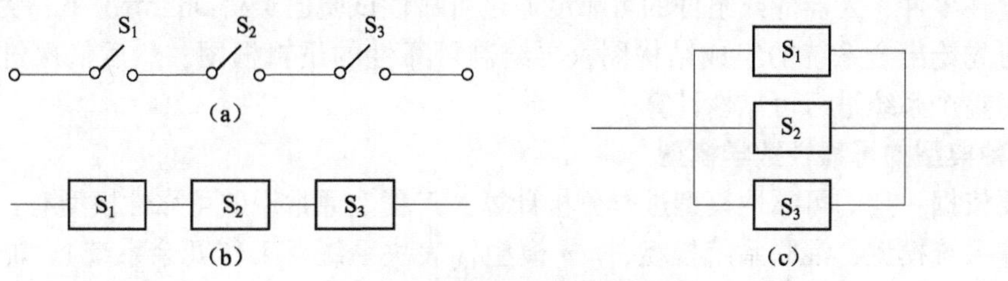


**图 6.6　开关电路及可靠性框图**

从这个例子可知，同一系统、同一结构，由于功能不同，其可靠性框图也可能不同。这一点值得引起重视。

绘制可靠性框图依据的原则为：

(1) 将完成规定任务必不可少的一组部件串联起来；

(2) 将能够替换其他部件的部件并联起来；

(3) 图中每一个方框就像一个开关，当它代表的部件状态正常时，开关闭合；而当它所表示的部件发生故障时，开关断开。通过框图的任何一条闭合线路都是成功的线路。

由此可知，可靠性框图的本质是用图解方式来描述系统成功工作的逻辑。

下面通过两个例子来简要说明可靠性框图的应用。

在图 6.7 (a) 中，满足下列条件之一：A、B 正常，或 A、C、E 正常，或 D、C、B 正常，或 D、E 正常时，系统可正常工作。

在图 6.7 (b) 中，满足下列条件之一：Ⅰ号子系统和Ⅱ号子系统都能正常工作时，系统可正常工作。而Ⅰ号子系统中至少要有一个 A 可正常工作才行；Ⅱ子系统正常工作的条件是：D、E 正常；或 F、G 正常；或 F、H 正常。

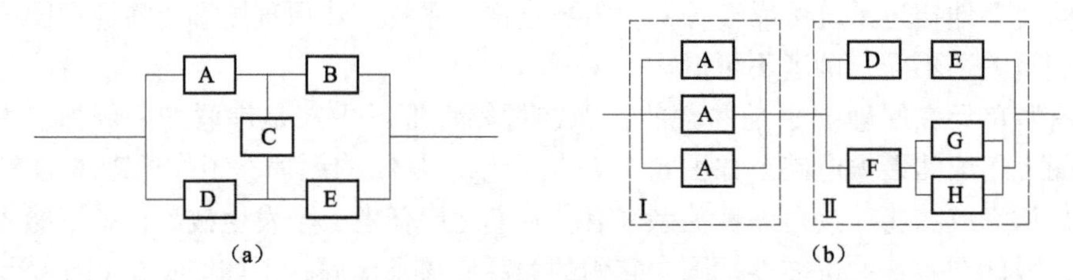


**图 6.7　可靠性框图实例**

随着系统可靠性设计工作的深入进行，必须绘制一系列的可靠性框图，这些框图要越画越细，如图 6.8 所示。

同一个框图必须保持相同的详细程度，应当编制文件，并建立数码系统，保证能够把系统的可靠性模型有机地组织起来，准备随时使用。

当我们知道了组件中各单元的可靠性指标（如可靠度、失效率或平均故障间隔时间等）后，即可由下一级的框图及数学模型，计算上一级的可靠性指标，这样逐级向上推，直到算出全系统的可靠性指标。再与战技指标相比，考察是否满足要求，如果满足要求，则结束，否则需要对各个分系统的可靠性指标进行重新分配，再重复上述过程，直到满足要求为止。需要指出的是，这里满足仅仅是设计上的满足，最终是否满足战技指标，是需要通过严格的试验验证考核的。

武器（火控）系统由若干分系统（子系统）组成，各子系统又由若干部件、设备和元器件组成。在零件、元器件或组件的可靠度通过可靠性试验已经得到的情况下，为了计算分析方便，可先绘出全系统的组成结构图，再绘制可靠性的逻辑框图，然后依次进行分析计算，进而对整个系统进行可靠性计算。

**3. 几种典型的可靠性数学模型**

一般要依据一定的可靠性模型进行分析计算，工程上通常用的可靠性模型有：串联系统模型、并联系统模型、混联系统模型、$r/n$ 模型（表决系统、工作冗余系统）、非工作储备模型、网络模型等，常用其中的一种或几种的组合来描述武器（火控）系统的可靠性。

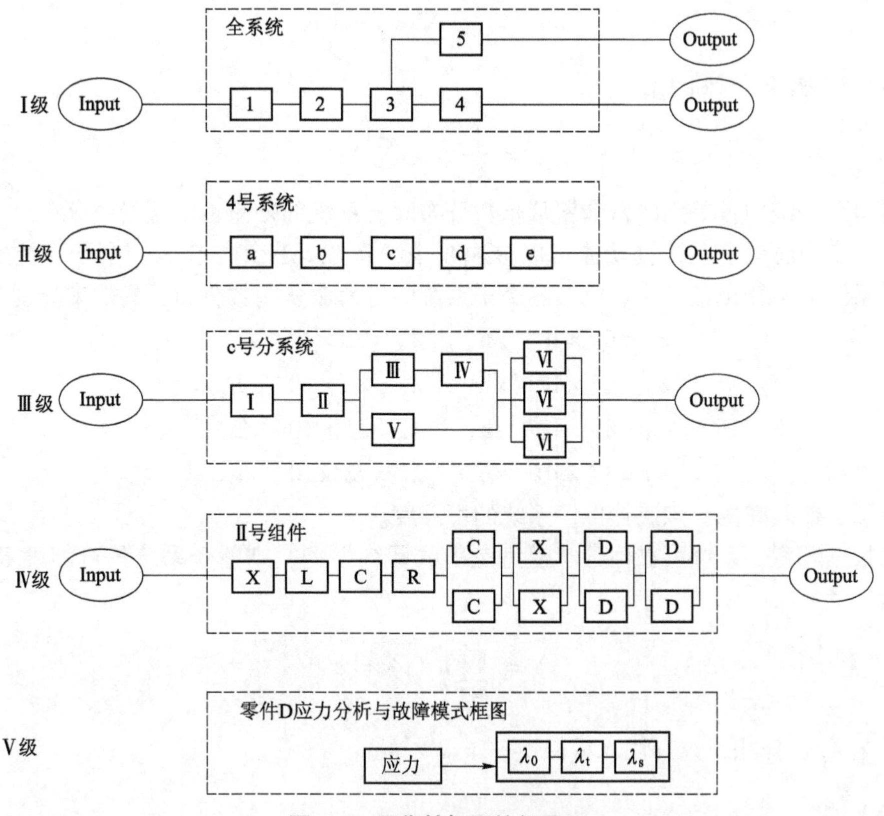


**图 6.8　可靠性框图按级展开**

1）串联系统模型

设系统由 $n$ 个部件组成，若 $n$ 个部件中有一个失效时，整个系统就失效。或者说，如果组成系统的任何一个元件发生故障就会导致整个系统发生故障，这种系统称为串联系统。串联系统是最常见的可靠性模型之一，它的可靠性模型框图如图 6.9 所示。

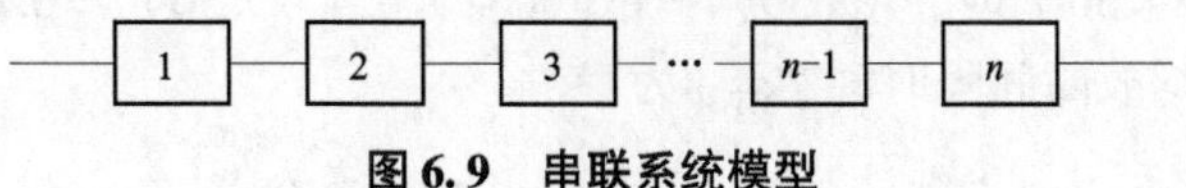


**图 6.9　串联系统模型**

串联系统的可靠度等于各组成元件可靠度的乘积。若每个元件的可靠度分别是 $R_1(t)$、$R_2(t)$、…、$R_n(t)$，共 $n$ 个组成元件，则全系统的可靠度为：

$$R_s = \prod_{i=1}^{n} R_i(t) \tag{6.5}$$

由式（6.5）可知，串联系统的可靠度是各个单元可靠度的乘积，各个单元的可靠度 $R_i(t) < 1$，因此，串联系统的单元越多，系统可靠度越低，平均故障间隔时间也就越小。举例：武器系统中的绝大多数子系统均属于串联系统。

当各个单元的寿命分布均为指数分布时，即 $R_i(t) = e^{-\lambda_i t}$，则系统的可靠度 $R_s(t) = e^{-\lambda_s t}$，系统失效率 $\lambda_s$ 为各单元失效率 $\lambda_i$ 之和，即

$$\lambda_s = \sum_{i=1}^{n} \lambda_i \tag{6.6}$$

系统的平均故障间隔时间 $T_{MTBF}$：

$$T_{MTBF} = \frac{1}{\lambda_s} = (\sum_{i=1}^{n} \lambda_i)^{-1} \tag{6.7}$$

可见串联系统中各单元的寿命服从指数分布时，系统的寿命也服从指数分布。

**例 1** 某武器电子系统按功能可以分成 8 个子系统，当其中任意一个子系统发生故障时，电子系统即不能正常工作。已知各个子系统的寿命服从指数分布，失效率分别为

$$\lambda_1 = 69 \times 10^{-4}/\text{h}, \quad \lambda_2 = 93 \times 10^{-4}/\text{h},$$
$$\lambda_3 = 67 \times 10^{-4}/\text{h}, \quad \lambda_4 = 84 \times 10^{-4}/\text{h},$$
$$\lambda_5 = 85 \times 10^{-4}/\text{h}, \quad \lambda_6 = 31 \times 10^{-4}/\text{h},$$
$$\lambda_7 = 37 \times 10^{-4}/\text{h}, \quad \lambda_8 = 78 \times 10^{-4}/\text{h}。$$

试求在不同工作时间内，该武器电子系统的可靠度。

**解**：根据题意，系统可靠性数学模型是串联系统模型，则整个系统的可靠度 $R_s(t)$ 可以表示为

$$R_s(t) = \prod_{i=1}^{8} R_i(t) = e^{-\lambda_s t}$$

而 $\lambda_s = \sum_{i=1}^{n} \lambda_i$，把相关数据代入可得：

$$\lambda_s = \sum_{i=1}^{n} \lambda_i = (69 + 93 + 67 + 84 + 85 + 31 + 37 + 78) \times 10^{-4} = 0.054\,4(\text{h}^{-1})$$

所以系统的可靠度为：

$$R_s(t) = e^{-\lambda_s t} = e^{-0.0544t}$$

当系统工作时间 $t = 1$ h 时，$R_s(1) = \exp(-0.054\,4 \times 1) = 0.947$；

当系统工作时间 $t = 10$ h 时，$R_s(10) = \exp(-0.054\,4 \times 10) = 0.58$；

当系统工作时间 $t = 50$ h 时，$R_s(50) = \exp(-0.054\,4 \times 50) = 0.066$。

该电子系统的平均故障间隔时间 $T_{MTBF}$ 为：

$$T_{MTBF} = \frac{1}{\lambda_s} = \frac{1}{0.054\,4} = 18.38\ (\text{h})$$

可以看出，当已知单元（子系统）的可靠性指标后，利用可靠性数学模型就可以计算出系统的可靠性指标。

从可靠性射击的角度出发，为了提高串联系统的可靠性，应从下列几个方面考虑：

(1) 尽可能减少串联单元数目；

(2) 提高单元（子系统）可靠性，即降低失效率；

(3) 缩短工作时间。

2) 并联系统模型（工作储备模型）

设系统由 $n$ 个独立的元件组成，当组成系统的 $n$ 个独立元件全部发生故障时，整个系统才发生故障，这种系统称为并联系统。并联冗余系统的 $n$ 个元件并联同时工作，执行同一功能，只要不是所有元件都发生失效，系统就不会发生故障，如图 6.10 所示。

这是在一些可靠性要求较高的系统中，为了提高系统的可靠性，常用一些备件并联的储备方式，所以，并联系统是一种冗余（储备）系统。

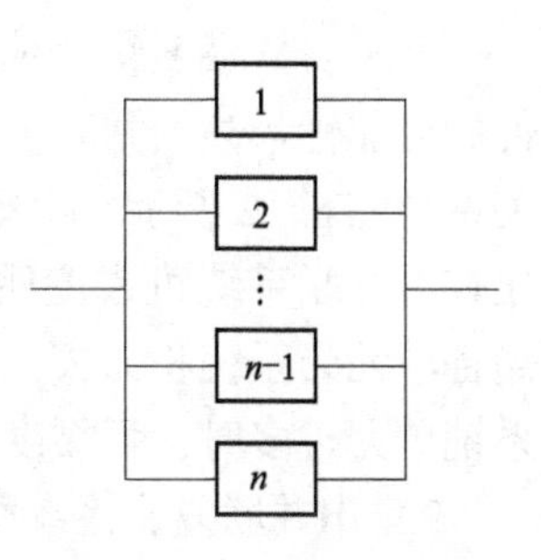

图 6.10　并联系统模型

并联系统的可靠度等于 1 减去所有元件不可靠度的乘积。若每个元件的可靠度分别是 $R_1(t)$、$R_2(t)$、…、$R_n(t)$，则全系统的可靠度为

$$
\begin{aligned}
R_s(t) &= 1 - [1 - R_1(t)][1 - R_2(t)]\cdots[1 - R_n(t)] \\
&= 1 - \prod_{i=1}^{n}[1 - R_i(t)]
\end{aligned} \tag{6.8}
$$

举例：某导弹引信子系统，第一级保险的可靠度为 0.91，第二级保险的可靠度为 0.96，第三级保险的可靠度为 0.99，三级相互独立，为并联关系，则系统的可靠度为

$$R = 1 - (1 - 0.91)(1 - 0.96)(1 - 0.99) = 0.999\ 964$$

当各单元的寿命分布服从指数分布时，并联系统的可靠度可以表示为：

$$R_s(t) = 1 - \prod_{i=1}^{n}(1 - e^{-\lambda_i t}) \tag{6.9}$$

系统的平均故障间隔时间 $T_{MTBF}$ 为：

$$T_{MTBF} = \int_0^{\infty} R_s(t)\,dt \tag{6.10}$$

假如系统由两个元件并联组成，且两个元件的故障是完全独立的，两个元件可靠度分别是 $R_1$ 和 $R_2$（失效率分别为 $\lambda_1$ 和 $\lambda_2$），则系统的可靠度、失效率和系统的平均故障间隔时间为

$$R_s = 1 - (1 - R_1)(1 - R_2) = R_1 + R_2 - R_1 R_2 \tag{6.11}$$

或

$$R_s(t) = 1 - (1 - e^{-\lambda_1 t})(1 - e^{-\lambda_2 t}) = e^{-\lambda_1 t} + e^{-\lambda_2 t} - e^{-(\lambda_1 + \lambda_2)t} \tag{6.12}$$

$$\lambda_s(t) = \frac{\lambda_1 e^{-\lambda_1 t} + \lambda_2 e^{-\lambda_2 t} - (\lambda_1 + \lambda_2)e^{-(\lambda_1 + \lambda_2)t}}{e^{-\lambda_1 t} + e^{-\lambda_2 t} - e^{-(\lambda_1 + \lambda_2)t}} \tag{6.13}$$

$$T_{MTBF} = \frac{1}{\lambda_1} + \frac{1}{\lambda_2} - \frac{1}{\lambda_1 + \lambda_2} \tag{6.14}$$

由式（6.13）可知，尽管失效率 $\lambda_1$ 和 $\lambda_2$ 都是常数，但并联系统的失效率 $\lambda_s(t)$ 不再是常数，如图 6.11 所示。

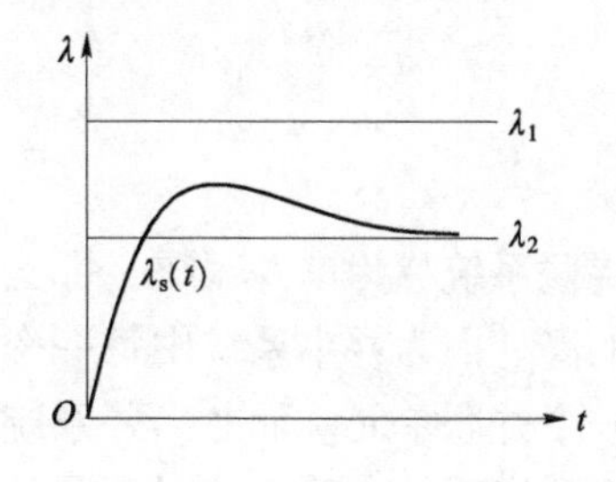

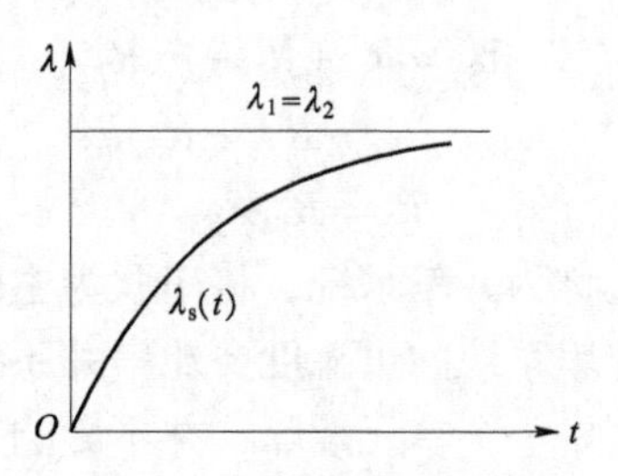

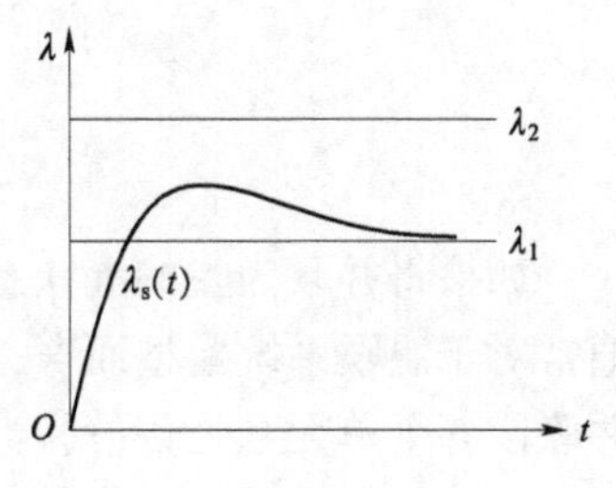

图 6.11　并联系统失效率

若各个元件的可靠度均相同时：

$$R_s(t) = 1 - [1 - R(t)]^n = 1 - (1 - e^{-\lambda t})^n \tag{6.15}$$

可见，并联系统的单元数越多，系统的可靠性越高。并联系统的可靠性比每一个组成元件的可靠性都高。并联系统可靠度与并联系统单元数的关系如图 6.12 所示。由图 6.12 可知，与无储备单元相比较，并联系统可靠度明显提高，尤其 $n=2$ 时，与无储备单元的系统相比较，可靠度提高更为显著，当并联系统单元过多时，可靠度提高的速度大为减慢。

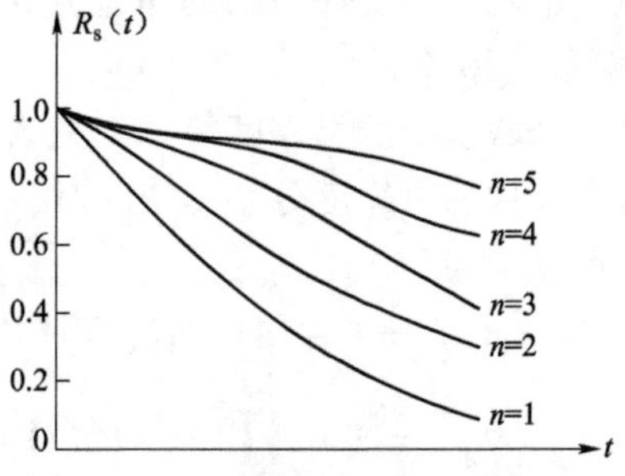


**图 6.12　并联系统可靠度与并联系统单元数的关系**

3）串并联复合系统模型（混联系统模型）

通常工程上的系统并不可能用并联系统或串联系统单纯表示，也常常出现有串联、并联或串并联混联的系统模型，为方便工程计算，可以用等效模型法，只需要用串联和并联系统的基本公式，就可以计算出混联系统的可靠度。对于并不十分复杂的系统，等效模型法较为实用。

例如一种串并联复合系统模型及其等效模型如图 6.13 所示。原系统的可靠性框图如图 6.13（a）所示。等效组合计算的方法是：先将单元 1、2、3 串联成 $S_1$，单元 4、5 串联成 $S_2$，单元 6、7 并联成 $S_3$，则原系统可以简化为图 6.13（b）。由图 6.13（b）可知，$S_1$ 和 $S_2$ 为并联关系，可以并联为 $S_4$；此时，系统可以简化为图 6.13（c）所示的串联系统，可以直接用串联系统的可靠度的计算公式计算全系统的可靠度。

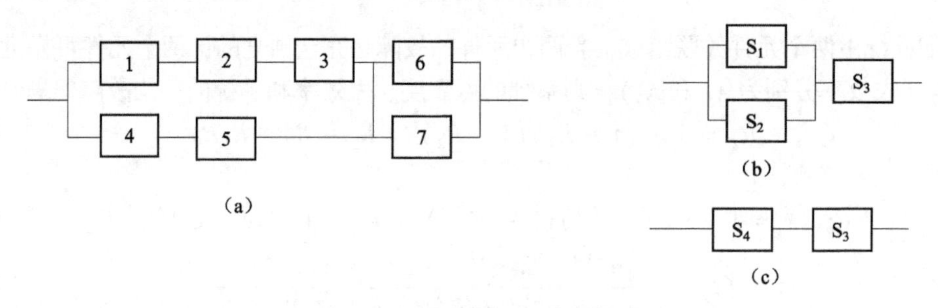


**图 6.13　串并联复合系统模型**

上述过程如果采用计算的方法可以表述为：

$$R_{S1}=R_1R_2R_3$$

$$R_{S2}=R_4R_5$$

$$R_{S3}=R_6+R_7-R_6R_7$$

$$R_{S4}=R_{S1}+R_{S2}-R_{S1}R_{S2}$$

$$R_S=R_{S4}R_{S3}$$

如果将并联为主的混联系统称为并串系统，将串联为主的混联系统称为串并系统，那么通常对于混联系统模型而言，并串系统的可靠度要比串并系统的高。因为并串系统中每一个并联段各个单元互为备份，当其中一个单元故障，并不影响另一个并联单元。而在串并系统中，若其中一个单元故障，则并联中一条支路就发生故障。所以并串系统主要用于对开路故障形式的保护，而串并系统主要用于对短路故障形式的保护。

**例 2**　求如图 6.14 所示串并联复合系统的可靠度。其中：$R_A=R_B=0.99$，$R_C=R_D=0.94$，$R_E=R_F=0.95$，$R_G=R_H=0.90$。

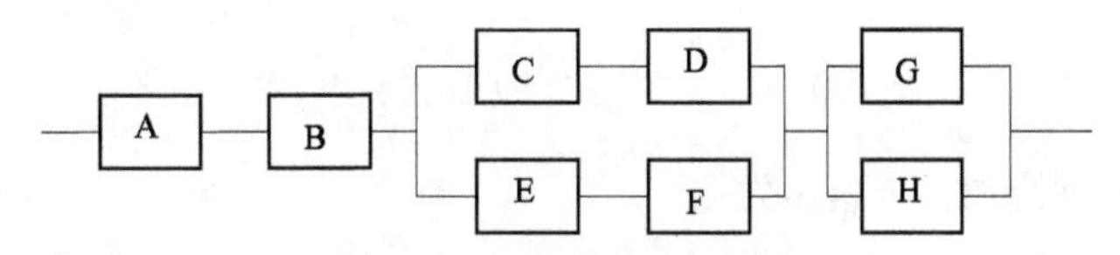


图 6.14　串并联复合系统

**解**：① 首先对串联系统，求 A、B 的可靠度，$R_1 = R_A \times R_B$；

② 求 C、D 的串联系统，$R_2 = R_C \times R_D$；

③ 求 E、F 的串联系统，$R_3 = R_E \times R_F$；

④ 求并联系统 G、H，$R_4 = R_G + R_H - R_G \times R_H$。

经简化后如图 6.15 所示：

将 $S_2$、$S_3$ 组合，求可靠度：$R_5 = R_2 + R_3 - R_2 \times R_3$。

最后再简化为如图 6.16 所示。此时系统简化为标准的串联系统，则可求整个系统的可靠度：

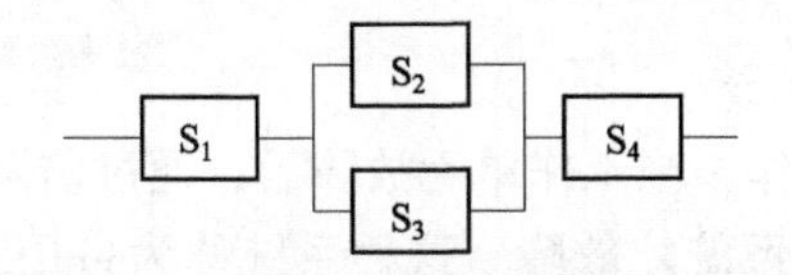


图 6.15　简化后的串并联复合系统图

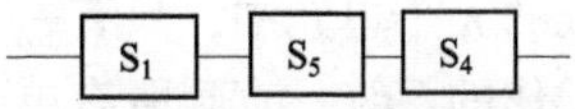

图 6.16　简化后的串并联复合系统图

$$R = R_1 R_5 R_4 = R_A R_B (R_2 + R_3 - R_2 R_3)(R_G + R_H - R_G R_H)$$

代入各个分系统的可靠度数值，则整个系统的可靠度为：

$$R = 0.99^2 (0.94^2 + 0.95^2 - 0.94^2 \times 0.95^2)(2 \times 0.90 - 0.90^2) = 0.959\,287\,1$$

4）$r/n$ 系统模型

$r/n$ 系统模型是指组成系统的 $n$ 个单元都同时工作时，至少 $r$ 个正常，系统才能正常工作的模型，也可称为表决系统或工作冗余系统。$r/n$ 系统模型属于工作储备模型，是表决系统的一种形式。并联系统也属于 $1/n$ 表决系统。

例如，三叉戟运输机有 3 台发动机，至少有 2 台能正常工作，飞机就能安全飞行，它是 2/3 系统。其可靠性框图如图 6.17 所示，这个可靠性框图相当于图 6.18 所示的串并联复合系统可靠性框图。

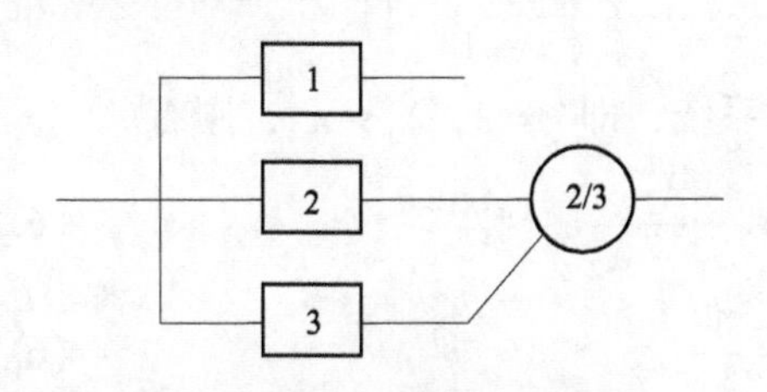


图 6.17　2/3 系统可靠性框图

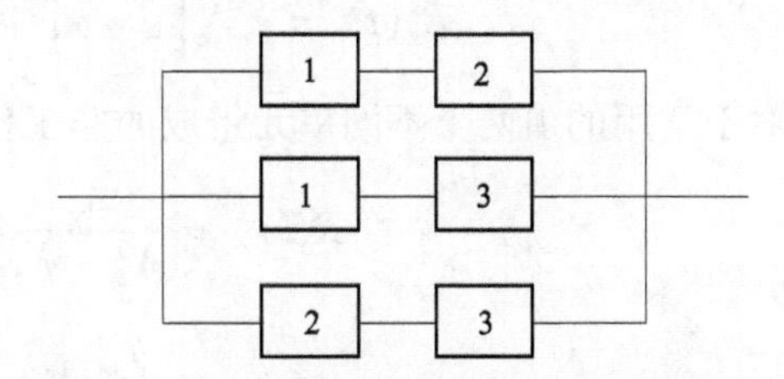


图 6.18　2/3 系统等效的混联系统可靠性框图

$r/n$ 系统模型的可靠度数学公式为：

$$R_s(t) = \sum_{i=r}^{n} C_n^i R^i (1 - R)^{n-i} \tag{6.16}$$

当各单元寿命服从指数分布 $R(t) = e^{-\lambda t}$ 时，则 $r/n$ 系统的可靠度为：

$$R_s(t) = \sum_{i=r}^{n} C_n^i e^{-i\lambda t} (1 - e^{-\lambda t})^{n-i} \tag{6.17}$$

系统的平均故障间隔时间 $T_{MTBF}$ 为：

$$T_{MTBF} = \int_0^{\infty} R_s(t) dt = \sum_{i=r}^{n} \frac{1}{i\lambda} \tag{6.18}$$

对于常用的“三中取二”的多数表决系统，即 $n=3$，$r=2$，2/3 系统有：

$$R_s(t) = 3e^{-2\lambda t} - 2e^{-3\lambda t} \tag{6.19}$$

$$T_{MTBF} = \frac{5}{6} \cdot \frac{1}{\lambda} \tag{6.20}$$

$r/n$ 系统的平均故障间隔时间 $T_{MTBF}$ 比并联系统的小，比串联系统的大。当 $r=1$ 时，即为 $1/n$ 系统（为并联系统），其可靠度为：

$$R_s(t) = 1 - (1 - R)^n \tag{6.21}$$

当 $r=n$ 时，即为 $n/n$ 系统（为串联系统），其可靠度为：

$$R_s(t) = R^n \tag{6.22}$$

5）旁联模型（非工作储备模型、备用冗余系统）

组成系统的 $n$ 个单元中，只有一个单元在工作，当工作单元故障后，通过监测转接到另一单元进行工作的系统，直到所有单元都故障时系统才故障，这种系统称为备用冗余系统，或非工作储备系统，又可称为旁联系统。旁联系统的可靠性模型如图 6.19 所示。

假设转换装置的可靠度为 1，则系统的平均故障时间等于各单元平均故障间隔时间之和，即

$$T_{MTBF} = \sum_{i=1}^{n} T_{MTBF,i} \tag{6.23}$$

当系统各单元的寿命服从指数分布时，则

$$T_{MTBF} = \sum_{i=1}^{n} \lambda_i^{-1} \tag{6.24}$$

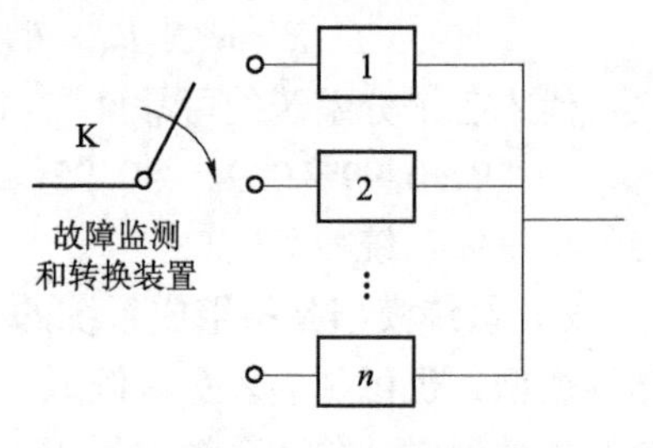


**图 6.19 旁联模型**

当系统各单元的可靠度都相同时，则

$$T_{MTBF} = \frac{n}{\lambda} \tag{6.25}$$

$$R_s(t) = e^{-\lambda t}\left[1 + \lambda t + \frac{(\lambda t)^2}{2!} + \cdots + \frac{(\lambda t)^{n-1}}{(n-1)!}\right] \tag{6.26}$$

对于常用的由两个不同单元组成的非工作储备系统，即 $n=2$，$\lambda_1 \neq \lambda_2$，则有

$$R_s(t) = \frac{\lambda_2}{\lambda_2 - \lambda_1} e^{-\lambda_1 t} + \frac{\lambda_1}{\lambda_1 - \lambda_2} e^{-\lambda_2 t} \tag{6.27}$$

$$T_{MTBF} = \frac{1}{\lambda_1} + \frac{1}{\lambda_2} \tag{6.28}$$

假设转换装置的可靠度为常数 $R_D$，对于两个相同单元，且寿命服从指数分布时，系统的可靠度 $R_s(t)$ 为：

$$R_s(t) = e^{-\lambda t}(1 + R_D \lambda t) \tag{6.29}$$

对于两个不同单元，其失效率分别为常数 $\lambda_1$、$\lambda_2$，则

$$R_s(t) = e^{-\lambda_1 t} + R_D \frac{\lambda_1}{\lambda_1 + \lambda_2}(e^{-\lambda_2 t} - e^{-\lambda_1 t}) \tag{6.30}$$

$$T_{MTBF} = \frac{1}{\lambda_1} + R_D \frac{1}{\lambda_2} \tag{6.31}$$

非工作储备方式的优点是能大大提高系统的可靠度，非工作储备单元数越多，系统可靠度越高，其储备单元数与可靠度的关系如图6.20所示。

非工作储备方式的缺点是由于要增加故障监测装置和转换装置，系统复杂度提高，成本增加；另外要求故障监测及转换装置的可靠度非常高，一般要求它的不可靠度必须小于单元不可靠度的50%，否则使储备的效果大打折扣。

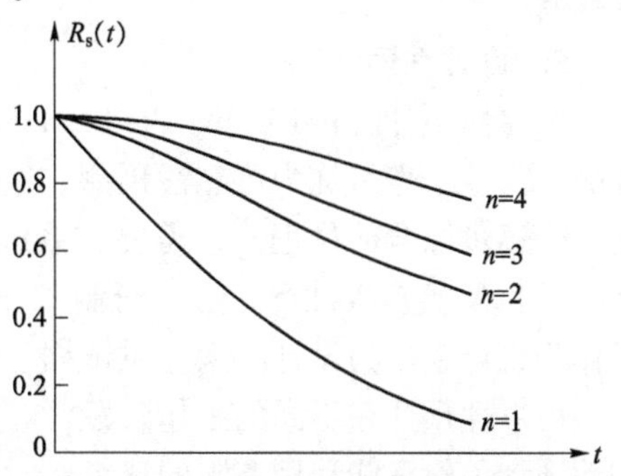


**图6.20　储备单元数与可靠度的关系**

6）网络系统模型

实际工程中常用到网络系统，如电路网络、电力网络、通信网络、运输网络等。例如，正常情况下，两台发电机A和C，分别供应两套设备B和D的电力。一旦有某一台发电机故障，就通过开关E，转换为由另一台发电机同时给两台设备供电，系统的原理图如图6.21（a）所示。根据原理图画出该网络图如图6.21（b）所示，对应的可靠性框图如图6.21（c）所示。

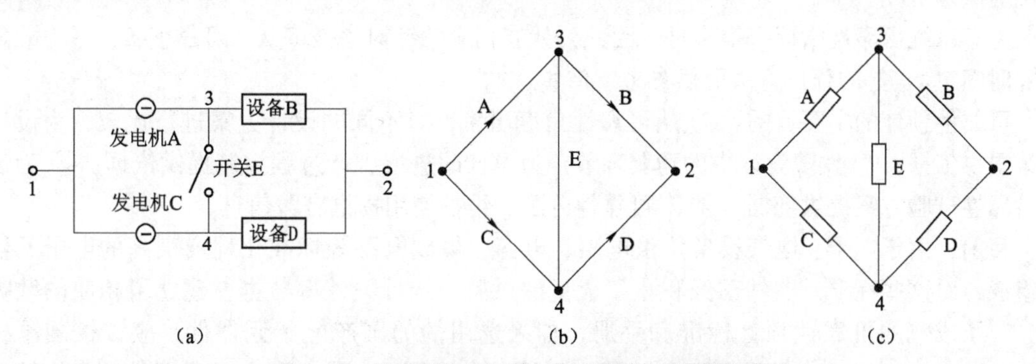


**图6.21　供电系统原理图、网络图和可靠性框图**

从上面的例子可以看出：网络图中的边（也可用弧线表示）相当于系统原理图中的单元和可靠性框图中的方框；网络的节点相当于系统原理图和可靠性框图中的交叉点。不论是串联系统、并联系统还是混联系统，或其他复杂的系统模型，都可以用网络表示，并可按图论的理论把网络用矩阵形式写出，以便于实现复杂系统可靠性计算机辅助计算。

计算复杂网络可靠性的方法很多，有布尔真值表法、全概率分解法和最小路集法等。相关的内容较多，这里不再赘述，读者可参阅有关可靠性的专著和文献。

**4．选择可靠性模型应遵循的原则**

选择可靠性模型就是选择可靠性方案，应遵循以下原则：

（1）当提高元器件、零件及组件的可靠性水平不奏效时，才使用储备模型。

（2）在层次低的部位采用储备比在层次高的部位采用储备好。

(3) 如果电源功率不足或单元发热问题较大或故障单元无法有效隔离时，不能采用工作储备模型。

(4) 在故障监测及转换装置可靠性不高以及系统工作需要有连续性的产品中，不能采用非工作储备模型。

(5) 采用储备模型可以提高产品的任务可靠性，但会降低其基本可靠性。必须进行综合权衡。

**5. 可靠性预计**

可靠性预计（Reliability Predication）是根据组成系统的设备或分系统的可靠性来推测系统的可靠性，也可称为可靠性预测。这是一个从局部到整体、从小到大、由下而上的过程，是一个逐步综合的过程，它需要在系统设计的各个阶段（如方案论证、初步设计和详细设计阶段）反复多次进行。随着研制工作的进展逐步深化，可靠性预计的主要价值在于它可以作为设计手段为设计决策提供依据。

可靠性预计在不同的工作阶段，有不同的特点。在方案阶段，有许多因素尚未确定，可靠性预计一般只能利用有限的资料，对方案的合理性和可行性做出原则性判断。在设计研制阶段，可靠性预计是根据设计选用的元器件、部件、子系统和工作状态及使用环境等详细设计资料来预计系统的可靠性。在产品交付前的检验、验收阶段，产品交付后使用、维修阶段，产品可靠性增长阶段等过程中，可靠性预计要综合考虑产品设计研制、生产工艺、部队使用等具体情况。

由于系统可靠性指标有很多种，因此，就有相应的针对失效率 $\lambda$、可靠度 $R$、平均故障间隔时间 $T_{MTBF}$ 等的预计方法可供参考、借鉴。

可靠性预计的主要目的：① 从可靠性角度出发，对不同的设计方案进行比较，为设计决策提供依据；② 发现设计中的薄弱环节，为设计改进或生产过程控制提供依据；③ 为设计可靠性试验方案提供依据；④ 对可靠性分配、维护使用提供有益信息。

目前，由于电子、电气设备均由电阻、电容、集成电路等标准化程度很高的电子元器件组成，对这些标准元器件已经积累了大量的试验、统计失效率数据，建立了相应的数据库，有了成熟的可靠性预计标准和手册。如果选用的的国产电子元器件，应该按国军标 GJB/Z 299A—1991《电子设备可靠性预计手册》进行预计；进口的电子元器件，应该按美军标 MIL - HDBK - 271E《电子设备可靠性预计》进行预计。由于机械类零部件的通用性不强，标准化程度不高，因此可靠性预计尚没有相当于电子产品那样通用、可接受的方法。近年来，美、英、加、澳等国积极开展此项研究工作，并取得了一定的成果，出版了一些手册和数据集，例如《机械设备可靠性预计程序手册（草案）》、《非电子零部件可靠性数据》（NPRD - 3）等，这些资料对现阶段机械产品可靠性预计工作有一定的参考价值。

工程中常用的可靠性预计方法有：元件计数法；应力分析法；故障率预计法；相似产品法；评分法；性能参数预计法；上、下限法。

**6. 可靠性分配**

可靠性分配是将系统设计任务书规定的可靠性指标，按一定的方法分配给组成该系统的各个子系统、部件、设备和元器件，成为它们要达到的可靠性指标。

系统可靠性分配和系统可靠性预计（系统可靠性验算），正好是相反的过程，两者是相辅相成的，分配是一个由整体到局部、由大到小、由上到下的分解过程。它们在系统设计的各个阶段（如方案论证阶段、初步设计阶段和详细设计阶段），可能要反复进行多次。

可靠性分配的主要目的是提出系统各组成部分的可靠性指标要求，使各级设计人员明确其可靠性设计要求，并研究实现这些要求的可能性及办法。它也是可靠性试验与评估的依据。

可靠性分配时应遵循以下几条原则：

(1) 对于复杂度高的子系统、设备等，应分配较低的可靠性指标，容许失效率大一些。因为产品越复杂，其组成的单元就越多，要达到高可靠性就越困难，系统设计难度大、工艺困难、成本会大大提高。

(2) 对于技术上不成熟的产品，应分配较低的可靠性指标。因为如果对于这些产品提出高的可靠性要求，会延长研制时间、增加研制经费。

(3) 对于处于恶劣环境下工作的产品，应分配较低的可靠性指标。因为恶劣的环境会增加产品的失效率。

(4) 对于需要长期工作的产品，分配较低的可靠性指标。因为随着工作时间的增加，产品的失效率会增加。

(5) 对于重要度高的产品，应分配较高的可靠性指标，其失效率要小。因为重要度的产品一旦发生故障，会直接影响人身安全或任务的完成。

工程中常用的可靠性分配方法有：等值分配法；加权分配法；冗余优化分配法；比例分配法；评分分配法；重要度、复杂度分配法；拉格朗日乘数法；动态规划法；直接寻查法。下面简要介绍等值分配法和加权分配法的基本过程。

等值分配法是最简单的分配法，就是要求每个子系统都分配相同的可靠度。比如，由 $n$ 个子系统组成的串联系统中，根据可靠度 $R = \prod_{i=1}^{n} R_i$，则可以计算得到：

$$R_i = \sqrt[n]{R} \tag{6.32}$$

某简易火控系统由目标跟踪分系统、火控计算分系统、弹道气象测量分系统、操作控制台和初级供电分系统等 5 个分系统组成，系统总的可靠度目标为 0.8，系统中各个子系统的可靠性逻辑关系为串联结构，试确定每个子系统的可靠度：

$$R_i = \sqrt[5]{0.8} \approx 0.956\ 35$$

加权分配法是根据各子系统对全系统的重要程度，进行可靠度分配时，乘以相应的加权系数。假定系统由 $n$ 个子系统组成，且各个子系统均由若干独立的标准组件构成，子系统的可靠度服从指数分配律。

不考虑加权系数的情况下，第 $i$ 个子系统的可靠度为：

$$R_i = R_i(t_i) = \mathrm{e}^{-t_i/\overline{t}_i} \tag{6.33}$$

式中，$t_i$ 为要求第 $i$ 个子系统的作用时间；$\overline{t}_i$ 为第 $i$ 个子系统的平均寿命。

考虑加权系数 $\omega$ 后，第 $i$ 个子系统的实际可靠度应为 $R_i = 1 - \omega_i\ (1 - R_i)$，或可以表达为：

$$R_i = 1 - \omega_i\ (1 - \mathrm{e}^{-t_i/\overline{t}_i}) \tag{6.34}$$

则整个系统的可靠度为：

$$R = \prod_{i=1}^{n} R_i = \prod_{i=1}^{n} [1 - \omega_i(1 - \mathrm{e}^{-t_i/\overline{t}_i})] \tag{6.35}$$

假设第 $i$ 个子系统由 $n_i$ 个独立组件构成，且这些组件无论任何一个子系统都是同样地影响整个系统的可靠度，因而有 $R_i = R^{n_i/N}$，$N$ 为全系统的基本组件数，且 $N = \sum_{i=1}^{n} n_i$。

由此可得：

$$R_i = 1 - \omega_i(1 - R_i) = R^{n_i/N} \tag{6.36}$$

$$R_i = 1 - \frac{1 - R^{n_i/N}}{\omega_i} \tag{6.37}$$

第 $i$ 个子系统的平均寿命为

$$\overline{t_i} = \frac{-t_i}{\ln\left[1 - \frac{1}{\omega_i}\ (1 - R^{n_i/N})\right]}$$

令 $x = -t_i/\overline{t_i}$，当 $x$ 很小时，即 $x < 0.05$ 时，则 $e^{-x} \approx 1 - x$。

代入等式：$1 - \omega_i(1 - e^{-t_i/\overline{t_i}}) = R^{n_i/N}$中，可以解得：

$$\overline{t_i} \approx \frac{N\omega_i t_i}{n_i(-\ln R)}$$

**例 3** 某火控系统，要求连续工作 12 h 的可靠度为 0.923，火控系统由 5 个主要子系统组成，各个子系统的组件数、工作时间、加权系数如表 6.2 所示，试提出各个子系统的可靠度指标。

**表 6.2 某火控系统可靠度计算数据**

| 子系统 | 系统组件数 $n_i$ | 工作时间 $t_i$/h | 加权系数 $\omega_i$ |
| --- | --- | --- | --- |
| 搜索跟踪测距子系统 | 102 | 12 | 1.0 |
| 输入量测量子系统 | 91 | 12 | 1.0 |
| 火控计算机 | 242 | 12 | 1.0 |
| 随动系统 | 95 | 3 | 0.3 |
| 电源系统 | 40 | 12 | 1.0 |

全系统的基本组件数目为：$N = 570$，对各个子系统进行可靠度分配。利用近似公式求各个子系统的平均寿命：

$$\overline{t_1} = \frac{570 \times 1.0 \times 12}{102 \times (-\ln 0.923)} = 838\ (\text{h}) \qquad \overline{t_2} = \frac{570 \times 1.0 \times 12}{91 \times (-\ln 0.923)} = 938\ (\text{h})$$

$$\overline{t_3} = \frac{570 \times 1.0 \times 12}{242 \times (-\ln 0.923)} = 353\ (\text{h}) \qquad \overline{t_4} = \frac{570 \times 0.3 \times 3}{95 \times (-\ln 0.923)} = 67\ (\text{h})$$

$$\overline{t_5} = \frac{570 \times 1.0 \times 12}{40 \times (-\ln 0.923)} = 2\,134\ (\text{h})$$

再求各子系统的可靠度：

$R_1 = e^{\frac{-12}{838}} = 0.985\,8$　　$R_2 = e^{\frac{-12}{938}} = 0.987$　　$R_3 = e^{\frac{-12}{353}} = 0.966\,6$

$R_4 = e^{\frac{-3}{67}} = 0.956$　　$R_5 = e^{\frac{-12}{2134}} = 0.994\,4$

计算系统可靠度：

$$R = \prod_{i=1}^{n} R_i = \prod_{i=1}^{5} [1 - \omega_i(1 - R_i)] = 0.923\,2$$

**7. 可靠性设计**

为了将产品的可靠性要求和规定的约束条件转换为产品设计应遵循的具体而有效的可靠性技术设计细则，应根据产品的类型、特点、任务、要求及其他约束条件，将通用的标准、规范进行剪裁，同时加入已有产品研制的丰富经验，从而形成专用的可靠性设计细则。

可靠性设计就是在设计过程中，采取有效的技术措施，控制系统可靠性水平达到战技指标要求，提出切实可行的预防措施和改进措施，有效地消除故障隐患和可靠性薄弱环节，从而提高系统固有的可靠性。可靠性设计技术有很多，下面简要介绍几种。

1）元器件、零部件的选择与控制

为了达到和保持设备的固有可靠性，减少元器件、零部件品种，降低保障费用和系统寿命周期费用，必须控制标准元器件和非标准元器件的选择和使用。

2）降额设计

降额设计是使元器件或设备工作时承受的工作应力适当低于元器件或设备规定的额定值，以便降低基本故障率、提高使用可靠性。

3）热设计

热设计就是要考虑温度对产品的影响问题。热设计的重点是通过器件的选择、电路设计（包括容差与漂移设计和降额设计等）及结构设计来减小温度变化对产品性能的影响，使产品能在较宽的温度范围内可靠地工作。

4）简化设计

在保证性能要求的前提下，尽可能使产品设计简单化。

5）余度设计

指利用并联、$r/n$、旁联模型进行设计，主要是当元器件或零部件可靠性水平较低、采用一般设计已无法满足设备的可靠性要求时使用。

6）环境防护设计

采用环境防护设计以提高产品在冲击、振动、潮湿、高低温、盐雾、霉菌、核辐射等恶劣环境下工作时的可靠性。

7）人机工程设计

主要是从提高系统使用效能和可靠性角度出发，在系统设计时，解决人—机间相互协调的问题。

8）电磁兼容性设计

采用屏蔽、接地、去耦、滤波等设计技术进行电磁兼容性设计，以提高电子设备的可靠性。具体内容详见电磁兼容性设计一节。

9）健壮性设计

健壮性设计是使系统的性能对制造期间的变异或使用环境（包括维修、运输、储存）的变异不敏感，并且使系统在其寿命期内，不管其参数、结构发生漂移或老化（在一定范围内），都能持续满意工作的一种系统设计。

10）潜在通路分析

潜在通路是指电路在某种情况下（并非元器件故障）可能出现的异常状态或不应有的潜在通路，这将抑制电路的正常功能或产生错误功能。潜在通路分析技术的基础是对电路进行拓扑简化，以便于线索模型的识别。其分析过程工作量较大，一般要用计算机处理。

11）软件可靠性设计

采用自顶向下设计、结构程序设计、容错设计等方法来提高软件的可靠性。

12）可靠性设计咨询专家系统

它是利用人工智能技术，将可靠性专家和设计专家的理论、经验、知识收集起来，建立知识库，并模拟专家的思维方式进行推理，针对具体设计要求及约束条件，向设计人员提供可靠性设计咨询意见。这类专家系统目前正在国内外得到广泛的重视和发展。

## 六、维修性

维修性是火控系统、分系统、单体或部件在规定条件下和规定时间内，按规定的程序和方法进行维修时，保持或恢复其规定状态的能力。维修性要求包括定性要求、定量要求和维修保障要求。

维修性的定性要求是维修简便、迅速、经济。主要包括：

① 良好的维修可达性。即在维修产品时，能够迅速、方便地达到维修部位。

② 标准化和互换性。

③ 完善的防差错措施及识别标记。

④ 维修安全。

⑤ 检测诊断准确、快速、简便。

⑥ 重视关重件的维修性。

维修性的定量要求即各项维修性指标，是维修性参数的要求值。它们反映了装备的使用要求和维修性工作的目标，即提高战备完好性（或可用性）和任务成功性，降低维修人力和其他消耗的要求。常用的参数有：

平均修复时间（MTTR），指排除一次故障所需修复时间的平均值。

平均预防性维修时间（MPMT），指产品每项或某个维修级别一次预防性维修所需时间的平均值。

维修停机时间率，指产品单位工作时间内所需停机时间的平均值。

维修工时率，指单位工作时间内所需的维修工时平均值。

平均系统恢复时间（MTTRS），指在规定的条件下和规定的时间内，由不能工作事件引起的系统修复维修总时间（不包括离开系统的维修和卸下部件的修理时间）与不能工作事件总数之比。

恢复功能用的任务时间（MTTRF），指在一个规定的任务剖面内，产品致命性故障的总维修时间与致命性故障之比。

维修保障要求包括维修工具设备、技术资料、备件、人员训练等。

**1. 维修性模型**

维修性模型指为分析、评定系统的维修性而建立的各种物理模型和数学模型。

维修性模型可用于：① 维修性分配，即把系统级的维修性要求，分配给系统级以下各个层次，以便进行维修性设计；② 维修性预计和评定，估计或确定设计或设计方案可达到的维修性水平，为维修性设计与保障决策提供依据；③ 灵敏度分析，确定系统内的某个参数发生变化时，对系统可用性、费用和维修性的影响。

维修性模型的具体分类如下：

- 维修性模型分类
  - 按模型的用途不同
    - 设计评价模型
    - 分配预计模型
    - 统计与验证试验模型
  - 按模型的形式不同
    - 物理模型
    - 数学模型

物理模型主要是采用维修职能流程图、系统功能层次框图等形式标出各项维修活动间的顺序或产品层次、部位，判明其相互影响，以便于分配、评估产品的维修性并及时采取纠正措施。

数学模型通过建立各单元的维修作业与系统维修性之间的数学关系式进行维修性分析、评估。

建立维修性模型应遵循准确、可行、灵活、稳定原则。

维修时间是为完成某次维修事件所需的时间。不同的维修事件需要不同的维修时间，同一维修事件由于维修人员技能差异，工具、设备不同，环境条件不同，时间也会不同。所以维修时间是一个随机变量。

这里的维修时间是修复性维修时间和预防性维修时间的统称。

根据维修活动不同，维修时间统计计算模型包括串行维修作业模型、并行维修作业模型、网络维修作业模型、系统维修作业模型。

1）串行维修作业模型

串行维修作业由若干项维修作业组成，维修中，前项维修作业完成后，才能进行下项维修作业。如：故障鉴别、故障定位、获取备件、排除故障等维修活动是顺序进行的，可以看作是串行维修作业。串行维修作业时间等于各项基本维修作业时间之和。

2）并行维修作业模型

某次维修中，若各项维修作业是同时展开的，则称并行维修作业。并行维修作业时间等于并行维修作业中时间最长的时间。并行维修作业模型适用于预防性维修活动、装备使用前后的勤务检查等。

3）网络维修作业模型

网络维修作业模型的基本思想是采用网络计划技术的基本原理，把每一维修作业看作是网络图中的一道工序，按维修作业的组成方式，建立维修网络图，然后找出关键线路。完成关键线路上的所有工序的时间之和构成了该次维修的时间。此模型适用于装备的大修时间分析，及有交叉作业的预防性维修时间、排除故障维修性时间分析等。

4）系统维修作业模型

若系统由几个可修项目组成，每个可修项目的平均故障率和相应的平均修复时间为已知，则系统的平均维修时间为：

$$\bar{M}_{ct} = \sum_{i=1}^{n} \lambda_i \bar{M}_{cti} \Big/ \sum_{i=1}^{n} \lambda_i \tag{6.38}$$

式中，$\bar{M}_{ct}$为系统平均修复时间；$\lambda_i$ 为第 $i$ 个项目的平均故障率；$\bar{M}_{cti}$为第 $i$ 个项目出故障的平均修复时间。

**2. 维修性预计**

维修性预计是为了估计产品在给定工作条件下的维修性而进行的工作。维修性预计的目的是预先估计产品的维修性参数值，了解其是否满足规定的维修性要求，以便对维修性工作进行监控。

维修性预计的作用主要有：

（1）预计产品设计或设计方案可达到的维修性水平，估计其是否满足规定的指标要求，以便做出设计决策。

（2）及早发现维修性设计与保障安排的缺陷，以便更改设计或改进保障。

（3）改进产品或在研制中更改设计、保障要素时，估计其对维修性的影响，以便采取适当对策。

维修性预计的一般程序是：

（1）收集资料；

（2）进行维修职能与功能分析；

（3）确定产品设计特征与维修性参数值的关系；

（4）预计维修性参数值。

常用的维修性预计方法有：

（1）概率模型预计法。

（2）功能层次预计法。

（3）抽样评分预计法。

（4）运行功能预计法。

（5）时间累计预计法。

（6）单元对比预计法。

**3. 维修性分配**

维修性分配是指把产品的维修性定量要求按给定的准则分配给各组成部分的过程。将产品的维修性指标分配到各部分，归根结底是明确各部分的维修性要求或指标，作为各部分设计的依据，以便通过设计实现这些指标，以保证系统或设备最终符合规定的维修性要求。

维修性分配一般步骤如下：

（1）进行系统维修职能分析，确定各维修级别的维修职能及维修工作流程。

（2）进行系统功能层次分析，确定系统各组成部分的维修措施和要素，并包含维修的系统功能层次框图。

（3）确定系统各组成部分的维修频率，包括修复性和预防性维修的频率。

（4）将系统维修性指标分配到各部分。

（5）研究分配方案的可行性，进行综合权衡，必要时局部调整分配方案。

维修性分配常用的方法有：

（1）等值分配法。取各单元维修性指标相等。主要用于各单元复杂程度、故障率相近的系统及缺少可靠性维修性信息时的初步分配。

（2）按故障率分配。按故障率高的单元其维修时间应短的分配原则。主要用于已知可靠性分配值或预计值时。

（3）按故障率和设计特性的综合加权分配法。按故障率及预计维修的难易程度加权分配。主要用于已知单元可靠性值及有关设计方案时。

（4）利用相似产品数据分配法。利用相似产品数据，进行比例关系分配。主要用于有相似产品维修性数据的情况。

（5）按单元越复杂可用度越低的原则采用加权分配法。按单元越复杂可用度越低的原则分配可用度，再计算维修性指标。主要用于已知故障率值而保证可用度的情况。

除每次维修所需平均时间和工时外，必要时还应分配维修活动的时间，如检测诊断时间、拆装时间、原件修复时间等。

**4. 维修性设计**

维修性设计主要包括以下几个方面：

（1）简化设计。简化设计是指在满足功能要求和使用要求的前提下，尽可能采用最简单的结构和外形。其另一种含义是简化使用和维修人员的工作，减低对使用和维修人员的技能要求。

（2）可达性。可达性是指维修产品时，接近维修部位的难易程度。通俗地讲，就是要做到：看得见——视觉可达，够得着——实体可达，及有足够的使用和维修操作空间。

（3）标准化、互换性、模块化。从维修角度看，标准化、互换性、模块化的设计，有利于减少维修配件、简化维修作业、节约备件费用及缩短更换、修理时间等。

（4）防差错措施及识别标志。防差错措施一般是指从结构上采取的防差错措施。即在结构上只允许装对了才能装得上，装错了就装不上，或者发生差错能立即发觉并纠正。

识别标志是指在维修的零部件、备件、专用工具、测试器材等上面所作的记号，以便于区别辨认，防止混乱，避免因差错而发生事故。

（5）维修安全性。维修安全性是指能避免维修人员伤亡或产品损坏的一种设计特性。主要包括防机械损伤、防电击、防火、防爆、防毒、防核等设计。

（6）检测诊断准确、快速、简便。通过对检测方式、检测设备、测试点配置等的设计，使产品检测诊断准确、快速、简便，以缩短维修时间。

（7）贵重件的可修复性。可修复性是指当零部件磨损、变形、耗损或其他形式的失效后，可以对原件进行修复，使之恢复原有功能的特性。贵重件的修复，不仅可节约修理费用，而且对产品的功能有着重要的作用。

（8）维修中人因工程要求。维修中人的因素工程（简称“人因工程”）是研究在维修中人的各种因素，包括生理因素、心理因素和人体的几何尺寸与装备的关系，以提高维修工作效率、减轻人员疲劳等方面的问题。

（9）不工作状态的维修性。不工作状态维修设计准则除通用维修性设计准则所包括的内容（如可达性、简单性、安全性等）外，重点应考虑减少和便于预防性维修的设计，尽量要求装备在不工作期内免除基层级的预防性维修，达到无维修储存，或使预防性维修的时间间隔足够长。

（10）便于战场抢修的特性。便于战场抢修的要求亦称为“战斗恢复力”要求。主要指在时间紧迫、环境恶劣的战场环境下快速使装备恢复战斗力的要求。主要归纳为以下几点：

① 允许取消或推延预防性维修的设计措施；

② 便于人工代替；

③ 便于截断、切换或跨接；

④ 便于置代；

⑤ 便于临时配用；

⑥ 把非关键件安排在关键件的外部，以保护关键件不被破坏。

## 七、电磁兼容性

电磁兼容性（Electromagnetic Compatibility，简称 EMC）指设备或系统在预定的电磁环境中，不因电磁干扰（Electromagnetic Interference，简称 EMI）而降低性能，同时其所产生的干扰也不大于规定的极限电平、不影响其他设备正常工作，从而达到所有设备或系统都能互不干扰地协调运行。

一方面，随着高科技在军事上的应用，诸多机电、电子设备集成为一体，相互间的电磁干扰加剧；另一方面，电子战造成了恶劣的外部电磁环境。战争实践证明：火控系统若不具备电磁兼容性，就会降低性能乃至失效。

EMC 已成为火控系统的重要技术指标，EMC 对火控系统的影响如下：

（1）使系统性能降低或失效。EMC 设计不当时，系统内关键设备将对电磁干扰敏感，导致系统精度降低或功能丧失。如：探测灵敏度降低、通信信噪比降低、火控精度下降、控制系统失灵等。

（2）使设备可靠性降低。EMI 可使敏感设备产生故障，从而使设备失效率增加、完成规定功能的概率降低、平均无故障间隔时间（MTBF）缩短。

（3）影响设备的安全性。当 EMI 电平超过预定的敏感阈值或规定的安全系数时，会造成敏感电路破坏，直接影响设备的安全性。

火控系统的主要电磁兼容性指标有：

（1）电磁敏感阈值。电磁敏感阈值是使系统、分系统或设备不能正常工作的干扰临界电平值，是衡量系统、分系统或设备受电磁干扰的易损性参数。电磁敏感阈值越低，系统、分系统或设备越容易受干扰而不能正常工作。

（2）敏感度限值。电磁敏感度限值是给系统、分系统或设备规定的抗电磁干扰能力的电磁敏感电平值。敏感度值越大，则抗电磁干扰的能力就越强。敏感度限值通常小于敏感阈值一个安全裕度值。

（3）电磁兼容性安全裕度值 $m=S-I$。它用于衡量系统、分系统及设备的电磁兼容性的高低。式中，$m$ 是安全裕度（dB）；$S$ 是电磁敏感阈值（dB）；$I$ 是实际干扰电平值（dB）。

当 $S$ 小于 $I$ 时，则 $m$ 小于 0，设备或系统与环境不兼容。

当 $S$ 等于 $I$ 时，则 $m$ 等于 0，设备或系统处于临界状态。

当 $S$ 大于 $I$ 时，则 $m$ 大于 0，设备或系统与环境兼容。

从可靠性看，设备或系统的安全裕度越大越好。但安全裕度越大，电磁兼容设计的费用就成倍增加。

（4）电磁发射限值。电磁发射限值是允许系统、分系统或设备在工作时给环境带来的电磁发射电平值。

电磁兼容性（EMC）设计应与系统设计同步进行，在系统设计的各个环节加以考虑。电磁兼容性在工程实践中往往是非常复杂的，需要精心地总体规划，各级设计人员全力配合，以及各单体、各部门反复的技术协调。

火控系统电磁兼容性设计要求包含：系统总体设计要求；系统总体对各分系统或设备提出的设计要求。

**1. 系统总体电磁兼容性要求**

（1）在各种工作状态下，系统、分系统、设备应能正常工作，不降低性能。

（2）系统应能适应规定的恶劣电磁环境。

（3）系统工作时，不给系统内外的设备和人员带来危害。

（4）系统应确保在频率使用上的兼容性。

（5）系统的电磁兼容性应有一定的安全裕度。

（6）对分系统提出电磁兼容性要求，并明确分系统和关键设备的电磁兼容性指标。

**2. 分系统的电磁兼容性要求**

各分系统应满足系统总体的电磁兼容性规范要求，及与其他分系统接口的电磁兼容性要求。

**3. 电磁兼容标准**

设计火控系统时，需要适当选用一系列标准、规范来确定电磁兼容性指标。

电磁兼容性标准和规范是为确定火控系统、分系统、设备和元件所必须满足的工作特性时而拟定的文件，是工程研制、生产和使用阶段遵循的文件。这些标准是 EMC 管理的准则、设计的基准和测量的依据，可以广泛使用。

进行电磁兼容性设计时，需要考虑多方面的因素，下面仅列举几个主要方面：

（1）选用噪声低、辐射小、抗干扰能力强的元器件和基本电路。

（2）设计印制电路板时应注意合理布局、严格控制走线、采用合理的信号端接方式，并注意有效的电源去耦设计。

（3）机箱内的布局与布线，应注意合理划分电路及信号类型，采取正确的导线捆绑和布线方法，减小敏感电路和干扰电路之间的耦合。

（4）设备机箱的接缝，面板上表头、开关、显示器、数码管等接缝，电缆连接器接口，通风口应有较好的电磁屏蔽。

（5）各设备电源入口处，要设置合适的滤波器，防止干扰从电源线上串入。

（6）微电路电磁兼容性设计时，应注意随着计算机工作频率的日益提高，在低频电路中可忽略的电路间杂散电感、电容，可能会成为不兼容的主要原因；另外，哪怕是只在 100 $cm^2$ 的印制板上，由于不尽合理的布线带来的线路传输延迟（ns 级），也不可忽视。

（7）敏感电路、强干扰电路、变压器等设备，应注意电磁屏蔽设计。

（8）二次电源、开关电路、敏感电路等，应有较好的滤波措施。

# 第二节 火控系统设计

## 一、火控系统总体设计

火控系统总体设计或称整体设计，是面向火控系统整体性能而开展的设计，是火控系统的最顶层设计。追求的是系统总体性能的优化，而分系统或设备的性能不一定最优。在总体设计过程中，设计师们应以系统工程的观点和方法，统筹考虑火控系统全寿命周期内的各个事项，树立“全寿命周期优化”的思想。全寿命周期内的事项包括：确定方案、数学建模及仿真、研制、生产、性能试验、操作维修、人员培训、安全性、故障检测和后勤保障、运输、储存、包装等。

现代火控系统总体设计是一项复杂的、反复进行的设计工作。一般由总体设计师们完成。要求设计师们必须：

（1）明确设计目的和各分系统的功能划分及其特性，透彻地理解所要解决的火控问题。

（2）合理划分系统内部和外部接口关系及分系统的技术指标，运用优化技术进行总体优化，使系统性能最优。

因此，要求总体设计师们不仅要精通与火控总体有关的专业，而且还要广泛地了解各分系统的有关专业。仅精通兵器系统某一专业的理论和实践是远远不够的。

总体设计师们不仅是火控专家，而且还应是通力合作的典范。设计火控系统时，设计师们常将其分成若干分系统或功能单元，自顶向下设计。各分系统或功能单元，则由分系统或功能单元的设计师依据总体设计要求进行设计。绝不能自下向上设计。

## 二、方案设计

方案设计是开发火控系统的第一步，是根据战术任务、被控武器、作战环境等要求进行的。由于要求不同，火控系统方案差异很大。方案设计是一个由粗到精，由抽象到具体的反复设计过程。在复杂火控系统开发的早期阶段，设计师们不应太保守，而应充分发挥创造力，提出多种预选方案。并对多种方案进行评估，以确定其可行性、局限性及技术风险。然后，将能顺利达到设计目标的方案选为最佳方案。

确定火控系统方案时，应权衡战术任务、当时及未来一段时期内的技术状况、经费条件。在满足战术任务的前提下，尽量考虑系统的先进性、可扩展性，并降低成本、缩短研制周期。进行方案设计时，应选择成熟的技术和设备，当确实需要某项新技术或设备时，则必须经过预先研究证明其可用性。切忌不顾历史和现状，盲目追求先进性而大量堆砌未经证实的先进技术或设备。但是，军用设备一般研制周期较长，在预研落后的情况下，对某些技术进行适当的预测并及时进行研究证实也是必要的，以免出现火控系统装备部队落后的现象。

**1. 设备选择**

火控系统的设备是依据所选择的方案需求而确定的。一般而言，火控系统主要分为搜索分系统、跟踪分系统、火控计算机分系统和武器随动系统。但由于需求不同，各分系统的构成却千差万别。

例如，高炮火控系统，为尽早发现远距离快速目标，通常采用搜索雷达搜索目标。为保证搜索雷达在遭受干扰时火控系统仍能使用，也常采用光电搜索设备作为补充手段。为满足全天候作战，常采用雷达自动跟踪目标；如果仅需昼夜作战，则采用红外热成像跟踪即可；如果仅需白天作战，则采用光学半自动或电视自动跟踪目标即可。对自行高炮火控系统，为提高跟踪精度，还需增加跟踪线稳定系统。坦克火控系统，由于射击的是低速、地面目标，常采用光电设备搜索目标。跟踪目标也常以光学半自动为主。但是，为了保证首发命中率，常采用射击门装置。地炮火控系统，在间接瞄准射击情况下，需前方观察哨所观测目标；而在直接瞄准射击情况下，则需炮上观瞄设备观测目标。对火控计算机，现代常采用微型数字计算机，复杂火控系统应采用集中控制、分散配置的计算机系统。武器随动系统，最好采用数字计算机控制的大功率随动系统，如果驱动自行武器，还应使武器随动系统具有武器线稳定功能。为使火控系统成为指挥控制系统的控制终端，需增加火控与指控系统接口设备，对自行火控系统还需增加定位、定向设备。

在经费支持的情况下，为了增加系统的可靠性和战场环境适应能力，有的火控系统采用多种搜索和跟踪手段。为了提高跟踪精度和火控系统的自动化程度，常采用自动跟踪目标。可见，设备的选择与战术任务、被控武器、作战使用环境、经费、技术现状、性能指标等有关。

当然，战术任务是最重要的。

**2. 兼容性**

设计方案和选择设备时，必须保证系统中的各分系统或设备相互兼容。如果一个分系统或设备独立工作时，性能非常优良，而对系统整体却不利，则不能采用。如果某一设备在系统中对其他设备造成影响，就需认真分析，找出折中方案。如果某一设备的性能特别高，而在系统中却不能充分发挥其潜在性能，采用这种设备是不可取的。

影响设备兼容性的因素有：相对精度、相对工作速度、相对工作范围、设备互连等。因为火控系统工作在一个精度链上，其中精度最低的设备决定了火控系统精度。所以，如果选取武器随动系统的精度仅是火控计算机输出的射击诸元精度的1/10，则随动系统的精度与火控计算机的精度是不匹配的，也是不兼容的，应予以调整。如果火控系统其他设备的反应速度都很快，仅运动参数的平滑时间长而造成火控系统反应时间长，则运动参数平滑装置的反应时间与整个火控系统是不匹配的，也是不兼容的，必须予以调整。如果设计跟踪系统、滤波器、预测器所用的目标运动模型不一致，则三者是不相容的，必须采用相同的目标运动模型。如果搜索雷达与跟踪雷达的最大作用距离相接近，则二者的工作范围是不兼容的。搜索雷达的最大作用距离至少应比跟踪雷达最大跟踪距离大一个在识别、导引、捕获并转入自动跟踪所需时间内目标运动的距离。如果跟踪雷达的最大作用距离与武器的最大有效射程相近，则二者的工作范围也是不兼容的，一般跟踪雷达的作用距离至少是最大有效射程的1.5倍。如果激光最大测程大于最大跟踪距离，则二者也是不兼容的。由于只有在精确跟踪后才能实施激光测距，所以激光最大测程一般应略小于最大跟踪距离。如果方案中选有型号设备和新研制设备，则新研制设备应与型号设备兼容，即新研制设备应适应型号设备要求。如果两种设备不能相互连接，则必须增加专用接口设备。如果接口设备不能使设备连接，也称连接不兼容。

可见，选择设备时，不仅要根据任务需要，而且还要考虑系统自身的整体兼容性。同时，还要考虑火控系统与故障检测设备、性能测试设备、模拟训练设备等外部设备的兼容。如果火控系统与外部设备均为新研制设备，则火控系统总体设计师们应统一考虑兼容性问题。在现代战场上，火控系统是战术指挥控制系统的控制终端，因此，还必须考虑与战术指挥控制系统的接口兼容性问题和信息相互作用的兼容性问题。

## 三、常用的火控系统方案

这里仅以火控系统所完成的功能来介绍火控系统方案，不涉及具体的火控系统。

**1. 高炮火控系统**

高炮火控系统是指用于控制高炮，实现自动或半自动瞄准和发射的全套设备。其组成如图6.22所示。

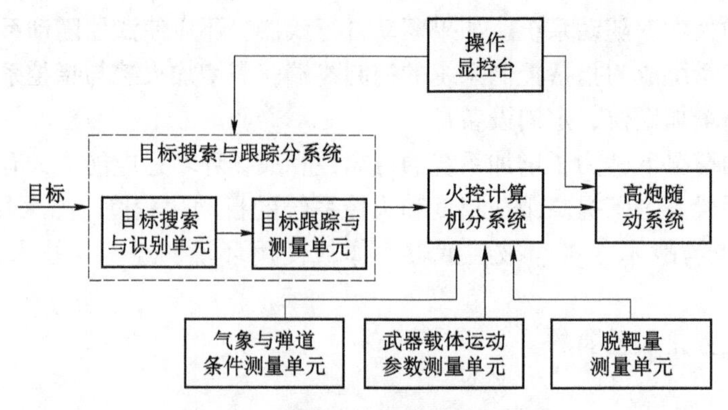


**图 6.22　高炮火控系统的基本组成**

1）目标搜索与跟踪分系统

（1）目标搜索与识别单元。

它依据指控系统的指令或指挥员的命令，在指定的区域内搜索、识别、导引目标，或者是独立地搜索、识别、导引目标。同时，把目标的粗略位置信息传输给跟踪与测量单元。完成这类任务的设备一般有搜索雷达和某些光学或光电观测设备。

（2）目标跟踪与测量单元。

它接收搜索、识别单元给出的粗略目标位置信息，截获并跟踪目标。一旦截获到目标，就连续不断地跟踪、测定目标坐标（方位角、高低角和距离），有时还计算目标运动参数。同时，将测得的目标坐标及运动参数实时地传给火控计算机分系统。完成这类任务的设备一般有跟踪雷达、多种光学或光电跟踪系统（如光学瞄准镜、红外热像仪、电视跟踪器、激光测距机等）。

2）气象与弹道条件测量单元

气温、气压、风速、风向等气象条件参数和弹头初速等均影响实际弹道，必须及时测量，并在求解射击诸元时予以修正。通常，使用温度计、气压计、风速计、弹丸初速测量仪测得。气象雷达与弹丸初速测量雷达是目前较先进的气象与弹道条件测量设备。坦克的横风传感器必须装在耳轴方向上，测量相对横风。

3）载体运动参数测量单元

这是自行高炮火控系统为实现行进间精确射击目标所特有的单元。一般用载体姿态测量装置测量载体航向角、纵倾角、横滚角及其变化率，用于计算射击诸元时的载体倾斜修正及稳定跟踪线和武器线；用测速装置测量载体的平移速度，以补偿该项对射击诸元的影响。定位、定向系统为载体提供北向基准和确定车辆航向及所在地的坐标，用于导航和武器间或与上级间的信息交换。载体静止时，常用倾斜传感器测量其倾斜角。

4）脱靶量测量单元

多数高炮火控系统属于开环火控系统，即未对射击脱靶量进行自动地反馈控制。由于弹道气象条件偏差、火控系统动态滞后、目标运动假定误差等，都会产生脱靶量，为减小脱靶量，需对射击脱靶量进行自动地反馈控制，构成大闭环火控系统。这就需要测量和处理脱靶量，将已测知的脱靶量经数学处理后用于修正射击诸元。脱靶量测量和处理单元是大闭环火控系统所特有的单元，测得的数据还可用来评价武器系统的射击效果。脱靶量的检测一般采用雷达、光电探测器和图像处理技术。

5）火控计算机分系统

它是火控系统的核心，一般由数字计算机完成一系列数据处理和系统控制。其任务是采集、存储有关目标运动参数、脱靶量、气象条件、弹道条件、武器载体运动的信息；估计目标的位置与运动参数；根据实战条件下的弹道方程或存储于火控计算机中的射表及目标运动假定和载体运动规律，计算射击诸元；根据实测的脱靶量修正射击诸元；评估射击效果、完成火控系统的一系列操作控制等。最终输出射击诸元及诸元变化率，控制或复合控制高炮随动系统。其中，完成一系列运算与控制是现代火控系统的最主要任务。

6）高炮随动系统

其任务是控制高炮身管自动指向火控计算机输出的射击诸元位置。通常有电液式或机电式随动系统。阵地式防空火控系统为适应控制多门高炮，在火控计算机和随动系统之间应增加中央配电箱，将计算机输出的射击诸元经基线修正后分发给各门高炮的随动系统，使各门高炮发射的弹头集中射向目标。

7）操作显控台

操作显控台是操作人员控制、管理火控系统的人机界面。台面上设有各种工作方式选择开关、电源开关及各种旋钮、键盘、指示灯、显示器等。操作人员通过它可及时了解空情、作战态势、火控系统工作状态等。通过操作有关开关、旋钮、键盘，实施对火控系统的管理与控制。

**2. 坦克火控系统**

坦克火控系统是用于控制坦克（或战车）武器，实现自动或半自动瞄准与发射的全套设备。其基本组成如图 6. 23 所示。

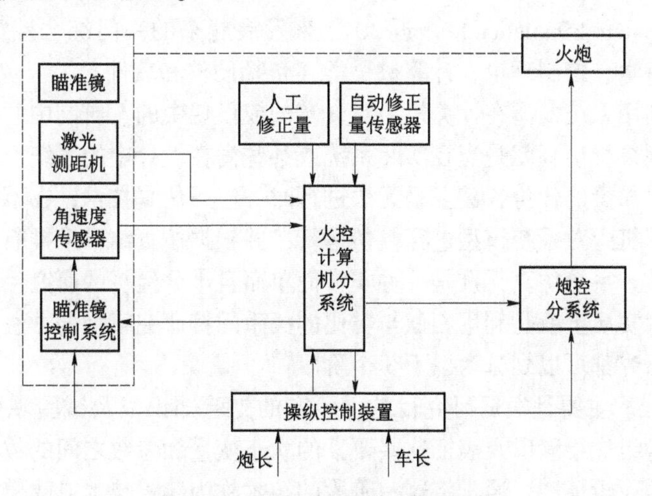


**图 6. 23 坦克火控系统的基本组成**

1）观瞄测分系统

通常由瞄准镜、瞄准镜控制系统、激光测距机及角速度传感器等组成。用于观察、搜索、跟踪目标，测量目标距离和目标运动角速度等。

不同类型的坦克火控系统，因瞄准镜不同，瞄准镜控制系统的结构和功能亦不同。在简易式坦克火控系统中，瞄准镜控制系统仅用于装定射击诸元；在指挥仪式坦克火控系统中，瞄准镜控制系统用于跟踪目标和稳定跟踪线。

2）火控计算机及传感器分系统

坦克火控计算机是坦克火控系统的核心部件。现在一般采用数字式微型计算机。传感器一般包括炮耳轴倾斜传感器、气象传感器等。该分系统具有如下基本功能：

(1) 根据火炮的弹种和目标距离，求解弹道方程（或查找射表），确定火炮高低向的基本射角。

(2) 根据目标距离、运动角速度、弹道方程（或射表）求出火炮的方位、高低射击提前量。

(3) 采集弹道和环境参数，计算修正量，并与基本射角及高低射击提前量相加求火炮的高低射击诸元，同时，计算方位射击诸元。

(4) 完成火控系统的一系列控制功能。对火控系统进行性能和故障检测。

3) 炮控分系统

炮控分系统是坦克火控系统的重要组成部分，其基本功能是双向独立稳定武器线和伺服控制火炮。不同类型的坦克火控系统，炮控分系统的结构和功能亦不相同。在简易式坦克火控系统中，炮控分系统一般用于双向稳定跟踪目标。在指挥仪式坦克火控系统中，该分系统一般用于同步跟随观瞄测分系统的跟踪线和装定射击诸元，并双向稳定武器线。

4) 操纵控制装置

包括炮长操纵台和车长操纵台。用于炮长和车长操纵控制火控系统和控制火炮射击，是人与火控系统的人机界面。

## 第三节　火控系统仿真

系统仿真（System Simulation）是近 30 年来发展起来的一门综合性很强的新兴技术学科，它涉及系统科学、控制理论、计算机科学（包括硬件和软件）。

系统仿真是利用系统模型在计算机上对真实的或设想中的、研制中的系统进行试验研究的过程。具体地说系统仿真就是当在实际系统或某些尚在设计中的系统上，进行试验研究比较困难，或要付出昂贵的代价，甚至是无法进行时，应用仿真技术，在不需要真实系统参与的情况下，在计算机上对系统模型进行模仿运行，并根据仿真结果来推断、估计和评价真实系统的性能或参数。系统仿真无疑是一种非常简单而且十分经济的研究手段。

系统仿真技术实质上就是利用相似与类比的关系间接研究事物的方法。因此从仿真技术来看，所有仿真研究都可以划分为以下 3 个阶段：

(1) 建模阶段。主要是根据研究目的、研究的先验知识以及试验观察的数据，对系统进行分析，确定各组成要素以及表征这些要素的状态变量和参数之间的数学逻辑关系，建立被研究系统的数学逻辑模型。通常将这一阶段的技术称为建模技术或建模方法学。

(2) 模型变换阶段。主要是根据原始数学逻辑模型的形式、计算机的类型以及仿真的目的，将原始数学逻辑模型转变成适合于计算机处理的仿真模型，这是计算机仿真的重要一步。通常将这一阶段的技术称为仿真算法或建立仿真模型。

(3) 仿真试验阶段。主要是设计好试验流程，然后对模型进行装载，并使它在计算机上运行起来。同时要记录模型运行中各个变量的变化情况，根据运行结果对模型进行验证，最后按试验要求进行整理并形成试验报告。通常将这一阶段的技术称为仿真软件技术或者仿真试验设计技术。

上述 3 个主要阶段及其技术内容可以用图 6.24 表示。

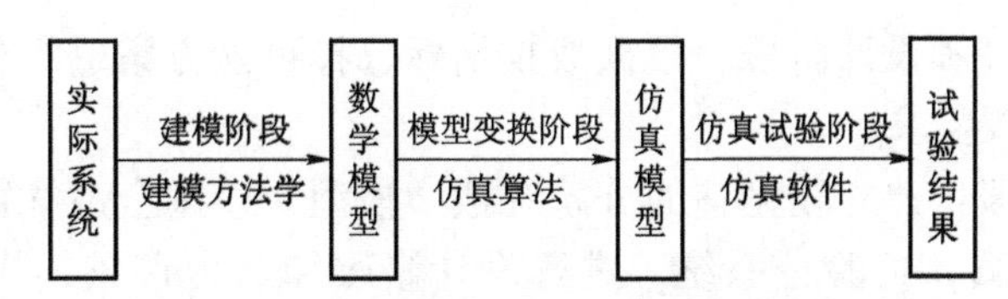


**图 6.24　系统仿真的 3 个阶段及其技术内容**

目前，有 3 种途径来分析火控系统：(a) 通过火控系统的实战结果；(b) 通过火控系统的靶场试验和综合测试；(c) 通过火控系统的仿真试验。

火控系统的仿真研究有两个主要方面。第一方面是型号研制过程中的全寿命周期仿真；第二方面是使用过程中的系统性能仿真。下面将分别进行介绍。

## 一、火控系统全寿命周期仿真

当今高技术火控系统的研制和生产，在价格意识和缩短获得周期的双重压力下，要求在全寿命周期上用高质量的仿真来支持对武器系统的有效试验和评价。

所谓全寿命周期，是指从可行性论证、系统方案设计、工程研制、性能试验（飞行、行驶、……、试验）、定型鉴定到批生产、装备使用的全过程。

仿真，说到底是提供一种廉价的可靠数据源，用于减少风险和系统性能方面的不确定性，从而改善火控系统寿命周期中的管理决策——包括计划决策和技术决策。

换言之，现代化火控系统研制过程中每一个带里程碑性质的关键转变时期或阶段，都要进行管理决策，而这种决策需要充分利用各种研制试验手段，互补配合，特别是有效地利用仿真手段来改善费效比，减少风险，进行有说服力的系统演示，做出高置信水平的性能评价，加速装备部队并对新的威胁环境做出迅速的响应。这样一种型号研制与仿真密切结合的研制试验程式就叫作型号研制与仿真一体化设计方法。

图 6.25 所示为一体化设计研制系统工程网络图。其中各阶段的仿真工作具体如下。

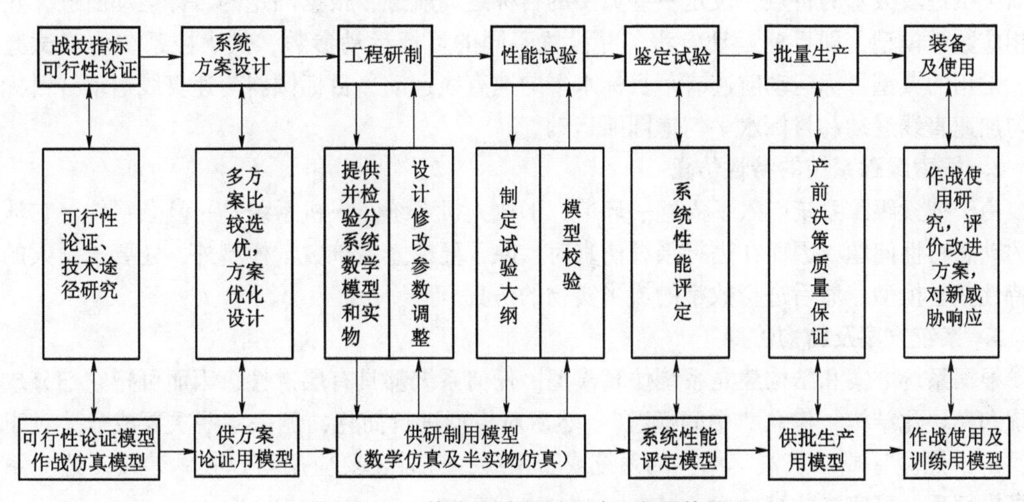


**图 6.25　一体化设计研制系统工程网络图**

(1) 可行性论证：通过作战仿真，论证火控系统概念，选择技术途径，分析作战配合、效能和费效比，确定战术技术指标。

(2) 系统方案论证和设计阶段：根据战技指标选择可能方案进行仿真试验，确定系统方案和对分系统的参数要求。

(3) 工程研制阶段：建立较完整的分系统数学模型，通过全系统数学仿真逐步接入分系统硬件的半实物仿真，检验分系统，进行设计修改和参数调整，摸清并初步评估系统性能。

(4) 性能试验阶段：系统研制任务完成后，进入靶场试验前，应进行系统性能仿真试验，鉴定部件、预测系统、制定试验大纲。然后根据实际系统试验所测数据复现仿真，验证并修改模型和某些系统参数。

(5) 鉴定和定型阶段：经过多次性能试验（靶场、野外），验证模型，再利用高可信度仿真试验系统对模型进行干扰和偏差条件下的模拟打靶仿真，得出各种作战情况下对各类目标的杀伤概率或毁歼概率。

(6) 批生产阶段：进行产前决策研究，从生产成本和工艺可行性着眼，在可生产和技术指标之间作最佳选择，调整测试参量和公差，保证质量、降低成本，系统投入仿真，进行产品验收。

(7) 装备和使用阶段：暴露系统薄弱环节，通过仿真评价系统、改进方案及对新威胁的响应能力，进行训练仿真。

## 二、火控系统性能仿真

与型号研制与仿真一体化设计过程相关而又相独立的另一类火控系统仿真过程是火控系统列装后，在使用中的性能结构仿真。其研究的主要内容如下。

**1. 目标运动态势的仿真**

“目标”一词对于高射火控综合体而言，主要指敌方飞机。目标飞行的姿态虽受其所执行的任务和空气动力学的制约，但仍然有很大的随机性。为实现火控系统仿真，有必要依据目前飞机进攻战术的特点，设定一些典型的目标运动航迹，根据确定的目标运动航迹，建立其相应数学模型，即目标运动方程，并设置不同的目标运动参数，供火控系统仿真试验选择。常用的典型目标运动航迹有：目标水平匀速直线运动，目标倾斜匀速直线运动，目标倾斜匀加速直线运动和目标水平匀速圆弧运动。

**2. 搜索跟踪系统的特性仿真**

由于搜索跟踪系统引入了人这一环节，形成人机系统。人机系统是一复杂系统，它涉及人的动态特性问题，因而在进行系统仿真时，除了要建立系统数学模型外，还要给出人的动态特性数学模型。然后进行数字的或半实物的仿真。

**3. 系统方案及结构仿真**

根据系统方案和结构建立系统仿真模型。任何系统都具有层次性，因而可把它细分成子系统和模块化结构，建立“中间模型”。然后对模型进行简化，删去某些次要成分。对于某些属于“黑盒”或“灰盒”结构的系统或子系统，有时还要应用辨识技术建模。建立系统仿真模型后，可实施仿真。

**4. 系统靶场模拟试验仿真**

火控系统研制成功后，为对其性能进行评估，需要进行靶场试验。由于靶场试验费用极大，因而有必要预先实施靶场模拟试验仿真，以提高靶场试验效率。系统靶场模拟试验仿真的信号源由目标航迹模拟器产生。目标航迹模拟器按典型目标运动姿态建立目标运动坐标方程，实时产生目标坐标值向火控系统传输。火控系统依据输入的模拟或数字信号，求解火炮射击参数，根据火控系统输出结果评估火控系统性能。信号源也可利用实地采集的目标运动坐标值。利用实地采集的目标坐标值作为信号源时，只能辅助评价系统，因为该信号源具有很强的随机特性。

这一类仿真过程的主要功用是：

（1）可以解决用解析法或直接试验法不容易解决的问题。

（2）在现有装备的技术革新中对改进方案进行可行性论证，对多方案进行对比和优化，对参数进行选定和寻优。

（3）在全系统综合检测中对系统进行故障机理研究和对策分析。

（4）可以促进传统上有些以定性分析为主的系统评估、检验朝着定量化方向发展。

（5）为改进射击方法提供辅助分析。

（6）为计算机辅助教学提供新的试验手段。

值得说明，从仿真技术、方法本身的应用角度讲，它们之间不存在任何意义上的区别，只是问题的提法、落脚点不同而已。

值得说明，火控系统通常是一类武器系统的核心子系统，它与武器系统在战术技术性能上应具有最好的匹配，以满足武器系统的基本要求。适用于火控系统的上述两类仿真过程在很大范围内同样适用于武器系统的设计、性能分析等研究。其方法和技术是完全一样的，因此这里不再赘述。

## 三、火控系统仿真类型

火控系统仿真类型有数学仿真、半实物仿真和实物仿真3种。数学仿真、半实物仿真用得比较普遍，实物仿真较少。只有在少数情况下，采用近似的或等效的实物进行实物仿真。

**1. 数学仿真**

设计多种方案后，且运用经验或预研对火控系统总体性能已全部了解，这时设计师们就可建立满足系统要求的数学模型。

数学模型是描述系统及分系统之间静态的、动态的、确定的、随机的或逻辑的相互作用的一套抽象的数学关系式。包括：目标搜索模型；目标导引模型；坐标系转换模型；目标运动假定模型；跟踪系统模型；滤波与预测模型；外弹道模型；解命中问题模型；武器随动系统模型；稳定系统模型；命中概率模型；效能评价模型；误差分析及误差传递模型；可靠性及维修性模型等。

建立系统数学模型时，应先建立分系统或设备的数学模型。然后，将分系统或设备的数学模型综合在一起，构成系统的完整数学模型。

各种方案的数学模型建立之后，设计师们便可根据多种评价准则，综合评价各种设计方案的优劣，最后确定一种认为最佳的设计方案。这一过程称为方案优化过程，是通过计算机仿真进行的。

综合评价包括对大量准则的综合考虑，也隐含着折中这一因素。在评价各方案优劣时所用的数学模型是抽象系统模型，它是系统体系结构的表达式。它以分系统或设备的功能为基础，而不是以具体硬件设备来定义相互之间的关系和特性。这种模型仅描述系统的主要特性，但又必须包括足够的细节，以使设计师们能够以数学和物理定律演示系统的可行性、局限性和技术风险性。

描述最佳设计方案的抽象系统模型称为最佳系统模型。这种最佳系统模型仍然不考虑物理上可实现的、是从一系列抽象系统模型中优选出来的数学模型。随着设计过程的推进，数学模型应反复演变。确定最佳系统模型后，应考虑物理上的可实现性，向实际系统模型演变。

实际系统模型是指可以按其进行工程设计、描述实际系统的数学模型。它考虑了实际系统的物理特性（有些更细的细节可能未考虑）。最佳系统模型是衡量实际系统模型的标准，如果二者性能相近，火控系统建模就算基本结束。接下来就是工程设计和制造实际系统。如果最佳系统受到物理上可实现性的制约，则应重新选择其他抽象系统模型、最佳系统模型、实际系统模型。

数学仿真是将火控系统数学模型赋予某些数值后，在计算机上进行的数值运算。在方案设计阶段常用数学仿真。评价方案的优劣、选择最佳系统模型都是通过抽象系统模型的数学仿真得到的。

数学仿真不仅用于仿真计算火控系统的整体性能，而且可以仿真分系统或设备。比如，在火控系统中准备采用再生反馈技术提高跟踪系统精度时，只要知道跟踪系统的加速度、速度、转动力矩、传递函数、采样频率、传感器角分辨率等，就可建立跟踪系统模型及再生反馈模型进行仿真。这时，实际跟踪系统虽未研制，但可预知采用再生反馈技术后对跟踪系统性能的改进。也能初步确定再生补偿系数。

**2. 半实物仿真**

半实物仿真又可称为半物理仿真或含实物仿真，是将火控系统数学模型的某一部分或某些部分用实际设备代替，使设备和计算机联合运行的数值运算。当方案中已选定某一设备时，则可进行半实物仿真。

仿真时只需要将系统的部分实物（例如各种传感器、火控计算机、操作人员等）接入系统中，对实物传感器要有相应的各种测量环境设备，当有人参与在系统回路中进行操纵时，要求有形成人体感觉的各种物理效应设备，其余部分则可以用数学模型取代。这种仿真试验无须做出系统样机就能对回路中的部分实物进行评定，开展人机闭环特性的研究。半实物仿真必须实时进行，动态地完成仿真任务。

**3. 实物仿真**

实物仿真用得较少。这种仿真完全采用实际使用的子系统硬件物理实体，仿真计算机对这些实体物理子系统提供全部外部环境参数，以对系统互连接口、总体的综合性能、各种工作模式等，能实时、动态地加以验证。

## 四、火控系统仿真的作用

火控系统仿真不仅在方案设计阶段起着重要作用，而且在研制和试验阶段也发挥着重要的作用。现代研制火控系统，从一开始就必须建立火控仿真系统。随着研制进程的推进，仿真系统应逐步逼近实际火控系统。

火控仿真系统是研制火控系统的重要工具，通过仿真可预先估计系统、分系统、设备的性能，优化某些参数，指导火控系统的研制，减少盲目性，缩短研制周期，节省人力、物力和经费。例如：调试、试验阶段一般需要动态飞行试验来检验火控系统的性能。但是，动态飞行试验需动用飞机、需较宽阔的试验场地，需选择良好的地形和气候条件，是一项耗时、耗资的试验。如果采用仿真技术，用计算机产生目标航迹并输入火控系统在室内进行仿真试验，可大大节省时间和经费。

又如，利用实际系统模型仿真射击试验，可做到未经实弹射击试验就可预估射击效果。

### 五、火控系统仿真结果的可信度

火控系统仿真结果的可信度取决于：① 数学模型符合实际系统的程度；② 仿真系统的精度；③ 仿真计算的实时性。

采用计算机进行数学仿真时应考虑：要处理的信息类型、需要的详细程度、要求的精度、计算时间、存储量。应当强调指出，火控系统是实时控制系统，其仿真的实时性至关重要，一般采用并行处理技术、优化仿真程序、利用快速处理器等手段来满足实时性要求。

# 第七章
# 典型火控系统介绍

◆ **学习目标**：学习和掌握坦克火控系统、防空卫士火控系统。
◆ **学习重点**：防空卫士火控系统。
◆ **学习难点**：坦克火控系统。

## 第一节　坦克稳像式火控系统介绍

安装稳像式火控系统的坦克，具有在静止或行进间对不动和运动目标实施准确射击的能力。本章通过对某型坦克采用的稳像式火控系统进行分析，试图使读者对现代坦克火控系统的组成、结构、原理和使用有一个全面、具体的认识。该稳像式火控系统属“下反”类型，其主要部件在坦克中的安装位置如图 7.1 所示。

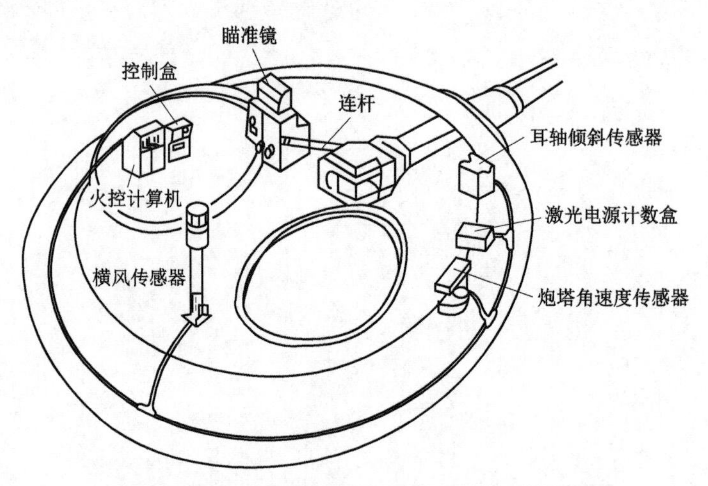


**图 7.1　稳像式火控系统各部件在坦克中的位置**

### 一、坦克火控计算机

火控计算机是稳像式火控系统的“大脑”，其作用可概括为 12 个字：“采集数据，解算诸元，输出控制”。火控计算机自动采集影响射击的各种弹道和环境参数，包括激光距离、各种自动传感器输入的数据、各种人工装定的数据和修正系统误差的数据。它能完成弹道方程、解命中方程和修正量方程的解算，求解出高低瞄准角和方位提前量，即射击诸元；稳像工况下输出射击诸元，通过控制盒自动装定火炮高低瞄准角和方位提前量；装表工况下输出对应于射击诸元的步进电机走步控制信号，控制步进电机装定表尺。除上述功能外，还具有系统自检和测试功能。

**1. 火控计算机的组成**

从功能上说，坦克火控计算机由主机模块、控制面板、步进电机驱动器等组成。火控计算机外形图如图 7.2 所示。

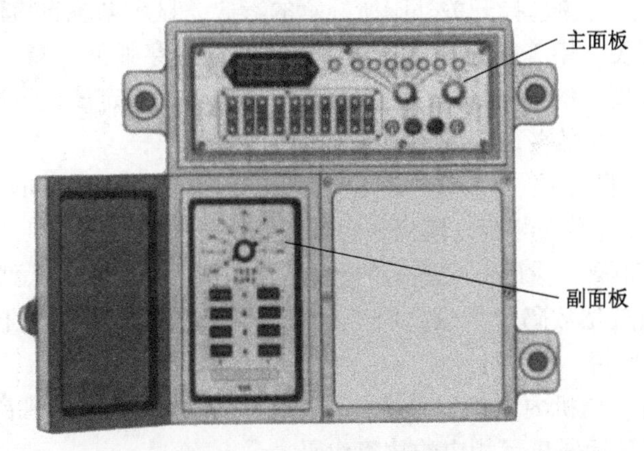


**图 7.2 火控计算机外形图**

（1）主机模块。主机模块由 CPU 板、I/O 板、电源板和控制板组成，四块插件板从计算机前部插在底板的插座上。底板是计算机内部的一块电路板，垂直固定在计算机机箱内的后壁上。

（2）步进电机驱动器。该火控系统主要工作于稳像方式，作为备用，系统具有利用步进电机装定射击诸元的装表工作方式。装表电路由位于瞄准镜中的步进电机和计算机内的步进电机驱动器组成。系统采用四相步进电机，每相绕组有自己独立的控制和驱动电路。

（3）火控计算机控制面板。控制面板位于计算机正面，分为主面板和副面板。主面板是人机交互的部件，如图 7.3 所示。

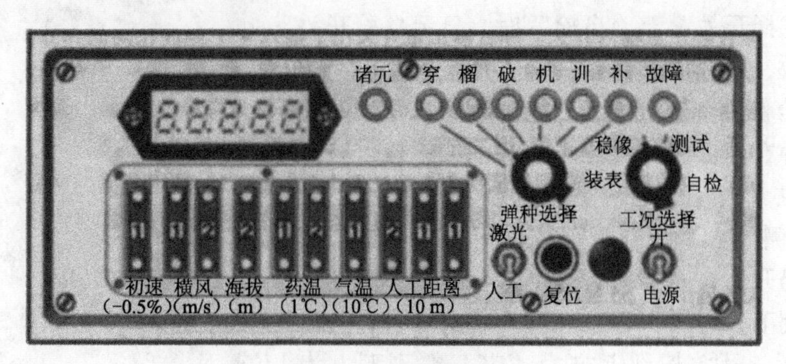


**图 7.3 计算机主面板**

使用者通过主面板上的开关、按钮向火控计算机发出各种控制信号和人工输入各种信息；计算机通过主面板上的指示灯和数码管显示器，向使用者显示计算机的计算结果以及系统的工作状态等。主面板功能如下：

（1）工况选择开关。用来选择火控系统工作方式，共有稳像、装表、测试和自检4种状态。

稳像：是火控系统的主要工作方式。计算机接收目标距离和稳像方式下的目标角速度，以4次/秒的速率循环采样各传感器的输入信息，连续解算，输出射击诸元。

装表：在装表工作方式下系统按简易工况工作。计算机接收目标距离、炮塔角速度，以及其他传感器信息，单次解算，并控制步进电机装表机构完成表尺的装定。

测试：计算机根据副面板上自检选择开关内圈所标示的参数，显示上一发射击时的各种诸元。

自检：计算机根据自检选择开关外圈所标示的参数，显示系统自检信息。

（2）弹种选择开关。用于弹药选择，共有六位：穿—穿甲弹、榴—榴弹、破—破甲弹、机—机枪、训—训练弹、补—补弹。开关旋至某一位置，就选定该位置所对应的弹种，此时面板上对应的弹种指示灯燃亮。

（3）激光/人工选择开关。用来在激光测距和人工装定距离之间进行切换。开关扳向“激光”时，计算机接收激光测距仪输出的距离信息；开关扳向“人工”时，计算机接收由拨码开关输入的人工距离，拨码开关显示的数据乘以10就是实际输入到计算机的距离值。

（4）显示器。由五位数码管组成，用于显示各种参数及计算机的自检结果。最高位为符号位，不亮为正，“—”号为负。

（5）故障指示灯。当机内自检程序检测出系统有故障或有超界现象时，故障指示灯燃亮，同时计算机数码显示器显示相应的故障代码。

（6）电源开关与保险丝。电源开关控制整个火控系统的电源（不含炮控系统）；保险丝用于保护计算机分系统。

副面板上面有自检选择开关及4个弹种的综合修正开关，如图7.4所示。

副面板的功能如下：

（1）自检选择开关。自检选择开关是一个九位拨段开关，分为内、外两圈。它和工况选择开关相配合，用来显示射击参数和火控系统的自检结果。

当工况选择开关置于“测试”时，显示自检开关内圈所示参数，用于录取射击参数。

当工况选择开关置于“自检”时，显示自检开关外圈所示参数，进行系统自检并显示。

（2）综合修正量输入开关。综合修正量开关用于输入4个弹种在高低向和方位向的综合修正量。修正开关有4排共计8个开关，对应4个弹种（穿、榴、破、训）。左侧为水平综合修正，右侧为垂直综合修正。每个拨码开关有六位，最高位为符号位，拨到上方为正，拨到下方为负；后边五位为装定修正值，用二进制码表示，开关拨到上方为“0”，拨到下方为“1”，单位为0.1 mil；五位的权值由高到低依次为1.6、0.8、0.4、0.2、0.1。装定范围为（0～+3.1）mil。综合修正量是根据实弹校炮平均弹着点的位置经换算后确定的。装定后，平时不得随意变动。

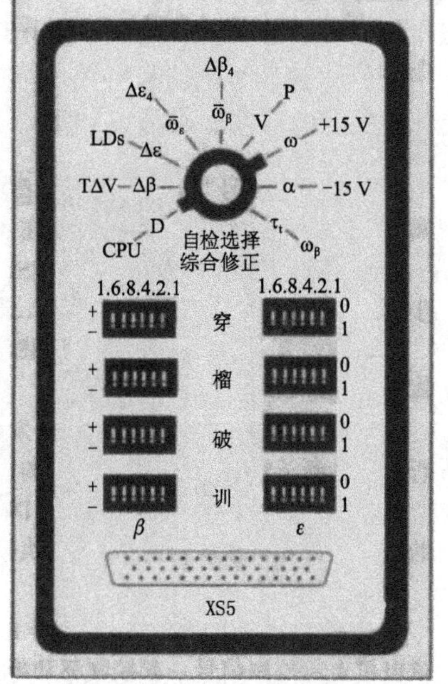

图7.4　火控计算机副面板

(3) XS5 插座。XS5 插座是调机时用的电缆插座。

**2. 火控计算机与外部的电路连接**

与火控计算机有信息联系的外部设备有：激光测距仪、耳轴倾斜传感器、横风传感器、炮塔角速度传感器、炮塔配电盒、控制盒、瞄准镜、步进电机及左目镜显示组件等。反映在结构上，计算机箱体左侧有 4 个插座，分别标有 XS1、XS2、XS3、XS4，通过 4 条电缆与外部设备相连。其中，XS1 接至耳轴倾斜传感器、横风传感器和炮塔配电盒，XS2 接至控制盒和炮控中继，XS3 接至瞄准镜，XS4 接至激光电源计数盒。另外，如前所述，计算机副面板上还有一个插座 XS5 用来接调机箱，在调试和维修计算机时使用。

**3. 火控计算机电路分析**

火控计算机电路功能框图如图 7.5 所示。

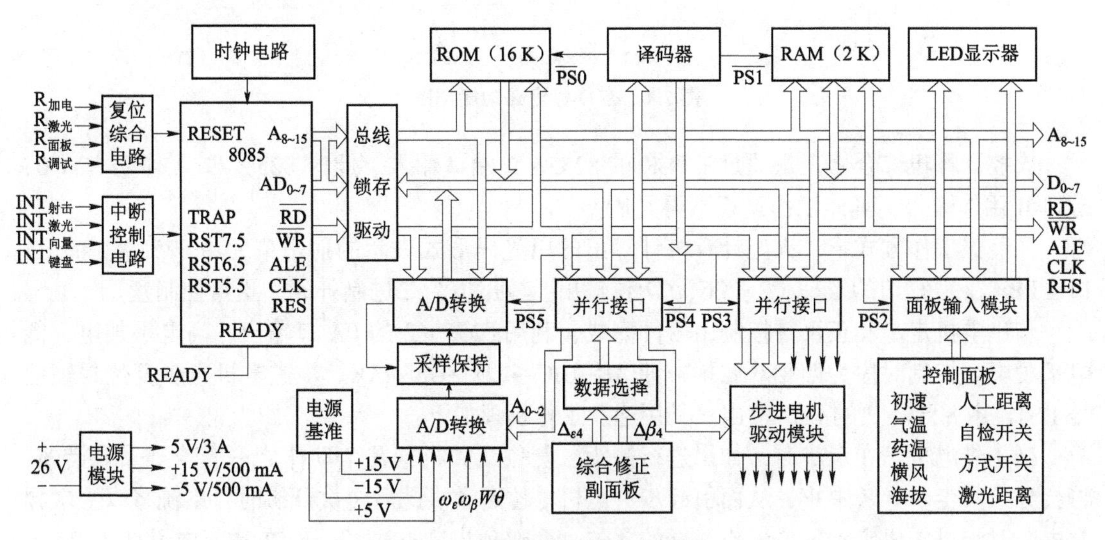


**图 7.5 火控计算机电路功能框图**

CPU 采用 8 位微处理器 MD8085A，频率为 3 MHz。连接引脚意义说明：HOLD：接地，说明系统无 DMA 功能；SID：接地，说明系统无串行输入数据功能；READY：接调机箱的等待请求信号。

坦克火控计算机是工作于实时状态下的专用计算机，它的程序（工作和自检程序）一旦设计好后是固定不变的，并且全部固化在 EPROM 中，它只需要容量不大的 RAM 来存放传感器和控制面板输送到计算机的信息以及中间和最后结果。本系统的存储器由 2 KB 的 RAM 和 16 KB 的 EPROM 组成。

火控计算机通过 I/O 接口电路和外部设备进行通信，把所需的各模拟信号、综合修正量信号通过输入接口送入计算机，计算机把解算出的射击诸元等通过输出接口送到外部设备去。火控计算机中的 I/O 板由以下功能模块组成，如图 7.6 所示。

火控计算机通过 I/O 接口，主要包括：模拟量输入口、综合修正量输入口、射击诸元输出口、步进电机控制信号输出口、多路开关通道选择地址输出口、其他控制信号输出口。

模拟量输入通道由 8 通道多路开关 AD7501、采样保持放大器 LF198 和带总线接口的 12 位 A/D 转换器 AD574 组成。AD574 的转换速度为 2.5 μs，可以把各传感器输出的模拟信号 $\omega_\beta$、$\omega_\varepsilon$、$\theta$、$W$ 和系统中主要的电压信号 +5 V、±15 V 依次转化成数字量，实时地送给计算机去处理。

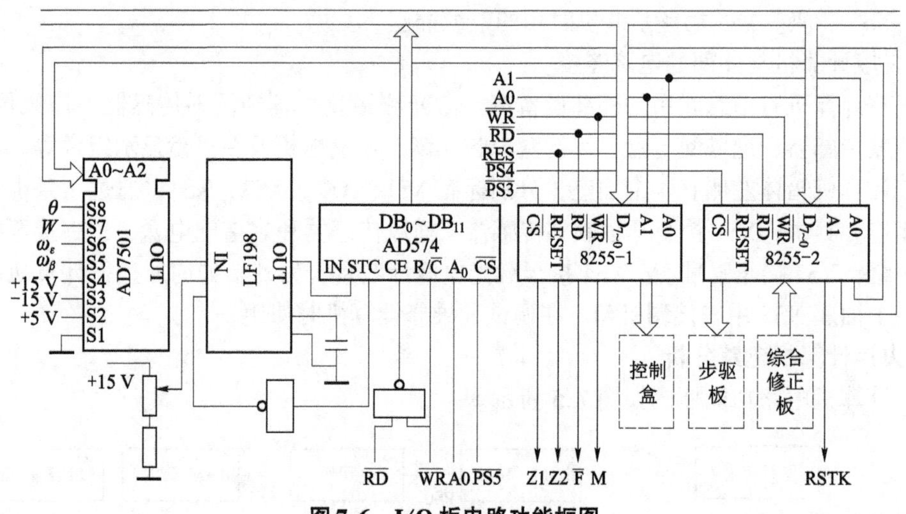

图 7.6　I/O 板电路功能框图

火控计算机综合修正量通过 I/O 板的 8255－2 端口输入。此时 8255－2 工作于方式 0，端口 B 用作输入，具体工作过程不再冗述。

在稳像工作方式下，火控计算机计算出的以光码形式表示的射击诸元由 8255－1 的 PA 口、PB 口和 PC 口的 C2、C3、C6、C7 位输出，输出值为二进制补码，送给控制盒。

步进电机走步和正反转控制由软件完成，利用 8255－2 的 PA 口输出。高电平加电，低电平脱电。控制时序为四相双四拍，即 AB→BC→CD→DA→AB。步进电机走步复位封锁信号 RSTK 由 8255－2 的 PC7 输出。其用途及工作机理如下：

当步进电机正在走步时，如果进行测距、复位或关机这几个动作之一，若不采取措施，将会导致其走步异常中止，从而引起步进电机零位走动。此后再次开机时，系统将以上次异常中断时步进电机走到的位置作为新的零位。为避免出现这种情况，在系统中设计了 RSTK 信号，可有效地避免除了人为关机外的其他可能引起零位走动因素的影响。

工作机理：在 PA 口输出以步进电机走步信号表示的高低瞄准角和水平提前量信息的同时，RSTK 变为低电平，此时复位电路被封锁，不论是跟踪复位还是复位按钮复位均无法工作；直到走步信号结束后，RSTK 才跳变回高电平，复位电路被开放。

多路开关通道选择口由 8255－2 的 C 口的 C6、C5、C4 输出完成，用来控制多路开关对各路模拟信号的选通输入。

其他控制信号的输出口由 8255－1 的 PC 口输出 M、$\overline{F}$、Z1、Z2 四个信号。其中，M 是面板故障灯控制信号。$\overline{F}$ 是射击诸元有效信号，当计算机未输出射击诸元时，$\overline{F}=0$，控制盒根据此信号封锁射击门；当计算机输出射击诸元时，$\overline{F}=1$，射击门开门。Z1 为面板诸元灯控制信号。Z2 为瞄准镜假目镜诸元灯控制信号。

火控计算机综合输入板的用途：火控计算机主面板上的信息，都是通过该板输入计算机的。这些信息有：激光距离、各种人工装定的拨码开关输入量、自检开关、工作方式选择开关和弹种选择开关的状态。

火控计算机的显示电路由显示控制板和显示板两部分组成，两板之间采用对插的连接方式。显示板中用 5 个共阴极七段数码管组成显示器，从高位到低位表示为 H5、H4、H3、

H2、H1。其中 H3、H2 有小数点显示功能。

步进电机驱动板模块，正如前面所描述的，稳像火控系统主要工作于稳像工作方式，但作为备用，保留了利用步进电机装定射击诸元的装表工作方式。系统采用了 2 个四相双四拍步进电机，步进电机每相控制绕组的功率放大电路相同，每一路对应 I/O 板上 8255 - 2 芯片 PA 口的一位。当绕组按 AB→BC→CD→DA→AB 的顺序通电励磁时，转子就以一定的步距角做步进运动。

本步进电机按表 7.1 所示的代码进行控制，将代码存入计算机的存储器内，只要 CPU 将代码依次取出送往输出口，步进电机就会连续地向前步进运行。倒序取出表格代码输出，步进电机就会反向运行。

**表 7.1　四相双四拍步进电机运行控制表格**

| 拍 / 相 | 1 | 2 | 3 | 4 | 1 |
|---|---|---|---|---|---|
| A | 1 | 0 | 0 | 1 | 1 |
| B | 1 | 1 | 0 | 0 | 1 |
| C | 0 | 1 | 1 | 0 | 0 |
| D | 0 | 0 | 1 | 1 | 0 |
| 十六进制代码 | 03H | 06H | 12H | 09H | 03H |

步进电机走步控制信号 RSTF 在计算机正常工作时为“1”。由 8255 - 2 的 PA 口输出的步进电机相控信号电平为“1”时，相应与门输出高电平，在足够高的基极电压下，三极管处于饱和导通状态。坦克直流电源电压 + 26 V 就加到这个串联的相绕组和限流电阻的联合体上，使步进电机得到励磁而走步。当相控信号为“0”时，与门输出低电平，步进电机走步停止。四相步进电机驱动电路如图 7.7 所示。

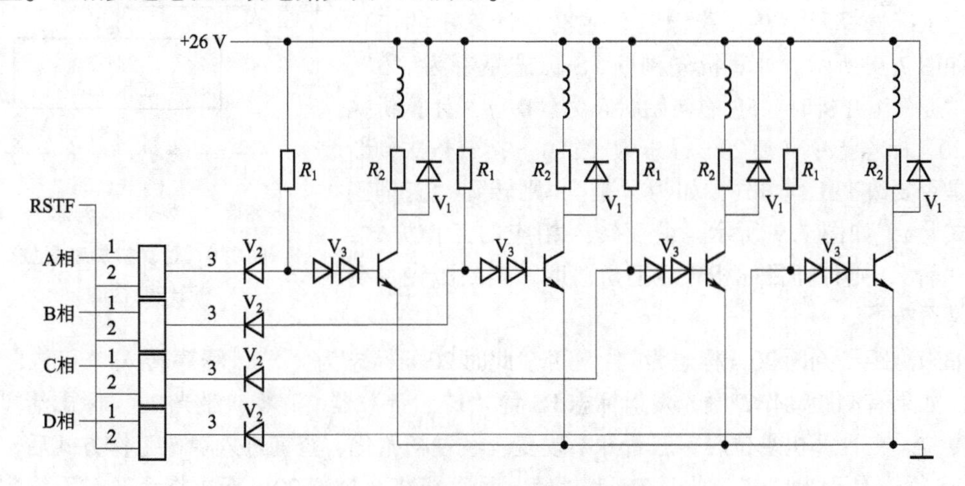


**图 7.7　四相步进电机驱动电路图**

为了可靠地使步进电机停步，在三极管基极串联了二极管 $V_3$，这保证在 $V_2$ 导通时三极管不会意外地导通。图 7.7 中 $V_1$ 为续流二极管，当三极管基极驱动电压突然被撤销时，电机绕组电流能通过由续流二极管 $V_1$ 提供的路径构成通路，从而防止绕组产生大的感应电压，保护三极管不被击穿。

**4. 火控计算机软件流程分析**

火控计算机软件流程图涉及的关键信号说明：

FS 标志：激光发射标志。FS =1 表示激光已经发射过；FS =0 表示激光未发射或发射过但标志已被清除掉。FS 信号是系统判断是否要置 20 s 标志的依据。

20 s 标志：20 s 标志为“1”时，表示射击诸元输出已超过 20 s，此时诸元灯应熄灭；为“0”时，表示诸元输出时间小于 20 s，此时诸元灯应燃亮。

计数器 $i$：计数器计数值最大为 80。“80”是考虑在稳像工况下，当计算机判断出激光已发射就开始循环解算，解算 20 s，每秒解算 4 次，20 s 正好是 80 次；另外，用来使诸元灯燃亮保持 20 s。

需指出，上述三个信号不受计算机复位的影响。只要计算机不断电，它们仍保持原值。

下面介绍计算机各种工况（共五个：计算机加电复位、稳像工况、装表方式、测试方式和自检方式）的工作过程。

1）计算机加电复位

计算机加电复位时，首先有复位动作。此时，8279（假设此时计算机连着调机箱）、8255 -1、8255 -2 初始化，系统置初态（即各种指示灯该亮的亮，该灭的灭，计算机内部的各种寄存器、缓冲器等初始化）。计算机执行 EI（开中断）和 HLT（暂停）这两条指令，使机器处于暂停状态。然后计算机查询工况开关的位置，以决定系统应该转入“稳像”“装表”“测试”和“自检”中的哪一种方式进行工作。计算机加电复位工作流程如图 7.8 所示。

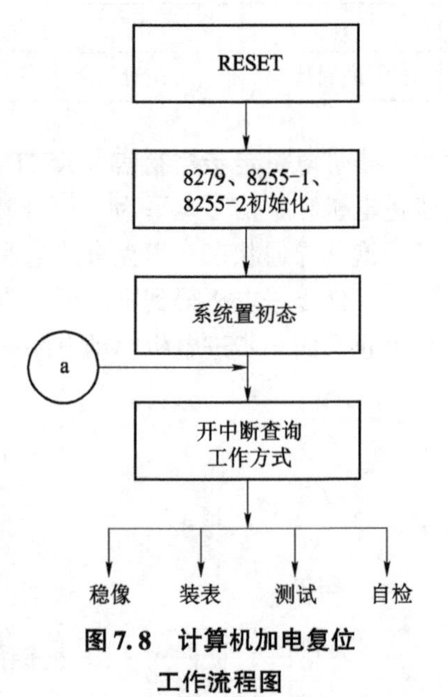

图 7.8 计算机加电复位工作流程图

2）稳像工况

当工况选择开关在“稳像”位置时，计算机的工作流程如图 7.9 所示。计算机先判断 FS 标志是否为“0”，如为“是”（开机时，FS 的初始状态为“0”），计算机执行置 20 s 标志指令（使 20 s 标志为“1”）。接着依次判断系统是否要改变工作方式，如为“是”，则转到“查询工作方式”a，如图 7.9 所示，继而转入相应的工作方式；如为“否”，则计算目标相对运动角速度，判断激光发射按钮是否按下。

如未测距，判断 20 s 标志为“1”否，此时 20 s 标志为“1”，程序转入“稳像”方式入口。如果有测距动作，激光发射标志 FS 置“1”、计数器 $i$ 清零、激光 20 s 标志清零，计算机复位。在计算机复位时，三者并不改变。经过初始化、查询进入稳像工作方式后，接着判断 FS 标志是否为“0”，此时 FS 为“1”，计算机将跳过置 20 s 标志指令，在系统判定不改变工作方式后，计算目标相对运动角速度，接下来又判断测距按钮是否按下。为“否”（即无二次测距现象发生），则判断 20 s 标志为“1”否，此时 20 s 标志为“0”，判断是否计数器 $i \geqslant 80$，若为“否”则解算射击诸元，计数器 $i$ 加 1，封锁射击门，输出射击诸元，开放射击门，点亮诸元灯，延时 90 ms，又返回到稳像方式入口，即“判断 FS =0”处。如此循环执行，每次计数器加 1 并判断 $i$ 值，直到 $i$ 大于 80（即经过了 20 s 后），置发射标志 FS 为“0”，又转入稳像方式入口处。

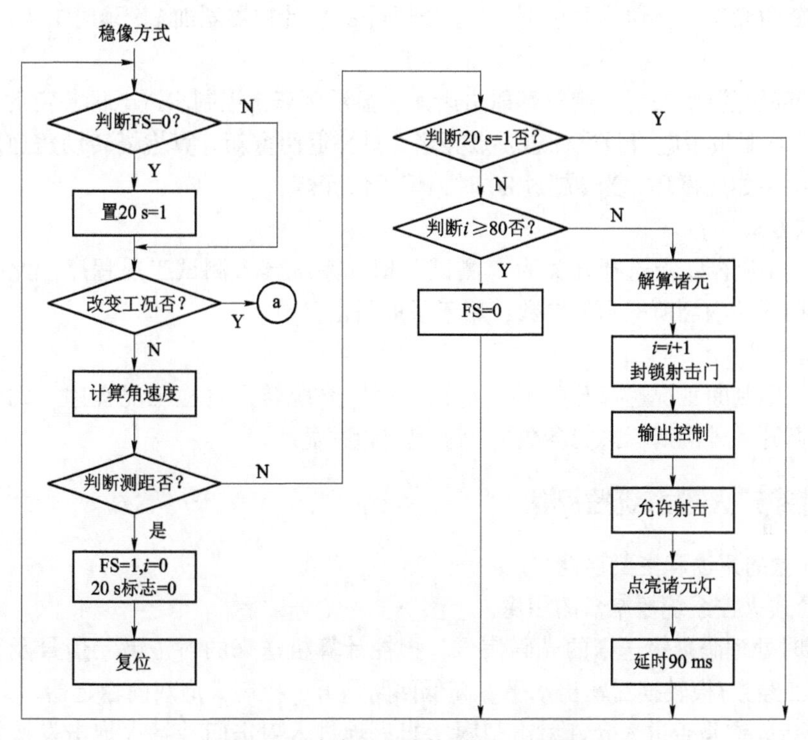


图 7.9　稳像工况计算机工作流程图

3）装表方式

当计算机判断工况选择开关在“装表”位置时，计算机的工作流程如图 7.10 所示。

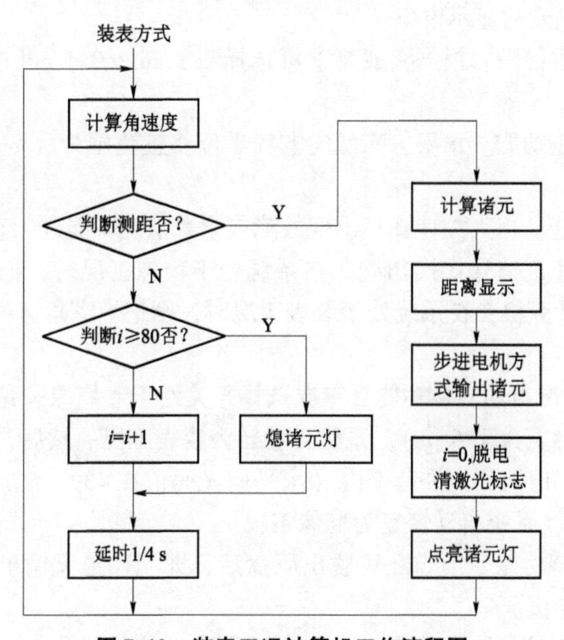


图 7.10　装表工况计算机工作流程图

计算机进入装表工况后，计算炮塔转动角速度，判断激光测距按钮是否按下。为“否”时，判断计数器 $i$ 是否超过 80，为“否”时，计数器加 1，延时到 1/4 s 后返回，继续计算角速度、判断激光发射按钮是否按下、$i$ 是否超过 80、计数器累加 1、延时 1/4 s……如此一直循环。

如果按下激光测距按钮，则解算射击诸元，显示距离，控制步进电机装定射击诸元，计数器 $i$ 清零，步驱板脱电清激光标志，点亮诸元灯，返回重新计算炮塔转动角速度，判断激光测距按钮……如此循环。当 $i$ 超过 80 时，熄灭诸元灯。

4）测试方式

当图 7.8 中判断工况选择开关为“测试”时，系统转入测试工况程序。此时，计算机显示自检选择开关内圈所标志的参数，用于录取射击参数。

5）自检方式

当图 7.8 中判断工况选择开关为“自检”时，系统转入自检工况程序。此时，计算机根据自检选择开关外圈所标志的参数进行系统自检并显示。

## 二、稳像式火控系统控制盒

### 1. 控制盒的用途和主要功能

1）稳像式火控系统控制盒的用途

（1）实时处理瞄准镜送来的光码信号、火控计算机送来的射击诸元信号及系统电气零位修正信号，经数/模转换后输出水平、高低两路信号，控制火炮双向稳定器。

（2）判断火炮是否进入允许射击门限，当火炮进入射击门并且火炮击发按钮处于按下位置时，输出火炮击发信号。

2）稳像式火控系统控制盒的主要功能

（1）输入代码显示功能。将由瞄准镜接收的格林码及火控计算机的二进制码处理后，按二进制码显示在控制盒的显示窗口。

（2）可选允许射击门限。根据实战要求可选择 0.1 mil × 0.1 mil 或 0.2 mil × 0.2 mil 的允许射击门限。

（3）电气零位修正功能。水平、高低向电气零位修正范围为（-6 ~ +5）个代码（一个代码代表 0.1 mil）。

（4）直接射击功能。当火控计算机出现故障或紧急情况下能进入直接射击方式。

（5）目标运动角速度信号切换功能。在系统处于稳像工况时，把瞄准镜送来的目标角速度信号传递给火控计算机；在系统处于装表工况时，则把炮塔角速度传感器的信号传递给火控计算机。

（6）稳像/装表工况自动转换功能。工况选择开关处于“稳像”位置，当碰框信号输入一个低电平脉冲时（脉宽大于 6 μs），系统自动转为装表工况。然后，计算机判断水平、垂直两路光码值，当光码值回到允许范围内（水平向光码值在 439 ~ 567 范围、高低向光码值在 693 ~ 821 范围）时，系统自动恢复为稳像工况。

（7）光码脱出保持功能。当瞄准线脱出码盘后，即光码盘无输出时，控制盒采用脱出码盘前一次的光码采样值。

（8）比例积分控制信号输出功能。调炮控制采用 PI 控制方式。

(9) 脉冲恒流、直流电源输出功能。输出 (6 ±0.4) A 脉冲恒定电流至瞄准镜中火炮位置传感器；输出 (5.2 ±0.2) V、50 mA，( ±12 ±0.2) V、50 mA 两种直流电源。

(10) 自检功能。可对单片机 CPU、光码、显示灯等进行自检。

**2. 控制盒结构及面板功能**

控制盒外形如图 7.11 所示，它由壳体、面板和安装在内部的 3 块插件板及母板组成，通过两个电缆插座 XS1、XS2 与火控系统连接。

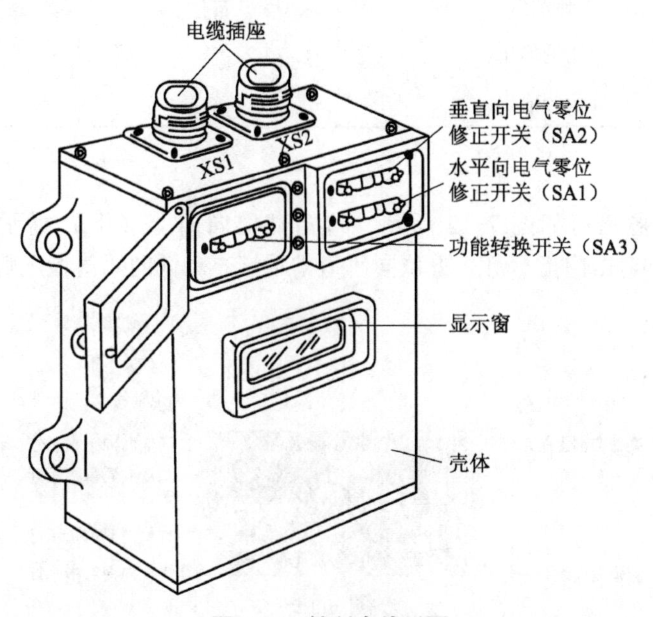


图 7.11　控制盒外形图

下面介绍控制盒面板功能。面板上设有水平和垂直向电气零位修正开关 SA1、SA2，功能转换开关 SA3 和显示窗。

1) 电气零位修正开关 SA1、SA2

在稳像工况下进行零位校准时，用这两个开关进行水平和高低向电气零位的调整。在稳像工况下，当机械零位校正完毕 (瞄准线与火线交汇于校正靶)，如果控制盒显示窗中方位向或高低向码值指示灯亮，则说明方位向或高低向电气零位存在偏差。此时应分别按压这两个开关，使控制盒方位向和高低向码值灯全灭 (但允许最低位不灭)。

2) 功能转换开关 SA3

功能转换开关 SA3 设有 10 个挡号，每个挡号对应的系统工况及功能见表 7.2。

表 7.2　SA3 挡号与功能对应表

| 挡号 | 功能 | 控制盒工况 | 系统工况 |
|---|---|---|---|
| 1 | 射击门 0.1 mil ×0.1mil | 战斗 | 稳像 |
| 2 | 射击门 0.2 mil ×0.2 mil | | |
| 3 | 直射 | | |
| 4 | 实弹校炮 | | |

续表

| 挡号 | 功能 | 控制盒工况 | 系统工况 |
|---|---|---|---|
| 5 | CPU | 自检 | 装表 |
| 6 | 瞄准角光码 | | |
| 7 | 射角、提前量 | | |
| 8 | 显示灯 | | |
| 9 | 比例输出 | | |
| 10 | 积分输出 | | |

3）显示窗

控制盒面板的显示窗如图 7.12 所示，包括高低向向上（下）指示灯、方位向向左（右）指示灯、允许射击门指示灯、方位向码值指示灯、高低向码值指示灯五部分。

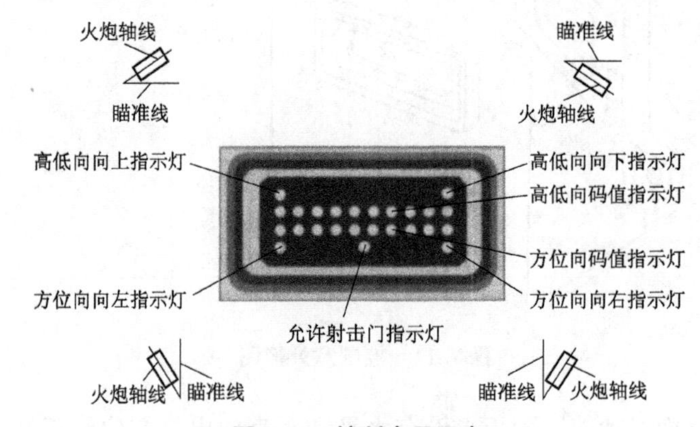


**图 7.12　控制盒显示窗**

具体含义为：

（1）高低向向上（下）指示灯。当火线高（低）于瞄准线时，该指示灯亮。

（2）方位向向左（右）指示灯。当火线在瞄准线左（右）边时，该指示灯亮。

（3）允许射击门指示灯。该指示灯亮，说明火炮已进入允许射击门，此时若击发按钮处于按下状态，火炮发射。

（4）方位向码值指示灯。方位向码值指示灯共 10 个，从右向左排列，分别代表 0.1、0.2、0.4、0.8、1.6、3.2、6.4、12.8、25.6、51.2（mil），它指示火线与瞄准线在方位向失调角的大小。

（5）高低向码值指示灯。高低向码值指示灯的结构和显示与方位向码值指示灯相同，不同的是它指示火线与瞄准线在高低向失调角的大小。

4）三块插件板

控制盒面板上的有三块插件板，包括 CPU 板、显示板和电源板。三块插件板的功能框图如图 7.13 所示。

（1）CPU 板是控制盒主体，其主要组成及功能如下：

① 由 87C51 单片机组成中央处理机模块，在单片机与各接口电路之间进行实时通信。

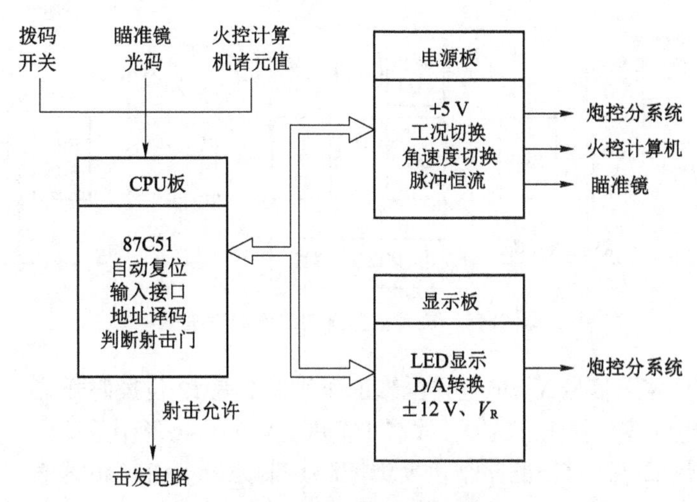


**图 7.13 控制盒插件板功能框图**

② 由 6 片 54HC373 组成接口电路，用以采集瞄准镜光码值、火控计算机解算的射击诸元和电气零位修正拨码开关的状态。

③ 由 1 片 54HC373 和 2 片 54HC138 组成 I/O 译码电路，用以选通各接口电路。

④ 由 TTL 组件搭接成自动复位电路，用以防止由干扰而产生的 CPU 死机故障。

(2) 显示板的主要组成及功能如下：

① 由 12 位 D/A 转换器、功放电路及有关门控电路等组成模拟量输出电路，将 CPU 计算出的用 12 位数字量表示的调炮控制信号转换为模拟信号，并送到炮控分系统。

② 由 54HC373 和 LED 及有关门控电路等组成数字量输出电路，用以实现显示窗的实时显示。

③ ±12 V 电源模块将母板输入的 +26 V 电源变换为稳定的 ±12 V 和模拟量输出参考电压 $U_R$，供 D/A 转换器使用。

(3) 电源板的主要组成及功能如下：

① +5 V 电源模块向单片机提供稳定的 +5 V 直流电压。

② 脉冲恒流源模块在 CPU 控制下产生（6 ±0.4）A、130 μs 的电流，用以点亮火炮位置传感器中砷化镓二极管，产生光码值。

③ 切换电路在 CPU 控制下，实现稳像/装表的工况切换及不同工况下目标运动角速度信号的切换。

**3. 控制盒的基本工作原理**

控制盒在水平向和高低向的工作原理是一致的。下面以垂直向为例来说明其工作原理。控制盒垂直向的工作原理框图如图 7.14 所示。

下面首先对图 7.14 进行简要的说明。

1) 瞄准角 $\Delta\varepsilon$。火控计算机根据目标距离、目标相对运动角速度、火炮耳轴倾斜角、横风风速及人工装定修正量等，计算出用二进制补码表示的瞄准角 $\Delta\varepsilon$（火炮轴线与瞄准线的夹角）。

(2) 反馈信号 $\varepsilon$。即位于瞄准镜中的火炮位置传感器输出的火炮位置光码信号。当火炮轴线与瞄准线平行时，输出光码值为 757（在调炮时以此代码作为垂直向调炮的零位）。当火炮在瞄准线上方时，输出光码代码值小于 757；当火炮在瞄准线下方时，代码值大于 757。

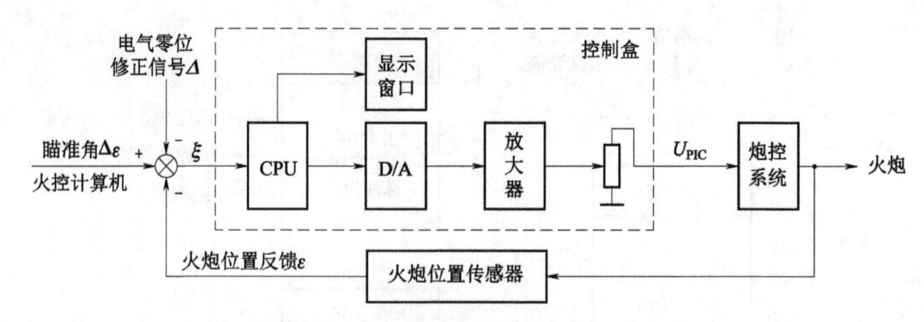


**图 7.14　控制盒垂直向工作原理框图**

(3) 电气零位修正信号 Δ。电气零位修正开关 SA2 是 12 位拨码开关。当拨码值为 7 时，程序处理时认为电气零位修正值为 0，故修正范围为 -6 ~ +5 个代码。

(4) 调炮控制回路。该回路是个负反馈闭环控制系统。CPU 根据输入和反馈信号采用 PI 控制算法产生调炮控制信号 PIC，经炮控分系统驱动火炮向减小误差的方向转动。

(5) CPU。CPU 每隔一定时间（约 3.3 ms）采样 $\Delta\varepsilon$、$\varepsilon$ 和 $\Delta$，计算 PIC，控制火炮转动，同时控制显示窗的显示。

其次对控制盒的工作情况进行介绍。火控系统在稳像工况下，控制盒在垂直方向有两种基本工作状态，即非射击工作状态（射击诸元有效信号 $\overline{\mathrm{F}}=0$）和射击工作状态（$\overline{\mathrm{F}}=1$）。下面对这两种状态做进一步分析。

(1) 非射击工作状态。

在非射击工作状态，即射击诸元有效信号 $\overline{\mathrm{F}}=0$ 时，炮手通过操纵台控制稳像陀螺俯仰，控制盒控制火炮跟随瞄准线，同时控制盒显示窗口显示火炮与瞄准线的失调角。

假设初始时瞄准线与火炮轴线平行，则

$$\varepsilon+\Delta=757$$

式中，$\varepsilon$ 表示反馈信号，$\Delta$ 表示垂直向电气零位修正信号。

此时误差信号可以表示为

$$\xi=\varepsilon+\Delta-757=0$$

式中，$\xi$ 表示误差信号。

当炮手通过操纵台控制稳像陀螺进行高低向瞄准时，陀螺外环进动，将产生失调角，火炮轴线落后瞄准线。假设火炮向仰角方向转动，则有

$$\varepsilon+\Delta>757 \quad 和 \quad \xi>0$$

误差信号 $\xi$ 经调炮控制回路，驱动火炮向减小误差的方向转动，使火炮随动于瞄准线。

(2) 射击工作状态。

当炮手瞄准目标进行激光测距，火控计算机解算出瞄准角 $\Delta\varepsilon$ 后，此时火控计算机输给控制盒的射击诸元有效信号 $\overline{\mathrm{F}}=1$，控制盒自动将火炮调到瞄准角位置，并在保持瞄准角的基础上随动于瞄准线，同时判断火炮是否进入射击门。射击状态的程序框图如图 7.15 所示。对射击状态的程序框图说明如下：

① 单片机 CPU 采样火炮位置传感器输出的垂直向光码 $\varepsilon$ 和垂直向电气零位修正值 $\Delta$。

② 判断火炮是否脱码。如果脱码，CPU 取前一次光码采样值，否则此次采样有效。并将格林码转换为标准二进制码。

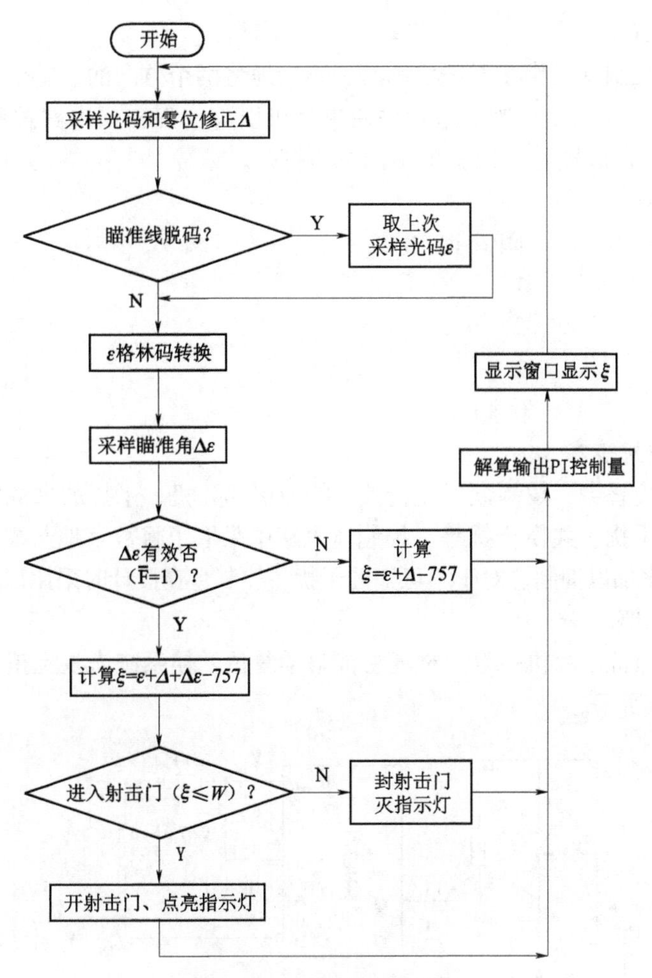


**图 7.15　射击状态流程图**

③ CPU 采样火控计算机输出的瞄准角 $\Delta\varepsilon$。

④ 判断 $\Delta\varepsilon$ 是否有效（即判断 $\overline{\mathrm{F}}$ 是否为“1”）。如果无效（$\overline{\mathrm{F}}=0$），则转非射击工作状态，误差信号 $\xi=\varepsilon+\Delta-757$；否则计算误差信号 $\xi=\Delta\varepsilon+\varepsilon+\Delta-757$。

⑤ 判断误差信号 $\xi$ 是否小于某个数值 $W$（$W$ 即射击门，可根据需要选定为 0 mil、0.1 mil、0.2 mil）。只有当 $\xi<W$ 时，控制盒方打开射击门，并点亮射击门指示灯。

⑥ CPU 按 PI 算法解算出用 12 位数字量表示的垂直向火炮控制信号。

⑦ 将控制信号进行 D/A 变换，转换为模拟量控制电压信号 $U_{\mathrm{PIC}}$。

⑧ 显示窗口显示误差信号 $\xi$。

⑨ CPU 循环执行上述程序。

控制盒水平向工作原理与垂直向基本一致，仅在具体处理上有一些不同：

① 计算机解算出的方向提前量 $\Delta\beta$ 有正负之分。$\Delta\beta$ 为正，表示火炮应在瞄准线的右方；$\Delta\beta$ 为负，表示火炮应在瞄准线的左方。

② 水平向调炮时，当火炮轴线与瞄准线平行时，输出光码代码值为 503，在调炮过程中以此代码作为零位。当火炮在瞄准线右方时，输出光码代码值小于 503，当火炮在瞄准线左

方时，代码值大于503。

需说明的是，控制盒工作在射击状态时，不断地将两个方向的误差信号 $\xi$ 与选定的某个阈值 $W$ 比较，如果均小于 $W$，则通过程序使单片机引脚（射击门电路控制信号）的输出为“0”，此时射击门符合信号为“1”，射击门电路打开。

$W$ 值选择如下：

| 功能转换开关SA3 | 阈值 $W$（0.1 mil） |
|---|---|
| 射击门0.1×0.1 | 1 |
| 射击门0.2×0.2 | 2 |
| 直射 | 2 |
| 实弹校炮 | 0 |

**4. 控制盒抗干扰技术**

坦克内工作环境恶劣，控制盒可能会被干扰而引起死机。干扰的来源错综复杂，对于人们已经掌握的串模干扰、共模干扰等，控制盒电路中采取了将数字地与模拟地分开，使用隔离稳压电源等措施来加以抑制。对于不可知的干扰，控制盒在设计时采用以下技术加以克服。

1）自动复位电路

自动复位电路保证单片机一旦出现死机能自动复位，使系统恢复到正常工作状态。自动复位电路如图7.16所示。

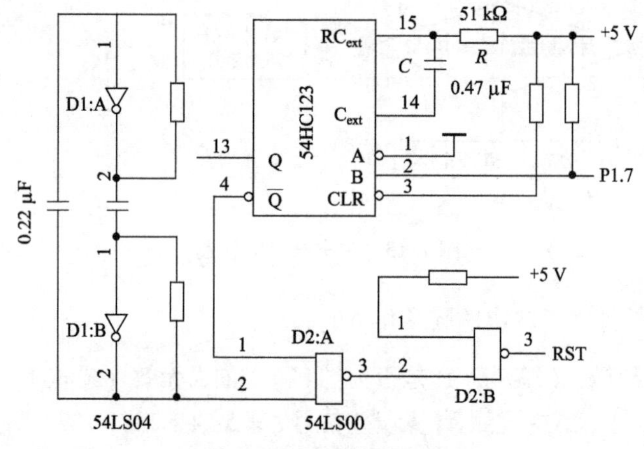


**图7.16 自动复位电路**

图7.16中，由非门D1: A和D1: B组成对称式多谐振荡器。系统通电后，该电路将不停地往复振荡，在与非门D2: A的2端给出矩形脉冲波。

54HC123为双单稳态触发器，其引脚说明如下：

A：触发输入端（下降沿触发）；

B：触发输入端（上升沿触发）；

CLR：清零端（低电平有效）；

Q：正脉冲输出端；

$\overline{Q}$：负脉冲输出端。

当CLR端为高电平时，每当A（B）端加触发信号，则在Q端和 $\overline{Q}$ 端将分别产生一个正脉冲和负脉冲。图中电阻 $R=51\ \text{k}\Omega$，电容 $C=0.47\ \mu\text{F}$，当54HC123被触发时输出脉冲的宽度为：

$$
\begin{aligned}
T &= 0.33R \times C \times (1+3/R) \\
&= 0.33 \times 51 \times 10^3 \times 0.47 \times 10^{-6} \times (1+3/(51 \times 10^3)) \approx 7.9\ (\text{ms})
\end{aligned}
$$

当54HC123被加在B端的脉冲CP重复触发时，假设触发脉冲周期为 $T_1$，则按照 $T_1$ 和 $T$ 的大小关系，可能有图7.17（a）、（b）所示的两种情况。

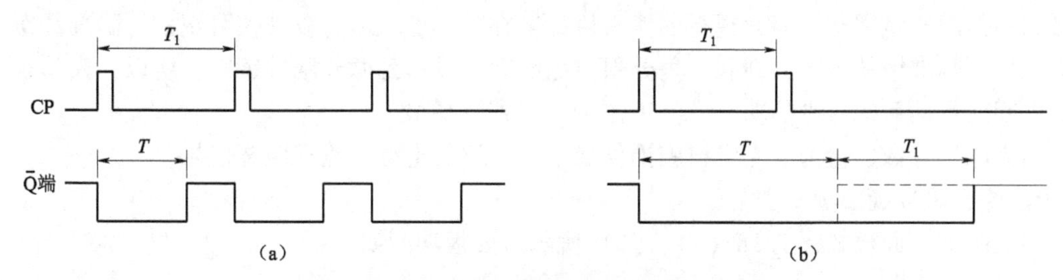


**图7.17　54HC123被重复触发时的输出波形**

（a）$T<T_1$；（b）$T>T_1$

由图看出，当 $T>T_1$ 时，单稳态触发器 $\overline{\text{Q}}$ 端输出脉冲的宽度为 $T+(n-1)T_1$。其中，$n$ 为触发脉冲的个数。在图7.17（b）中，设 $n=2$，$\overline{\text{Q}}$ 端输出脉宽为 $T+T_1$。

自动复位电路的工作过程如下：

单稳态触发器54HC123的A端接低电平，B端受87C51的P1.7端口控制，CLR接高电平，这样，触发器处于上升沿触发工作状态。控制盒单片机循环执行程序，程序执行一遍的时间约为3.3 ms，并且每次执行程序时，总是先从P1.7口输出一个正脉冲给单稳态触发器，即单稳态触发器接收的触发脉冲的周期 $T_1$ 为3.3 ms，显然 $T_1$ 小于触发器输出的脉宽 $T$，单稳态触发器处于重复触发状态。如果程序运行正常，那么单稳态触发器 $\overline{\text{Q}}$ 端将一直输出低电平，该低电位封锁了多谐振荡器的输出，使与非门D2: A总输出“1”，加到单片机的复位信号RST为“0”，不影响单片机工作。

一旦控制盒由于干扰出现死机现象，P1.7口将不再输出触发脉冲，单稳态触发器 $\overline{\text{Q}}$ 端将输出高电平，多谐振荡器输出的信号得以加到与非门D2: B的输入端，并作用于单片机87C51的RST端，其高电平将使单片机复位，使程序从头执行。从而达到消除干扰的目的。

2）软件防死机程序

利用定时/计数器的定时功能，在控制盒开始执行程序的同时，定时器也开始计时，定时器定时的时间稍大于程序执行一遍的时间。这样，当程序正常执行时，在未超过定时时间时程序又重新装入定时计数的初值，定时器重新开始计时而不发出中断申请。如果由于干扰，程序不按正常步骤执行时，则不能对定时器重新装入定时计数的初值，一旦超过定时时间，定时器将发出中断申请，CPU执行中断服务程序，强行使程序从头开始执行，从而达到防死机的目的。

## 三、炮长观瞄系统

### 1. 炮长观瞄系统

炮长观瞄系统由炮长瞄准镜、激光电源计数器盒、微光夜视仪、一倍潜望镜和连杆等部件组成。炮长瞄准镜是一具可以昼夜实施观瞄和测距的“下反”稳像瞄准镜。激光发射轴、接收轴与昼用瞄准镜的瞄准线保持一致，同时被高精度稳定在惯性空间。炮长瞄准镜用来观察战场、瞄准跟踪目标、测定目标距离、测定目标相对运动角速度和测定火炮相对于瞄准线的位置。瞄准镜中装有两个步进电机，用以在简易工况下驱动圆圈分划装定瞄准角和方位提前量。

瞄准镜的镜体通过四连杆机构与火炮同步转动，并在系统的协调下使火炮随动于瞄准线；微光夜视仪与一倍潜望镜装在瞄准镜左侧，两者可以互换，它们通过吊扣与瞄准镜镜体连接。一倍潜望镜用于昼间大视野的搜索目标。在夜间通过微光夜视仪可观察、瞄准和跟踪目标；昼用瞄准镜的圆圈分划和三角分划被照明后，投影到微光瞄准镜中，所以，夜间也具有行进间对运动目标射击的功能，但工作于“稳线”方式。

激光电源计数器盒为激光发射腔提供稳定、可靠的电源和输出距离信号。

**2. 炮长瞄准镜面板**

炮长瞄准镜面板如图 7.18（a）、（b）所示。面板功能如下：

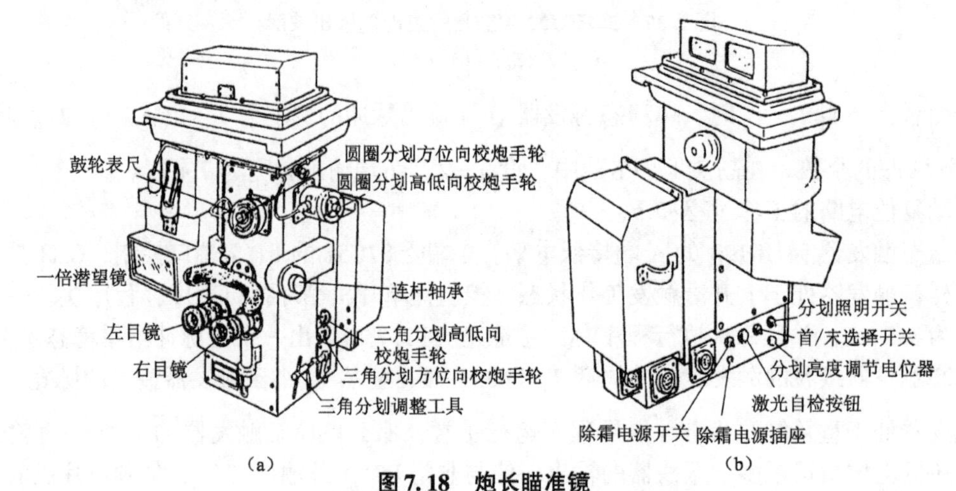


**图 7.18　炮长瞄准镜**

（a）瞄准镜面板；（b）瞄准镜侧面板

（1）右目镜。右目镜为主目镜，是炮长昼间观察、瞄准的主要窗口，其内部有三角分划和圆圈分划，如图 7.19 所示。稳像工况下，跟踪、测距、瞄准、射击等均用三角分划。装表工况下，跟踪、测距用三角分划，当系统实施装表后，用圆圈分划进行瞄准、射击。

（2）左目镜。亦称假目镜，是一个显示机构，如图 7.20 所示。

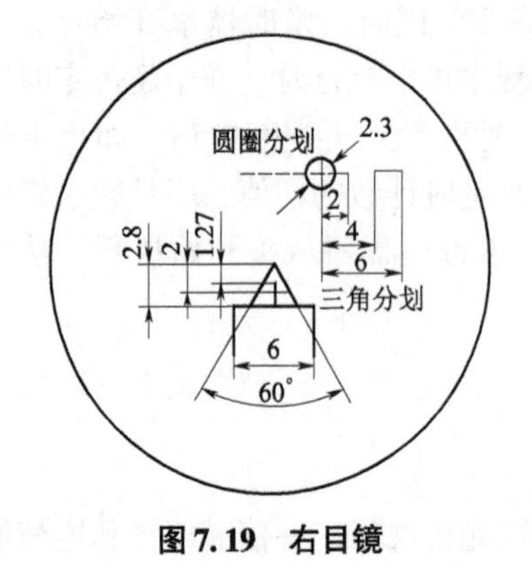


**图 7.19　右目镜**

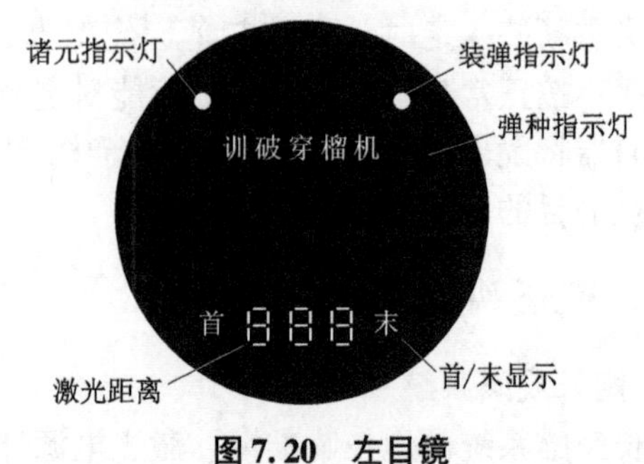


**图 7.20　左目镜**

诸元指示灯：当火控计算机解算出射击诸元，在点亮火控计算机控制面板上诸元指示灯的同时，点亮该指示灯。

装弹指示灯：该灯亮，表示自动装弹机已装弹完毕。

弹种指示灯：显示装定弹种，它与火控计算机面板上所选弹种一致。

首/末显示：当激光测距选择首回波时，显示“首”；选择末回波时，显示“末”。

距离显示：进行激光测距时，显示激光距离；激光测距仪自检时，显示自检结果。

(3) 鼓轮表尺。鼓轮表尺为根据激光测得的目标距离或估算的距离人工装定射击表尺的机构。

(4) 圆圈分划校炮手轮。高低和水平方向各有一个手轮，校炮时旋转这两个手轮，可使圆圈分划上下、左右移动到要求的位置。

(5) 三角分划校炮手轮。高低和水平方向各有一个手轮。校炮时用安装在瞄准镜上的校炮扳手旋转这两个手轮，可使三角分划上下、左右移动到要求的位置。

(6) 除霜电源开关。该开关用于接通或切断目镜加温器的电源。

(7) 除霜电源插座。该插座用于将目镜加温器接插在电源上。

(8) 首/末选择开关。该开关用于选择测距方式。置于“首”位置时，取测距方向上第一个目标的距离；置于“末”时，取最后一个目标的距离。

(9) 激光自检按钮。用于激光测距仪的自检。正常情况下，首/末选择开关在“首”位置时，按压一次自检按钮，在瞄准镜左目镜内显示“075”；在“末”位置时，按压自检按钮，显示“975”。

(10) 分划亮度调节电位器。该电位器用于调节瞄准镜内三角分划和圆圈分划的亮度。

(11) 分划照明开关。该开关用于接通或切断分划照明电路。

**3. 夜视仪面板功能**

微光夜视仪如图 7.21 所示，面板功能如下：

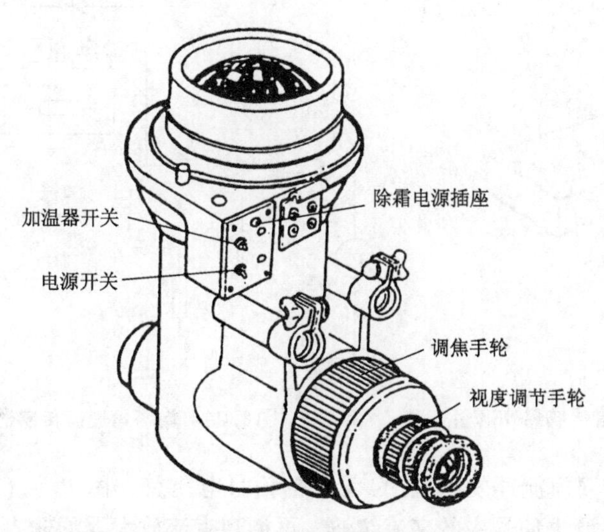


**图 7.21　微光夜视仪**

(1) 夜视电源开关。接通火控计算机电源，再接通此开关，夜视仪工作。

(2) 加温器开关。夜视仪在寒区冬季使用时，应卸下夜视仪目镜眼罩，拧上防霜镜，并将防霜镜电缆接到除霜电源插座上。当目镜出现结霜时，接通加温器开关，可除去目镜上的结霜。

（3）视度调节手轮。调节视度调节手轮，观察荧光屏，直至荧光屏上图像最清晰为止。

（4）调焦手轮。调节调焦手轮，以使观察到的物像最清楚。

（5）夜视仪瞄准标记。将瞄准镜“分划照明”开关扳到“开”的位置，瞄准镜右目镜内的三角分划和圆圈分划将投影到微光夜视仪的荧光屏上，形成夜视仪的瞄准标记。

## 四、火控系统传感器

### 1. 火炮耳轴倾斜传感器

安装稳像式火控系统的坦克具有行进间实施准确射击的功能，要求火炮耳轴倾斜传感器能在坦克行进间实时测量火炮耳轴倾斜角度。该稳像式火控系统采用伺服加速度计来测量火炮耳轴倾斜角度。该倾斜传感器外形如图 7.22 所示。

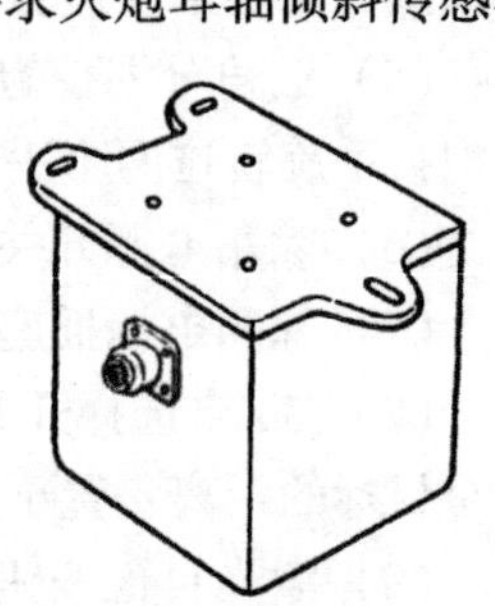

图 7.22　火炮耳轴倾斜传感器外形图

该倾斜传感器的传输特性为

$$\theta = 60 \cdot U$$

式中，$\theta$ 为火炮耳轴倾斜角度（mil）；$U$ 为倾斜传感器输出的电压值（V）。

### 2. 炮塔角速度传感器

“装表”工况为稳像式火控系统的备用工作方式，此时用炮塔角速度传感器向计算机提供目标水平向运动的角速度信号。该火控系统采用直流测速发电机测速的方案，其工作原理和输出特性请参看相关文献。图 7.23 和图 7.24 分别为炮塔角速度传感器的外形图和电路图。

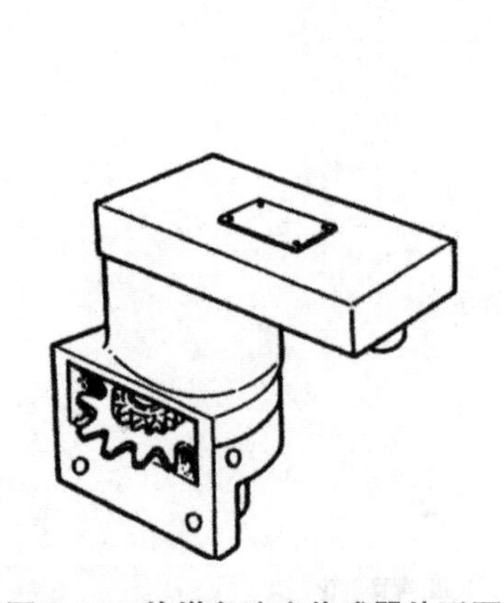

图 7.23　炮塔角速度传感器外形图

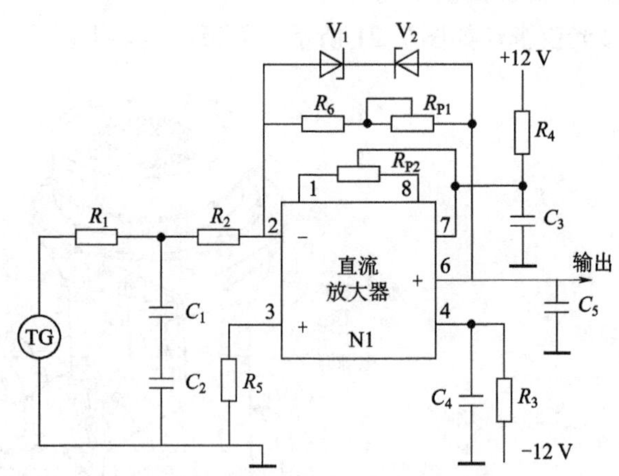


图 7.24　炮塔角速度传感器电路图

为减小干扰，由直流测速发电机 TG 给出的信号电压首先由 $R_1$、（$C_1+C_2$）和 $R_2$ 组成的 T 形低通滤波电路滤去信号中的交流纹波，再加到直流放大器的输入端 2 上。放大器的放大倍数由反馈电阻 $R_6$、调整电阻 $R_{P1}$ 与电阻 $R_2$ 之比值决定。由反接的稳压管 $V_1$ 和 $V_2$ 组成的无极性稳压电路，使信号输出端 6 与输入端 2 间的压差小于或等于 $V_1+V_2$ 的导通电压。可变电阻 $R_{P2}$ 用于校正放大器的零点，提高信号放大的精度。

为减小电源电压的脉冲干扰，分别在 ±12 V 电源与地之间加入了 *RC* 滤波电路。另外，在输出信号端 6 与地之间加电容 $C_5$，以滤去高频干扰，提高输出信号的质量。

**3. 横风传感器**

该稳像火控系统的横风传感器，采用热线恒温平放双丝测量方式。

一根金属丝，通以一定的电流，使其发热，当风吹过金属丝时，一部分热能被带走，金属丝的温度会下降。采用热线恒温的方法是，让热丝工作在一个固定的温度上，风速不同，带走的热量不同，反馈电路自动调节金属丝上的电压可以使其温度保持恒定。根据加在金属丝上电压大小可计算出风速的大小。图 7.25（a）、（b）为热丝式横风传感器的外形和原理示意图。

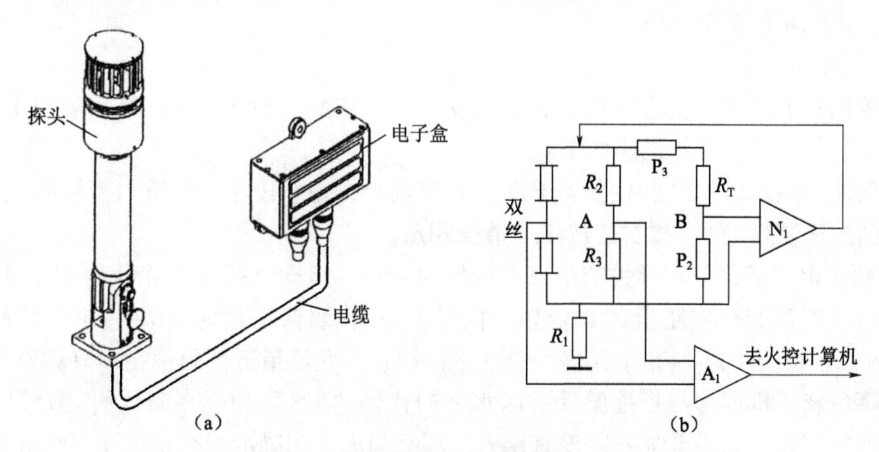


**图 7.25　热丝式横风传感器原理示意图**

（a）外形；（b）原理图

单根热丝无法测量风的方向，采用双丝可以解决这个问题。具体方法是在一根绝缘棒的两侧对称设置两根金属丝，分别感受来自左右两个方向的风力。根据加在两根金属丝上的电压，可以计算出横风的大小和风向。在两根金属丝的外侧镀有陶瓷防护层，可以保护传感器不受沙尘、雨雪、湿热等恶劣环境的影响。

电路简单分析如下：两根金属丝与电阻 $R_3$、$R_2$ 构成一个电桥 A，电桥 A 有一个初始平衡状态。当某一个方向有风时，感受风的金属丝温度会降低，电阻增大，桥路 A 会失去平衡，于是有信号输出，该信号经过 $A_1$ 处理作为横风信号输出给火控计算机。电桥 A 整个作为一个桥臂与 $R_T + P_3$、$P_2$、$R_1$ 构成一个电桥 B。电桥 B 亦有一个初始平衡状态，当电桥 A 有信号输出时，电桥 B 失去平衡，其信号输出给 $N_1$。$N_1$ 产生一个负反馈的驱动电流，使温度降低的金属丝升温到电桥 A 初始状态的温度，从而保证了横风探头恒温的工作方式。

原理图中的 $R_T$ 为环境温度平衡器，任何环境条件都会引起双丝温度的改变，但对于风速传感器来说，只有风速引起的温度变化是有效的。环境温度平衡器的阻值受风速变化时不改变，受其他环境条件如温度、雨雪等影响时，其阻值与双丝一同改变，其目的是消除风速以外环境条件对传感器的影响。

## 五、稳像式火控系统的使用

**1. 火控系统零位校准**

火炮射击前的校准（又称校炮）是保证准确命中目标的重要措施，无论何种火控系统，都要进行这项工作。火控系统零位校准包括机械零位调整、电气零位修正和调整装表工况零位三项工作。

1）机械零位调整（远方瞄准点校炮）

（1）接通计算机电源，将工况选择开关扳到“测试”位置。

（2）将坦克停放在较为平坦的地面上，在距离坦克 1 200 m 处竖立一块有“十”标志的靶板。

（3）将校靶镜插入炮口，操纵火炮，使校靶镜瞄准点对准校正靶“十”字线中心。

（4）调整瞄准镜三角分划校炮手轮，使三角分划顶点也对准校正靶“十”字线中心。

此时，机械零位调整完毕。

2）电气零位修正

调整控制盒上水平、垂直电气零位修正拨码开关 SA1、SA2，直至显示窗码值灯全灭，则电气零位修正完毕。操作说明如下：

（1）SA1、SA2 均为 12 挡的拨码开关，各有两个按钮。按左边按钮，挡号加 1，码值指示灯显示的二进制数加 1，按右边按钮，情况相反。

（2）两个电气零位修正开关的修正范围均为 -6 ~ +5 个代码（每个代码表示 0.1 mil）。挡号为 7 时，程序当作修正量为 0 处理；挡号 1 ~ 6 代表修正量为 -6 ~ -1 个代码；挡号 8 ~ 12 代表修正量为 +1 ~ +5 个代玛。电气零位修正，允许最低位码值指示灯调不灭。

电气零位修正机理为：系统设计时以水平向代码“503”和垂直向代码“757”作为两个方向的电气零位。如果系统安装没有误差，那么当火炮和瞄准线交汇于 1 200 m 处时，火炮位置传感器输出的码值应刚好是“503”和“757”。然而，由于种种原因，完全没有误差几乎是不可能的。电气零位修正就是通过 SA1、SA2 对火炮位置传感器输出的代码进行补偿，使得经过电气零位修正后，火炮位置传感器输出的光码加上电气零位修正的代码后，结果是“503”和“757”。此时控制盒显示的水平和垂直误差信号为：

$$水平误差信号 = 水平光码 + 水平向电气零位修正 - 503$$

$$垂直误差信号 = 垂直光码 + 垂直向电气零位修正 - 757$$

如果电气零位修正是全补偿，则误差为零，显示窗码值指示灯全灭。

3）调整装表工况零位

（1）将工况选择开关扳到“装表”位置。

（2）调整瞄准镜上圆圈分划校炮手轮，使圆圈分划中心同样对准十字线中心。

（3）按下计算机总清按钮，如圆圈分划没有位移，校炮完毕；如有位移，再用校炮手轮校正圆圈分划，直至按复位按钮，圆圈分划没有位移为止。

**2. 实弹校炮和综合修正量装定**

由于火炮存在跳角和种种系统误差，新炮或更换火炮身管后，必须进行所有弹种的实弹校炮，并进行综合修正量装定后方可使用。操作方法如下：

（1）首先进行火控系统零位校准。

（2）将控制盒上的功能指轮开关按到“4”（重合门阈值为 0）。

（3）在坦克和目标均为静止状态下，按稳像工况对 1 200 m 距离的靶板中心射击 5 发。

（4）求取平均弹着点到靶板“十”字线中心的偏差量（m）。

（5）将水平和垂直偏差量分别除以 1.256，换算成角度偏差（mil）。

(6) 按角度偏差在计算机副面板上装定对应弹种的综合修正量。装定时的正、负号规定如下：水平向平均弹着点在靶板“十”字线右侧装定负值、在左侧装定正值；垂直向平均弹着点在上装定负值，在下装定正值。

示例：穿甲弹，1 200 m 实弹校炮，平均弹着点在左 0.6 m、在上 1.42 m。转换成密位数为在左 0.5 mil，在上 1.1 mil。综合修正开关装定将如图 7.26 所示。

水平向装定　+(0.4+0.1)=0.5(mil)

垂直向装定　-(0.8+0.2+0.1)=-1.1(mil)

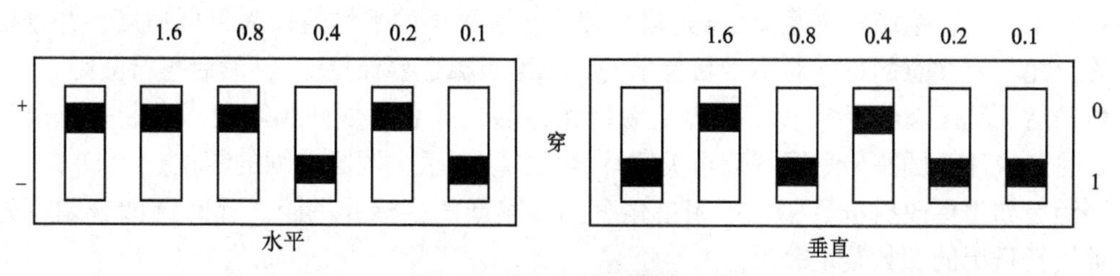


图 7.26　综合修正量装定

(7) 综合修正量装定检查。将工况选择开关扳到“自检”位置，弹种选择开关扳到“穿”位置，自检选择开关扳到 $\Delta\varepsilon 4$，此时显示器应显示 -1.1；自检选择开关扳到 $\Delta\beta 4$，显示器应显示 0.5。否则应重新装定。

(8) 将控制盒上的功能指轮开关按回到“2”（重合门阈值为 0.2 mil×2 mil）。

**3. 稳像式火控系统射击**

1) 稳像工况射击

稳像工况射击是安装稳像式火控系统坦克的主要射击方式。射击序列如下：

(1) 启动系统成稳像工况。

(2) 将计算机控制面板上“激光/人工”开关置于“激光”，人工距离装定“000”，并装定气温、药温、横风、初速修正和海拔高度值等各种修正量。如使用横风传感器，则将横风修正开关的十位置于“A”。

(3) 搜索捕捉目标，根据目标类型，按车长口令选择弹种并实施自动装弹，打开射击保护开关 SA3。

(4) 在瞄准镜上，根据目标情况选择激光测距的首、末。

(5) 炮长通过操纵台用瞄准镜三角分划顶点瞄准目标并测距，左目镜显示目标距离、诸元指示灯亮。

(6) 炮长保持瞄准目标（对不动目标）或精确跟踪目标（对运动目标）2 s 后，按下火炮击发按钮等待火炮进入重合门击发，火炮发射后再松开击发按钮。

在稳像射击方式，不论坦克在停止或行进间，对不动目标还是运动目标，射击要领相同。

注意：稳像方式射击过程中，最重要的是在按下击发按钮前 2 s 和按下击发按钮至火炮击发这段时间，应始终精确瞄准并平稳跟踪目标。重复地说，这是因为对运动目标射击的提前量，是根据火炮击发前 2 s 内瞄准线的平均角速度计算的。只有精确跟踪目标，火炮才能获得准确的提前量。火炮击发前 2 s 跟踪是否平稳、精确，直接影响对运动目标射击的命中率。

2) 装表工况射击

当稳像部分有故障或手工操作瞄准机时（不使用稳定器），系统可在装表工况下使用。

此种工作状态仅适用于静止坦克对不动和运动目标射击。与稳像工况射击序列不同之处如下：

（1）启动火控系统成装表工况。

（2）用瞄准镜三角分划顶点保持瞄准目标（对不动目标）或精确跟踪目标（对运动目标）2 s后按下激光测距按钮，此时，右目镜圆圈分划将自动装定瞄准角和方位提前量。

（3）用圆圈分划中心瞄准目标中心，按动操纵台上火炮击发按钮，火炮立即发射。

注意：射击过程中，最重要的是在按下测距按钮前2 s应精确瞄准并平稳跟踪目标。因为在装表工况下，系统取测距前2 s炮塔角速度8次采样的平均值作为目标速度，并进行单次解算。尤其要注意的是，对不动目标射击，瞄准目标也要保持2 s，然后再行测距。

射击后、测距20 s后或按下计算机总清按钮后，圆圈分划回到零位。在装表工况下关闭系统时，应注意圆圈分划回零后再关闭计算机，以免丢失圆圈分划的零位。

测距后如想更改射击目标，可用三角分划瞄准新的目标并测距。此时圆圈分划将先归零，再按新目标的参数装定表尺。

3）鼓轮表尺装表射击

如系统稳像工况和装表工况均有故障，可利用瞄准镜上的鼓轮表尺在垂直向人工装定圆圈分划以继续射击。鼓轮表尺的使用方法如下：

（1）将计算机面板上工况选择开关扳到“装表”位置。

（2）调整圆圈分划校炮手轮，使圆圈分划中心与三角分划顶点重合。

（3）转动鼓轮红色指示线，使其与鼓轮表尺0线重合（归零）。

（4）按估测或实测的目标距离，装定鼓轮表尺（此时圆圈分划将相应下移）。

（5）用圆圈分划中心瞄准目标即可射击。

4）用直射分划射击

直射分划是专供穿甲弹对坦克目标射击的分划。使用时，将计算机面板上“工况选择”开关扳到“装表”位置。将目标高度与三角分划竖线做比较。如目标高于竖线，用三角分划底平线对准目标下沿；如目标低于竖线，则用底平线和竖线的交点瞄准目标中心射击，如图7.27所示。

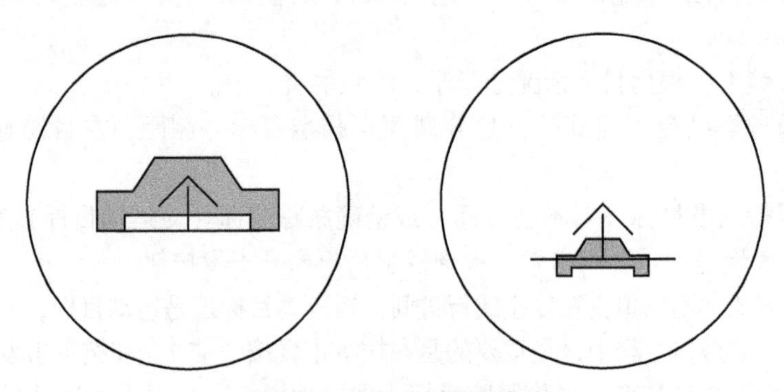

**图7.27　直射分划使用方法**

鼓轮表尺和直射分划通常用于对不动目标射击。如对运动目标射击，由炮长凭经验加适当的提前量。

5）夜间射击

夜间射击操作步骤如下：

（1）将一倍潜望镜拆下，装上微光瞄准镜。

（2）接通计算机电源开关及夜视电源开关。

（3）调整目镜视度手轮至观察荧光屏最清晰，调整调焦手轮至物像最清晰。

（4）将瞄准镜上分划照明开关扳到“开”的位置，微光瞄准镜中显示出三角分划和圆圈分划，调整分划亮度电位器到分划亮度适当，即可进行瞄准、测距、射击。

微光瞄准镜可在稳像工况下使用，也可在装表工况下使用。无论哪种工况，其射击操作程序与昼用瞄准镜操作程序相同。

## 第二节　防空卫士火控系统介绍

火控系统是现代防空武器系统的重要和核心组成部分，一般包括目标探测器、目标跟踪器和火控计算机。

高炮火控系统的基本功能：

（1）搜索、识别、跟踪和测量目标现在点坐标。

（2）滤波、平滑测量出的数据，并预测目标未来点坐标。

（3）控制火力系统射击目标的未来点。

可以说高炮火控系统的发展历史就是不断发展和完善实施这些基本功能的方法和手段的历史。对目标现在点的测量从最早的人眼、望远镜、光学设备、电子光学设备到炮瞄雷达、火控雷达，以至目前的多传感器综合体，不同的阶段和不同的手段，都反映了对目标现在点测量技术的发展过程；对目标未来点预测从最早的人脑、惯性设备、机电模拟解算仪，到采用专用指挥仪、微型计算机，以至目前的综合火控计算机等，都反映了对目标未来点的预测技术发展过程。准确、实时地求出射击诸元并将其传递给火力系统是火控系统的最终任务。

现代防空火控系统经历了由简单到复杂、由简易到先进的演变和发展过程，逐步形成了一个以雷达为主、光学为辅、光电结合、分布式计算机与集中式计算机控制相结合、多传感器融为一体的综合系统。下面介绍一个典型的高炮火控系统——防空卫士。

### 一、防空卫士概述

35 mm 高炮的火控系统主要由瑞士康特拉夫斯公司研制和开发。康特拉夫斯公司研发火控设备有较悠久的历史。1948 年研制成功了第一台光学瞄准镜机电解算火控装置；1954 年研制成功第一部雷达型机电解算火控装置；1957 年研制成功著名的“蝙蝠”高炮火控雷达系统；1968 年推出了“超蝙蝠”高炮火控雷达系统。该系统至今已生产 2 000 多部，有 20 多个国家购买了这种系统。进入 21 世纪后，“超蝙蝠”系统仍在不断改进和继续服役中。

1971 年康特拉夫斯公司又以“超蝙蝠”火控的技术为基础，研制成功了主要与 35 mm 牵引高炮配合使用的“防空卫士”火控系统，该系统是在以前其他系统的基础之上，吸取了大量经验，考虑了各种因素，在通用性、小型化、全天候、低空性能、抗干扰性能、对付多目标性能等多方面都有明显的提高和发展。此后，“防空卫士”火控系统被许多国家购买和装备，成为当今世界上牵引高炮火控系统中的典型代表产品。

“防空卫士”系统研制成功后，康特拉夫斯公司对其改进工作一直都在进行中。改进型中较具代表性的有 3 个产品：一是 KLMS 型系统，它是在原有基本系统上加装 Ka 波段雷达、激光测距仪、导弹发射架以及与上级警戒雷达的接口，使该系统不仅能同时控制 2 ~ 3 门 GDF003 型 35 mm 牵引高炮形成高炮防空武器系统，而且能同时控制 2 部“麻雀”（Sparrow）导弹发射架和 2 门 35 mm 牵引高炮形成弹炮结合防空武器系统。二是 Mark Ⅱ 型系统，它在总体结构设计上做了全面改进，加大外形尺寸，把 Ka 波段收发单元集成到跟踪器上座内部，改进系统控制软件，加装 FLIR 前视红外跟踪器和无线通信系统，改扩展式液压调平千斤顶为内置式，增加电站输出功率容量，改进空调系统，重新设计主控台等。三是在 KLMS 型基础上与意大利合作，使改进型“防空卫士”系统可以同时控制 1 部“阿斯派德”（Aspide）导弹发射架和 2 门 GDF005 型 35 mm 牵引高炮。GDF005 型 35 mm 牵引高炮上配有 AHEAD 弹系统和“炮王”（Gun King）光电火控，该型“防空卫士”系统去掉了 FLIR 红外和激光测距仪，因为 GDF005 型炮上的光电火控已有这些设备。导弹制导功能和 Ka 波段雷达等由用户选配。

最近，康特拉夫斯公司又推出了“空盾”火控系统。“空盾”系统配置 2 门可发射 AHEAD 弹的 1 000/35 型转膛式高射速 35 mm 牵引高炮和 1 部携带 8 枚“阿达茨”导弹的发射架（无底盘）。该火控系统看起来很像是将“防空卫士”火控系统一分为二。把雷达和光电跟踪器与装有主控台、通信、空调等设备的人员工作舱分离，去掉了底盘、液压自动调平（改为手动调平）等部分，构成了一个更加小型化、标准化和模块化的轻便的分置式防空武器系统。由于“空盾”系统采用了一系列当前最先进的技术，进一步提高了防空和反导能力。整个“空盾”弹炮结合防空武器系统仅需 2 人操作，使用起来灵活方便、安全可靠。而且因为人员工作舱与雷达分离，可确保操作人员免遭反辐射导弹攻击。

除与牵引高炮配合使用之外，康特拉夫斯公司以“防空卫士”火控技术为基础，1970 年开始与德国西门子公司、荷兰信号公司联合研制了“猎豹”（Leopard）35 mm 自行高炮系统，与荷兰信号公司联合研制了“凯撒”CA－1 型 35 mm 自行高炮系统，20 世纪 70 年代末推出了“阿塔克”（Atak）35 mm 自行高炮系统。这些自行高炮累计约生产了 570 辆。在 1979 年康特拉夫斯公司又与美国马丁（Martin Marietta）公司联合研制“阿达茨”自行防空反坦克导弹系统，并于 1985 年开始批量生产。此外，康特拉夫斯公司还研制发展了“海上卫士”和“海上防盾”舰载火控系统等。

综上所述，除少数较简易的光电火控以外，其余 35 mm 高炮的火控系统多是从“防空卫士”系统的基础上发展而来。我国技术引进并国产化仿制成功的 35 mm 牵引高炮系统的火控也是“防空卫士”。所以下面将着重介绍“防空卫士”火控系统。

## 二、防空卫士火控系统的组成

“防空卫士”火控系统设计先进、战术功能齐全、自动化程度高、反应时间短、能在复杂的电子干扰和强地物杂波环境下对付多批次目标攻击，具有可靠性高、维修性良好和操作使用简便等特点，是当今世界上高炮火控系统中的经典产品。

“防空卫士”火控系统是一种复杂的电、机、光、液、声一体化的综合系统。按照 ISO 国际标准对产品的层次划分，可以把火控系统划分为 7 个层次。第一层为最高层，是指火控系统产品本身，也称为整机级。由于“防空卫士”整机在双 35 mm 牵引高炮系统是分系统，所以它以下的6个层次分别为：子系统、单元、组合、组件、部件和元件（零件）。“防空卫士”火控系统由8个子系统，以及约20个单元、84个组合、145个组件、323个部件和23 456个元件组成。

“防空卫士”的8个子系统分别为：雷达子系统、光电子系统、控制子系统、操控子系统、通信子系统、辅助子系统、电源子系统和运载子系统。

**1. 雷达子系统**

雷达子系统包括X波段搜索雷达、X波段跟踪雷达、Ka波段跟踪雷达（最初的基本型“防空卫士”未配备Ka波段跟踪雷达）和敌我识别器等。

X波段搜索雷达由超余割平方赋形变极化搜索天线、X波段行波管发射机、微波单元、信号处理单元和平面位置显示器PPI组成。X波段搜索雷达采用了数字动目标显示、全相参脉冲多普勒体制。发射机峰值功率为20 kW，发射机带宽为900 MHz，变频时间小于10 ms，在带宽内有38个频率点可供选择，每部雷达有5个频率工作点；天线转速为60 r/min，敌我识别器的8个偶极子天线寄生在搜索雷达天线上；信号处理采用数字MTI技术，有恒虚警电路、干扰方向显示、自动风速补偿和异步脉冲抑制等功能。该搜索雷达具有多种搜索模式：变频率搜索模式、变脉冲重复频率搜索模式、变脉冲宽度搜索模式、变极化搜索模式、功率管理搜索模式、寂静搜索模式等。

X波段跟踪雷达与搜索雷达共用同一部行波管发射机，采用功率分配方式工作。其余由极化扭转卡塞格伦跟踪天线、微波单元和信号处理单元等组成。X波段跟踪雷达采用了模拟动目标处理，全相参脉冲多普勒单脉冲跟踪体制；角跟踪信号处理采用模拟动目标处理，距离跟踪通道采用计算机再生复合控制技术，具有截获速度快、跟踪速度范围宽、跟踪精度高等特点；跟踪雷达具有多变参次重复频率、动目标显示、自动跟踪杂波源、空对地导弹自动报警、快速自动跟踪目标转换、自动记忆跟踪目标和非多普勒跟踪目标等多种跟踪方式。

Ka波段跟踪雷达是国际上20世纪90年代最先进的技术。该雷达采用毫米波单脉冲多普勒雷达技术体制，并与X波段跟踪雷达共用卡塞格伦跟踪天线。其余部分由毫米波收发单元和信号处理单元组成。其中发射机峰值功率为80 W，带宽为450 MHz，具有频率捷变和动目标显示兼容、工作频率点20个、自动风速补偿、全数字动目标滤波器、三种编码波形脉冲压缩技术、低副瓣、恒虚警等多种抗干扰能力和反辐射导弹攻击自动报警能力。该Ka波段跟踪雷达具有多种工作模式：宽搜索模式、窄搜索模式、宽截获模式、窄截获模式、锁定模式、单跟踪模式、双跟踪模式、被动模式等。

**2. 光电子系统**

光电子系统包括电视跟踪单元、激光测距单元、光学搜索瞄准镜单元和阵地标定单元等。有些发展型的“防空卫士”还包括FLIR前视红外跟踪器。

电视跟踪单元由电视摄像机、光线倍增器、视频信号处理器、图像跟踪器、视频监视器、电源等组合构成；具有抗干扰能力强、跟踪平稳、精度和可靠性高等特点。

激光测距单元采用风冷式YIG激光测距仪技术，具有测程远、重频高、测距精度高、操作简便、可靠性好等特点。

跟踪电视与激光测距仪一起可构成精度高的光电跟踪器，完成对目标的跟踪、识别和射击评价。

光学搜索瞄准镜单元又称为OS系统，它是一种附加目标捕获手段。该单元平时放置在“防空卫士”的牵引车上，作战时放置于距“防空卫士”约20 m处。若目标突然临空，OS系统测手应该用光学搜索瞄准镜捕获和跟踪目标，目标的高低、方位数据将同步传输给火控计算机，火控机控制“防空卫士”跟踪器指向OS系统对准的方向，并控制火炮射击。

阵地标定单元包括红外测距机、小型经纬仪和导航设备等。惯性导航设备和小型经纬仪用于完成35 mm高炮系统阵地的定位定向。红外测距机借助火炮上专用的反射体，测量“防空卫士”火控与火炮的相对距离，再由跟踪电视和火炮瞄准镜测出火控与火炮的相对方位角，计算机录入有关数据，从而完成火控与火炮之间的阵地标定。

**3. 操控子系统**

操控子系统主要指主控台，它是火控系统的人机界面，所有的操作、控制、显示都集中在其上。包括雷达的PPI显示器、电视显示器、灯阵指示、操作指示面板、数字键盘、操纵杆、滚球等。

**4. 控制子系统**

控制子系统由计算机单元和跟踪伺服单元组成。

计算机单元由康特拉夫斯公司生产的C2001型数字式专用计算机、接口机、软件、外围设备和计算机电源等组成，用于火控系统的控制、解算、检测、诊断和模拟训练等。

跟踪伺服单元是搜索和跟踪探测设备的载体，并承担探测所得信号的传输任务，包括伺服驱动测量、闭环控制、精密传动以及回转接触器等。

**5. 通信子系统**

通信子系统包括通话、数传双工无线电台、有线数传设备及内部通话设备等。

**6. 电源子系统**

电源子系统包括火控电站和配电设备等。

**7. 辅助子系统**

辅助子系统包括空调和通风装置、液压起落和高精度自动调平装置等。

**8. 运载子系统**

运载子系统包括拖车、人员工作舱和牵引车等。

“防空卫士”火控的搜索和跟踪探测设备等则在被翻转收入到其操控工作舱内，火控电站也被收入“防空卫士”的后舱内。而火控操控人员、小型经纬仪和OS系统等都位于牵引车上。惯性导航设备本来就安装在牵引车上。牵引车上还装有盛火控电站工作燃油的油箱。

另外，配属“防空卫士”火控系统的还有火控野战维修方舱、TS-2训练模拟器和快速评价系统等配套装备。

## 三、防空卫士火控系统的主要技术性能

**1. X波段搜索雷达**

搜索雷达体制：全相参动目标显示及边搜索边跟踪；

最大作用距离：≥18 km（RCS 2 $m^2$，概率密度分布斯威林I型，全功率工作，一次扫描，$P_d \geq 50\%$，$P_f \leq 10^{-6}$）；

雷达工作频率点：固定5点；

变频时间：≤10 ms；

发射机输出峰值功率：≥20 kW（平均功率）；

发射脉冲宽度：宽脉冲，1.4 μs±0.2 μs；窄脉冲，0.3 μs±0.1 μs；

脉冲重复频率范围：5.5~6.9 kHz；

脉冲参次重复频率：5组/16组；

脉冲重复频率改变：手动、1 Hz、50 Hz；

发射功率管理分配：搜索/跟踪共四种模式（100/0，50/50，90/10，0/100）；

搜索雷达天线极化：水平极化或圆极化可转换；

天线最小增益：28 dB（单程）；

天线转速：60 r/min±10 r/min，顺时针方向转动；

天线方位角波束宽度：1.7°±0.2°（高低角为4°）；

方位角最大旁瓣电平：<−24 dB（3°~10°）；<−30 dB（10°~180°）；

天线高低角波束特性：修正余割平方；

高低角最小增益：0°~8°：≥25 dB，8°~20°：≥22.5 dB，20°~30°：≥20.5 dB，30°~45°：≥17.5 dB；

天线可承受风速能力：≥120 km/h；

接收机灵敏度：≤−98 dBm；

动目标改善因子：≥45 dB（固定PRF），≥40 dB（参次PRF）；

原始视频距离范围：500 m~20 000 m；

MTI视频距离范围：1 320~20 240 m；

距离分辨单元：220 m；

速度响应范围：15~625 m/s（正常PRF），25~1 000 m/s（参次PRF）；

PPI显示范围：12 km/20 km可选择；

距离显示标志环：每环4 km；

显示管规格：直径24 cm，P7；

光学瞄准镜游标：径向线；

符号标记数：64个；

边搜索边跟踪能力：8批；

搜索雷达抗干扰手段：恒虚警电路、干扰方向显示、动目标显示、风速补偿、异步脉冲抑制；

发射机带宽：900 MHz；

变频时间：≤10 ms；

工作频率点：有38个频率点可供选择；

副瓣电子：≤−30 dB（远区）。

**2. X波段跟踪雷达**

雷达体制：模拟脉冲多普勒单脉冲跟踪；

最大跟踪距离：≥18.5 km（半功率）；

保精度跟踪距离：≥9 km；

最小跟踪距离：≤0.3 km；

角跟踪精度均值误差：≤（0.3$d$，1）mil，$d$ 为目标外接圆直径对跟踪雷达的张角；

角跟踪精度均方误差：≤（0.2$d$ +0.3）mil；

距离跟踪精度均值误差：≤10 m；

距离跟踪精度均方误差：≤10 m；

跟踪雷达发射机：与 X 波段搜索雷达发射机共用；

跟踪雷达天线类型：极化扭转反射单脉冲卡塞格伦天线；

跟踪天线最小增益：36 dB；

跟踪天线波束宽度：2.4° ±0.3°（3 dB，和波束方向图）；

跟踪天线极化类型：垂直极化；

跟踪天线旁瓣电平：≤ -22 dB（0° ~10°），≤ -26 dB（10°以外）；

信号处理截获距离范围：500 ~20 240 m；

截获波门宽度：14 m×110 m；

动目标改善因子：45 dB（固定 PRF），40 dB（参次 PRF）；

速度响应范围：15 ~625 m/s（正常 PRF），25 ~1 000 m/s（参次 PRF）；

跟踪距离范围：300 ~20 000 m；

距离分辨力：窄脉冲 75 m，宽脉冲 310 m；

最大距离截获速度：280 km/s；

跟踪雷达抗干扰措施：频率捷变、变重复频率、动目标显示、单脉冲体制、自动跟踪杂波源。

**3. Ka 波段跟踪雷达系统**

雷达工作体制：单脉冲多普勒；

最大跟踪距离：≥10 km；

保精度跟踪距离：≥6 km；

最小跟踪距离：≤0.5 km；

角跟踪精度均值误差：≤0.8 mil；

角跟踪精度随机误差：≤0.8 mil；

距离跟踪精度均值误差：≤10 m；

距离跟踪精度随机误差：≤10 m；

角度分辨力：12.2 mil；

距离分辨力：40 m；

工作频率：固定 20 点；

变频时间：脉间跳频；

发射机输出峰值功率：≥50 W；

发射脉冲宽度：（5.83 ±0.08）μs、（3.64 ±0.05）μs、（0.91 ±0.014）μs；

脉冲重复频率范围：15 ~45 kHz；

跟踪雷达天线类型：与 X 波段跟踪雷达共用；

跟踪天线最小增益：45 dB；

跟踪天线波束形状：针状波束；

跟踪天线波束宽度：0.7°±0.1°（3 dB，和波束方向图）；

跟踪天线极化类型：垂直极化；

跟踪天线旁瓣电平：-15 dB（3°以外）；

雷达接收机噪声系数：≤15 dB；

接收机动态范围：≥90 dB；

信号处理截获距离范围：300～20 000 m；

截获波门宽度：$R_0$ ±460 m/$R_0$ ±100 m；

动目标改善因子：≥30 dB（固定 PRF）；

速度响应范围：±1 000 m/s；

抗干扰措施及性能：动目标显示、自动风速补偿、数字动目标滤波器、三种编码波形脉冲压缩技术、频率捷变和动目标显示兼容、恒虚警、单脉冲；

频率变化范围：450 MHz；

固定频率点：20 个。

**4. 敌我识别器**

识别距离：≥18.5 km；

天线类型：8 个半波振子集成在搜索天线上；

工作带宽：1 030～1 090 MHz；

天线极化：垂直极化；

天线方位角最小增益：12 dB；

方位角波束宽度：18°（高低角为 4°）；

方位角最大旁瓣电平：≤-12 dB；

天线高低角波束特性：修正余割平方；

天线高低角最小增益：≥9 dB（-5°～45°）；

方位角波束滞后：3°±0.7°（滞后搜索天线波束）。

**5. 电视跟踪器**

电视跟踪体制：对比度跟踪和边缘跟踪；

最大跟踪距离：≥10 km（能见度≥20 km）；

角跟踪精度均值误差：≤0.5 mil；

角跟踪精度随机误差：≤0.6 mil；

最小可跟踪对比度：±5%；

电视摄像机焦距：64.5～645 mm（分 8 挡控制）；

电视摄像机水平视场：11°～1.1°；

电视摄像机滤光片：黄、红两种滤光片；

光强控制范围：（0.01～100 000）lx；

摄像机调焦范围：14 m～∞（按键遥控）；

电视跟踪窗：1.5 mil×2.0 mil（焦距为 645 mm）；

电视监视器：6 英寸（1 英寸=2.54 厘米）；

电视图像显示：显示目标、跟踪波门、附加门和电“十”字线，左线柱为弹丸飞行时间、右线柱为目标高度；

雷达 R 迹显示：显示雷达截获波门，半幅图像高代表 770 m；

水平显示：32 个字符，共 8 种战术诸元显示；

基线测距范围：40 ~ 500 m；

基线测距误差：≤0.5 m；

最大基线测量时间：≤60 s。

**6. 激光测距仪**

最大测量距离：≥6 km（能见度≥20 km）；

距离测量范围：280 ~ 20 000 m；

测距误差（均方差）：≤4 m（距离≤5 km 时）；

动态回波率：≥80%；

静态回波率：≥99%；

激光发生器：Nd - YAG；

束散角：（3 ±0.5） mrad；

氙灯寿命：$50\times10^4$ 次；

重复频率：12.5 Hz；

瞄准镜视场：5°；

瞄准镜倍率：8 倍。

**7. 伺服跟踪器**

方位角跟踪范围：360°无限制；

高低角跟踪范围：-160 ~ +1 400 mil（电气止挡），-250 ~ +1 500 mil（机械止挡）；

方位角最大截获速度：2 250 mil/s；

方位角最大跟踪速度：1 400 mil/s；

高低角最大截获速度：1 125 mil/s；

高低角最大跟踪速度：700 mil/s；

方位角最大截获加速度：3 560 mil/$s^2$；

方位角最大跟踪加速度：1 400 mil/$s^2$；

高低角最大截获加速度：8 437 mil/$s^2$；

高低角最大跟踪加速度：937 mil/$s^2$；

方位角最大调转速度：1.2 s（30°），2.4 s（120°）；

高低角最大调转速度：1.0 s（30°），1.8 s（80°）；

方位角定向斜率：±4 V/10 mil；

高低角定向斜率：±4 V/10 mil；

方位角系统不灵敏区：3 mV；

高低角系统不灵敏区：6 mV。

**8. 计算机与软件**

计算机机型：COBA2001 型数字式专用计算机；

控制武器：同时计算两门高炮射击诸元并为一个导弹发射架提供目标数据，亦可单独计算三门高炮的射击诸元；

计算机系统软件：战斗准备程序、战斗程序、快速测试程序、功能测试程序、故障诊断程序、计算机自检程序、TS－1在线训练模拟器程序。

**9. 数据传输设备**

数据传输对象：2门双35 mm牵引高炮和1个防空导弹发射架，或3门双35 mm牵引高炮；

数据传输体：双股军用野战通信电缆；

数据传输方向：双向传输，不对称；

数据传输速率：2 400 bit/s；

数据传输距离：到火炮，500 m；到导弹发射架，1 500 m。

**10. 内部通信设备**

内部通话类型：对讲电话，收发话筒；

内部通话通道：6路；

内部通话优先级：

优先级1：工作车操作手；

优先级2：OS操作手；

优先级3：火炮1操作手；

优先级4：火炮2操作手；

优先级5：火炮3操作手；

优先级6：其他操作手；

内部传输媒体：双股军用野战通信电缆；

内部传输距离：≥5 000 m。

**11. 液压设备**

液压系统最高压力：8.5 MPa；

拖车纵轴最大调平范围：4.0°；

拖车横轴最大调平范围：5.5°；

最大调平时间：170 s；

最大精调平时间：10 s；

最大调平误差：0.5 mil；

液驱跟踪器翻转时间：≤40 s。

**12. 空调设备**

空调加热功率：全加5 kW/半加2.5 kW；

空调制冷功率：最大4.2 kW；

工作舱降温速率：开机30 min由+49 ℃降至（+38±3)℃，开机60 min由+49 ℃降至（+35±3)℃；

工作舱升温速率：开机30 min由－40 ℃升至（－7±3)℃，开机60 min由－40 ℃升至（+7±7)℃；

工作舱内空气循环风量：490 $m^3$/h；

工作舱内噪声：≤80 dB。

**13. 光学搜索瞄准镜**

方位角监视范围：360°无限制；

高低角监视范围：-167 ~1 416 mil；

与火控系统最大距离：20 m。

**14. 电站**

发动机类型：汽油风冷式内燃机；

发动机额定功率：≥37 kW；

发电机组额定功率：20 kW；

额定输出电压：200 V/115 V；

额定功率因数：0.8（滞后）；

额定频率：400 Hz；

输出标准：三相四线；

工作方式：内装、地面均可使用，内装行驶状态也能工作；

工作噪声：≤80 dB（7 m 处测）。

**15. 拖车**

拖车车型：双轮四轴单胎全拖式玻璃纤维钢板组合车厢；

外形尺寸：行驶状态时为 6 385 mm×2 300 mm×2 113 mm，工作状态时为 4 272 mm×2 300 mm×3 963 mm；

拖车自重：≤3 800 kg；

最小转弯半径：≤6 m；

最大行驶速度：80 km/h。

**16. 自检测能力**

实时机内工作监视，用程序实现工作监视，快速检查、功能检查和故障诊断三级功能与故障自检测。自动诊断覆盖率：≥90%（误判率≤10%）。

**17. 架设撤收时间（操作人员 3 人）**

系统架设时间：≤15 min；

系统撤收时间：≤10 min。

**18. 系统反应时间（典型值）**

雷达截获系统反应时间：≤5.5 s；

搜索雷达目标转换时间：≤3.5 s；

编队飞行目标转换时间：≤1.1 s。

**19. 火控系统全重**

火控系统全重：≤6 t。

**20. 系统可靠性、维修性**

系统可靠性 MTBF 值：≥15 h（验证值，置信水平 80%）；

系统维修性 MTTR 值：≤1 h（只限两级维修，不含等待时间）。

**21. 系统耗能指标**

火控系统正常工作耗能：约 11.5 kVA；

最大制冷工作耗能：约 16.5 kVA；

最大加热工作耗能：约 18.5 kVA。

## 四、防空卫士火控系统的主要特点

**1. 较强的抗干扰能力**

“防空卫士”火控雷达采用了许多行之有效的抗干扰措施。搜索雷达采用了全相参脉冲多普勒体制，以及宽带多频率点捷变频、低副瓣、恒虚警、干扰方向显示、动目标显示、参次脉冲重复频率、风速补偿和异步脉冲抑制等技术。跟踪雷达采用X和Ka双波段和全相参脉冲多普勒单脉冲跟踪体制，而Ka波段是毫米波，具有较强的抗干扰和反隐身能力，还有宽带多频率点捷变频、多变参次重复频率、MTI动目标滤波和显示、自动跟踪杂波源、自动记忆跟踪目标和非多普勒跟踪目标、三种编码波形脉冲压缩技术、低副瓣、恒虚警等多种多样的抗干扰措施。例如，自适应频率捷变是指雷达根据每个频率受干扰的情况，在分布于较宽频带范围内的多个频率点中，自动选取若干个未被干扰或干扰较小的频率作为发射频率，且不断捷变工作频率，有效地抑制了敌方的有源干扰，并减小了目标起伏和角闪烁所引起的误差。此外，Ka波段雷达采用较高的脉冲发射频率和较低的脉冲功率，尽量降低敌方电子侦察的截获概率。

另外，由于现代电子技术不断迅速发展，干扰和抗干扰的斗争是没有止境的。任何抗干扰技术都只能是在某些方面有较好的效果。因此，“防空卫士”火控系统还采用了多种搜索和跟踪手段。例如，被动搜索、OS系统搜索和双波段雷达跟踪、电视/激光跟踪、OS系统跟踪等。这些对空探测手段可以组合成多种多样的搜索和跟踪模式，当一种工作模式失效时，立即用其他的模式工作，有效地提高了系统的抗干扰能力。

**2. 低空探测性能好**

由于毫米波技术的应用，使得雷达天线的波束大为锐化，并在不同距离、不同的工作模式采用不同的脉组设计，有效地减小了多路径干扰（多路径效应引起的误差仅约0.066 mil）。加之采用MTI动目标滤波和显示，大幅度改善了该火控系统的低空跟踪能力。而且雷达的距离和角分辨能力也有明显提高。

**3. 自动化程度高**

尽管“防空卫士”火控系统有多种作战模式，有许多可以人工干预的操控，看起来好似操作非常复杂。但在正常的全自动作战模式下，所需要的操控仅是两个按钮。一是截获目标，二是开火射击。

另外，还有液压自动战斗/行军状态转换和调平、红外基线自动标定等；在排除故障方面，有自动快速测试、功能检测、故障诊断等功能。因此，“防空卫士”火控系统具有很高的自动化程度。

**4. 较好的独立作战能力**

“防空卫士”火控系统有较为完备的搜索和跟踪能力。在跟踪雷达或光电设备跟踪并控制火炮或导弹拦截某一目标的同时，搜索雷达仍能妥善地监视空情，并能同时跟踪8批目标和自动进行目标威胁判断。

一部“防空卫士”系统在控制2门双35 mm牵引高炮的同时，还可以控制防空导弹，构成兼有高炮和导弹两种武器的优点、作战能力较为完备的弹炮结合防空武器系统。

另外，它也具有良好的与上级情报指挥中心通信联网、及时获得防空体系空情通报和上级作战指挥支持的能力。

**5. 注重人机环工程**

“防空卫士”火控系统的操控人机界面集中于工作舱内的主控台上，所有操控开关和按钮等都经过细致、周密的设计，操作方便。工作舱温度、通风控制、隔音、减振、热源隔离、照明等功能设计合理。全加热、半加热、通风、半制冷、全制冷五种空调工作模式自动切换，使舱内空气和温度自动保持良好状态。

另外，武器装备的作战效果不仅与其性能有关，而且与操作人员的素质和训练水平有重要关系。“防空卫士”火控内置有 TS－1 在线模拟训练功能，可以在真实的操作使用环境中方便地训练操作人员。在配套装备中还有一套 TS－2 模拟训练器，能够以经济且接近实战条件的方式训练和评价操作人员。

**6. 可靠性、维修性和安全性好**

“防空卫士”火控系统在设计上就注重了可靠性、维修性、测试性、安全性，广泛采用模块化和标准化设计。例如，工作舱内的主控台主体与拖车底盘之间用四个减振器减振，主控台内关键设备尚有自身的减振措施。各种电流和电压过载保护设置合理。虽然“防空卫士”的自动化程度高、结构复杂、元器件多，但 MTBF 指标达 150 h 以上，远优于我国其他的高炮火控系统。

“防空卫士”火控系统针对其战场环境设计了快速测试、功能检测和故障诊断三级自动检测功能。快速测试可随时快捷地对主要设备进行全自动的战术功能检测，仅需 80 s 即可形成测试结果表，从而能判定故障子系统；功能检测共可测试 214 项战术功能；配合测试盒进行的诊断测试可完成 568 项详细的测试，可以使故障定位到最小可更换单元。

采用四级完整的后勤保障体系，在野战条件下使用的二级维修方舱可以满足该系统 95% 左右故障的维修要求。

“防空卫士”火控系统具有良好的维修可达性。它的车厢顶盖、两侧壁、后壁可以方便地打开，便于维修或更换各种电子箱。主控台前部有液压装置驱动，使主控台前部相对后部能够升起和掀开，便于检查主控台下面的全部布线。

为了充分利用工作舱内的空间，“防空卫士”的雷达天线和天线座等在运输状态时倾倒在工作舱内。倾倒前，必须将座椅、活动板、话筒等置于运输位置，否则，将会损坏设备。该火控系统为 11 个位置开关（包括主控台归位开关、活动板开关、天线归位开关等）设置了安全保护联锁。即使出现误操作，也能确保设备和人员的安全。

**7. 功能设置齐全、周到**

“防空卫士”火控系统不仅具有多模式、多手段的作战功能，而且战斗/行军状态转换，检测、维修和保障，以及空调、通风、隔音、减振、热源隔离、照明等各方面的功能都设计得非常细致、周到。

**8. 良好的快速反应能力**

搜索雷达具有 60 r/min 的天线转速，数据率高，采用了搜索雷达与跟踪雷达共用机座、天线独立的技术，提高了快速捕获目标的能力。而且当跟踪雷达工作时，搜索雷达始终在监视空情，专门设计了快速转移火力以射击不同批目标或迅速切换攻击对象等功能。自动化水平高，使作战操作流程大大简化，缩短了系统的反应时间。火控伺服设备的功率大、转速快，缩短了大调转的时间。

采用液压控制的全自动战斗/行军状态转换、自动调平、数字信号传输、红外基线自动标定等技术，有效地缩短了全系统架设和战斗准备时间，以及系统撤收和脱离战斗时间。

火控电站安装在火控拖车内的后部，运输过程中可以加电预热，以缩短系统架设和战斗准备时间。

**9. 可发展性好**

“防空卫士”火控系统的基本型于20世纪60年代末开始研制，70年代初装备部队，至今已经历了电子技术迅速发展的40余年。最初它仅是作为高炮火控。由于在搜索、跟踪威力和伺服驱动性能方面有较大的设计冗余，且大量采用模块化和标准化设计，所以后来增加Ka波段雷达、FLIR前视红外等设备，增加控制防空导弹功能，及控制具有AHEAD弹系统的新型高炮，用于拦截导弹或无人机等高速小目标方面都很成功。

**10. 不足之处**

“防空卫士”火控系统经历了较长的发展时间，虽然性能仍保持先进，但某些元器件已经落后。尽管它由瑞士的康特拉夫斯公司总成，但生产其零部件、元器件的厂家遍及许多欧洲国家甚至亚洲国家，致使生产制造标准较为繁杂。因为其功能多，所以零部件、元器件和原材料的数量和品种较多，结果使结构较复杂，成本也比较高。

# 第八章
# 火力控制与指挥控制一体化介绍

- **学习目标**：学习和掌握火力控制与指挥控制一体化系统的基本构成。
- **学习重点**：火力控制与指挥控制一体化系统的构成。
- **学习难点**：火力控制与指挥控制一体化系统的关键技术。

随着信息技术和军事理论的不断变革，为了适应信息化时代的一体化联合作战，人们提出了各种各样的理论和观点，力图从不同的角度揭示信息化条件下一体化联合作战的内涵。有些观点与火力控制与指挥控制一体化理论具有本质上的趋同性，本章通过介绍火力控制与指挥控制一体化的构成和关键技术，明确了火力控制与指挥控制一体化在信息化条件下一体化联合作战中的地位和作用，为未来信息化武器装备发展指明方向。

一体化联合作战，是基于信息网络系统将诸军兵种作战力量融为一体的实时联动作战，是信息化条件下局部战争的基本作战形式。这个定义主要包括4层含义：一是火力控制与指挥控制一体化系统是一体化联合作战的技术支撑，缺少这一支撑平台就难以实现“一体化”；二是实施一体化联合作战的多元力量必须依托火力控制与指挥控制一体化系统，实现无缝链接和高度融合；三是信息共享、效能融合、实时联动、灵敏精确打击是一体化联合作战的主要目标；四是一体化联合作战的各种行动都是在信息的主导下展开实施的，并以信息为纽带，进行一环紧扣一环、无间隙实时联动的精确打击行动，以此来达成作战目的。

一体化联合作战强调利用火力控制与指挥控制一体化系统实现信息的共享、多种力量的融合和实时反映。火力控制与指挥控制一体化的前提是利用信息网络系统实现信息的共享，从而实现火力资源的共享，最终实现作战行动的效能融合。从一体化联合作战所反映出的4层含义可以认为：火力控制与指挥控制一体化是实现一体化联合作战的核心和前提。只有实现火力控制与指挥控制一体化，才能完成机械化向信息化战争的全面转变；只有实现火力控制与指挥控制一体化，才能将新兴的信息技术全面应用到装备发展中，进而转变为一体化联合作战的力量。

信息化的战争需要信息化武器装备，信息化武器装备指具备信息获取、处理、控制等功能的武器装备，其典型特征是以信息为主导要素。信息化武器装备具有以下特点：① 作战体系的一体化、无人化和智能化。② 战场态势感知实时化、多频谱化。③ 战场防护主动与被动相结合。④ 作战平台的轻型化和隐形化。⑤ 武器装备控制数字化、智能化和网络化。从信息化武器装备的含义及其特点可以看出，其目的是为了在武器平台上综合集成信息获取、信息处理、指挥控制、火力控制功能，也就是实现平台层次的火力控制与指挥控制一体化。

信息化武器装备的两个主要内容是 C4ISR 的信息化和主战武器装备的信息化，实现了这两个方面的信息化，也就基本上构建了火力控制与指挥控制一体化的脉络。所以，信息化武器装备发展方向是实现平台层次的火力控制与指挥控制一体化，从而最终实现不同武器装备之间的火力控制与指挥控制一体化，以满足信息化条件下一体化联合作战的需求。

由火力控制与指挥控制一体化和信息化武器装备的关系描述可以认为：火力控制与指挥控制一体化是信息化武器装备的发展方向。

## 第一节　火力控制与指挥控制一体化系统的构成

以作战任务和规模为依据，火力控制与指挥控制一体化系统分为以下级别：

(1) 战略级火力控制与指挥控制一体化系统，一般指国家级火力控制与指挥控制一体化系统。

(2) 战役级火力控制与指挥控制一体化系统，一般指军级火力控制与指挥控制一体化系统。

(3) 战术级火力控制与指挥控制一体化系统，一般指军以下的火力控制与指挥控制一体化系统。

战术级火力控制与指挥控制一体化系统直接实现指挥控制系统与火力控制系统的有机连接。其作为最基本的火力控制与指挥控制一体化系统，它与战役级以上的火力控制与指挥控制一体化系统相比具有以下特点：

① 战术级火力控制与指挥控制一体化系统强调火力资源的协调控制以及指挥控制命令的执行，而高层次的火力控制与指挥控制一体化系统则强调作战管理及作战业务处理。

② 战术级火力控制与指挥控制一体化系统强调信息及决策的实时性，而高层次火力控制与指挥控制一体化系统则强调情报及决策的合理性、准确性及保密性。

从指挥层次和使命来讲，火力控制与指挥控制一体化系统的构成关系是：战略级火力控制与指挥控制一体化系统可以由若干战役级火力控制与指挥控制一体化系统组成；战役级火力控制与指挥控制一体化系统由若干战术级火力控制与指挥控制一体化系统构成。也就是说，战术级火力控制与指挥控制一体化系统是火力控制与指挥控制一体化系统的基础。

从构成上来讲，火力控制与指挥控制一体化系统包括传感器网络、信息传输网络、指挥控制中心和火力打击网络 4 个部分。在此，传感器网络、信息传输网络和指挥控制中心构成指挥控制系统，武器平台通过火控系统联网构成火力打击网络。以下分别对这几个部分加以介绍。

### 一、传感器网络

传感器网络由在卫星、飞机、舰艇和地面上的所有传感器及其操作软件组成。这些分散的传感器收集的数据能够快速生成战场感知信息。

传感器网络能完成侦察监视过程中的早期敌情预警、中期目标导引和近期目标锁定功能。

传感器网络是构建火力控制与指挥控制一体化系统的基础。没有高效的传感器网络，火力控制与指挥控制一体化所追求的及时发现目标、迅速打击目标的作战理念也就成了纸上谈兵。

传感器网络是火力控制与指挥控制一体化系统的“眼睛”，是发现目标、获取目标信息、进行目标定位的手段。火力控制与指挥控制一体化突出强调了传感器网络的作用。

单个传感器的侦察监视能力有限，只能在一定的时间内对特定区域实施侦察监视。如果将大量的传感器连为一体，就能构成全方位、全频谱、全时段的侦察监视预警网络，弥补单个传感器侦察监视能力的不足，能对敌实施全时空的侦察监视。

按照使命任务区分，传感器网络划分为：太空中的侦察卫星、高空中的战略侦察飞机和空中预警飞机等组成的战略侦察系统；低空中的电子侦察机、无人侦察飞机等组成的战术侦察系统；地面上的各种电子侦察站组成的地面侦察系统。这些系统互连互通可进行范围广、立体化、多手段、自动化的侦察监视。

按照空间分布区分，火力控制与指挥控制一体化系统的传感器网络包括天基传感器系统、空基传感器系统和陆基传感器系统三类。

**1. 天基传感器系统**

天基传感器系统由各类侦察卫星组成。

侦察卫星利用光电传感器、无线电和雷达等侦察设备，从太空轨道上对目标实施侦察、监视和跟踪以及收集军事情报。与其他侦察方式相比，卫星侦察的突出优点是侦察范围广、速度快，不受国界和地理条件的限制，能取得其他侦察手段难以获得的情报。侦察卫星主要包括成像侦察卫星、电子侦察卫星、导弹预警卫星、海洋监视卫星、气象卫星和测绘卫星等。

**2. 空基传感器系统**

空基传感器系统包括装载在轻型固定翼飞机、直升机、无人机以及高空滞留气球上的雷达、光电设备、照相设备等，用于执行战场监视、对空搜索、地物成像等任务。

空基传感器系统可分为两类：一类是专门执行侦察任务的空基侦察系统；另一类是专门执行预警任务的空基预警系统。

空基侦察系统是空中专用的情报侦察平台，它是服务于战略、战术目的的一种长期、有效的侦察手段。比较典型的就是侦察飞机。

典型的空基预警系统是预警机。预警机诞生于第二次世界大战后期，初期的预警机仅能探测海上目标，对小型战机的作用距离在 100 km 以内，目前的预警机已经发展成为具有预警、指挥、通信和控制综合功能的系统。预警机已经成为在特定条件下决定局部战争胜负的关键装备之一。

**3. 陆基传感器系统**

陆基传感器系统由布设在陆地上的各种侦察设备组成，包括雷达、电子侦听、红外探测等设备。陆基侦察方式是比较传统的侦察方式，随着技术的不断发展和更新，其内容越来越广泛、手段越来越多，主要包括无线电侦察和雷达侦察等。

## 二、信息传输网络

信息传输网络是指挥控制系统的组成部分，是指连接传感器网络、指挥控制中心和火力打击网络的信息传输网络。信息传输网络正呈现出由单一化向一体化发展的显著特征。

信息传输网络将传感器网络、指挥控制中心和火力打击网络紧密结合起来。信息传输网络力求提供最大的连通性，以保证信息传输的安全、高速。最大的连通性是指将所有的传感器、指挥控制中心和火力单元通过信息传输网络连接在一起。信息传输网络包括陆基信息传输网络、海基信息传输网络、空基信息传输网络和天基信息传输网络。

在现代战争条件下，信息传输已成为复杂军事机体的中枢神经系统。如果没有有效的信息传输手段，传感器、作战指挥中心、武器系统等将无法连通，变得孤立，无法适应一体化联合作战的需要。因此，无论是传统的作战还是火力控制与指挥控制一体化条件下的作战，良好的信息传输保障是完成作战任务、达成作战目的的基础。

信息传输网络在火力控制与指挥控制一体化中的作用如下：

（1）多个传感器连接起来，构成传感器网络。

（2）将传感器信息传送到火力控制单元。

（3）将传感器信息送到指挥控制中心。

（4）将多个火力单元连接起来，构成火力网。

（5）连接指挥控制中心和火力网络。

（6）连接各指挥控制中心。

通过以上复杂的网络连接关系，信息传输网络把人和装备有机地结合起来，使信息感知—决策—火力打击实现无缝结合，构成一个完整的有机整体。

信息传输网络是以国防信息基础设施为依托，由野战通信网络或机动通信网络、机动指挥所通信枢纽、战术无线电设备等多种野战通信手段构成的战役/战术通信网络，是直接保障战役、战术作战指挥控制与情报侦察信息传输的网络系统。战场信息传输网络应在整个战场空间内提供大容量、动中通、可靠、安全、保密的多媒体综合业务，并能实现各种信息系统之间的互连互通，以保证它们的纵向和横向的无缝链接，从而满足联合作战的需要。信息传输网络的表现形式包括无线电台通信网、移动通信网、地域通信网、战术卫星通信网、战术互联网和数据链等。

**1. 无线电台通信网**

利用无线电台，可传输电话、电报、数据、图像等信息，它是战场作战指挥的主要通信手段。对飞机、舰艇、坦克等运动载体，无线电台通信是唯一的通信手段。无线电台通信具有建立迅速、机动灵活等特点。不足之处是无线电台通信网传输的信号易被敌方侦听截获、测向定位和干扰；无线电传播的不稳定性严重影响通信质量，甚至会造成通信中断。

无线电台通信网，是使用大、中、小功率的短波和超短波电台组成的无线电网路。该网具有结构简单、使用灵活、便于机动、便于达成直接通信的特点。它是整个通信配系中的专用网，在作战通信系统中占有重要地位。其主要用于保障作战军团、战术兵团指挥员及其指挥机关与战役（术）编成内的兵团、部队、友邻和军兵种之间快速传递指挥、情报和陆、海、空协同信息，保障在特殊情况下最基本的通信联络，并可利用短波电台通信和超短波电台通信。

短波电台通信是利用电离层对无线电波的反射进行通信。利用电离层的多次反射，可进行几千千米的远距离通信，甚至环球通信；用于电话、电报、文字图像传真、低速数据传输、语音广播、标准频率报时等业务。短波通信建立通信链路比较方便，设备比较简单，但因受电离层变化影响，其通信的可靠性和稳定性较差。

超短波电台通信，通常指的是以地波或空间波传播而进行的通信，它是视距范围内的通信。因此，不受昼夜和季节等变化的影响，工作稳定、可靠。如果需要进行超视距的远距离通信，可在两通信点之间设置中继站。陆军超短波电台通信，主要用于战术分队进行近距离通信和车载移动通信；海军主要用于水面舰艇编队通信，水面通信距离为数千米至数十千米；空军主要用于地空指挥引导通信和编队通信，地空通信距离随飞机飞行的高度而异，最远可达到 300 ~ 600 km，此外，超短波电台还用于雷达情报信息的传递。

**2. 移动通信网**

移动通信网是为运动中的用户提供通信业务的网络，通常由数个双工无线电移动中心站和双工移动用户台组成。它是移动用户之间，通过具有自动交换功能的双工无线电移动通信站实现运动中通信的网络，既可独立使用，也可与地域通信网结合使用。其主要用于保障一定地域内的移动用户之间，在运动中实施数字保密通话、数据传输、传真等多种通信业务。它与地域通信网结合使用时，可实现双工无线电移动用户与地域网，或其他相应通信网（国防通信网、市话网）内的固定用户之间的通信。

双工无线电移动中心站是移动通信网的交换与管理中心。每个无线电中心站能提供若干可供选用的公用信道，可为约 30 个移动用户服务，其工作半径为 15 km，覆盖面积约700 $km^2$。

双工移动用户台是用户在运动中通过无线电中心站与其他用户达成通信的设备。它由一部配有保密机的双工无线电台和控制终端等组成，通常装配于指挥车内或坦克、装甲车、直升机内，供指挥员在运动中实施直接的无线电话通信。

移动通信网可使用单个无线电中心站独立组网，供集团军直属队、师（旅）和相应的作战部队及边防、海防、守备部队或空军场站、海军基地使用；也可以使用多个无线电中心站联合组网，构成覆盖面积较大的移动通信网，供多个部队使用。还可通过多路传输信道进入国防通信网、地域通信网等其他通信网，并与网内任意用户互通。其优点是组网灵活，便于机动。

随着现代移动通信业务和计算机技术的发展，移动通信终端已不仅是手持电台。目前，许多笔记本计算机也可作为移动用户终端设备，并具有多媒体功能，这不仅可以传输电话、电报和数据，而且还可进行图像传输。

**3. 地域通信网**

地域通信网，是在一定作战地域内开设的、可移动的栅格状公用通信网。它由若干个干线节点和供指挥所入网的入口节点，以多路传输信道互联而成。主要用于为集团军及其所属兵团、部队各指挥所和电子分系统提供电话、电报、传真和数据等多种方式的通信。它可与上级、友邻和其他通信网互联，实现对集团军作战的整体保障，以适应各军（兵）种统一指挥和各自的通信需要。

在地域通信网中，干线之间的传输信道，通常使用多路微波无线电接力机；入口节点与干线节点之间的传输信道，通常使用多路微波无线电接力机、野战光缆等；入口节点与指挥所（用户群内各种用户终端）之间，通常使用有线电信道设备（如野战线缆、载波机），相互间距离较远时，也可使用轻型无线电接力机。

美军的地域通信网用于连接师战术指挥所、旅战术作战中心和旅的作战支援部队单位。该网在整个军作战地域内设置了 42 个干线节点，覆盖范围可达 150 km × 250 km，传输速率最高可达 1 024 kb/s。在实际使用中，若在各指挥中心采用无线 ATM 交换设备，可以支持战场电视会议功能。

**4. 战术卫星通信网**

战术卫星通信网一般在以 12 h 为周期的椭圆轨道上运行，用于近程战术通信，为地面部队、军用飞机和海面舰艇等提供机动通信服务。它可为远距离或复杂地形的移动用户设备提供两节点之间的卫星链路，可为地面战车、空中武装直升机、空中指挥飞机、地面指挥所之间提供数据、语音、图像服务，以用于保障战役军团（兵团）与上级之间的远距离通信和特殊条件下的应急通信及机动作战中的快速通信。

无论是美军的联合战术信息分发系统还是全球定位系统，都是卫星通信在战术应用方面的很好实例。

**5. 战术互联网**

战术互联网将战场上的各种现用通信设备和网络集成在一起，以提供对前线部队的指挥通信，把从前线获取的各种图像、视频、数据等信息传送到各级指挥所，实现战场实时态势感知。战术互联网基本可以满足师、旅级的通信要求。在高度机动作战中，战术互联网可以支持横向无缝互通，使战场上的各级指战员共享网络资源。

战术互联网提供的业务类似于商用互联网，能传数据、语音、图像和视频信息。它能使各级指战员获得多种信息，接收电子邮件，不断地在网上交换信息。由于各作战平台如支援飞机和坦克都配有兼容的无线电台，所以战术互联网可以大大提高各军兵种联合作战能力。例如，它能把“阿帕奇”攻击直升机在巡航中得到的信息传输给行进中的坦克、步兵战士、后方指挥员和总部的决策人员，从而为精确打击创造条件。

**6. 数据链通信系统**

数据链通信系统简称数据链，是指在相关作战单元之间建立起来的、用于自动交换数据信息的无线电数据通信链路。它是指挥系统与武器系统无缝链接的重要“纽带”，利用无线信道机，在各种飞机、水面舰艇、陆基武器及不同战术平台的指挥、控制、情报系统之间，按照规定的报文信息格式，实时、自动、保密、准确地传输和交换面向比特的格式化战术数据。

数据链通常应用于战术系统，并主要提供分队间的实时战术数据交换。数据链对提高兵器的作战效能十分显著。享有“空中 C3I”之称的预警机若以人工语音方式导引战斗机，只能同时引导 1 ~ 3 个目标；若借助战术数据链，则可同时进行 100 个以上目标拦截作业。多个数据链终端之间的互连互通，成为实现陆、海、空、天一体化信息共享和多军兵种联合作战的关键之一。

除少数数据链外，各种数据链的构成大同小异，它作为一个计算机到计算机的通信链路，均有一个网络控制站（设在舰艇、飞机、车辆等中），而其他各用户（舰艇、飞机、车辆等）在其控制之下工作，控制站与陆地数据系统间的数据交换也在其控制之下；各站的链接主要采用无线信道。数据链可传输和交换各种信息类型，如水面、水下、空中和电子战的目标信息，水面舰艇和飞机的指挥引导信息、航行管理信息和网络管理信息、自由文电和简单战术命令信息等。现在的数据链，不仅能提供数字语音信息的传输/交换，而且具有导航、定位、识别等功能，且采用跳频技术后，又提高了系统的抗干扰能力。

数据链大致分为两大类：① 用于各军、兵种不同平台间，为执行多样化任务而跨平台传输不同类型信息的通用资料链，如 Link – 11、Link – 16 等。② 专为某种武器系统（通常为防空导弹）而设计，为该系统内部或与外部控制中心传递信息的专用数据链，或是专为执行某些特定功能（如定位、导航）而设计的数据链。

从功能上讲，可将数据链分为三类：① 以搜集和处理情报资料、传输战术数据、共享信息资源为主的数据链；② 以命令传达、态势报告、请示、勤务通信和空中战术行动的指挥引导为主的数据链；③ 综合型数据链。该类数据链同时拥有上述两类数据链的功能，除可用于传输战术数据、共享信息资源外，还具有下达命令、战场态势报告、请示、勤务通信等功能。这种类型的数据链不仅传输速率高，而且还具有抗干扰和保密功能，是当前数据链发展的主流。

在数据链应用中，需要考虑多种因素，以把技术和战术很好地结合起来，这样才能符合实战需要。例如，通过采取相应的技术措施（如网关），可进行不同数据链间的互联，以扩大应用的覆盖范围；通过故障检测和网络管理等措施，使数据链能够可靠、高效地运行。由于数据链的工作特点，其应用将扩展到各作战平台（舰艇、飞机、车辆、岸基等）之间的数据通信。其中，包括航母飞机自动着舰、空中交通管制、空中拦截控制、攻击控制、地面轰炸控制等系统，从而支持多个作战单元完成一系列任务。

## 三、指挥控制中心

指挥控制中心是指挥控制系统的一部分，它使得指挥员能够更及时、全面、准确地掌握战场态势，制定更加科学、正确的作战方案，快速、准确地向部队下达作战命令，其对于战场的控制起着至关重要的作用。比如，传感器网络所获得的敌方、己方、战斗行动等信息要在这里汇集、处理和显示；兵力使用方案的生成与模拟演练，战役战术计划和作战计划的制定，作战预案拟制，作战效能评估等要在这里进行；武器导引、作战指挥、部队管理、作战保障组织、联合作战协调和电子对抗也要在这里实施。

指挥控制中心如同人的大脑，指挥控制中心在火力控制与指挥控制一体化系统中占据龙头地位。一方面，无论从火力控制与指挥控制一体化的产生及发展沿革看，还是从各级、各类指挥自动化系统的情况看，指挥控制中心的功能都是首屈一指的。可以说在火力控制与指挥控制一体化系统中，传感器网络、信息传输网络和火力打击网络等最终都是为实现指挥控制服务的，都是围绕着指挥的需要而展开的，火力控制与指挥控制一体化系统最本质的功能要通过指挥控制中心实现。另一方面，强调以指挥控制中心为龙头，更重要的是它要和火力控制与指挥控制一体化的其他功能融为一体才能发挥作用。从信息的角度看，指挥控制中心是开发与利用信息，传感器网络是搜集信息，通信网络是传递信息。火力控制与指挥控制一体化系统中，各要素的组成结构不是一种独立的、封闭型的，而是一种相互交叉、融合存在的，这种结构形式决定了火力控制与指挥控制一体化系统必然是各种功能综合一体化的。

各级指挥控制中心有多种形式，如地面固定指挥所、地下指挥所、地面机动指挥所和机载指挥所。它们在通信和计算机网络的支持下，组成分布式的指挥控制中心。各指挥所密切配合，保证在任何情况下都能实施不间断的指挥和有效控制。在海湾战争中，以美国为首的多国部队，就运用了多种不同级别和不同类型的新、老指挥所（有固定式的、机动式的，有空中的、地面的和海上的）。以这些指挥所为中心构成了 3 个层次的指挥控制系统，即以美国本土的全球军事指挥控制系统为主体的战略指挥系统，由驻沙特阿拉伯中央总部前线指挥部和陆、海、空、海军陆战队等司令机关指挥中心构成的战役指挥系统，由战术空军控制中心、旗舰指挥中心、陆军指挥中心构成的战术指挥系统。

从作战物理构成上看，指挥控制中心主要包括硬件设备和软件两部分。

**1. 硬件设备**

指挥控制中心的硬件设备主要包括信息处理设备、显示设备、指挥所内部通信设备和指挥所局域网。

计算机是信息处理设备的核心，广泛应用于情报的采集、各种图形与图像处理、指挥辅助决策等。指挥控制中心应用的计算机种类很多，分别完成不同的任务。如大型计算机能在极短的时间内完成拦截弹道导弹的各种信息处理；微型计算机广泛用于战术指挥所；穿戴式计算机便于使用与携带，广泛应用于野战条件的作战。

显示设备是人与系统间的界面设备，包括各种显示控制台、工作站、终端、闭路电视和大屏幕投影设备等。指挥人员通过显示控制台实现对系统的控制，系统处理的结果也通过显示设备传递给指挥员。信息显示方式分为字符和图形显示两大类，显示形式主要是文字、符号、表格和图形。随着信息技术的发展，信息显示采用集文字、图形、图像、声音于一体的多媒体技术和具有更好的交互功能的虚拟现实技术，运用三维立体技术为军事人员产生身临其境的效果。图形显示包括地图背景、敌对双方兵力部署、战场态势、航迹和作战预案等；图像显示包括战场航侦照片、战场观察实况、气象云图等。显示设备实质上成为了多媒体指挥工作站，物化且延伸了指挥员的思维空间，提高了辅助决策的有效性。

指挥所内部通信设备，包括内部通信网设备和终端设备，为指挥员提供语音和数据通信。通信网设备用于沟通指挥所内各指挥要素之间的通信联络，保障通信畅通，而终端设备通过通信设备进行内部通信联络，或是对外通信联络。指挥所内部通信可为指挥员提供特定的服务，如电话会议、优先服务和广播等。

指挥所局域网将指挥所内部的计算机、终端、大容量存储器以及计算机外围设备互连起来，使得计算机不仅可以使用本机的程序和数据，还可以访问网上其他机器的有关信息，共享网上连接的外部设备，如网络存储器、高速打印机等。因此，指挥所局域网增强了计算机的处理能力，实现了信息资源共享，提高了系统设备的利用率。

**2. 软件**

指挥控制中心的软件包括通用软件和战术软件。

1）通用软件

通用软件是支持指挥控制系统应用开发的公共软件，包括操作系统、信息交换、网络浏览、图形与图像应用、安全保密等工具类通用软件。这些软件是指挥控制系统中最基本的软件。通用软件还包括文电处理系统、态势图处理系统、作战值班系统、参谋作业系统、作战指挥综合数据库系统等的通用处理软件。

（1）操作系统。在计算机的所有软件中，操作系统是紧挨着硬件的第一层软件，是对硬件功能的首次扩充。操作系统是整个指挥控制系统软件的核心和基础。其他软件则是建立在操作系统之上的软件，在操作系统的统一管理和支持下运行，同时其他通用软件可以通过操作系统来利用计算机的各种功能。

（2）数据库系统。数据库是为满足各种用户数据管理要求，在计算机内按照一定数据模型，组织、存储和使用的互相关联的数据集合。

（3）文电处理系统。文件、表格和文档统称为文电。文电是人们广泛使用的一种信息表现形式，各级机关使用文电进行上传信息、下达命令和通报情况等。军用文电处理系统提供编辑、收发、管理、检索、调阅、输入输出和安全保密等功能，为各级指挥员及参谋人员提供可靠的信息传递和加工手段。军用文电处理系统是指挥所信息处理的重要组成部分。

2）战术软件

战术软件是为了完成特定作战任务，需要编制各种各样的作战指挥和控制软件，如雷达情报处理软件、气象情报处理软件、对空/对海指挥引导软件、目标注示软件、系统效能评估软件、系统监控软件等，这些软件统称为战术软件。而在战术软件中，作战模拟、辅助决策、战场地理信息处理等软件起着重要的作用。

(1) 作战模拟软件。作战模拟是实兵演习、沙盘作业、图上作业等传统作战决策模拟方法的发展，是用量化手段研究对抗双方或多方军事冲突过程的有效方法。它可以对组成战斗力的诸要素、对抗各方的主要关系做出定量分析，对某些不允许实际检验的军事行动和武器装备进行模拟研究，同时能较好地体现对抗过程的对抗性和作战活动的随机性，以试验某一因素对作战效果的影响程度。

(2) 辅助决策软件。辅助决策软件又称辅助决策系统。信息化条件下的现代战争，已不再是单项武器、单个兵种、单一系统之间的较量，而是多军兵种联合作战和体系与体系的对抗，所以信息量大、决策周期短成为指挥决策的基本特点。因此，要求指挥控制系统能够快速提供综合的作战决策功能，尤其是在火力控制与指挥控制一体化条件下，要求其辅助指挥员科学、及时地进行决策和指挥。辅助决策系统刚好适应了这种需求，成为现代作战指挥必不可少的重要手段。它可以处理海量的、复杂的甚至自相矛盾的情报，完成下定决心、组织协同所需的大量计算。

(3) 战场地理信息处理软件。战场地理信息处理软件又称战场地理信息系统。以地图、地理影像和地理坐标为主的战场地理空间信息，是战场可视化和战场态势感知的基础，高分辨率的地理信息不但对部队机动、精确打击、部队防护起到关键性的作用，也是各种作战指挥系统的支撑信息。同时，在部队训练、任务计划、后勤保障中也发挥着重要作用。战场地理信息系统是为满足作战指挥保障的需要，在计算机及相应软件的支持下，以数字方式组织、存储、管理、分析和利用战场环境信息的系统。它集图文、声像等多媒体信息于一体，并将多比例尺的空间信息（数字地形图）与专题属性信息（地理实体特性描述），按应用需求分层次地结合起来，能提供多种形式的环境信息，以满足指挥员分析战场、研究作战方案的需要。

## 四、火力打击网络

火力单元通过火控系统的网络化构成火力打击网络。在火力控制与指挥控制一体化系统中，各种空基、陆基和海基武器系统和用于指挥控制这些武器系统的各种软硬件构成了一个火力打击网络，它的任务是有效利用战场感知信息达成预定的作战效果。结合火力的内涵与外延，可以认为：火力打击网络是在火力控制与指挥控制一体化系统的作用下，通过对目标的杀伤、破坏，实现指挥决策目标，同时保护己方的各种资源的统称。

火力打击网络由各种不同的武器单元相互连接而成。武器单元联网以后，性能将得到巨大提升。例如，美军正在研制的“战术战斧”导弹，其主要改进之一就是导弹上安装了卫星数据链，从而使其具备新的能力。其新的能力之一是“战术战斧”导弹不再像以前的“战斧”导弹那样只能攻击预定目标，它可以在飞行途中改变攻击目标。

火力打击网络不仅将武器系统联网，而且能发挥整体合力。如果在战场上只是单个武器系统作战，其效能不一定能充分发挥。例如，海湾战争中，伊军虽然拥有当时先进的米格 – 29 战斗机，但由于缺乏预警指挥机的有效引导，升空后只能成为美军战机的“活靶子”。

火力打击网络通过把作战单元连接成一个有机的整体，推动了作战力量的一体化。在信息化战场上，尽管各种作战力量在空间上更为分散，但通过火力打击网络，却使它们更加紧密地联系在一起。

火力打击网络使各作战单元之间的配合高度协调。在火力打击网络中，各作战单元既能及时掌握与其密切相关的局部战场情况，也能实时了解战场的全局信息，并能根据战场情况的实时变化，及时进行作战判断、决策和行动，实现相互之间的适时、主动协同。

指挥控制系统能够根据被打击目标的特点，精选打击力量，根据处于最佳攻击位置或是最佳攻击时机的作战要素来完成任务。有美军相关资料显示：目前一架 F – 117 隐身轰炸机飞行一个架次，扔一颗炸弹，相当于越南战争中一架 B – 17 轰炸机飞行 95 个架次，扔 190 颗炸弹的效果。这种精确打击依靠的正是集指挥、控制、通信、侦察、预警于一体的信息网络与各种打击平台之间的无缝链接。

火力体系是作战双方为达成作战目标而将各种不同射程、不同目的、不同效果的火力在战场上成梯次、成系统的一种配备方式。它与兵力编成、后勤保障体系、情报体系、防护体系共同构成基本的作战体系。在以体系对抗为重要标志的一体化联合作战中，它们在服务于共同作战目标的前提下，有着各自不同的配备原则、实施方式、表现特点。不管是出于进攻的需要还是防御的需要，为达成作战“胜利”，火力控制与指挥控制一体化系统对火力打击网络的要求包括以下 5 个方面，如图 8.1 所示。

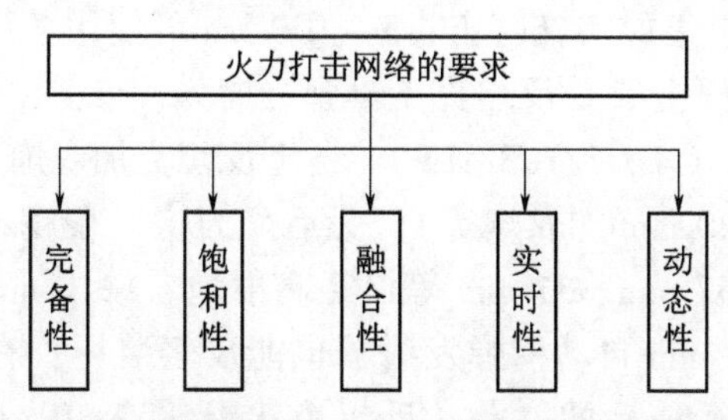


**图 8.1　火力控制与指挥控制一体化系统对火力打击网络的要求**

（1）完备性。它是指要具有能够满足远、中、近、高、低、反斜面的火力打击、防御要求的各种火力，以便能够覆盖所需要的作战范围，其主要是解决各种火力的有无问题。

（2）饱和性。它是从打击效果上要求火力的配备能够在各种范围、距离、点上的火力打击足以达成所需的作战目的，如压制、遮断一定范围、压制一定规模、摧毁一定数量、毁伤一定程度的敌方目标。

（3）融合性。融合性是从打击效果及打击效率上要求直瞄火力与间瞄火力、精确火力与压制火力、毁伤工事及人员与毁伤装甲的火力等，在一定打击范围内达到打击效果的融合，增大毁伤效果，节省弹药。

（4）实时性。它是尽可能缩短从发现目标到摧毁目标的时间。其在新的作战背景下已经成为提高作战效能的重要因素，一体化联合作战对火力的实时性提出了新的要求，是当前火力打击追求的重要目标之一。

(5) 动态性。这是指火力体系必须能够适应快速、高效的作战行动转换要求，动态地组合，构建新的火力打击体系。静态的火力体系只是具备了火力打击的条件，并不等于能够产生预定的打击效果。作战行动一旦展开，火力体系就必须能够适应不同变化的作战行动，动态地组合成新的火力体系。

**1. 火力体系配备**

火力体系在具体的配备中，打击距离通常是首先要考虑的要素，其次是各种兵器的性质及其担负的作战行动。一般在水平面内依据打击距离的远近采用梯次配置，如地面火力；而在垂直平面内则依据打击高度的差别采用层次配置，如防空火力。二者共同构成立体火力。实际上，在火力的配备时，一般是以有效打击距离为依据，而不是以打击距离为依据，以便在火力的使用上存有一定的余量。

火力体系的配备更多地是由火力的打击距离决定，而并不是由兵器的具体位置决定，这一点在多功能舰上的火力配备方面尤为明显，但是二者又不能完全分开，只有将二者紧密结合、合理配备才能体现火力体系的系统性，单军种中空中火力表现更为突出。现代作战如果仍依据一个军种构建火力体系已不能胜任作战需求，只有将空中火力、地面火力、海上火力、水下火力共同依据梯次、层次配备火力体系，才能提升整体打击的效果。比如，我国反坦克火力由航空兵、战术弹道导弹、各种火炮、反坦克导弹、反坦克火箭和地雷、坦克等组成。目前已基本形成较为完善的反坦克火力体系，能够依次对敌方的坦克部队实施有效的火力拦截、阻滞、消灭。一般在 300 ~ 600 km 距离内，我方使用航空兵，如强 -5、轰 -5、歼 -7 系列、歼 -8 系列等机型对敌方纵深的装甲集群实施打击，或使用飞机布雷阻滞其前进；在 100 ~ 300 km 内，可使用集团军所属的战术弹道导弹、直升机对战区敌装甲集群实施打击；3 ~ 100 km 可使用各种曲射火炮，如各种榴弹炮、火箭炮实施打击，弹种主要是反坦克子母弹、榴弹、布雷弹等；在 200 ~ 3 000 m 内，可使用红箭系列反坦克导弹（HJ73/HJ8/HJ9）、各型反坦克加农炮（拖拽式 100 mm/130 mm 加农炮等，自行式 89 式 120 mm 加农炮等）、无后坐力炮（便携/行）、火箭布雷车等，在某些情况下，还可以使用 57 mm、37 mm 等口径高射炮、12. 7 mm 高射机枪反轻装甲，还有一种选择就是 35 mm/30 mm 自动榴弹发射器也能反轻装甲；在 200 m 内，主要靠无后坐力炮和反坦克火箭筒进行最后的拦截。反坦克火箭筒有 59、69 式 40 mm 火箭筒以及 FP89 式一次性火箭筒等；如果坦克继续前进，可使用反坦克手榴弹和炸药包等去拦截。如果建立机动反坦克火力，可由近程支援飞机、武装直升机、各种自行反坦克炮和坦克构成。

火力打击依据不同的准则分类也不一样。根据现代火力的内涵与外延，运用作战中的线性思维方式，可以从火力性质、作用距离、投射方式、打击方位、运用级别、组织方式 6 个方面描述现代火力，以期对现代火力有一个清晰的认识。具体描述如图 8. 2 所示。

**2. 火力划分方法**

根据火力性质可分为常规火力与非常规火力。常规火力包括普通弹药、精确弹药等；非常规火力包括新概念武器、核生化武器等。根据作用距离可分为近战火力与远战火力。近战火力由近战武器构成，属战术性火力；远战火力由远战武器构成，可包括战术性、战役性、

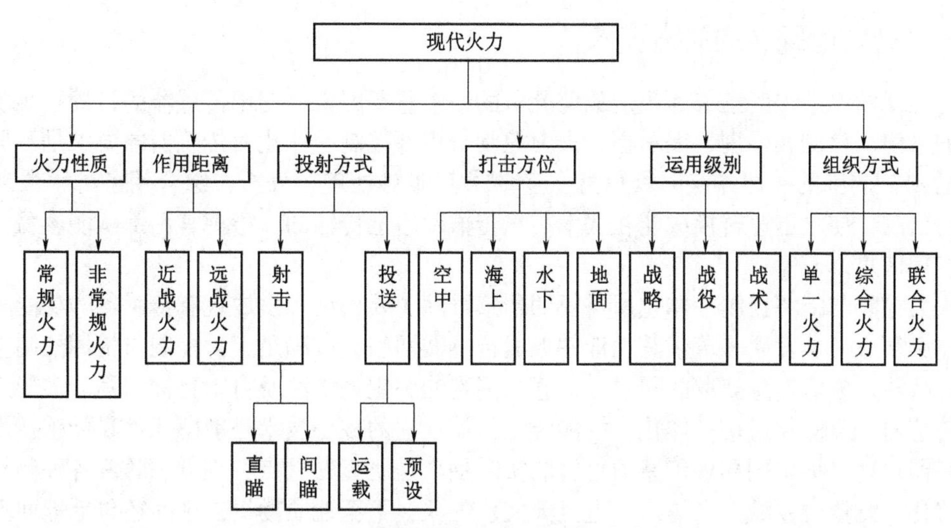


**图8.2　现代火力种类**

战略性远战武器。根据投射方式可分为射击火力与投送火力。射击火力包括直瞄火力与间瞄火力，投送火力包括载运火力与预设火力。根据打击方位可分为空中火力、海上火力、水下火力、地面火力。根据运用级别可分为战略打击火力、战役打击火力、战术打击火力。根据组织方式可分为单一火力、综合火力、联合火力。

无论现代火力如何进行分类，火力打击的物理组成无非包括火力平台和弹药。火力平台包括飞机、导弹发射架或者榴弹炮发射车等，而弹药可以是传统的火药型弹药，也可以是新型的激光、定向能等。

## 第二节　火力控制与指挥控制一体化系统的关键技术

火力控制与指挥控制一体化系统是实施一体化联合作战的物质基础。从组成上看火力控制与指挥控制一体化系统是由互相配合的8个要素即指挥、控制、通信、计算机、情报、监视、侦察、杀伤构成的。前7个要素都属于指挥控制的范畴，这些要素包括了指挥自动化系统的所有环节上的传感器及其平台、信息处理系统、作战决策系统。武器装备的控制属于火力控制的内容。

火力控制与指挥控制一体化系统包含搜索并捕获目标、跟踪/提取目标标识、打击目标和战损评估这4个信息阶段。这4个信息阶段所构成的一体化信息管理系统具有主动性、连续性、动态性、预见性以及无缝链接等特性。火力控制与指挥控制一体化系统能够预先了解敌方的行动、评估己方资源（传感器、武器、弹药）的状态、获取敌方的目标信息、迅速做出能反映指挥员意图的作战计划，使处在适当位置的资源得到合理利用并在恰当的时间内对敌人实施打击。

火力控制与指挥控制一体化系统的关键技术蕴含在火力控制与指挥控制一体化系统的8个关键要素和4个信息阶段中。以下按照火力控制与指挥控制一体化系统的组成，分别介绍其关键技术。

## 一、传感器网络的关键技术

传感器的先进程度已成为决定战争胜负的一个重要因素。使用传感器的目的是实现情报信息的采集、存储、处理、表示等。火力控制与指挥控制一体化对传感器的要求是不但自身能“看到”周围的一切并获取其信息，还要求其能够处理、分析、综合用各种手段所获得的原始信息，使之迅速转换成能在战术信息传输网络上传输的、指挥官和部队能容易快速理解的有用信息。

火力控制与指挥控制一体化所需要的传感器除了要延续和发展现有传感器的功能和作用外，还必须进一步发展和革新其功能并形成传感器网络，以满足火力控制与指挥控制一体化下各种战斗任务对信息获取的需求。传感器网络的关键技术涉及自动目标识别、多传感器融合、传感器/处理器/通信一体化、智能传感器等。它的核心技术是敏感元件和传感技术。其中传感器自动目标识别和多传感器信息的实时融合是研究的重点和难点。随着各种测量技术的现代化，测量的领域越来越广，上至天文、气象，下至地质勘探，中间还包括地面上各种地形地物的定位和测量。传感技术基本上是声（机械波）、电（电磁波）、光信号的测量。21 世纪，敏感元件和传感器将向小型化、片式化、集成化、智能化、多功能、高精度、高灵敏度、宽量程、高稳定、高可靠、抗干扰等方向发展，并将广泛采用半导体工艺、微机械加工技术、纳米技术和模糊控制技术等。

**1. 自动目标识别技术**

自动目标识别技术用以解决传感器自动识别目标问题。传感器自动识别目标技术是筛选战场信息并提取有用信息的一项技术。它既可提高对目标的辨别能力，又可大大减少信息传输的容量，使战场指挥官能得到更有价值的目标信息（目标属性特征和运动特征）。自动目标识别技术还包括研制开放式体系结构的传感器，以便插入可扩展的硬件和软件来提高性能，并做到经济上可承受。自动目标识别技术也包括新研制高灵敏度、高分辨率、多频谱的敏感元件。

**2. 传感器组网技术**

传感器组网是指为完成特定的作战任务，根据现有传感器资源的特点，合理地将不同地点、不同种类或相同种类的传感器连成网络，从而形成一个统一的有机整体。所以，要建立理想的传感器网络必须研究网络的结构、传感器资源管理技术、信息融合技术、网络技术、数据分发技术、计算机技术等关键技术。

**3. 智能化的情报分析和综合技术**

智能化的情报分析和综合技术就是利用人工智能技术，实现情报信息的自动综合优化处理，提高情报信息的质量。这就需要利用智能化的情报分析技术处理情报信息。与智能化情报分析相关的关键技术包括目标环境与场景、系统建模、地理/环境推理、数据库模型库建立和系统决策支持等。情报综合是指有目的地对信息或数据进行变换、组织、存储、加工和再生的过程。情报综合的关键技术包括数据库技术、数据挖掘技术、数据融合技术、图形图像与计算机可视化技术、信息压缩与还原技术、计算机模拟技术、信息智能化处理技术、虚拟现实技术、推理与决策支持技术等。

## 二、信息传输网络的关键技术

信息传输网络主要涉及以下关键技术：动中通天线技术、抗干扰与抗截获技术、软件无线电技术、无线 ATM 技术和移动 IP 技术等。

**1. 动中通天线技术**

未来的数字化战场要求参战的部队必须具有高度机动的能力。为了对瞬息万变的战场态势做出快速反应，信息传输装备不仅能迅速架设、运作，还要能实现“动中通”，即在部队运动作战的过程中，保证信息准确、实时地流通，提供充分的信息支援。图 8.3 是一个典型的“动中通”信息传输框图。

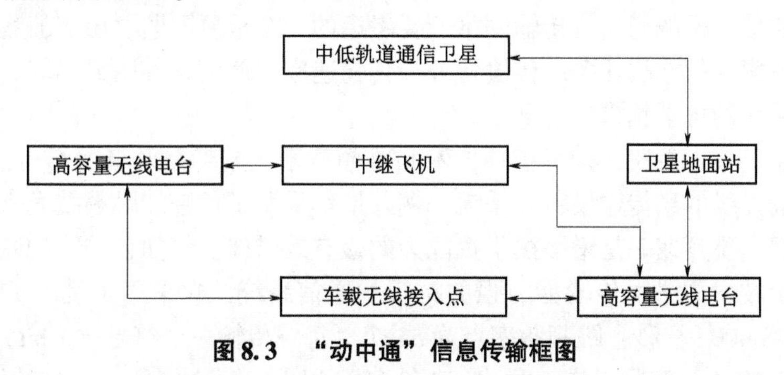


**图 8.3　“动中通”信息传输框图**

图 8.3 中的中低轨道通信卫星、中继飞机、车载无线接入点是在运动中进行信息传输的，是一些机动的台、站，而卫星地面站和高容量无线电台（HCTR）是一些固定通信终端，要实现“动中通”则常需与机动台、站（中低轨道通信卫星、中继飞机和车载无线接入点等）互通。

随着数字化战场建设的发展，对“动中通”的要求将越来越高。在这些设备中，天线是一个非常关键的部件，要求其具有强方向性和高增益。如果天线的方向性差将导致无法连通，而天线的增益低则无法滤除复杂战争环境中的各种噪声。

在“动中通”时，如何保证信息传输时双方互相瞄准对接，便成为至关重要的问题，采用相控阵天线是解决这一问题的有效途径。相控阵天线具有快速改变波束指向和形成波束的能力，通信系统利用这一特点，按时间分割原则合理分配通信资源，能使一点对多点通信，也使得发端与收端在运动中更加容易快速建立通信联系（“动中通”）、多干扰源定向、通信源定位。此外，由于相控阵天线具有较低的剖面，在 SHF、EHF 频段，比反射面天线更为灵巧，不仅能实现对多方向（用户）的自动跟踪，而且具有极强的抗干扰能力，因此，更适合数字化战场的需要。可见要实现战场数字化，就必须重视并着力发展此项技术。

**2. 抗干扰与抗截获技术**

信息传输网络是火力控制与指挥控制一体化系统的纽带和命脉，在未来数字化战场中，制信息权的争夺将十分激烈。这里所说的“制信息权”是指己方取得信息优势、控制局势并同时阻止对方获得这些优势。发达国家将凭借其雄厚的实力，夺取信息空间，压制对方；而力量较弱的一方，也将努力寻找对方信息链的薄弱环节，给予其致命打击，同时千方百计地保护己方的信息流通。可见，在信息领域内的对抗将愈演愈烈。

截获和干扰是电子战的常用手段。通过截获，可侦听、破译和获取对方的信息，以达到“知彼”即掌握对方机密的目的。在许多情况下，信息传输网络的通信台（站）会被本系统外的电子装置侦察到。一旦位置被测定，便有可能受到侦听或物理攻击。因此，信息传输网络应充分重视自身的抗截获能力。对于一个通信系统，要提高其抗截获能力，就必须尽量降低该系统的检测阈值，提高接收灵敏度，使用宽带扩频技术，提高通信发射天线的方向性。此外，猝发通信也是抗截获的一种有效手段，如采用不需要词头的伪噪声猝发通信系统，可以降低猝发长度，从而降低被截获的概率。

在信息传输领域，干扰主要是指无线电通信干扰。它是指为阻止敌方通信系统执行其功能所采取的一种行动。通过无线电干扰，可以破坏或延误对方信息传输的正常进行，严重的干扰可导致对方通信系统失灵，从而使对方指挥控制陷入瘫痪。因此，如何保障在敌方干扰条件下不间断通信，是战场信息传输网络所要考虑的一个重要问题。由于战场信息传输网络中各传输设备所完成的作战任务、传输业务、传输速率、使用条件明显不同，因此需根据具体情况确定应采用的抗干扰措施。

抗干扰的主要技术手段是采用扩频技术和跳频技术，或者是两者的结合。到目前为止，各种先进的战场无线信息传输设备几乎无一例外地都采用了扩频加跳频技术来提高其抗干扰性能。其中，提高跳频速率是增强抗干扰能力的最有效措施。例如，美军的联合战术信息分发系统就是一个技术先进、传输能力强的抗干扰通信系统，它采用了跳、扩频结合技术体制，跳速达到38 400跳/秒，跳频频率点为51个，每跳传输一个符号（5 bit），扩频32 bit，扩频码速率为5 Mb/s，实际工作带宽达到150 MHz以上。每个信号的驻留时间仅为6.4 μs，所以极难进行干扰，即使想干扰，其所花费的代价也将是难以承受的。

除跳频与扩频外，还可以利用各种编码技术来提高通信系统的抗干扰性能。如采用卷积编码和软判决 Viterbi 译码的前向纠错控制编码，及其加上 RS 码作为外码构成级联码，可获得很高的编码增益。总之，信息传输网络应综合考虑抗干扰与抗截获的要求，而对于要求有矛盾的参数，需要做必要的折中。

**3. 软件无线电技术**

军用无线电电台一般都是为不同的作战要求或为完成某一特定功能而设计制造的，这些电台相互之间不能兼容，协同通信能力很差，不能适应现代战争海、陆、空协同作战的需要。为了解决协同作战问题，美国国防部制定了易通话软件无线电台的研制计划，该电台的工作频率范围是2~2 000 MHz，能仿真15种以上现有的无线电台，也能与不同的电台进行通信，还能在现有电台之间充当网桥。

软件无线电台与传统的军用无线电台有很大的不同，传统的无线电台一般由硬件决定其功能，而软件无线电台的最主要的特征是用软件来定义各种电台的功能。软件无线电台具有完全可编程性，即包括可编程的射频频段、可编程的信道接入模式和信道调制方式等。它可以根据不同作战环境的需要，通过改变软件来改变电台的功能，从而能够很方便地同时与不同类型的电台互通。由于软件电台的可编程性，使它具有了极大的灵活性和适应性。

软件无线电台具有开放式体系结构，它把无线电技术与个人计算机技术有机地结合在一起，将宽带天线技术、高速 A/D 变换技术、压缩编码技术、频率合成技术、数字信号处理（DSP）技术进行综合运用。软件无线电技术的出现给军用无线电通信带来了革命性的变革，它是解决目前战场无线电通信所存在问题的一种最有效的途径，已经成为世界各军事强国竞相发展的重点。

**4. 无线 ATM 技术**

ATM 是一种基于信元的交换和复接技术，是一种为了多种业务而设计的通用的面向连接的传递模式，也是一种面向未来的网络技术。ATM 具有单一的、简化的网络结构，它将电路交换的高速性和分组交换的灵活性结合在一起，它能够提供按需分配的带宽、业务综合以及灵活的数据网络互联。无线 ATM 技术从本质上讲是一种对 ATM 网络的接入技术。在局域网环境下，无线 ATM 是将 ATM 业务对移动用户的扩展，是一种在任何地点、任何时间用同一终端接入 ATM 网络进行通信的移动通信技术。无线 ATM 技术是解决向移动用户和主机提供基于 ATM 业务的关键技术，通过采用无线 ATM 技术可以向战场各个作战单元提供无所不在的 ATM 接入能力。无线 ATM 技术的这种优势已经引起了军方的高度重视。图 8.4 给出了这种未来战场信息传输网络系统的基本结构。

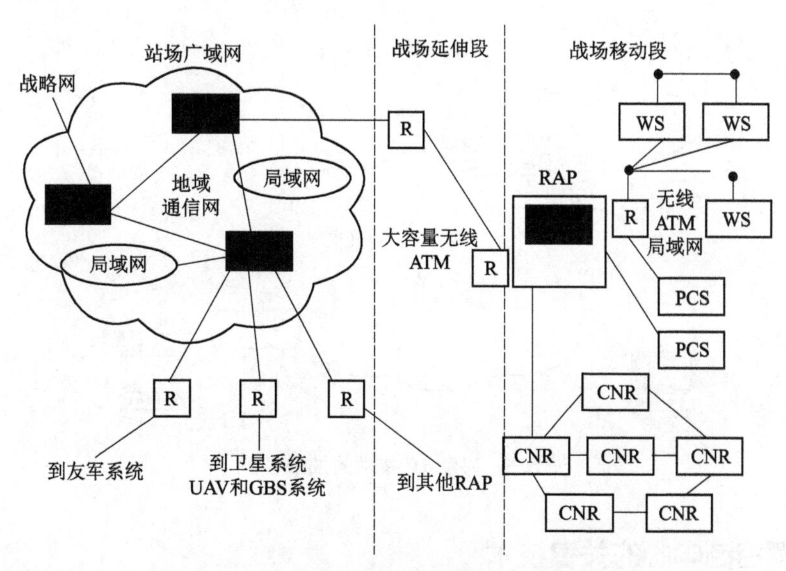


**图 8.4　未来战场信息传输网络系统的基本结构**

由于无线信道所固有的特性，将无线 ATM 技术引入战场信息传输网络也带来了一系列需要解决的技术问题。首先，ATM 技术的产生是建立在具有极高传输速率和极低误码率这种传输介质基础上的，而无线链路却只能提供非常有限的传输速率，并且还有较高的误码率；其次，在固定的 ATM 网络中，各终端是固定地连接在网络的某一端口，而无线技术却允许终端能够不断地改变它的接入点，因此，许多 ATM 的设计方案和结构必须做出修订或加强来支持移动性。

此外，将无线 ATM 技术引入战场信息传输网络时还需要考虑以下几个问题：

(1) 移动用户的安全接入问题，特别是漫游用户的入网认证。

(2) 对无线信道资源按优先级分配的支持。

(3) 链路层协议在可靠性、时延、信道效率上的最佳折中。

(4) 战场上移动用户的位置管理办法（集中式或分布式）。

(5) 越区切换和中断后恢复。

(6) 战场无线 ATM 应用技术的开发。

尽管无线 ATM 技术目前还处于商业试验阶段，引入战场信息传输网络还有许多问题要解决，但是，从目前美军对 ATM 技术应用的趋势来看，随着无线 ATM 技术的不断完善和成熟，这些问题都将得到逐步解决。可见，将无线 ATM 技术引入战场是一项重要的选择。

**5. 移动IP技术**

IP技术向移动通信领域的延伸产生了移动IP技术（Mobile IP）。移动IP技术主要研究在IP层解决漫游用户接入Internet的问题，即只要IP地址保持不变，它就可以支持从一个子网到另一个子网的互联，而且这些子网还可以是异质的。移动IP技术成功地将IP技术的优势同移动性结合起来，为用户提供移动计算能力。通过移动IP技术，运动中的用户能够自动地保持网络资源不间断地接入，就像他们坐在办公室里使用他们的高性能工作站一样。

移动IP技术的抽象模型如图8.5所示。

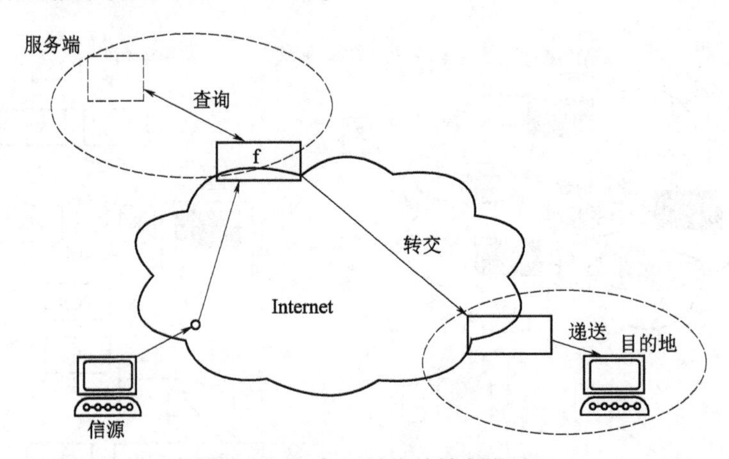


**图8.5 移动IP技术的抽象模型**

## 三、指挥控制中心的关键技术

对于火力控制与指挥控制一体化系统来说，指挥控制中心的主要任务是信息处理和决策，是传感器网络和火力打击网络的中枢，是实现发现目标到摧毁目标一体化的关键，指挥控制中心的关键技术包括以下几个方面。

**1. 信息融合技术**

信息融合是利用计算机对按时序获取的若干传感器的观察信息在一定准则下加以分析、综合，以完成系统所需的决策与评估任务而进行的信息处理过程。它涉及目标和环境特征的搜集与建模、算法、概率和统计、时空推理、辅助决策、认知科学、并行处理、仿真、测试、异构系统集成及多级安全处理技术等。信息融合技术可以提高系统的空间和时间精度，增加系统的利用率，提高目标的探测识别能力，增加系统的可靠性等。

采用信息融合技术的指挥控制中心可以有效地辅助战区或更低级别的指挥员，从空间到水下大范围地监视和预测环境条件，管理分散配置的信息系统与装置。信息融合技术还用于集成来自各种探测器和谍报机构的各种信息，以便对信息进行分析、筛选、识别等处理。采用信息融合的指挥控制系统，通过生成和维持一致的作战画面，支持对分散配置的部队与武器系统进行协调和指挥控制。信息融合技术对于汇集有关敌方力量和作战现场的必要数据，以及向指挥员提供有关信息方面，也具有十分重要的作用。

**2. 高速并行处理技术**

由于传感器大量用于作战指挥控制、侦察监视及电子对抗等，数据量越来越大，因此指挥控制中心要求计算机的处理速度也应越来越快。采用高速并行处理技术则可使运算速度大幅度提高，可满足相关要求。而且高速并行处理技术可提高各种武器系统、指挥控制中心和多层分布式“灵巧武器”系统的性能。

**3. 智能决策支持技术**

指挥控制中心的智能决策支持技术是建立在人工智能和专家系统基础之上的。人工智能系统通过对各种信息的分析和处理，自动做出决策。在快速变化的战场上，智能机器将为军事情报数据分析、战斗管理、实时决策提供有效的工具，并通过分布式计算机的数据库提高指挥控制系统的生存能力。指挥决策领域中的专家系统（ES）是把专家的知识预先输入计算机，而构成专家系统的核心是知识库和推理机。知识库把专门领域问题所需的知识变换成计算机可理解的信息形式并加以存储；推理机可将存储在知识库中的知识组合在一起。

指挥控制中心使用智能决策支持技术形成的智能决策支持系统（IDSS），可在指挥、控制、通信和情报等各个领域用于解决所遇到的决策问题，并可提前预测问题和解决其中的部分问题。

**4. 人机接口技术**

人机接口技术与指挥控制中心的设计、开发及应用密切相关。目前，最突出的是多媒体技术，它可接收、存储、显示并处理语音、图形、图像、字母、数据、数字等信息，并可将用户图片、文字、数据信息及视频信息同时显示在计算机屏幕上。通过多媒体技术，大大缩小人与设备之间的鸿沟，使复杂的概念也可以转换为简单的图形形式进行显示、传输与处理。实际生活中，有许多特殊用途的指挥控制系统不完全依赖键盘与鼠标等交互设备，所以先进的人机接口技术可以使许多信息与决策支持系统得以扩充，也可以为用户提供最好的界面，从而为信息技术与指挥控制系统的发展开辟广阔的前景。

**5. 多媒体技术**

多媒体技术是计算机技术与图形、图像、动画、声音和视频等高新技术相结合的产物。多媒体信息系统能将多种形式的信息在计算机上进行处理并展示，使人们可以在声、文、图并茂的表现形式下获取、理解和使用信息。多媒体用于指挥控制中心，将对未来的作战指挥产生极其深远的影响。在指挥控制系统中使用的多媒体技术，包括多媒体信息处理技术（又称多媒体计算机技术）和多媒体信息传输技术（又称多媒体通信技术）两个方面。

多媒体信息处理技术是对文字、数据、图形和声音等多媒体的信息进行综合处理的技术。它可以使指挥控制系统的信息处理能力得到明显的增强，使系统可对文字、数据、图形和声音等多种形式的信息进行综合处理、显示、使用。在一定程度上实现系统内的人机对话，从而使系统具有某些智能化的效果。

**6. 系统仿真技术**

系统仿真技术将复杂的设计和方案试验过程形象化，即不需要建立实际的模型就可以看到一种设备或武器系统的真实面貌。仿真技术具有高速绘图、非线性问题求解、仿真验证和确认功能，可用于制订指挥控制中心的研制计划，以减少设计和生产费用、缩短研制周期、改进系统性能、增强指挥控制能力及提高部队的训练水平。在系统设计过程中，利用仿真技术，可以有效地增强人机系统的性能和操作适应能力，且不管是设计新系统还是系统的改进，都可达到这种效果。在战斗管理系统中采用仿真技术，可以用来评估敌方各种复杂武器系统的性能和技术水平。近年来出现的人工智能，包括专家系统、并行处理、面向对象的程序设计、快速原型法、计算机图形学等高新技术，大大加强了对指挥控制中心的仿真能力。

## 四、火力打击网络的关键技术

火力控制与指挥控制一体化系统的火力打击网络的关键技术包括火力打击网络的信息化技术、火力打击网络的自动化技术、武器共架发射技术、综合火力控制技术、火控系统组网技术等。

**1. 火力打击网络的信息化技术**

信息时代的战争中，信息赋予火力打击以新的内涵，信息与火力的有效融合，使联合火力打击成为主要手段和作战样式，是达成战争目的的关键因素和主要动因。信息与火力的高度融合，可以使信息精确地控制火力，提高火力打击的效能。同时，以火力精确摧毁敌方武器系统可以保护己方的信息和信息系统。

火力打击网络的信息化就是要在武器平台实现信息与火力的一体化。信息与火力高度融合的武器系统，能够使预警侦察、指挥控制、精确打击、毁伤评估、战场管理等领域的信息处理网络化、自动化、实时化。为了在武器平台实现信息与火力的一体化，首先要发展信息化精确制导弹药和智能化弹药，精确制导弹药能在敌方火力网之外发射、“发射后不管”、自主识别和攻击目标；智能化弹药能在各种条件下利用声波、无线电波、可见光、红外、激光甚至气味、气体等一切可利用的目标信息，自主选择应攻击的目标和攻击方式。其次是使装甲车、火炮、导弹发射装置、直升机等作战平台信息化，在这些装备上安装大量的信息系统，如车际信息系统、自动化火控系统、指挥员综合显示器、全球定位系统、单信道地面/机载无线电系统、导航与目标瞄准系统等，使作战平台具有与传感器、指挥中心和友邻联网的能力。做到信息资源共享、迅速反应并实施精确打击。再者是发展数字化士兵装备，如整体式头盔系统、单兵计算机系统、武器系统、防护服系统和微气候空调/能源分配系统，使士兵由过去单一的战斗员转变为集侦察、通信和作战三位一体的多能士兵。

火力打击网络的信息化要处理好信息与火力的有效结合问题。信息化武器系统的组织、指挥控制与火力运用必须在信息的主导下才能发挥最大的作战效能。目标的选择、任务的制定、火力的区分、打击过程的控制、情报信息的分析处理、决策计划的辅助制定都是围绕着信息的流动展开的，信息的融合程度与信息质量决定着这些功能的有效发挥，信息的流动速率决定着这些功能发挥的程度。信息力能提高火力打击精度和打击速度，摧毁了敌方火力点后，减小了威胁，因而增加了己方的生存力和保持火力的持续战斗力。如果用火力摧毁的是敌方信息系统而不是火力点，则不仅保护了己方的信息系统，而且削弱了敌方的信息力。更有利于发挥己方信息系统的作战力，使敌方信息体系更脆弱、更易攻击，由于敌方信息力降低又抑制了敌方武器系统作战效能的发挥，更有利于己方武器系统作战效能的发挥。这样反复相互影响、相互抑制后，使敌方作战效能的降低将是非线性的，己方作战效能的提高也是非线性的。

**2. 火力打击网络的自动化技术**

在实现了信息采集之后，指挥控制中心就对各种信息实现自动化的信息融合、威胁判断和目标分配，进而将这些信息通过战术数据链自动传递给各个火力平台。这显然要求火力平台在接到指挥系统发送的目标数据和命令信息后，能够在不需要人干预的情况下，将这些信息自动传输给火力控制系统，控制武器对来袭目标实现自动打击，以实现从发现目标到打击目标的全过程自动化。然而，只有实现了火力打击网络的自动化，才能满足上述要求，才能实现真正意义上的火力控制与指挥控制一体化。

**3. 武器共架发射技术**

武器共架发射技术就是在发射装置达到一定的标准化程度的基础上，可以在同一个发射系统上发射不同类型的炮弹和导弹，从而达到提高火力打击单元作战能力的目的。

武器共架发射系统的优点有：① 结构简单，质量轻且节省空间。② 储弹量增加。③ 反应时间缩短。④ 提高了导弹的快速发射能力，能抗饱和攻击。⑤ 使用维护简单，可靠性高。

**4. 综合火力控制技术**

利用综合火力控制技术能对飞行中的目标进行精确的跟踪、数据更新和解算来实施超视距交战。综合火力控制通常负责武器的管理和发射。综合火力控制需具有实时或准实时接收、传送数据的能力，能够接收和处理系统间的传感器实时数据。综合火力控制的特殊功能还包括：① 远程交战（远程传感器提供跟踪数据，射手提供向上的链路）。② 前向传递（远程传感器控制武器）。③ 飞行中目标更新（更新数据以改变飞行中武器的制导数据）。

**5. 火控系统组网技术**

将不同武器平台上的火控系统通过通信系统联网，使任一武器平台除可由本身的火控系统导引进行射击外，还能利用联网的其他武器平台的火控系统提供的实时火控信息进行快速射击，从而实现射击接力，发挥了不同武器平台的各自优势，发挥了火力打击网络的总体作战能力，提高了综合打击效果。

# 参考文献


[1] 魏云升，郭治，王校会. 火力与指挥控制［M］. 北京：北京理工大学出版社，2003.

[2] 李相民，孙瑾，谢晓方，等. 火力与指挥控制［M］. 北京：国防工业出版社，2007.

[3] 美国国防部手册. Fire Control Systems - General，MIL - HDBK - 799（AR）［M］. 杨培根，等，译. 北京：兵器工业出版社，1998.

[4] 朱竞夫，赵碧君，王钦钊. 现代坦克火控系统［M］. 北京：国防工业出版社，2003.

[5] 周启煌，常天庆，邱晓波. 战车火控系统与指控系统［M］. 北京：国防工业出版社，2003.

[6] 周启煌，单东升. 坦克火力控制系统［M］. 北京：国防工业出版社，1997.

[7] 周启煌，侯朝桢，陈正捷，等. 陆战平台电子信息系统［M］. 北京：国防工业出版社，2006.

[8] 赵正业. 潜艇火力控制原理［M］. 北京：国防工业出版社，2003.

[9] 郭治. 现代火力控制理论［M］. 北京：国防工业出版社，1996.

[10] 闫清东，张连第，赵毓芹，等. 坦克构造与设计（上册）［M］. 北京：北京理工大学出版社，2007.

[11]《兵器工业科学技术词典》编辑委员会. 兵器工业科学技术词典——火力控制［M］. 北京：国防工业出版社，1991.

[12] 李良巧，徐耀华，董少峰，等. 兵器可靠性技术与管理［M］. 北京：兵器工业出版社，1991.

[13] 陈熙. 35 mm 高炮技术基础［M］. 北京：国防工业出版社，2002.

[14] 陈明俊，李长红，杨燕. 武器伺服系统工程实践［M］. 北京：国防工业出版社，2013.

[15] 胡佑德，马东升，张莉松. 伺服系统原理与设计［M］. 北京：北京理工大学出版社，1998.

[16] 郭锡福，赵子华. 火控弹道模型理论及应用［M］. 北京：国防工业出版社，1997.

[17] 何友，刘玉岩. 火炮射表数据处理与程序设计［M］. 北京：海潮出版社，1995.

[18] 王航宇，王士杰，李鹏. 舰载火控原理［M］. 北京：国防工业出版社，2006.

[19] 周立伟，刘玉岩. 目标探测与识别［M］. 北京：北京理工大学出版社，2004.

[20] 薄煜明，郭治，钱龙军，等. 现代火控理论与应用基础［M］. 北京：科学出版社，2013.

[21] 马新谋，潘旭东，于斌. 两栖型指控车非线性横摇安全盆侵蚀研究［J］. 火力与指挥控制，2015，40（7）：143 - 146.

[22] 樊水康，郭会兵，刘巍. PXI 计算机在一体化多模式发控系统中的应用 [J]. 火力与指挥控制，2013，38（07）：138－140.

[23] 樊水康，朱凯，郭治. 具有射击门的压制火炮命中与毁歼概率分析 [J]. 火力与指挥控制，2014，39（S1）：27－29.

[24] 樊水康. 标准工业总线的 32 位火控计算机系统研究 [J]. 火力与指挥控制，1998（02）：35－40.

[25] 樊水康，曾建平. 传感器精度对压制兵器操瞄精度影响的仿真分析方法 [J]. 系统仿真学报，2001，13（05）：646－648.

[26] 殷云华，樊水康，陈闽鄂. 自适应模糊 PID 控制器的设计和仿真 [J]. 火力与指挥控制，2008，33（07）：96－99.

[27] 李丽，樊水康. 基于模糊 PID 控制的交流伺服系统设计与仿真 [J]. 火力与指挥控制，2010，35（S1）：49－52.

[28] 郑明忠，樊水康. 基于 S3C6410 的嵌入式 Linux 文件系统移植 [J]. 火力与指挥控制，2012，37（S1）：73－76.

[29] 宋文苑，樊水康，张日飞. OPNET 网络仿真与建模方法 [J]. 电脑开发与应用，2007，17（09）：51－52＋55.

[30] 刘佳，樊水康，郭会兵，等. 一种火箭弹发射电路设计 [J]. 火力与指挥控制，2014，39（S1）：131－133＋136.

[31] 殷云华，樊水康，郑浩鑫，等. 基于 TMS320LF2407 的无刷直流电机控制系统 [J]. 电脑开发与应用，2006，16（10）：58－60.

[32] 宋文苑，樊水康，张日飞. 健壮性报头压缩的研究 [J]. 电脑开发与应用，2008，18（02）：8－9＋12.

[33] 郭会兵，樊水康. 基于 Lab Windows/CVI 的弹发射信号检测方案 [J]. 火力与指挥控制，2009，34（S1）：68－69＋72.

[34] 付继宗，陈文星，樊水康. 嵌入式 Linux 环境下 Qt－Embedded 分析 [C]. 全国 ISNBM 学术交流会暨电脑开发与应用创刊 20 周年庆祝大会论文集（太原），电脑开发与应用，2008，18（S1）：11－12.

[35] 林如山，孙秀端，樊水康，等. 32 位实时操作系统 FCCRTOS 的设计与实现 [J]. 电脑开发与应用，1997，10（03）：7－9.

[36] 樊水康，郭会兵，郭慧鑫. 火控系统故障检测与智能诊断 [J]. 火力与指挥控制，2014，39（06）：143－146.